海绵钛生产技术丛书

海绵钛冶金过程工艺及设备计算

李大成　刘　恒　周大利　编著

北　京
冶金工业出版社
2009

内容简介

本书对海绵钛冶金过程中工艺和设备的计算进行了详细介绍，并结合钛厂实际情况列举了一些计算实例。首先对生产方法和工艺流程进行选择和确定，接着对有价值成分钛进行平衡计算，然后对钛渣的沸腾氯化过程及沸腾炉、钛渣熔盐氯化过程和氯化炉、粗四氯化钛的精制过程和精馏塔、四氯化钛镁还原—真空蒸馏过程及设备、镁电解槽等各个工艺和所涉及设备分别进行了详细的计算。

本书可作为钛厂职工的培训教材，也可作为钛业相关工程技术人员的参考书，亦可以作为高等及中专院校有色金属专业的教学参考书。

图书在版编目（CIP）数据

海绵钛冶金过程工艺及设备计算/李大成，刘恒，周大利编著．—北京：冶金工业出版社，2009.2
（海绵钛生产技术丛书）
ISBN 978-7-5024-4787-8

Ⅰ．海…　Ⅱ．①李…　②刘…　③周…　Ⅲ．①钛—有色金属冶金—生产工艺　②钛—有色金属冶金—化工设备—计算
Ⅳ. TF823

中国版本图书馆 CIP 数据核字（2009）第 012157 号

出 版 人　曹胜利
地　　址　北京北河沿大街嵩祝院北巷 39 号，邮编 100009
电　　话　(010)64027926　电子信箱　postmaster@cnmip.com.cn
责任编辑　尚海霞　美术编辑　张媛媛　版式设计　张　青
责任校对　刘　倩　责任印制　牛晓波
ISBN 978-7-5024-4787-8
北京兴华印刷厂印刷；冶金工业出版社发行；各地新华书店经销
2009 年 2 月第 1 版，2009 年 2 月第 1 次印刷
787mm × 1092mm　1/16；18.25 印张；440 千字；284 页；1-3000 册
49.00 元

冶金工业出版社发行部　电话：(010)64044283　传真：(010)64027893
冶金书店　地址：北京东四西大街 46 号(100711)　电话：(010)65289081
（本书如有印装质量问题，本社发行部负责退换）

丛书前言

钛及钛合金，由于其优良的理化性质和应用效能，在许多行业都有着广泛的用途。过去因为价格昂贵，钛很长时间主要用于国防军工，民用并不多。近年来，随着我国钛冶炼技术的进步，钛质量提高，生产成本降低，钛的应用领域不断扩大，销售量激增。在这种情况下，老钛厂不断扩产，新钛厂纷纷上马，钛工业呈现出蓬勃发展的趋势。钛行业迅速发展，钛方面的科技图书的需求明显加大。一方面，钛厂职工的培训需要教材；工程技术人员需要参考书；另一方面，很长一段时间以来，由于在高校教育中生产实习次数减少，课程设计和毕业设计取消，基本上都转向做论文，学生工程训练有所削弱，高校有色及稀有金属专业也需要这方面的教材和专著。因此，为适应社会需求和满足高校教学之需，我们编写了《镁热法海绵钛生产》、《海绵钛冶金过程工艺及设备计算》和《热力学计算在海绵钛冶金中的应用》三本书。力图从工艺原理、生产过程及设备方面，从理论和工程相结合的角度，比较全面、深入、定量地介绍和阐明海绵钛的生产。这套书的撰写资料主要来源于三个方面：一是作者长期从事教学、科研工作的经验和资料积累；二是国内外有关钛厂的生产实践；三是有关期刊文献和著作。书稿完成后，先后应邀在攀枝花钢企金沙钛业有限公司和攀钢集团钛业公司向职工、干部和工程技术人员进行了几次讲授，颇受大家欢迎和好评。现正式出版，供读者参考。

在编写这套教材过程中，得到恩师彭少方教授的鼓励和关心，得到攀枝花钢企金沙钛业有限公司汪智德总经理、张建安副总经理的大力支持，万仁述高级工程师也提供了一些资料，在此表示衷心的感谢。同时，对被我们引用了参考文献的著作者们谨致谢忱。这套书能顺利出版，得到了冶金工业出版社的大力支持，在此表示由衷的谢意。

由于水平所限，时间仓促，不足之处在所难免，敬请读者批评指正。

本书除可作为钛厂职工培训教材和高等院校有色冶金专业学生教学用书外，还可供有关工程技术人员、研究设计人员参考。

编著者于四川大学

2008 年 12 月

目　录

1 生产方法及工艺流程的选择与确定

以钛铁矿精矿为原料生产海绵钛，一般包括以下工艺过程：

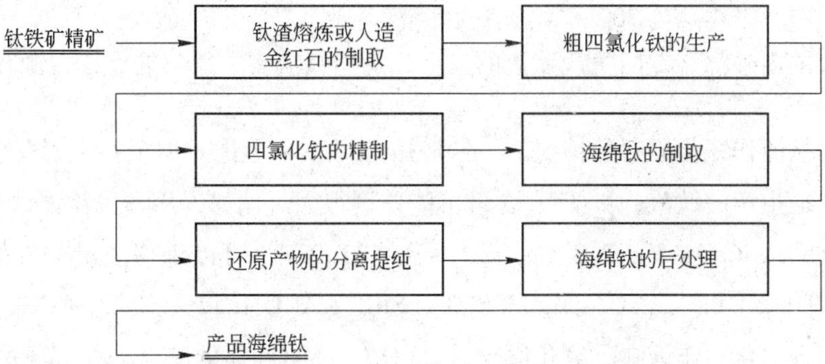

1.1 钛渣熔炼

钛渣熔炼在矿热电炉中进行，熔炼温度在2000K左右。矿热电炉又简称为矿热炉或电炉，它是以微电弧热和炉渣焦耳热两种形式将电能转变成热能供热的。熔炼得到的钛渣中，$\sum TiO_2 < 90\%$（质量分数）的熔炼产物称为钛渣，$\sum TiO_2 \geqslant 90\%$（质量分数）以上者，习惯上称为高钛渣。电炉熔炼法是一种高效的冶炼方法，也是一种技术上相当成熟的方法。此法在国内外获得了广泛应用。

加拿大QIT公司(魁北克铁钛公司)和南非理查兹湾矿业公司(Richards，RBM)采用矩形密闭电炉，电炉功率和钛渣生产能力大，劳动条件好，所用钛精矿原料TiO_2品位低(例如，加拿大采用含$TiO_2$36.5%～37.0%(质量分数)的精矿；南非矿含TiO_2约49%)，炼得的钛渣TiO_2品位不高(钛渣中TiO_2含量(质量分数)为75%～85%)，用作氯化原料不合适，主要作为生产硫酸法钛白的原料，称为酸溶性钛渣。挪威采用圆形密闭电炉，将TiO_2含量(质量分数)为44.5%～45.5%的钛精矿熔炼成含$TiO_2$75%左右的酸溶性钛渣，电炉功率和产能都比QIT和RBM公司的小。独联体国家俄罗斯、乌克兰和哈萨克斯坦三国的镁钛联合企业均采用圆形半密闭式电炉，单台电炉的功率和钛渣产能不及QIT公司和RBM公司的电炉大，而与挪威的相当，但如果用多台电炉，总生产能力则可以很大。例如，用4台5MV·A(5000kV·A)的圆形密闭式电炉并列生产，用48%～51%TiO_2的钛精矿为原料，能满足2万t/a海绵钛厂对原料的需求。这种钛渣特别适合熔盐氯化。

我国钛厂过去多用敞开式电炉，这种炉型和结构缺点较多。主要缺点是：功率小，产能低，还原剂石油焦价格较贵，自焙电极和电能的单耗较大，操作环境差，劳动强度大，需团块加料，电炉煤气CO浓度低，不易有效利用等。密闭电炉就没有这些缺点。半密闭式电炉虽不如密闭电炉先进，但它产能比较大，现已有25.5MV·A的大型圆形半密闭电炉生产。电极和电能的单耗不高，既可熔炼酸溶性钛渣，也可熔炼氯化用高钛渣，并可粉料入炉熔炼，从而省去了制团作业，劳动强度较小，操作条件改善，电炉煤气 CO 含量较高，可供发电或作为热源燃料利用。敞开式电炉是较落后的生产设备，当属淘汰之列。我国钛业界一直在研究以密闭式或半密闭电炉替代敞开式电炉的问题。

攀钢集团兴钛科技公司一期工程已于 2004 年从国外引进了 1 座 25.5MV · A(25500kV · A)钛渣熔炼电炉，于 2006 年秋建成投产，形成了 60kt/a 酸溶性钛渣或 40kt/a 氯化用钛渣的生产能力(这个产能可满足 1.5 万 t/a 海绵钛的原料需求量)。该公司计划二期工程再建 2 座 20MV · A 电炉，形成 180kt/a 钛渣的能力，再进一步对电炉进行连续加料、连续冶炼的密闭式改造，最终达到 300kt/a 钛渣的规模。

目前，国内外都有专门生产钛渣的工厂，这些钛渣厂一般建在钛矿资源和电力资源丰富的地方。

在外购钛渣作氯化原料的情况下，钛渣熔炼可不予考虑。但值得注意的一个问题是，用不同矿产地生产的钛渣，$\sum TiO_2$ 含量可能差别很大。例如，用富民钛铁精矿(见表 1-1，含 $TiO_2$49.85%，CaO + MgO2.23%，SiO_2 + $Al_2O_3$1.09%)可以炼得质量较好的高钛渣(见表 1-4，$\sum TiO_2$94.0%，CaO + MgO3.61%，SiO_2 + $Al_2O_3$1.47%)，这种渣既适合熔盐氯化，也可沸腾氯化。作为沸腾氯化原料时，(CaO + MgO)合量偏高，这可通过增加配碳量或用浸除 $CaCl_2$ + $MgCl_2$ + $MnCl_2$ 后的氯化炉残渣(主要含碳和未被氯化的 TiO_2、SiO_2 和 Al_2O_3，可视为惰性渣)作为返渣配料，以稀释炉渣中的钙、镁氯化物的方法，避免这些低熔点氯化物对沸腾床操作的破坏作用。又如，云南另一产地的钛渣含 TiO_2 约 89.24%，CaO + MgO2.11%，SiO_2 + Al_2O_3 + MnO 总量达 10% 之多，显然，是因为所用钛精矿原料中含这些氧化物多而选矿又不好造成的。这种成分的钛渣作为熔盐氯化的原料是允许的。但作为沸腾氯化的原料就有些欠佳。按理，高钛渣应达到一级品($TiO_2 \geqslant 94\%$)或二级品($TiO_2 \geqslant 92\%$)的技术要求(见表 1-2)才适合沸腾氯化用原料。建议钛渣熔炼厂增加焙烧—磁选工艺。因为钛精矿经氧化焙烧处理后，其钛铁矿物成分($FeTiO_3$)磁化率将大大提高，而 SiO_2、Al_2O_3、CaO、MnO 等非铁成分的磁性不变，再进行磁选作业，便可从焙烧矿中选别出非磁性的各氧化物成分，从而可使钛渣中的非铁氧化物成分降低 3% ~5%，而 TiO_2 品位可提高 3% ~5% 左右，从而使钛渣达到国家标准一级品的技术要求。这个方案要增加设备和建设投资，并增加工序和操作费用，钛渣厂恐难采纳。另一个比较切实可行的方法是采取配矿熔炼的方法，即向大部分是云南产的钛精矿中配入一部分高品位低杂质的海滨砂精矿，这样就可提高钛渣的 TiO_2 品位到 92% 以上，并有效降低其他氧化物杂质含量。具体配矿比例通过配料计算确定。

表 1-1　云南武定县和富民县产钛精矿的化学成分　　（质量分数/%）

精矿名称	TiO_2	$\sum Fe$	FeO	Fe_2O_3	CaO	MgO	SiO_2	Al_2O_3	MnO	V_2O_5	S	P
武定钛精矿	48.68	36.44	36.78	10.97	<0.05	1.18	0.67	0.60	—	0.22	约 0.01	0.01
富民钛精矿	49.85	35.06	36.50	9.58	0.24	1.99	0.86	0.23	0.75	0.12	约 0.02	约 0.01

表 1-2　高钛渣部颁标准(YS/T 298—2007)

产品级别	TiO_2 含量（质量分数）/%	杂质含量（质量分数）/%			
		Fe	P	CaO + MgO	MnO
一级	≥94	≤3.5	≤0.02	≤1.0	≤2.0
二级	≥92	≤3.5	≤0.03	≤2.0	≤2.5

续表 1-2

产品级别	TiO_2 含量（质量分数）/%	杂质含量（质量分数）/%			
		Fe	P	CaO + MgO	MnO
三级	≥90	≤4.5	≤0.03	≤2.5	≤3.0
四级	≥80	≤4.5	≤0.03	≤10	≤3.0

注：Fe 为总铁含量。

要炼出适合沸腾氯化的优质高钛渣，首先要保证钛精矿的质量，同时掌握好电炉熔炼技术。从表 1-3 和表 1-4 可以看出，沿海地区的海滨砂矿和承德矿、富民矿生产的高钛渣是可供沸腾氯化用的优良原料。优质钛渣应该 TiO_2 含量高（≥92%以上的一级和二级品），（CaO + MgO）含量低（最好≤2.0%，稍高一些也可沸腾氯化用，但应采取措施，如增加配碳量或添加返渣配料），FeO 含量（质量分数）最好在 3% ~4% 左右，即要有适当的还原度。还原度是指钛渣中 $Ti_2O_3/\sum TiO_2$ 的比值。FeO 含量间接表征了钛渣的还原度。FeO 含量太高表明 TiO_2 还原度低，在氯化时放热量降低，维持不了 850 ~900℃ 的氯化温度；FeO 含量太低，表明 TiO_2 还原度太高。氯化时发热量太多，可能超温。而且存在钛渣熔炼时还原时间长，能耗大，钛渣黏度大，不易放渣和渣铁分离不良的缺点。

表 1-3 我国钛铁矿精矿标准（YS/T 351—2007）

产品级别	TiO_2 含量（质量分数）/%	（TiO_2 + Fe_2O_3 + FeO）含量（质量分数）/%	杂质含量（质量分数）/%		
			CaO + MgO	P	Fe_2O_3
一级	≥52	≥94	≤0.5	≤0.03	≤10
二级	≥50	≥93	≤1.0	≤0.05	≤13
三级 A	≥49	≥92	≤1.5	≤0.05	≤17
三级 B	≥48	≥92	≤2.0	≤0.05	≤17
四级	≥47	≥90	≤2.5	≤0.05	≤17
五级	≥46	≥88	≤7.0	≤0.05	≤13

注：1. 精矿化学成分（质量分数）以干矿品位计算；
2. 水分含量（质量分数）不大于 0.5%；
3. 产品呈粉状，粒度在 0.121 ~0.370mm（120 ~40 目）部分应不小于 75%，粒度小于 0.074mm（200 目）部分不超过 10%。供需双方也可协商。

表 1-4 不同矿源生产的钛渣化学组成 （质量分数/%）

组 分		钛精矿产地				
		北 海	海 南	攀枝花	承 德	富 民
钛精矿中 TiO_2		61.65	48.67	47.74	47.00	49.85
钛渣组成	$\sum TiO_2$	94.35	92.4	82.63	90.60	94.00
	FeO	4.36	3.0	4.08	3.00	2.70
	CaO	0.28	1.41	1.11	1.47	0.41
	MgO	0.40	0.36	7.40	2.78	3.20
	SiO_2	0.88	0.92	3.88	2.23	1.02
	Al_2O_3	1.25	1.87	2.04	2.23	0.45
	MnO	1.90	3.53	0.80	1.38	0.85

1.2　粗四氯化钛的生产

粗四氯化钛的生产，是通过在氯化炉中对钛渣或金红石进行加碳氯化的方法来实现的。氯化方法和设备有三种。早期采用竖炉(固定床)氯化的方法，因其缺点太多，诸如炉子结构复杂，要靠电加热维持炉温，炉料必须先制成团块入炉，反应速度慢，生产强度低，炉气中 $TiCl_4$ 浓度不高，劳动条件差等，因此国内外钛厂早已淘汰此方法。迄今成功应用的氯化方法和设备是沸腾床(流态化)氯化和熔盐氯化两种。美、日、澳等国钛厂和氯化法钛白厂全部采用沸腾氯化技术；独联体三国的镁钛联合企业全部采用熔盐氯化。我国两者都有采用：遵义钛厂和抚顺钛厂为沸腾氯化；攀钢锦州钛白粉厂为熔盐氯化。两种方法的生产强度和产能都很大，氯化反应靠反应热自热进行(在氯化天然金红石或人造金红石情况下，自热不能维持反应所需温度，通常用补加碳并通氧或空气的办法，靠碳的燃烧反应补热)，操作环境较好，出口炉气中 $TiCl_4$ 的分压较高。两种方法的不同点是：熔盐氯化炉结构复杂，废熔盐的处理及回收难度较大。但它可直接使用含 Cl_2 量70%(体积分数)以上的镁电解产生的稀氯气和镁电解的废熔盐作氯化介质，对钛渣原料的适应性范围宽，特别适宜处理高钙镁钛渣，这是其突出的优点之一。

沸腾氯化的传热、传质条件好，炉子结构相对简单，炉渣易于回收利用。但它不适合高钙镁钛渣的氯化，对钛渣应用的弹性较小，这是其最大的缺点。对于云南矿生产的钛渣，钙镁成分不高，(CaO + MgO)合量能达到1.5%以下或超出此规定不多，沸腾氯化不存在多大困难，故本工艺计算采用沸腾氯化法。但从长远考虑，在攀枝花地区，如能利用本地资源当然更好，这种情况下，因钛渣中钙、镁含量高，应采用熔盐氯化技术。

解决高钙镁问题的思路有以下一些：

(1) 走人造金红石沸腾氯化之路。即先用盐酸压煮浸出法脱除钛精矿中的铁、钙、镁、锰、铝等杂质成分，制成人造金红石(TiO_2 品位可达95%(质量分数)以上)，再沸腾氯化。

(2) 以高钙镁钛渣为原料，采用熔盐氯化法，而不用沸腾氯化法制四氯化钛。

(3) 仍用高钙镁钛渣为原料，采用多级流化床快速氯化技术制四氯化钛(该技术还在中试，如能成功，可考虑选用)。

(4) 以高钙镁钛渣为原料，采用无筛板沸腾氯化技术。

(5) 将攀矿与其他低钙镁、高 TiO_2 矿配矿熔炼钛渣法，如前所述。

氯化车间产生的废渣、废液和废气较多，“三废”治理和环境保护需充分重视和缜密考虑。只要钛渣中低价氧化钛含量适度(据计算，钛渣中 Ti_2O_3 量占 $\sum TiO_2$ 量的30%～35%为宜)，氯化炉在烤炉烘干并达到启动温度后，反应能靠自热进行，无须外供热。炉气的收尘冷却，需从500～600℃冷至120～150℃，再入淋浇塔。收尘器自然冷却则需很大的冷却面积。淋洗塔将炉气从120～150℃喷淋冷却至0℃左右，需供给一定的冷量，通过循环的低温粗四氯化钛把混合气体中的 $TiCl_4$ 冷凝捕集下来，要求淋洗塔有较大的喷淋强度。节能问题要作适当的考虑。收尘器可否考虑强制通风冷却？喷淋冷凝如何强化传热、传质过程？这些问题都是值得思索的。浓密机泥浆的处理，比较成熟可靠的方法是用螺旋蒸发器电加热回收泥浆中的 $TiCl_4$，干渣弃去。也可直接将泥浆打入氯化炉或收尘器，或它们之间的连接管道(或容器)利用热炉气蒸干泥浆，而同时又使炉气冷却，做到节能降耗一举两得。

如何实现氯化炉和收尘冷却器的密闭化排渣，减少环境污染，也是一个重要问题。

总之，氯化车间做到无废、少废、零排放应是追求的目标。

1.3 粗四氯化钛的精制

粗四氯化钛的精制，一般采用精馏塔（我国和日、美用浮阀塔，独联体国家用改进型的筛板塔即栅板塔）除去低沸点成分（以 $SiCl_4$ 为代表）和高沸点成分（以 $FeCl_3$、$AlCl_3$ 为代表），这在国内外各家钛厂都是共同的选择。而沸点与 $TiCl_4$ 相近的成分（以 $VOCl_3$ 为代表）用精馏的物理方法分离是困难的，合理的方法是化学还原分离法。各厂家在还原剂和还原方法、还原设备的选择上不尽相同。研究过的除钒还原剂有多种，但在工业生产中广泛应用的仅有铜（粉、丝）、铝粉、硫化氢和有机物（主要是矿物油）四种。H_2S 毒性大，环境条件差。又因 H_2S 能与 $TiCl_4$ 中溶解的游离 Cl_2 反应生成硫氯化物，影响下一步作业和 $TiCl_4$ 的质量，因此，生产实践中要在 H_2S 除钒操作之前，将粗四氯化钛溶液加热，进行脱氯处理，而且除钒后液又需脱除溶于 $TiCl_4$ 中的 H_2S，以免下一步腐蚀精馏塔设备。美国、日本有工厂采用此法，本工艺计算不拟采用。

前苏联和我国的钛厂早期采用铜粉除钒法，实践中发现铜粉用量大，从失效铜粉中回收 $TiCl_4$ 和再生铜粉困难，劳动条件也差，且在 $AlCl_3 \geqslant 0.01\%$ 的情况下，为避免其对铜粉的钝化作用，还需用增湿过的食盐或活性炭使 $AlCl_3$ 水解，以预先除去 AlOCl 沉淀的方法进行预处理。后来，前苏联的镁钛联合企业研究成功用高活性铝粉替代铜粉的还原方法，至今广泛采用。我国钛厂采用铜丝塔除钒法取代铜粉法沿用至今。铜丝球除钒较铜粉法有一些改进，但缺点也很明显，可以说在今天已是一种比较落后的技术。主要是失效铜丝球的再生和更新处理操作麻烦，劳动强度大，酸洗、水洗时劳动条件差，环境污染大，废液处理困难，且不利于钒的回收。另外，铜丝资源宝贵，价高（目前价在 100 元/kg 以上，单耗按 3kg/t$TiCl_4$ 计，则 5kt/a 海绵钛厂约需 25kt/a 精 $TiCl_4$，年耗铜丝 75t，总价值在 750 万元以上），我国铜资源短缺，而军工、电子业用量大，且不可缺少。因此，应采用较先进的矿物油除钒法或铝粉除钒工艺取代为好。

矿物油除钒法，我国一些单位做过研究，遵义钛厂也做过试验，未获成功从而停止。现在攀钢锦州钛白粉厂已较好地掌握这一技术，如果能移植到海绵钛厂来成功应用，就再好不过了。这个方法的主要缺点是：矿物油在加热时分解出的细炭粉和除钒渣易在器壁和管壁上沉积并结疤，难以清除而影响传热和正常操作；同时除钒后液在精馏冷却时，可能析出沉淀物堵塞冷凝器和管道。其优点是：价廉，无毒，用量少，来源广，成本低。矿物油除钒的同时，还可除去铬、铁、铝等其他杂质。该方法操作简便，精制过程可连续作业，只要解决了结疤问题，应是一种比较理想的除钒方法，美国、日本钛厂和钛白粉厂广泛采用此方法。

高活性铝粉除钒法也是一种比较先进的方法，前苏联钛镁联合企业普遍成功应用此方法。我国北京有色金属研究总院也做了许多研究，并作了一些改进，现已进入中试阶段。此法净化 1t 四氯化钛，耗高活性微细铝粉 0.8 ~ 1kg。铝粉价格与铜丝大体相当，但其用量只有铜粉用量的 1/3，所以原料成本还是要比铜丝法低 2/3 ~ 1/2。铝粉除钒法还可将四氯化钛中的 $TiOCl_2$ 通过与新生成的 $AlCl_3$ 反应而转变成 $TiCl_4$，从而有利于提高钛的回收率。除钒渣也易与 $TiCl_4$ 分离，并能回收钒。高活性铝粉相对价格较高，且有燃爆危险性，这是其缺点。但只要严格遵守操作规程，这个缺点是可以克服的。在我国尚未完全掌握该技术的情况下，可考虑从国外的镁钛联合企业引进此技术。

在精制流程的组合上，铜丝塔除钒法有二塔串联制和三塔串联制之分。它们都是浮阀塔精馏脱硅在先，铜丝塔除钒在后。这样的顺序安排好处是：先精馏除 $SiCl_4$ 时，部分 $AlCl_3$ 留存在蒸馏釜残液中定期排除，在塔底四氯化钛液进入铜丝塔蒸馏釜时，减少了 $AlCl_3$ 在铜丝表面结成硬壳的机会，从而降低和避免了 $AlCl_3$ 对铜丝的钝化作用。

其他几种方法都是除钒在先(同时可除去部分高沸点成分)，然后再精馏除去低沸点成分(如 $SiCl_4$)和剩余的高沸点成分。铜丝塔除钒时，精馏塔釜和铜丝塔釜中的残液，可否考虑合并在一起返回氯化车间收尘器中蒸发回收残液中的 $TiCl_4$，残渣与收尘渣一并处理呢？这样既简化了流程，也利用了炉气中的部分热量。这种情况下，钒是附着在铜丝球上的，并未进入釜中残液，因而不会产生循环累积效应。但在铝粉除钒的情况下，最好将除钒渣单独处理，一来有利于钒的回收，二来可避免钒的循环累积作用。在本工艺计算中，采用预蒸馏——一级精馏—二级精馏的三塔串联制，二级精馏釜残液或单独处理，或返回氯化车间浓密机。

1.4　海绵钛的制取和真空蒸馏

海绵钛的制取，工业上主要是用钠热还原法(Hunter Process)和镁热还原法(Kroll Process)，原料都是精 $TiCl_4$。钠还原—水洗分离法(SL 法)现已不采用。镁还原—水洗法(ML 法)和镁还原—氦气循环蒸馏法(MH 法)在美国个别工厂使用。国内外普遍采用的是镁还原—真空蒸馏法(MD 法)。此法能耗大，但工艺技术成熟，产品质量高。

本书计算采用 5t/炉的倒 U 形还原—蒸馏联合法设备。本法较之老式的非联合法节能省时，并且成熟可靠。炉产 8～10t 的更大规模联合法工艺设备，等待建更大规模的钛厂时再考虑。镁还原阶段是强放热反应，为防超温现象发生，应采取风冷控温措施。还原产物中 $MgCl_2$ 和过量 Mg 与海绵钛坨的分离需要长时间真空蒸馏作业，真空度高，耗电量大，为防蒸馏罐高温变形，需抽反真空。真空系统的设计要充分重视。还原—蒸馏生产的关键是保证产品质量和节能省电问题；再就是加大炉产量和新工艺倒 U 形还原—蒸馏联合装置的采用。

1.5　海绵钛的后处理

真空蒸馏分离后的海绵钛坨可用风镐打取或液压机顶取的方法从还原蒸馏罐中取出钛坨，然后经油压机切块、多级破碎、筛分、包装。边皮废残料和低价钛的产生会造成钛的损失。等外次级钛可考虑直接销售出厂。长远考虑，最好按氢化—脱氢法处理回收成钛粉产品，以提高经济效益。车间可能发生钛粉尘自燃，因此要有可靠的安全措施。

1.6　其他

为实现镁钛联合一体化，使镁、氯循环利用，钛厂应设置镁的电解和精炼车间。车间耗电量很大，单是镁电解部分，在现行工艺、设备情况下，直流电耗为 1.4 万～1.6 万 kW · h/t。节能降耗和保证镁的质量是核心问题。另外，镁电解和精炼过程中的环保和

“三废”治理也不容忽视。

生产 1t 海绵钛要耗电能约 30000kW · h 左右（钛渣熔炼约 7000kW · h，氯化、精制、还原—蒸馏和后处理约 7000 ~ 8000kW · h，镁的电解、精炼约 15000 ~ 16000kW · h）。所以，海绵钛生产中的节能降耗、环保和安全都是需要充分重视的一些问题。

通过以上论证，确定以云南产钛精矿为原料年产 5kt 海绵钛的原则性流程如图 1-1 所示。

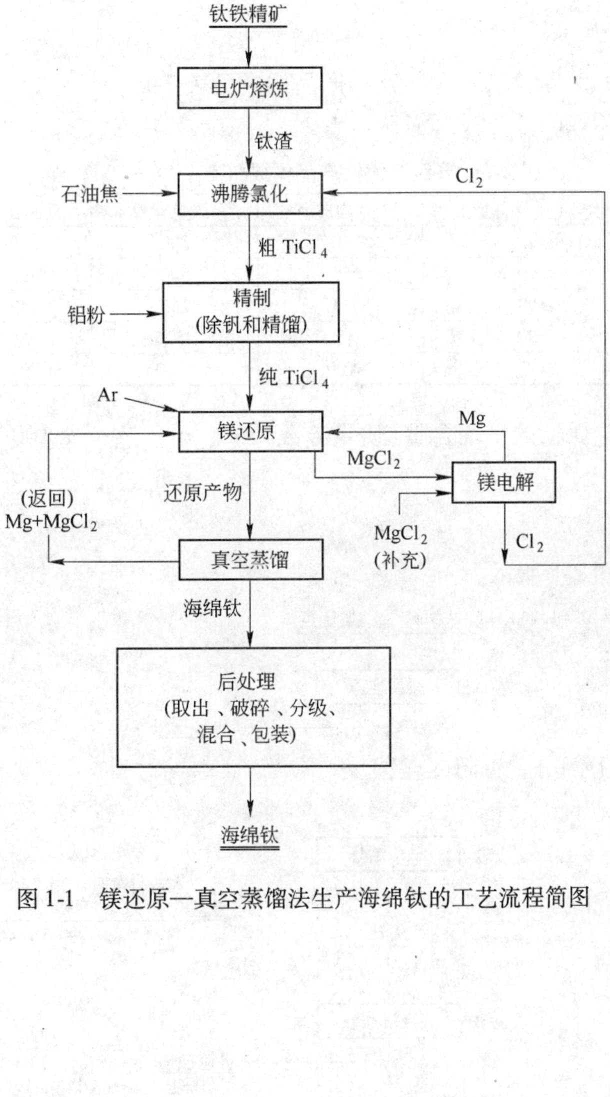

图 1-1　镁还原—真空蒸馏法生产海绵钛的工艺流程简图

2 有价值成分平衡计算(金属 Ti 平衡计算)

2.1 生产任务及产品构成

要求年产 5000t 商品(等级)海绵钛,产品构成见表 2-1。

计算基准:1000kg(1t)等级海绵钛。

表 2-1 等级海绵钛产品构成(GB 2524—2002)

品 级	钛含量(质量分数)/%	产品构成/%	等级钛量/kg	金属钛量/kg	杂质质量/kg
MHT-100(零级)	≥99.7	30	300	299.10	0.90
MHT-110(一级)	≥99.6	50	500	498.00	2.00
MHT-125(二级)	≥99.5	15	150	149.25	0.75
MHT-140(三级)	≥99.3	5	50	49.65	0.35
合 计		100	1000	996.00	4.00

等级海绵钛中金属钛的平均含量(质量分数):$\bar{w}_{Ti} = \frac{996.00}{1000} \times 100\% = 99.60\%$。

2.2 工艺流程

原则性流程如图 2-1 所示。

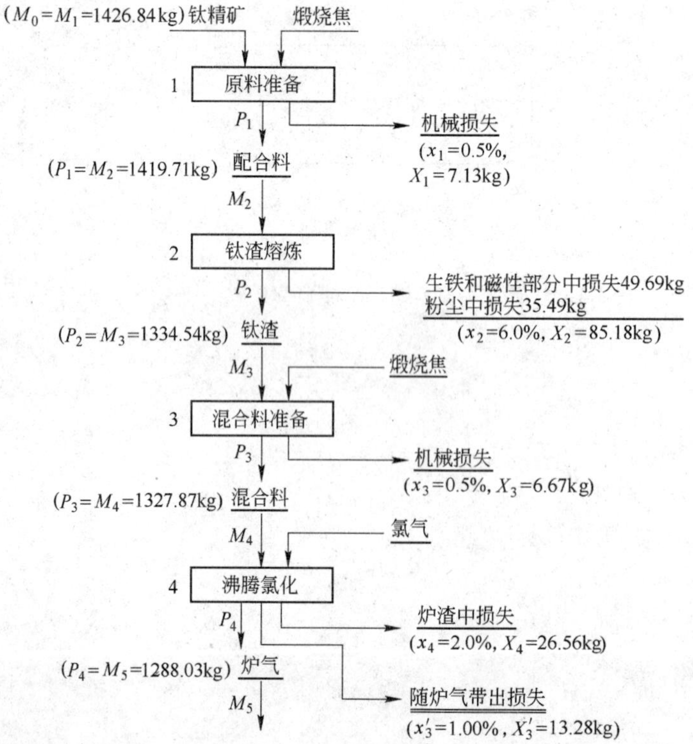

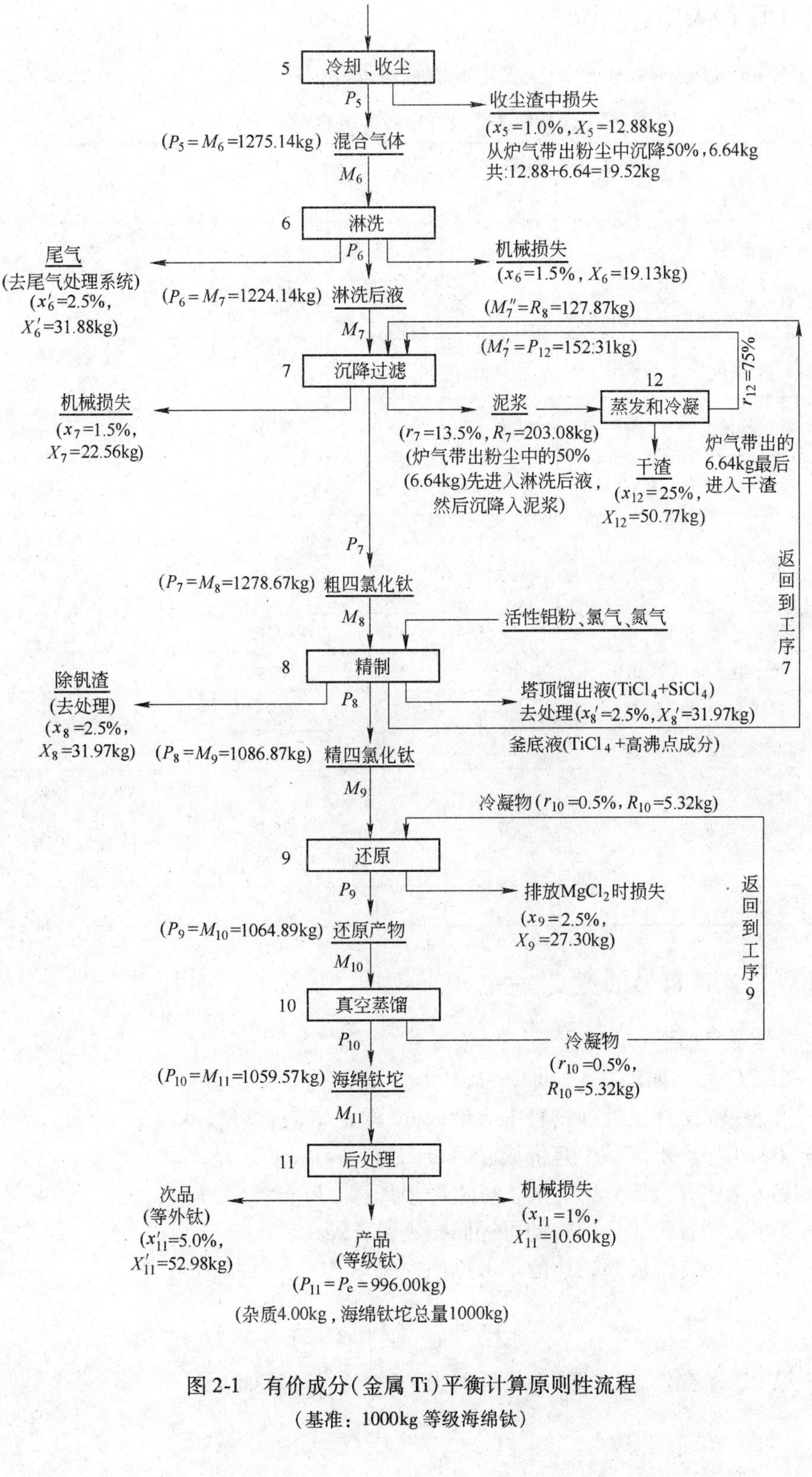

图 2-1 有价成分(金属 Ti)平衡计算原则性流程

(基准：1000kg 等级海绵钛)

2.3　各工序损失率和直收率

海绵钛生产过程中各工序的损失率和直收率见表 2-2。

表 2-2　海绵钛生产过程中各工序的损失率和直收率

工序号	工序名称	不可返回损失率 x_i/%	可返回损失率 r_i/%	损失率 x_i+r_i/%	直收率 η_i/%	备　注
1	原料准备	0.5	0	0.5	99.5	本工序包括钛精矿和焦炭的破碎、细磨、配料、混合等作业
2	钛渣熔炼	6.0	0	6.0	94.0	生铁和磁性部分损失 3.5%，粉尘中损失 2.5%
3	混合料准备	0.5	0	0.5	99.5	本工序包括钛渣和焦炭的破碎、细磨、配料、混合风选等作业
4	沸腾氯化	3.0	0	3.0	97.0	炉渣中损失 2.0%，随炉气带出损失 1.0%
5	冷却收尘	1.0	0	1.0	99.0	
6	淋　洗	4.0	0	4.0	96.0	本工序不可返回损失中包括：机械损失 1.5%；尾气中损失 2.5%
7	沉降、过滤	1.5	13.5	15.0	85.0	
8	精　制	5.0	10.0	15.0	85.0	
9	镁还原	2.5	0	2.5	97.5	
10	真空蒸馏	0	0.5	0.5	99.5	
11	海绵钛后处理	6.0	0	6.0	94.0	本工序包括：切块、破碎、筛分、包装等作业。不可返回损失包括机械损失 1.0%，次品率(等外钛)5.0%
12	泥浆蒸发	25.0	0	25.0	75.0	

2.4　计算公式及符号的意义

规定符号意义如下：

i——工序序号，如工序 1，即 $i=1$；

M_i——进入第 i 工序被处理物料中有价成分(即金属 Ti)的量，kg；

P_i——第 i 工序产出产品中有价成分(Ti)的量，kg；

X_i——第 i 工序有价成分(Ti)的不可返回损失量，kg；

R_i——第 i 工序有价成分(Ti)的可返回损失量，kg；

x_i——第 i 工序有价成分(Ti)的不可返回损失率,%，计算如下：

$$x_i = \frac{X_i}{M_i} \times 100\% \tag{2-1}$$

r_i——第 i 工序有价成分(Ti)的可返回损失率,%，计算如下：

$$r_i = \frac{R_i}{M_i} \times 100\% \tag{2-2}$$

η_i——第 i 工序有价成分(Ti)的直收率(又叫实收率),%，计算如下：

$$\eta_i = \frac{P_i}{M_i} \times 100\% = 100\% - (x_i + r_i) \tag{2-3}$$

η'_i——第 i 工序有价成分(Ti)的回收率,%。

η'_i包括 i 工序产品和返回料(或次品)中有价成分量之和与进入该工序被处理物料中有价成分量之比的百分数，即：

$$\eta'_i = \frac{P_i + R_i(\text{或} P'_i)}{M_i} \times 100\% = 100\% - x_i \tag{2-4}$$

式中 P'_i——次品(等外品)中有价成分(Ti)的量，kg。

$\eta_{总}$ 为生产过程(全流程)的实收率(或直收率),%。它表示最终产品中有价成分(Ti)的量与原料中有价成分(Ti)的量之比的百分数，即：

$$\eta_{总} = \frac{P_e}{M_0} \times 100\% \tag{2-5}$$

式中 P_e——最终产品中有价成分(Ti)的量，kg；

M_0——原料中有价成分(Ti)的量，kg。

$\eta'_{总}$为全流程的总回收率,%。它表示最终产品与次品(或副产品)中有价成分(Ti)的量之和与进入流程的原料中有价成分(Ti)的量之比的百分数，即：

$$\eta'_{总} = \frac{P_e + P'}{M_0} \times 100\% \tag{2-6}$$

式中 P'——次品或副产品中有价成分的量，kg。

2.5 有价成分(Ti)的平衡计算

因以1000kg产品为基准，流程中有2个工序有返回料，故应按有返回料流程的倒推法进行计算。

(1) 第11工序：

$P_{11} = P_e = 1000 \times 99.6\% = 996\text{kg}$

$M_{11} = P_{11}/\eta_{11} = 996/0.94 = 1059.57\text{kg}$

$X_{11} = M_{11} \times x_{11} = 1059.57 \times 1\% = 10.60\text{kg}$(机械损失量)

$X'_{11} = M_{11} \times x'_{11} = 1059.57 \times 5\% = 52.98\text{kg}$(等外次品量)

$X_{总} = X_{11} + X'_{11} = 10.60 + 52.98 = 63.58\text{kg}$

(2) 第10工序：

$P_{10} = M_{11} = 1059.57\text{kg}$

$M_{10} = P_{10}/\eta_{11} = 1059.57/0.995 = 1064.89\text{kg}$

$R_{10} = M_{10} \times r_{10} = 1064.89 \times 0.5\% = 5.32\text{kg}$

$X_{10} = 0$

(3) 第9工序：

$P_9 = M_{10} = 1064.89\text{kg}$

$M'_9 = M_9 + R_{10} = P_9/\eta_9 = 1064.89/0.975 = 1092.19\text{kg}$

$M_9 = M'_9 - R_{10} = 1092.19 - 5.32 = 1086.87\text{kg}$

$X_9 = M'_9 \times x_9 = 1092.19 \times 2.5\% = 27.30\text{kg}$

（4）第 8 工序：

$P_8 = M_9 = 1086.87\text{kg}$

$M_8 = P_8/\eta_8 = 1086.87/0.85 = 1278.67\text{kg}$

$X_8 = M_8 \times x_8 = 1278.67 \times 5\% = 63.93\text{kg}$

$R_8 = M_8 \times r_8 = 1278.67 \times 10\% = 127.87\text{kg}$

（5）第 7 工序：

$P_7 = M_8 = 1278.67\text{kg}$

$M_7 + M'_7 + M''_7 = P_7/\eta_7 = 1278.67/0.85 = 1504.32\text{kg}$

$M_7 = 1504.32 - (M'_7 + M''_7) = 1504.32 - (R_{12} + R_8)$

$= 1504.32 - (152.31 + 127.87) = 1224.14\text{kg}$

$R_7 = (M_7 + M'_7 + M''_7) \times r_7 = 1504.32 \times 13.5\% = 203.08\text{kg}$

$X_7 = (M_7 + M'_7 + M''_7) \times x_7 = 1504.32 \times 1.5\% = 22.56\text{kg}$

（6）第 12 工序：

$M_{12} = R_7 = 203.08\text{kg}$

$P_{12} = M'_7 = R_{12} = M_{12} \times r_{12} = 203.08 \times 75\% = 152.31\text{kg}$

$X_{12} = M_{12} \times x_{12} = 203.08 \times 25\% = 50.77\text{kg}$

（7）第 6 工序：

$P_6 = M_7 = 1224.14\text{kg}$

$M_6 = P_6/\eta_6 = 1224.14/0.96 = 1275.14\text{kg}$

$X_6 = M_6 \times x_6 = 1275.14 \times 1.5\% = 19.13\text{kg}$

$X'_6 = M_6 \times x'_6 = 1275.14 \times 2.5\% = 31.88\text{kg}$

$X_{总} = 19.13 + 31.88 = 51.01\text{kg}$

（8）第 5 工序：

$P_5 = M_6 = 1275.14\text{kg}$

$M_5 = P_5/\eta_5 = 1275.14/0.99 = 1288.02\text{kg}$

$X_5 = M_5 \times x_5 = 1288.02 \times 1\% = 12.88\text{kg}$

（9）第 4 工序：

$P_4 = M_5 = 1288.02\text{kg}$

$M_4 = P_4/\eta_4 = 1288.02/0.97 = 1327.86\text{kg}$

$X_4 = M_4 \times x_4 = 1327.86 \times 2.0\% = 26.56\text{kg}$（炉渣中损失）

$X'_4 = M_4 \times x'_4 = 1327.86 \times 1\% = 13.28\text{kg}$（随炉气带出损失）

（10）第 3 工序：

$P_3 = M_4 = 1327.86\text{kg}$

$M_3 = P_3/\eta_3 = 1327.86/0.995 = 1334.53\text{kg}$

$X_3 = M_3 \times x_3 = 1334.53 \times 0.5\% = 6.67\text{kg}$

（11）第 2 工序：

$P_2 = M_3 = 1334.53\text{kg}$

$M_2 = P_2/\eta_2 = 1334.53/0.94 = 1419.71\text{kg}$

$X_2 = M_2 \times x_2 = 1419.71 \times 6\% = 85.18\text{kg}$

(12) 第1工序:

$P_1 = M_2 = 1419.71\text{kg}$

$M_1 = P_1/\eta_1 = 1419.71/0.995 = 1426.84\text{kg}$

$X_1 = M_1 \times x_1 = 1426.84 \times 0.5\% = 7.13\text{kg}$

全流程实收率 $\eta_{总实} = \dfrac{P_e}{M_1} = \dfrac{996}{1426.84} \times 100\% = 69.80\%$

全流程回收率 $\eta_{总回} = \dfrac{P_e + X'_{11}}{M_1} = \dfrac{996 + 52.98}{1428.84} \times 100\% = 73.52\%$

以上计算结果列在表2-3中，并标注在图2-1上。

前面的计算是以1000kg(1t)等级海绵钛为基准。在年产5000t/a商品海绵钛情况下，所有数字乘以系数$\dfrac{5000}{1000}=5$，则得到规定年产任务下的有价成分(金属Ti)的平衡，如表2-4和图2-2所示。

表2-3 有价成分(金属Ti)平衡表(计算基准：1000kg商品海绵钛)

工序号	工序名称	工序损失量/kg			进入 i 工序的钛量 M_i /kg	i 工序产出的钛量 P_i /kg	备注
		X_i	R_i	$X_i + R_i$			
1	原料准备	7.13	0	7.13	1426.84	1419.71	
2	钛渣熔炼	85.18	0	85.18	1419.71	1334.53	在 X_2 = 85.18kg 中，有49.69kg进入生铁，35.49kg进入粉尘
3	混合料准备	6.67	0	6.67	1334.53	1327.86	
4	沸腾氯化	39.84	0	39.84	1327.86	1288.02	炉渣中损失25.56kg；炉气带出损失13.28kg
5	冷却收尘	12.88	0	12.88	1288.02	1275.14	
6	淋 洗	51.01	0	51.01	1275.14	1224.14	在 X_6 = 51.01kg 中，有31.88kg进入尾气，19.13kg机械损失
7	沉降、过滤	22.56	203.08	225.64	1504.32	1278.67	
8	精 制	63.93	127.87	191.80	1278.67	1086.87	
9	还 原	27.30	0	27.30	1092.19	1064.89	进入本工序的Ti中包括冷凝物返回料中的Ti (R_{10} = 5.32kg)
10	真空蒸馏	0	5.32	5.32	1064.89	1059.57	R_{10} = 5.32kg返回到工序9

续表 2-3

工序号	工序名称	工序损失量/kg			进入 i 工序的钛量 M_i /kg	i 工序产出的钛量 P_i /kg	备　注
		X_i	R_i	X_i+R_i			
11	后处理	63.58	0	63.58	1059.57	996.00	在 63.58kg 中，机械损失 10.60kg，等外品 52.98kg
12	泥浆蒸发	50.77	152.31	203.08	203.08	152.31	$R_{12}=P_{12}=152.31$kg 返回到工序 7

表 2-4　有价成分(金属 Ti)平衡表(基准：5000t/a 商品海绵钛)

工序号	工序名称	工序损失量/t			进入 i 工序的钛量 M_i /t	第 i 工序产出的钛量 P_i /t	备　注
		X_i	R_i	X_i+R_i			
1	原料准备	35.65	0	35.65	7134.25	7098.55	
2	钛渣熔炼	425.90	0	425.90	7098.55	6672.70	在 $X_2=425.90$t 中，有 248.45t 进入生铁，177.45t 进入粉尘
3	混合料准备	33.35	0	33.35	6672.70	6639.35	
4	沸腾氯化	199.20	0	199.20	6639.35	6440.15	炉渣中损失 127.80t；炉气带出粉尘中损失 44.60t
5	冷却收尘	64.40	0	64.40	6440.15	6375.75	
6	淋　洗	255.05	0	255.05	6375.75	6120.70	在 $X_6=255.05$t 中，有 159.40t 进入尾气，95.65t 机械损失
7	沉降、过滤	112.80	1015.40	1128.20	7521.60	6393.35	
8	精　制	319.65	639.35	959.00	6393.35	5434.35	
9	还　原	136.50	0	136.50	5460.95	5324.45	进入本工序的 Ti 中包括冷凝物返回料中的 Ti ($R_{10}=26.60$t)
10	真空蒸馏	0	26.60	26.60	5324.45	5297.85	$R_{10}=26.60$t 返回到工序 9
11	海绵钛后处理	317.90	0	317.90	5297.85	4980.00	在 317.90t Ti 中，机械损失 53.00t，等外品 264.90t
12	泥浆蒸发	253.85	761.55	1015.40	1014.40	761.55	$R_{12}=P_{12}=761.55$t 返回到工序 7

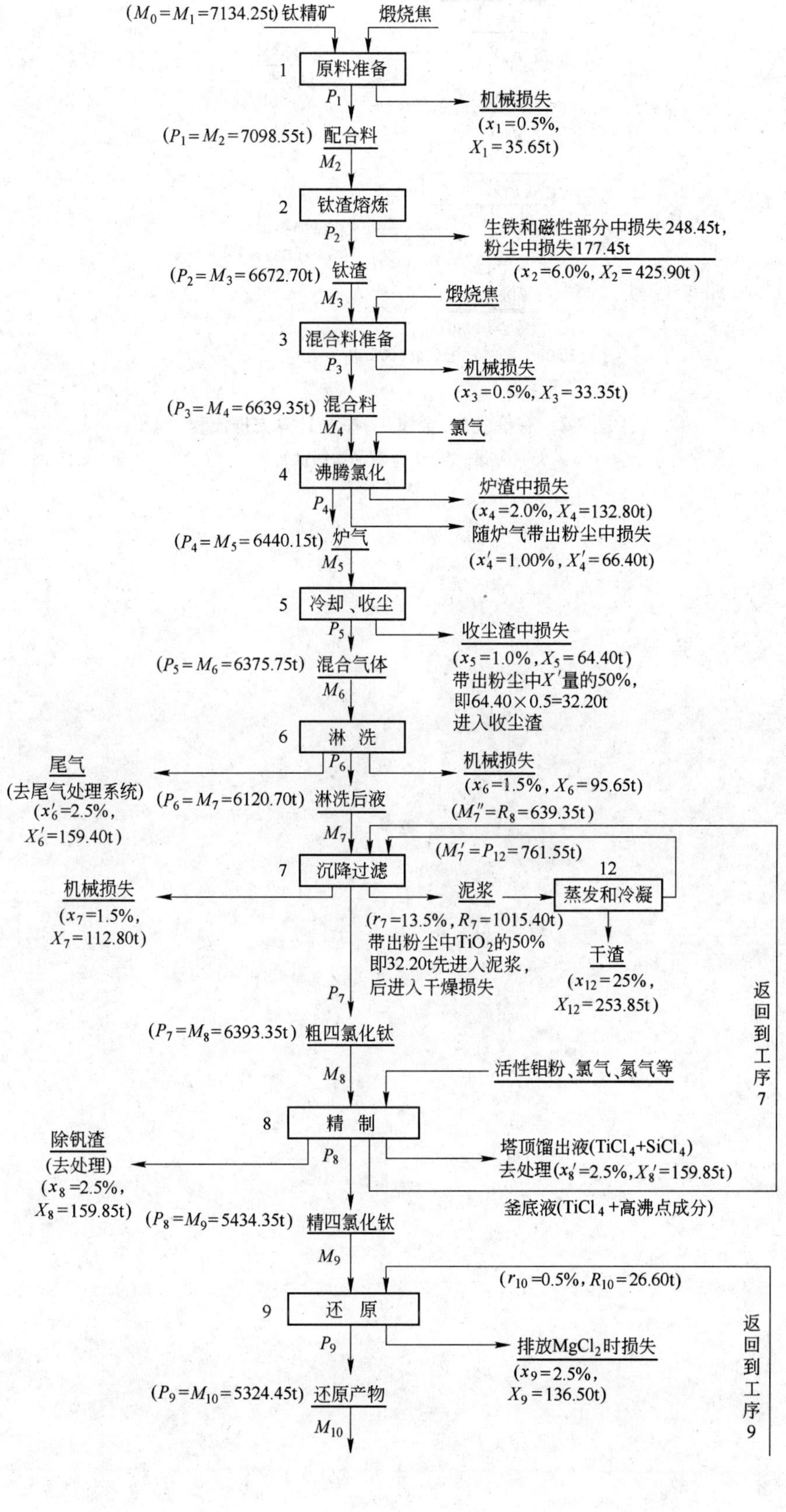

($M_0=M_1=7134.25t$)钛精矿
煅烧焦
1 原料准备
P_1
机械损失
($x_1=0.5\%$, $X_1=35.65t$)
($P_1=M_2=7098.55t$) 配合料
M_2
2 钛渣熔炼
P_2
生铁和磁性部分中损失248.45t,
粉尘中损失177.45t
($x_2=6.0\%$, $X_2=425.90t$)
($P_2=M_3=6672.70t$) 钛渣
M_3
煅烧焦
3 混合料准备
P_3
机械损失
($x_3=0.5\%$, $X_3=33.35t$)
($P_3=M_4=6639.35t$) 混合料
M_4
氯气
4 沸腾氯化
P_4
炉渣中损失
($x_4=2.0\%$, $X_4=132.80t$)
随炉气带出粉尘中损失
($x_4'=1.00\%$, $X_4'=66.40t$)
($P_4=M_5=6440.15t$) 炉气
M_5
5 冷却、收尘
P_5
收尘渣中损失
($x_5=1.0\%$, $X_5=64.40t$)
带出粉尘中X'量的50%,
即64.40×0.5=32.20t
进入收尘渣
($P_5=M_6=6375.75t$) 混合气体
M_6
6 淋 洗
P_6
尾气
(去尾气处理系统)
($x_6'=2.5\%$, $X_6'=159.40t$)
机械损失
($x_6=1.5\%$, $X_6=95.65t$)
($P_6=M_7=6120.70t$) 淋洗后液
M_7
($M_7''=R_8=639.35t$)
($M_7'=P_{12}=761.55t$)
7 沉降过滤
机械损失
($x_7=1.5\%$, $X_7=112.80t$)
泥浆
12 蒸发和冷凝
干渣
($x_{12}=25\%$, $X_{12}=253.85t$)
($r_7=13.5\%$, $R_7=1015.40t$)
带出粉尘中TiO_2的50%
即32.20t先进入泥浆,
后进入干燥损失
P_7
($P_7=M_8=6393.35t$) 粗四氯化钛
M_8
活性铝粉、氯气、氮气等
返回到工序7
8 精 制
P_8
除钒渣
(去处理)
($x_8=2.5\%$, $X_8=159.85t$)
塔顶馏出液($TiCl_4+SiCl_4$)
去处理($x_8'=2.5\%$, $X_8'=159.85t$)
釜底液($TiCl_4$+高沸点成分)
($P_8=M_9=5434.35t$) 精四氯化钛
M_9
($r_{10}=0.5\%$, $R_{10}=26.60t$)
9 还 原
P_9
排放$MgCl_2$时损失
($x_9=2.5\%$, $X_9=136.50t$)
返回到工序9
($P_9=M_{10}=5324.45t$) 还原产物
M_{10}

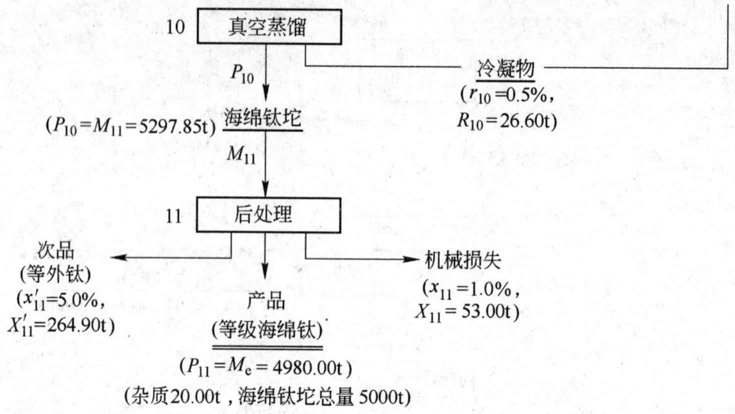

图 2-2　有价成分(金属 Ti)平衡计算方框流程

(基准：5000t/a 商品海绵钛)

3　钛渣熔炼过程及电炉的计算

3.1　钛渣熔炼作业计算任务及内容

（1）确定还原剂焦炭的用量，熔炼产物的数量和成分，编制熔炼作业的物料平衡表；

（2）选择矿热电炉的类型，计算电炉台数，确定结构尺寸，选定供电变压器并计算输电线路；

（3）编制电炉的热平衡表；

（4）计算炉底冷却用的空气量；

（5）根据熔炼作业所需配料量，反算配料作业所需钛精矿和焦炭的量。

3.2　计算依据

钛渣熔炼设备选用圆形三相三电极矿热电炉，功率为5000kV·A(5MV·A)。在大规模生产中，可用多台这种功率的矿热炉来完成规定的生产任务，如用4台5MV·A电炉生产5万t/a钛渣；也可选用更大功率的电炉，如10.5MV·A或20MV·A(20000kV·A)的电炉。后者可年产40kt氯化用钛渣或60kt酸溶性钛渣。完成一定的生产任务，电炉功率愈大，需用台数就愈少。选用密闭式或半密闭式电炉。小规模生产用圆形截面电炉，大规模生产既可用圆形截面电炉，也可用矩形截面电炉。敞开式电炉(5MV·A)的昼夜产能约为35~38t/d，半密闭式电炉(5MV·A)可日产钛渣38~42t左右，而密闭式电炉(5MV·A)的单位炉产量为40~45t/d。20MV·A的圆形半密闭式电炉日产钛渣约120t。

本计算选用5MV·A密闭式矿热电炉，炉产能取定为40t/d钛渣。电能单耗为2300kW·h/t钛渣。

熔炼区温度为2000K(1727℃)。时间作业率$K=0.875$，即每天熔炼通电时间21h，其余辅助时间(断电状态)3h。每炉熔炼周期6h，每日熔炼4炉钛渣。

假定精矿中的TiO_2有35%被还原成低价氧化物(为简化计算，低价氧化钛全部按Ti_2O_3计)，65%不被还原，仍以TiO_2形式进入钛渣。

熔炼时，有价成分金属Ti进入钛渣的直收率为94.0%；有3.5%被碳还原成金属Ti溶解在生铁及磁性部分中；2.5%进入粉尘机械损失。

配料中钛精矿和焦炭的化学组成分别列于表3-1和表3-2中。钛精矿中各组分在熔炼产物中的分布情况见表3-3。

表3-1　钛铁矿精矿的化学组成　　（质量分数/%）

组分	TiO_2	FeO	Fe_2O_3	CaO	MgO	SiO_2	Al_2O_3	MnO	V_2O_5	S	P	合计
含量	49.85	35.50	9.58	0.24	0.99	0.86	2.00	0.75	0.20	0.02	0.01	100

表 3-2　还原剂焦炭的化学组成　　（质量分数/%）

组　分		固定碳	挥发分	灰分	水分	粒　度	备　注
含量	1 号焦	86.44	8.97	0.82①	3.77	0.246 ~ 0.121mm（ -60 ~ +120 目）占 80%	1 号焦是攀钢焦化厂产焦炭，用作钛渣熔炼的还原剂；2 号焦是 1 号焦预热干燥后组成的；2 号和 3 号焦都可用作沸腾氯化还原剂
	2 号焦②	89.36	9.27	0.85	0.52		
	3 号焦	96.67	0.33	2.28	0.72		

① 灰分的组成（质量分数）为：Fe_2O_3 5%，SiO_2 60%，Al_2O_3 30%，CaO 5%；

② 2 号焦是 1 号焦经干燥后的产品，它被用于氯化作业，缺点是挥发分太高。

表 3-3　钛精矿中各组分在熔炼产物中的分布　　（质量分数/%）

熔炼产物	TiO_2	FeO	Fe_2O_3	SiO_2	CaO	MgO	Al_2O_3	MnO	V_2O_5	S	P
钛　渣	94.0	7.0		92.0	99.0	99.0	99.0	93.0	50.0		
生铁及磁性部分	3.5	92.0	99.0	7.5				6.0	48.0	100.0	100.0
粉　尘	2.5	1.0	1.0	0.5	1.0	1.0	1.0	1.0	2.0		

进入钛渣中的各种杂质氧化物，如 FeO、SiO_2、Al_2O_3、MgO、CaO、MnO、V_2O_5 等，在钛渣中的存在形式不变，仍为氧化物（指化学组成而言，矿物组成比较复杂，不一定是单独的氧化物）。

进入半钢及磁性部分中的 TiO_2 已被还原成金属 Ti 形式，溶解在铁液中形成合金形式。进入这种熔炼产物中的其他杂质氧化物，如 FeO、Fe_2O_3、MnO、SiO_2、V_2O_5 等，都已还原成金属形态：Fe、Mn、Si、V 溶解在 Fe 中；微量 S、P 全部以元素形式进入半钢。

进入粉尘损失中的各种氧化物仍是氧化物形式不变。

焦炭按攀钢实际情况，采用该公司焦化厂生产的 1 号焦。焦炭灰分中的 $Fe_2O_3$100% 被还原成金属 Fe 进入半钢中。灰分中的 Al_2O_3 不被还原，仍以 Al_2O_3 形式进入钛渣。灰分中的 SiO_2 有 70% 被还原成金属 Si 溶于半钢，30% 不被还原仍以 SiO_2 形式进入钛渣中。

在熔炼、出渣、浇铸、磁选等作业过程中，生铁及磁选物的损失率为 1%，钛渣损失率为 1.5%。

生铁中渗碳量按由钛精矿中氧化铁被还原成 Fe 进入生铁及磁选物中量的 2% 计算。

焦炭中挥发分全部按 CH_4 考虑，熔炼过程中它被燃烧成 CO 和 H_2O（气）。

电炉电极采用石墨电极，单耗约为 30kg/t 钛渣。由于石墨电极灰分很少，可假设电极全部由碳组成。熔炼过程中它被烧损成 CO 进入炉气中（石墨电极碳不参与还原反应，不作还原剂用）。石墨电极价格昂贵，且只能在电极直径不大于 500mm 情况下使用。在其他情况下，可考虑采用自焙电极方式供电。

3.3　熔炼计算中所涉及的公式

（1）计算电炉台数 n（台）：

$$n = G/(G_{炉}\tau) \tag{3-1}$$

$$\tau = \tau_{日历} - \tau_{检修} \tag{3-2}$$

式中 G——规定的年产钛渣量，t/a，由物料平衡决定；

$G_{炉}$——钛渣炉产能，t/d，本计算取40t/d；

τ——电炉的年生产时间，d/a；

$\tau_{日历}$——日历天数，取365d/a；

$\tau_{检修}$——设备年检修时间，包括大修和小修，d/a。

（2）变压器功率P(kV·A)：

$$P = G_{炉} W/(24k_1k_2\cos\varphi) \tag{3-3}$$

式中 W——钛渣熔炼的电能单耗，kW·h/t，生产实践积累的经验数据，本计算取2300kW·h/t；

k_1——变压器的功率利用系数，即变压器实际输出平均功率与额定功率之比，与熔炼制度等因素有关，连续熔炼一般在0.9~1，间歇作业时在0.8~0.9之间，本计算取0.93；

k_2——变压器的工时利用系数，即 $k_2 = \dfrac{昼夜实际作业时数}{24}$，连续生产时 $k_2 = 0.9 \sim 0.95$，本计算取 $k_2 = \dfrac{21}{24} = 0.875$；

$\cos\varphi$——矿热电炉的功率因数，一般为0.9~0.98，本计算取 $\cos\varphi = 0.95$。

（3）炉用变压器二次侧电压V_L(V)。

变压器的二次侧电压就是电炉的工作电压，按经验公式估算：

$$V_L = KP_e^n \tag{3-4}$$

式中 P_e——分配到每根电极上的额定功率，kV·A，对三电极电炉，$P_e = P/3$；对六电极电炉，$P_e = P/6$；

K，n——经验系数，对于钛渣熔炼，K为17(三电极)、19(六电极)；$n = 0.256$。

（4）电极直径d_e(cm)。

d_e的计算方法有三：

1)按通用公式计算：

$$d_e = \sqrt{\frac{I_{max}}{0.785j}} \tag{3-5}$$

式中 j——电极横断面的允许电流密度，A/cm²，按经验数据选取，对于钛渣熔炼，石墨电极，取 $j = 11 \sim 28A/cm^2$，自焙电极，$j = 4 \sim 5A/cm^2$；

I_{max}——通过电极的最大电流，A。

对于单相的六极电炉（由三台单相变压器供电）：

$$I_{max} = \frac{P \times 10^3}{3V_L} \tag{3-6}$$

对于三相的三电极电炉或六电极电炉，按Y形连接：

$$I_{max} = \frac{P \times 10^3}{\sqrt{3}V_L} \tag{3-7}$$

因式3-5未考虑自焙电极的烧结速度，因此在确定自焙电极的直径d_e(cm)时，还应按式3-8进行校核：

$$d_e = \sqrt{\frac{304.5P\cos\varphi k_2 q}{ln\rho}} \tag{3-8}$$

式中 l——电极每天的烧结线速度，m/d，可取0.35～0.45m/d；

n——电极根数；

ρ——电极糊烧结后的体积密度，t/m^3，取1.8～1.9t/m^3；

q——每消耗1MW·h电能所需的电极糊量，t/(MW·h)，对于钛渣熔炼可取0.013。

2）另一种计算方法为：

$$d_e = \sqrt[3]{\frac{0.406 I_L \rho_t}{k'}} \tag{3-9}$$

式中 I_L——变压器低压端的电流强度，A；

ρ_t——电极的电阻率，Ω·m；石墨电极 $\rho_{600℃} = 10\Omega \cdot m$；

k'——与电极材料有关的系数，W/cm^2，石墨电极 $k' = 0.845W/cm^2$。

电极的实际电流密度$\delta(A/cm^2)$按式3-10计算：

$$\delta = I_L / A_e \tag{3-10}$$

式中 A_e——电极的横截面积，cm^2。

在计算出电极的直径d_e后，碳素厂不一定恰好有该种尺寸规格的电极，应根据石墨电极的产品目录，选择相近尺寸的商品电极。由d_e计算出A_e，按式3-10进行校核，实际电流密度应小于电极的允许电流密度，即$\delta < j$。

3）再一种计算电极直径d_e的方法是：

对于三极三相系统：

$$d_e = \sqrt{\frac{P \times 10^3 \times 0.735}{U_2 \Delta}} \tag{3-11}$$

式中 U_2——变压器二次侧额定功率最低电压，V；

Δ——电极面积电流，A/cm^2，取2.6A/cm^2；

P——电炉功率，kV·A。

此式未考虑电极在运行中的消耗速度。特别是自焙电极，电极的消耗速度不应超过电极糊的烧结速度，否则会产生“软断”事故，使电炉无法正常工作。因此，按式3-11计算出电极直径d_e后，还需验算每日电极消耗速度$l_{耗}$（即电极下放速度）。若$l_{耗} > l_{烧结}$，则直径不符合要求，此时必须增大d_e，使$l_{耗}$减小，直至$l_{耗} < l_{烧结}$为止。

$l_{烧结}$与电极糊种类、质量、炉顶温度等因素有关。对于密闭式钛渣熔炼电炉，$l_{烧结}$一般为0.2～0.3m/d。

$l_{耗}$按式3-12计算：

$$l_{耗} = \frac{24P\cos\varphi k_2 q}{0.785 d_e^2 m \rho_{糊}} \tag{3-12}$$

式中 q——消耗1kW·h电能所需耗用电极糊的量，kg/(kW·h)，对于密闭式钛渣熔炼电炉，按经验数据，取0.013～0.015kg/(kW·h)；

$\cos\varphi$——电炉功率因数，取0.95；

k_2——工时利用系数，本计算为0.875；

$\rho_{糊}$——烧结后电极糊的假密度，kg/m^3，取1500kg/m^3；

d_e——电极直径，m；

m——电极根数。

(5) 圆形电炉电极的极心圆(即分布圆)直径 d'_e(cm)以及矩形电炉电极直线排列时的中心距 L_e(cm)按式3-13计算：

$$d'_e = L_e = k_e d_e \tag{3-13}$$

式中 k_e——极距系数，对于钛渣熔炼，取2.9~3.3。

(6) 矩形炉炉膛长度 L(m)和宽度 B(m)按经验公式3-14~式3-16计算：

对于三电极电炉： $$L=(12\sim13)d_e \tag{3-14}$$

对于六电极电炉： $$L=(19\sim21)d_e \tag{3-15}$$

炉宽： $$B=k_B d_e \tag{3-16}$$

式中 k_B——炉宽系数，一般取5~7。

(7) 圆形电炉的炉膛直径和高度。

圆形电炉炉膛直径(内径)d(cm)在沿高度无梯度差别的圆筒形炉情况下：

$$d = d'_e + (4.4 \sim 5.0)d_e \tag{3-17}$$

在炉子内衬结构如图3-1所示有梯度差别时，按如下公式计算。

熔炼区平均直径 d_{mean}：

$$d_{mean} = \frac{d_1 + d_2}{2} = \sqrt{\frac{P_f}{0.785 q_f}} \tag{3-18}$$

式中 P_f——所用炉子的功率，kV·A；

q_f——炉子的单位面积功率，kV·A/m^2，取340~380kV·A/m^2；

d_1，d_2——分别为熔炼区下部和上部的直径，mm，见图3-1，d_2/d_1 比值可取1.05。

气体区内径 d_3(mm)：

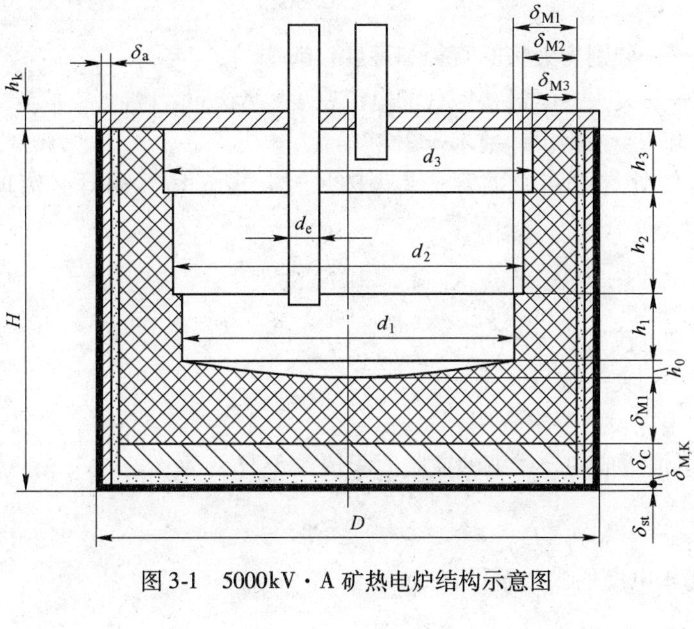

图3-1 5000kV·A矿热电炉结构示意图

$$d_3 = 1.05d_2 \tag{3-19}$$

从电极表面到炉子内壁的距离 a(mm)：

$$a = \frac{d_3}{2} - \left(\frac{d'_e}{2} + \frac{d_e}{2}\right) \tag{3-20}$$

炉料高度 $h_{料}$(mm)：

$$h_{料} = d'_e k'' \tag{3-21}$$

式中　k''——炉料高度与极心圆直径之比，一般取 2.11 ~2.15。

炉膛总高度 $h_{炉膛}$(mm)：

$$h_{炉膛} = h_0 + h_1 + h_2 + h_3 \tag{3-22}$$

式中　h_0，h_1，h_2，h_3——分别为炉膛底部、熔炼区下部、熔炼区上部和气体区的高度，mm。

电炉总高度 $H_{总高}$(mm)：

$$H_{总高} = \delta_{st} + \delta_{MK} + \delta_C + \delta_{M1} + h_{炉膛} + h_k \tag{3-23}$$

式中　h_k——炉盖厚度，mm；

δ_{st}，δ_{MK}，δ_C，δ_{M1}——分别为钢外壳、镁石粉层、耐火混凝土层和镁砖的厚度，mm。

(8) 炉料的单位容积功率 γ(kV · A/m^3)：

$$\gamma = P_f / V_m \tag{3-24}$$

式中　V_m——炉料的体积，m^3。

(9) 圆筒形电极夹头的表面积(cm^2)按式 3-25 计算：

$$D_{夹} H_{夹} = \frac{I_L}{0.86\pi\sigma'} \tag{3-25}$$

式中　$D_{夹}$，$H_{夹}$——分别为夹头的直径和高度，cm；

σ'——夹头—电极接触处的电流密度，A/cm^2。

夹头的 $D_{夹}$ 和 $H_{夹}$ 根据设计要求采用。

为了确定电缆处进电水冷铜管—夹头的尺寸，需先计算铜管必需的横截面积 A_{tube}(cm^2)：

$$A_{tube} = I_L / 6\delta_1 \tag{3-26}$$

式中　δ_1——允许电流密度，A/cm^2；

6——每相的夹头数目。

管子的尺寸根据设计要求选用。

(10) 用铜电缆组成的软线束的横截面积按式 3-27 计算：

$$A_2 = A_{ec} n_{ec} \tag{3-27}$$

式中　A_{ec}——每根电缆的横截面积，mm^2；

n_{ec}——软线束中的电缆数目。

再利用选定的软线束截面 A_2 对其电流密度(A/mm^2)进行校核:

$$\delta_{ec} = I_L / A_2 \tag{3-28}$$

(11) 冷却炉底所需空气量 V_{air}(kg/h):

$$V_{air} = Q_{底} / \bar{c}_{p,air}(t_2 - t_1) \tag{3-29}$$

式中 $Q_{底}$——炉底散热量,kJ/h 由热量平衡计算确定;

$\bar{c}_{p,air}$——空气在温度 t_2 与 t_1 之间的平均比热容,kJ/(kg·℃);

t_1,t_2——分别为冷却前、后空气的温度,℃。

在做热平衡计算时,要用到以下公式。

(12) 加热设备所需耗热量:

$$Q_{加热} = m\bar{c}_p(t_2 - t_1) \tag{3-30}$$

式中 t_1,t_2——分别为设备的初温和终温,℃;

$\bar{c}_p$——设备在 $t_1 \sim t_2$ 温度区间的平均比热容,kJ/(kg·℃)。

(13) 投入生产过程物料(即原料)带入的物理热 $Q_{物理,入}$(kJ/h):

$$Q_{物理,入} = \sum n_i (H_T^{\ominus} - H_{298}^{\ominus})_i = \sum m_i (H_T^{\ominus} - H_{298}^{\ominus})'_i \tag{3-31}$$

式中 n_i——第 i 组分的物质的量,kmol/h;

$(H_T^{\ominus} - H_{298}^{\ominus})_i$——$i$ 组分的摩尔相对焓,kJ/kmol;

m_i——i 组分的质量,kg/h;

$(H_T^{\ominus} - H_{298}^{\ominus})'_i$——$i$ 组分的质量相对焓,kJ/kg。

从热力学数据手册中查得的数据多半是以 cal 或 kcal 为单位,应将其换算成国际单位制。换算关系为:

$$1\text{cal} = 4.184\text{J};\ 1\text{kcal} = 4.184\text{kJ}$$

(14) 生产过程中产出物带走的物理热 $Q_{物理,出}$(kJ/h):

$$Q_{物理,出} = \sum n_j (H_T^{\ominus} - H_{298}^{\ominus})_j = \sum m_j (H_T^{\ominus} - H_{298}^{\ominus})'_j \tag{3-32}$$

式中各符号意义同式 3-31,只是产物组分用 j 表示而已。

(15) 298K 时的标准反应焓 $\Delta H_{r,298}^{\ominus}$(kJ/h)按式 3-33 计算:

$$\Delta H_{r,298}^{\ominus} = \sum n_j \Delta H_{f,298,j}^{\ominus} - \sum n_i \Delta H_{f,298,i}^{\ominus} \tag{3-33}$$

式中 $\Delta H_{f,298,i}^{\ominus}$,$\Delta H_{f,298,j}^{\ominus}$——分别表示反应物 i 和产物 j 在 298K 时的标准摩尔生成焓,MJ/kmol。

(16) 炉体设备向周围环境散失的热量(W·h)按传热方程式计算:

$$Q_{传热} = KA(t_2 - t_1)\tau \tag{3-34}$$

式中 K——传热系数,W/(m^2·K)或 W/(m^2·℃);

A——散热面积,m^2;

$t_2 - t_1$——内、外壁面间的温差,℃;

τ——散热时间，h。

（17）多层平面壁的传热系数 K（W/(m^2·℃)）：

$$K = \frac{1}{\frac{1}{\alpha_1} + \sum \frac{\delta}{\lambda} + \frac{1}{\alpha_2}} \tag{3-35}$$

式中　α_1，α_2——分别为炉气对炉壁的给热系数和炉外壁对周围环境的给热系数，W/(m^2·℃)；

δ——炉内衬各层的厚度（见图3-1），m；

λ——炉内衬各层材料的导热系数，W/(m·℃)；

$\frac{\delta}{\lambda}$——炉衬材料的热绝缘系数，m^2·℃/W。

（18）给热系数（W/(m^2·℃)）可用下列简式估计：

$$\alpha = 2.56\sqrt[4]{t_2 - t_1} \tag{3-36}$$

（19）经多层圆筒体壁的热损失（W）计算：

$$Q_{圆筒} = \frac{2.73(t_2 - t_1)h}{\frac{1}{\lambda_1}\lg\frac{d_2}{d_1} + \cdots + \frac{1}{\lambda_n}\lg\frac{d_{n+1}}{d_n}} \tag{3-37}$$

式中　h——圆筒形壁的高度（竖立时）或长度（水平放置时），m；

λ_1，…，λ_n——圆筒各层的导热系数，W/(m·℃)；

d_1，…，d_n——筒壁各层的内径和外径，m。

（20）经多层圆筒体壁及两个端面的热损失（W）：

$$Q'_{圆筒} = \frac{2.73(t_2 - t_1)h}{\frac{1}{\lambda_1}\lg\frac{d_2}{d_1} + \cdots + \frac{1}{\lambda_n}\lg\frac{d_{n+1}}{d_n}} + \frac{2A(t_2 - t_1)}{\sum \frac{\delta}{\lambda}} \tag{3-38}$$

式中　A——圆筒体端面的表面积，m^2。

（21）经炉底的热损失（kJ）：

$$Q_{炉底} = K_{炉底}A_{炉底}\tau_{炉底} \tag{3-39}$$

式中　$K_{炉底}$——经炉底损失热量的经验系数，kJ/(m^2·h)（查手册）；

$A_{炉底}$——炉底面积，m^2；

$\tau_{炉底}$——散热时间，h。

（22）经过炉壁的热损失（J）也可用下面的公式计算：

$$Q_{壁} = qA_{壁}\tau \tag{3-40}$$

式中　q——经单位面积的炉壁之热损失（查图3-2），W/m^2；

$A_{壁}$——炉壁表面积，m^2。

为了确定单位热损失 q，需先求出 $\sum \frac{\delta}{\lambda}$ 值，在已知炉内壁温度条件下，根据 $\sum \frac{\delta}{\lambda}$ 值查图3-2，得 q 值。

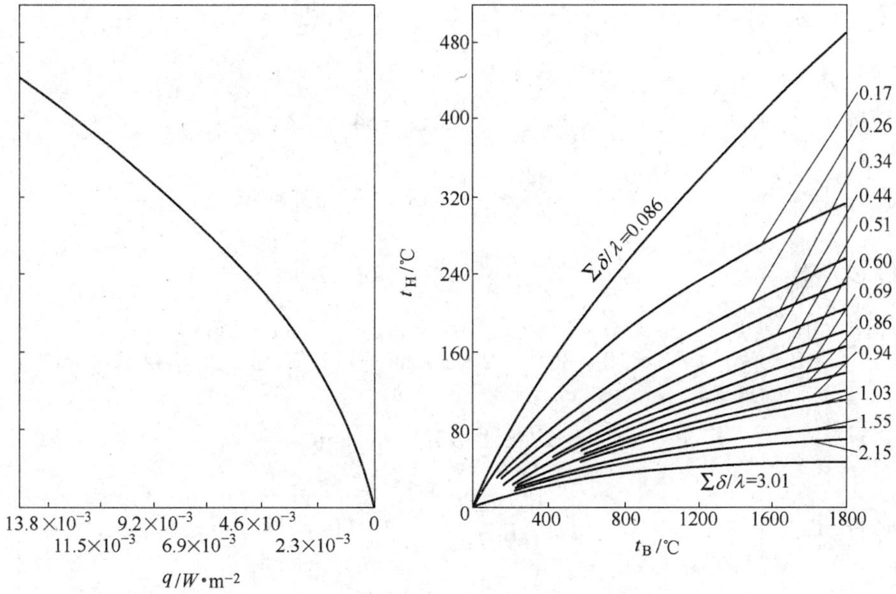

图 3-2 确定经炉壁单位面积热损失的曲线图

3.4 计算实例

【例 3-1】 以 1000kg 钛精矿为计算基准，对其钛渣熔炼过程作物料平衡计算。钛精矿和焦炭化学组成分别见表 3-1 和表 3-2。钛精矿中各组分还原成金属并进入生铁及磁性部分的氧化物数量见表 3-4。

表 3-4 钛精矿中各组分还原成金属并进入生铁和磁性部分的氧化物量

组 分	TiO_2	FeO	Fe_2O_3	SiO_2	MnO	V_2O_5	S	P
精矿中的含量(质量分数)/%	49.85	35.50	9.58	0.86	0.75	0.20	0.02	0.01
1000kg 精矿中的量/kg	498.5	355.00	95.80	8.60	7.50	2.0	0.20	0.10
还原成金属的还原率/%	3.5	92.0	99.0	7.5	6.0	48.0	100	100
被还原成金属的氧化物量/kg	17.45	326.60	94.84	0.65	0.45	0.96	0.2	0.1

【解】 (1) 首先计算还原剂焦炭的用量。

各组分被碳还原的化学反应式如下：

①反应

$$\begin{matrix} TiO_2 & + & 2C & = & Ti & + & 2CO \\ 79.9 & & 2\times12=24 & & 47.9 & & 2\times28=56 \\ 17.45 & & a_1 & & b_1 & & c_1 \end{matrix} \quad (3\text{-}Ⅰ)$$

耗 C 量 $$a_1=\frac{17.45}{79.9}\times24=5.24\text{kg}$$

生成 Ti 量 $$b_1=\frac{17.45}{79.9}\times47.9=10.46\text{kg}$$

生成 CO 量 $$c_1=\frac{17.45}{79.9}\times56=12.23\text{kg}$$

②反应

$$\begin{matrix} FeO & + & C & = & Fe & + & CO \\ 71.85 & & 12 & & 55.85 & & 28 \\ 326.60 & & a_2 & & b_2 & & c_2 \end{matrix} \quad (3\text{-}Ⅱ)$$

耗 C 量
$$a_2 = \frac{326.60}{71.85} \times 12 = 54.55\text{kg}$$

生成 Fe 量
$$b_2 = \frac{326.60}{71.85} \times 55.85 = 253.87\text{kg}$$

生成 CO 量
$$c_2 = \frac{326.60}{71.85} \times 28 = 127.28\text{kg}$$

③反应

$$\begin{matrix} Fe_2O_3 & + & 3C & = & 2Fe & + & 3CO \\ 159.7 & & 3 \times 12 = 36 & & 2 \times 55.85 = 111.7 & & 3 \times 28 = 84 \\ 94.84 & & a_3 & & b_3 & & c_3 \end{matrix} \quad (3\text{-}Ⅲ)$$

耗 C 量
$$a_3 = \frac{94.84}{159.7} \times 36 = 21.38\text{kg}$$

生成 Fe 量
$$b_3 = \frac{94.84}{159.7} \times 111.7 = 66.33\text{kg}$$

生成 CO 量
$$c_3 = \frac{94.84}{159.7} \times 84 = 49.88\text{kg}$$

④反应

$$\begin{matrix} SiO_2 & + & 2C & = & Si & + & 2CO \\ 60.1 & & 2 \times 12 = 24 & & 28.1 & & 2 \times 28 = 56 \\ 0.65 & & a_4 & & b_4 & & c_4 \end{matrix} \quad (3\text{-}Ⅳ)$$

耗 C 量
$$a_4 = \frac{0.65}{60.1} \times 24 = 0.26\text{kg}$$

生成 Si 量
$$b_4 = \frac{0.65}{60.1} \times 28.1 = 0.30\text{kg}$$

生成 CO 量
$$c_4 = \frac{0.65}{60.1} \times 56 = 0.61\text{kg}$$

⑤反应

$$\begin{matrix} MnO & + & C & = & Mn & + & CO \\ 70.94 & & 12 & & 54.94 & & 28 \\ 0.45 & & a_5 & & b_5 & & c_5 \end{matrix} \quad (3\text{-}Ⅴ)$$

耗 C 量
$$a_5 = \frac{0.45}{70.94} \times 12 = 0.076\text{kg}$$

生成 Mn 量
$$b_5 = \frac{0.45}{70.94} \times 54.94 = 0.35\text{kg}$$

生成 CO 量
$$c_5 = \frac{0.45}{70.94} \times 28 = 0.18\text{kg}$$

⑥反应

$$\begin{matrix} V_2O_5 & + & 5C & = & 2V & + & 5CO \\ 181.88 & & 5 \times 12 = 60 & & 2 \times 50.94 = 101.88 & & 5 \times 28 = 140 \\ 0.96 & & a_6 & & b_6 & & c_6 \end{matrix} \quad (3\text{-}Ⅵ)$$

耗 C 量
$$a_6 = \frac{0.96}{181.88} \times 60 = 0.32\text{kg}$$

生成 V 量
$$b_6 = \frac{0.96}{181.88} \times 101.88 = 0.54\text{kg}$$

生成 CO 量
$$c_6 = \frac{0.96}{181.88} \times 140 = 0.74\text{kg}$$

钛精矿中的 TiO_2 被还原成低价氧化钛(全部按 Ti_2O_3 计)进入钛渣的计算：

1000kg 钛精矿中有 $TiO_2$498.50kg，在钛渣中的分布率为 94%，分布量为：498.50 × 0.94 = 468.59kg。其中有 35% 被还原成 Ti_2O_3 进入钛渣，即被还原的 TiO_2 量为：468.59 × 0.35 = 164.01kg；未被还原的 TiO_2 量为：468.59 × 0.65 = 304.58kg。

⑦反应

$$\begin{matrix} 2TiO_2 & + & C & = & Ti_2O_3 & + & CO \\ 2\times 79.9 & & 12 & & 143.8 & & 28 \\ 164.01 & & a_7 & & b_7 & & c_7 \end{matrix} \qquad (3\text{-VII})$$

耗 C 量 $a_7 = \dfrac{164.01}{159.8} \times 12 = 12.32\text{kg}$

生成 Ti_2O_3 量 $b_7 = \dfrac{164.01}{159.8} \times 143.8 = 147.59\text{kg}$

生成 CO 量 $c_7 = \dfrac{164.01}{159.8} \times 28 = 28.74\text{kg}$

这样，还原钛精矿中各种组分的总耗碳量为：

$$C_R = \sum_{i=1}^{7} a_i = 5.24 + 54.55 + 21.38 + 0.26 + 0.076 + 0.32 + 12.32 = 94.15\text{kg}$$

生铁渗碳需碳量：

$$C_{渗} = (b_2 + b_3) \times 2\% = (253.87 + 66.33) \times 2\% = 6.40\text{kg}$$

于是，碳的理论总耗量为：

$$C_T = C_R + C_{渗} = 94.15 + 6.40 = 100.55\text{kg}$$

进一步确定所需焦炭的量：根据攀钢实际，选用表 3-2 中的 1 号焦。还原 1000kg 钛精矿需 1 号焦量为：

$$G_{焦,矿} = 100.55/0.8644 = 116.32\text{kg}$$

焦炭含灰分 0.82%，灰分量为：116.32 × 0.82% = 0.95kg。

灰分中含 Fe_2O_3 5%，Fe_2O_3 量为：0.95 × 0.05 = 0.048kg；

灰分中含 SiO_2 60%，SiO_2 量为：0.95 × 0.6 = 0.57kg；

灰分中含 Al_2O_3 30%，Al_2O_3 量为：0.95 × 0.3 = 0.29kg；

灰分中含 CaO 5%，CaO 量为：0.95 × 0.05 = 0.048kg。

灰分中的 SiO_2 有 70% 被还原成金属 Si，被还原的 SiO_2 量为：0.57 × 0.7 = 0.40kg，按式 3-Ⅳ计算。

⑧反应

$$\begin{matrix} SiO_2 & + & 2C & = & Si & + & 2CO \\ 60.1 & & 2\times 12 = 24 & & 28.1 & & 2\times 28 = 56 \\ 0.40 & & a_8 & & b_8 & & c_8 \end{matrix} \qquad (3\text{-IV})$$

耗 C 量 $a_8 = \dfrac{0.40}{60.1} \times 24 = 0.16\text{kg}$

生成 Si 量 $b_8 = \dfrac{0.40}{60.1} \times 28.1 = 0.19\text{kg}$

生成 CO 量 $c_8 = \dfrac{0.40}{60.1} \times 56 = 0.37\text{kg}$

灰分中未被还原的 SiO_2 量为：0.57 − 0.40 = 0.17kg，进入粉尘。

⑨ 灰分中 $Fe_2O_3$100%(0.048kg)被还原成金属 Fe 进入生铁及磁选物中，按反应式 3-Ⅲ计算：

$$\begin{matrix} Fe_2O_3 + & 3C & = & 2Fe & + & 3CO \\ 159.7 & 3\times12=36 & & 2\times55.85=111.7 & & 3\times28=84 \\ 0.048 & a_9 & & b_9 & & c_9 \end{matrix} \quad (3\text{-}Ⅲ)$$

耗 C 量　　$a_9 = \dfrac{0.048}{159.7} \times 36 = 0.011\text{kg}$

生成 Fe 量　　$b_9 = \dfrac{0.048}{159.7} \times 111.7 = 0.034\text{kg}$

生成 CO 量　　$c_9 = \dfrac{0.048}{159.7} \times 84 = 0.025\text{kg}$

还原焦炭中 SiO_2 和 Fe_2O_3 耗 C 量为：

$$a_{C,灰分} = a_8 + a_9 = 0.16 + 0.011 = 0.17\text{kg}$$

1 号焦含 C 量 86.44%，则还原灰分中各组分需焦量为：

$$G_{焦,灰分} = 0.17/0.8644 = 0.20\text{kg}$$

因此，还原 1000kg 钛精矿所需焦炭总量为：

$$G_{焦,总} = G_{焦,矿} + G_{焦,灰分} = 116.32 + 0.20 = 116.52\text{kg}$$

由上面的计算，炉料的配料比按：

钛精矿	1000kg	占 89.56%
1 号焦	116.52kg	占 10.44%
合计	1116.52kg	100%

（2）下面计算生铁和磁选物部分的数量和组成。

把从钛精矿和焦炭灰分中还原出来并进入生铁和磁性部分中的各组分数量累加起来，再考虑渗碳量，确定出生铁和磁性部分的数量和组成。在所得总量中，商品铁和磁性部分占 99%，机械损失占 1%。计算结果见表 3-5。

表 3-5　含磁选物在内的商品生铁（半钢）的数量及损失

成 分	生铁及磁选部分的数量及组成		商品生铁和磁性部分质量/kg	损失部分质量/kg
	质量/kg	质量分数/%		
Fe	$b_2 + b_3 + b_9 = 253.87 + 66.33 + 0.034 = 320.23$	94.56	317.03	3.20
Mn	$b_5 = 0.35$	0.10	0.3465	0.0035
Ti	$b_1 = 10.46$	3.09	10.36	0.10
Si	$b_4 + b_8 = 0.30 + 0.19 = 0.49$	0.14	0.4851	0.0049
V	$b_6 = 0.54$	0.16	0.5436	0.0054
C	$C_{渗} = 6.40$	1.89	6.336	0.064
S	0.20	0.059	0.198	0.002
P	0.10	0.030	0.099	0.001
合 计	338.77	100	335.40	3.38

（3）再计算钛渣数量和组成。

将进入钛渣中的精矿里的氧化物和焦炭中灰分的氧化物数量加以累计，确定出钛渣的数量和组成。商品钛渣占 98.5%，机械损失占 1.5%。见表 3-6。

表 3-6 钛渣的数量组成及损失

成 分	钛渣的数量及组成		商品钛渣量/kg	损失渣量/kg
	质量/kg	质量分数/%		
TiO_2	$498.50\times0.94\times0.65=304.58$	57.97	300.01	4.57
$Ti_2O_3$①	$b_7=147.59$	28.09	145.38	2.21
SiO_2	$8.6\times0.92+0.17=7.90+0.17=8.08$	1.54	7.96	0.12
Al_2O_3	$20\times0.99+0.29=19.80+0.17=20.09$	3.82	19.79	0.30
V_2O_5	$2\times0.5=1.00$	0.19	0.985	0.015
MnO	$7.5\times0.93=6.98$	1.33	6.88	0.10
MgO	$9.9\times0.99=9.80$	1.87	9.65	0.15
CaO	$2.4\times0.99+0.048=2.376+0.048=2.42$	0.46	2.384	0.036
FeO	$355\times0.07=24.85$	4.73	24.48	0.37
合 计	525.39	100	517.52	7.87

① 147.59kg Ti_2O_3 折合成 TiO_2 量：$\frac{2\times79.9}{143.8}\times147.59=164.01$kg，则钛渣中 $\sum TiO_2=304.58+164.01=468.59$kg，在钛渣中的含量为：$\frac{468.59}{525.39}\times100\%=89.19\%$。

(4) 炉气数量和组成的计算。

首先计算出燃烧石墨电极和焦炭挥发分(以 CH_4 计)所需 O_2 量和空气量。

因石墨电极单耗为30kg/t 钛渣，由表3-6可知，熔炼处理1000kg 钛精矿，产出钛渣量为525.39kg，则电极耗量为：$\frac{30}{1000}\times525.39=15.76$kg。

熔炼钛渣时，石墨电极碳和焦炭中的挥发分(CH_4)被烧掉，它们并不参与还原反应。

⑩反应

$$\begin{matrix} C & + & 0.5O_2 & = & CO \\ 12 & & 0.5\times32=16 & & 28 \\ 15.76 & & b_{10} & & c_{10} \end{matrix} \qquad (3\text{-}\mathrm{VIII})$$

耗 O_2 量 $$b_{10}=\frac{15.76}{12}\times16=21.01\text{kg}$$

生成 CO 量 $$c_{10}=\frac{15.76}{12}\times28=36.77\text{kg}$$

⑪反应

$$\begin{matrix} CH_4 & + & 1.5O_2 & = & CO & + & 2H_2O \\ 16 & & 1.5\times32=48 & & 28 & & 2\times18=36 \\ 116.52\times8.97\%=10.45 & & b_{11} & & c_{11} & & d_{11} \end{matrix} \qquad (3\text{-}\mathrm{IX})$$

耗 O_2 量 $$b_{11}=\frac{10.45}{16}\times48=31.35\text{kg}$$

生成 CO 量 $$c_{11}=\frac{10.45}{16}\times28=18.29\text{kg}$$

生成 H_2O 量 $$d_{11}=\frac{10.45}{16}\times36=23.51\text{kg}$$

因此，燃烧电极碳和焦炭中挥发分所需 O_2 量为：

$$G_{O_2}=b_{10}+b_{11}=21.01+31.35=52.36\text{kg}$$

随此 O_2 量由空气带入的 N_2 量为：

$$G_{N_2} = \frac{76.7}{23.3} \times 52.36 = 172.36\text{kg}$$

燃烧碳和挥发分用空气量：

$$G_{空气} = G_{O_2} + G_{N_2} = 52.36 + 172.36 = 224.72\text{kg}$$

再计算熔炼处理 1000kg 钛精矿所产生炉气的数量和组成。

CO 量：

$$G_{CO} = \sum c_i = 12.23 + 127.28 + 49.88 + 0.61 + 0.18 + 0.74 + 28.74 + 0.37 + 0.025 + 36.77 + 18.29 = 275.12\text{kg}$$

H_2O 量：

$$G_{H_2O} = 116.52 \times 3.77\% + 23.51 = 27.90\text{kg}$$

N_2 量：

$$G_{N_2} = 172.36\text{kg}$$

计算结果见表 3-7。

表 3-7　电炉气的数量和组成

组　分	CO	H_2O	N_2	合　计
质量/kg	275.12	27.90	172.36	475.38
质量分数/%	57.87	5.87	36.26	100
体积(标态)/m^3	220.10	34.72	137.89	392.71
体积分数/%	56.05	8.84	35.11	100

（5）进入粉尘中氧化物数量和粉尘的组成计算。

TiO_2 量：　$G_{TiO_2,尘} = 498.5 \times 2.5\% = 12.46\text{kg}$；

SiO_2 量：　$G_{SiO_2,尘} = 8.6 \times 0.5\% + 0.17 = 0.21\text{kg}$；

MgO 量：　$G_{MgO,尘} = 9.9 \times 1\% = 0.099\text{kg}$；

FeO 量：　$G_{FeO,尘} = 355 \times 1\% = 3.55\text{kg}$；

Fe_2O_3 量：$G_{Fe_2O_3,尘} = 95.8 \times 1\% = 0.96\text{kg}$；

Al_2O_3 量：$G_{Al_2O_3,尘} = 20 \times 1\% = 0.20\text{kg}$；

MnO 量：　$G_{MnO,尘} = 7.5 \times 1\% = 0.075\text{kg}$；

CaO 量：　$G_{CaO,尘} = 2.4 \times 1\% = 0.024\text{kg}$；

V_2O_5 量：$G_{V_2O_5,尘} = 2.0 \times 2\% = 0.04\text{kg}$。

计算结果见表 3-8。

表 3-8　粉尘的数量和组成

组　分	TiO_2	SiO_2	MgO	CaO	MnO	FeO	Fe_2O_3	Al_2O_3	V_2O_5	合计
质量/kg	12.46	0.21	0.10	0.024	0.075	3.55	0.96	0.20	0.04	17.62
组成质量分数/%	70.72	1.19	0.57	0.14	0.43	20.15	5.45	1.14	0.23	100

根据以上计算结果，编制钛渣熔炼的物料平衡表，见表 3-9，并作物料平衡图如图3-3所示。

表 3-9 钛渣熔炼的物料平衡(基准：1000kg 钛精矿)

收 入

收入项目	数量和组成 质量/kg	组成(质量分数)/%
(1) 精矿	1000.00	100.0
其中：TiO_2	498.50	49.85
FeO	355.00	35.50
Fe_2O_3	95.80	9.58
SiO_2	8.60	0.86
Al_2O_3	20.00	2.00
MgO	9.90	0.99
CaO	2.40	0.24
MnO	7.50	0.75
V_2O_5	2.00	0.02
S	0.2	0.02
P	0.1	0.01
(2) 1号焦	116.52	100
其中：固定碳	100.72	86.44
挥发分	10.45	8.97
灰分	0.96	0.82
水分	4.39	3.77
灰分中Fe_2O_3	0.048	5
SiO_2	0.576	60
Al_2O_3	0.288	30
CaO	0.048	5
(3) 石墨电极(以100%C计)	15.76	100.0
(4) 空气	224.72	100.0
其中：N_2	172.36	76.7
O_2	52.36	23.3

支 出

支出项目	数量和组成 质量/kg	组成(质量分数)/%	
(1) 商品生铁及磁性部分	355.40	100.0	
其中：Fe	317.03	94.56	
Ti	10.36	3.09	
Mn	0.35	0.10	
Si	0.49	0.14	
C	6.34	1.89	
V	0.54	0.16	
S	0.20	0.059	
P	0.10	0.030	
(2) 生铁及磁性部分的损失	3.40	100.0	
其中：Fe	3.20	94.56	
Ti	0.10	3.09	
Mn	0.0035	0.10	
Si	0.0049	0.14	
C	0.064	1.89	
V	0.0054	0.16	
S	0.002	0.059	
P	0.001	0.030	
(3) 商品钛渣	517.52	100.0	
其中：TiO_2	300.01	57.97	$\Sigma TiO_2=89.19\%$
Ti_2O_3	145.38(折合成TiO_2 164.01)	28.09	
SiO_2	7.96	1.54	
Al_2O_3	19.79	3.82	
V_2O_5	0.985	0.19	
MnO	6.88	1.33	
MgO	9.65	1.87	
CaO	2.384	0.46	
FeO	24.48	4.73	
(4) 钛渣损失	7.87	100	
其中：TiO_2	4.57	57.97	
Ti_2O_3	2.21	28.09	
SiO_2	0.12	1.54	
Al_2O_3	0.30	3.82	
V_2O_5	0.015	0.19	
MnO	0.10	1.33	
MgO	0.15	1.87	
CaO	0.036	0.46	
FeO	0.37	4.73	
(5) 粉尘	17.62	100.0	
其中：TiO_2	12.46	70.72	
SiO_2	0.21	1.19	
MgO	0.10	0.57	
FeO	3.55	20.15	
Fe_2O_3	0.96	5.45	

平衡差 0.19kg

合计 1357.19kg

平衡差：1357.19 − 1357.00 = 0.19kg

$$\frac{0.19}{1357.19}\times100\%=0.014\%$$

平衡差很小，完全在允许误差范围内

续表 3-9

收　入			支　出		
收入项目	数量和组成		支出项目	数量和组成	
	质量/%	组成（质量分数）/%		质量/%	组成（质量分数）/%
			Al_2O_3	0.20	1.14
平衡差　0.19kg			MnO	0.075	0.43
合　计　1357.19kg			CaO	0.024	0.14
平衡差　1357.19 − 1357.00 = 0.19kg			V_2O_5	0.04	0.23
$\frac{0.19}{1357.19}\times 100\% = 0.014\%$			（6）炉气	475.38	100.0
平衡差很小，完全在允许误差范围内			其中：CO	275.12	57.87
			H_2O	27.90	5.87
			N_2	172.36	36.26
			合　计	1357.19	

【例 3-2】　试计算熔炼 12423.65t/a 钛渣的生产过程和电炉（此钛渣量可供年产 5000t/a 商品海绵钛用）。

【解】　（1）日物料流量和 Ti 平衡计算。由物料平衡知（见例 3-1 中表 3-9），生产商品钛渣 517.52kg，需钛精矿（含 TiO_2 49.85%）1000kg。而由有价成分平衡计算知（参见第 2 章），生产 1000kg 等级海绵钛，需配料中钛渣含有金属 Ti 量 1328.57kg，折合成 TiO_2 量：$\frac{79.9}{47.9}\times 1328.57 = 2216.13$kg，钛渣含 $\sum TiO_2$ 89.19%，则合钛渣量：2216.3/0.8919 = 2484.73kg。供电炉熔炼的配料中钛精矿量应为：

$$\frac{1000}{517.52}\times 2484.73 = 4801.23\text{kg}$$

生产 1000kg（1t）海绵钛需钛渣量：2484.73kg；配料中钛精矿量：4801.23kg。则生产 5000t/a 海绵钛需钛渣量：12423.65t；配料中钛精矿量：24006.15t。

取电炉年生产日 330 日，检修时间 35 日。则日处理配料中钛精矿量为：

$$24006.15/330 = 72.75\text{t} = 72745.90\text{kg}$$

日耗焦量：

$$\frac{116.52}{1000}\times 72745.90 = 8476.35\text{kg}\approx 8.48\text{t}$$

日耗石墨电极：

$$\frac{15.76}{1000}\times 72745.90 = 1146.48\text{kg}\approx 1.15\text{t}$$

日耗空气量：

$$\frac{224.72}{1000}\times 72745.90 = 16347.46\text{kg}\approx 16.35\text{t}$$

在这种情况下，日产商品钛渣量：

$$\frac{517.52}{1000}\times 72745.90 = 37647.46\text{kg}（或 12423.65/330 = 37.65\text{t}）$$

日产生铁和磁选物：

$$\frac{335.40}{1000}\times 72745.90 = 24398.97\text{kg}$$

日产炉气量：

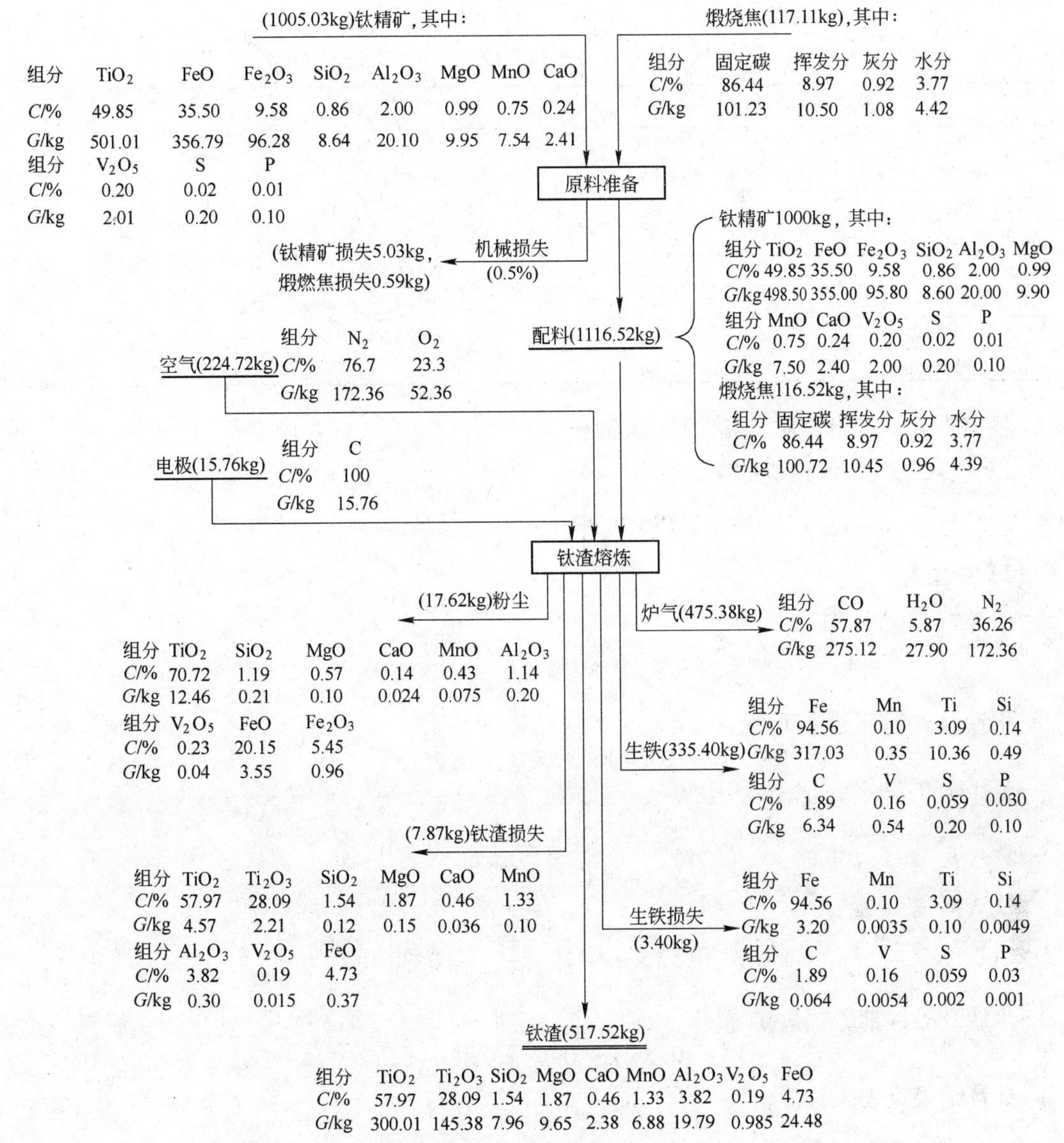

图 3-3 钛渣熔炼物料平衡图(基准：配料中钛精矿 1000kg)

$$\frac{475.38}{1000} \times 72745.90 = 34581.95\text{kg}$$

日产粉尘量：

$$\frac{17.62}{1000} \times 72745.90 = 1281.78\text{kg}$$

日损失钛渣量：

$$\frac{7.87}{1000} \times 72745.90 = 572.51\text{kg}$$

日损失生铁及磁选物量：

$$\frac{3.40}{1000} \times 72745.90 = 247.34\text{kg}$$

日产商品钛渣 37.65t 的昼夜物料流量见表 3-10。

表 3-10　钛渣熔炼作业的日物流量(日产钛渣 37.65t)

日 投 入		日 产 出	
投入项目	质量/t	产出项目	质量/t
(1) 精矿	72.75	(1) 商品钛渣	37.65
(2) 焦炭	8.48	(2) 生铁及磁选物	24.40
(3) 石墨电极	1.15	(3) 炉气	34.58
(4) 空气	16.35	(4) 钛渣损失	0.57
		(5) 生铁及磁选物损失	0.25
平衡差	0.02	(6) 粉尘损失	1.28
合　计	98.73	合　计	98.73

昼夜投入、产出金属 Ti 量的计算如下：

1）收入配料中钛精矿的 Ti 量：

$$72.75\times0.4985\times\frac{47.9}{79.9}=21.74\text{t}$$

2）产出有：

商品钛渣中 Ti 量：

$$37.65\times0.8919\times\frac{47.9}{79.9}=20.13\text{t}$$

生铁及磁性部分中 Ti 量：

$$24.40\times3.09\%=0.75\text{t}$$

粉尘中 Ti 量：

$$1.28\times0.7012\times\frac{47.9}{79.9}=0.54\text{t}$$

钛渣损失 Ti 量：

$$0.57\times0.8919\times\frac{47.9}{79.9}=0.30\text{t}$$

生铁及磁性部分损失 Ti 量：

$$0.25\times3.09\%=0.0077\text{t}$$

计算结果见表 3-11。

表 3-11　钛渣熔炼作业金属 Ti 的日平衡

收　入			支　出		
收入项目	数量和组成		支出项目	数量和组成	
	质量/t·d^{-1}	组成(质量分数)/%		质量/t·d^{-1}	组成(质量分数)/%
钛精矿中 Ti	21.74	100.0	(1) 商品钛渣中 Ti	20.13	92.60
			(2) 生铁及磁性部分中 Ti	0.75	3.47
			(3) 粉尘中 Ti	0.54	2.50
			(4) 钛渣损失 Ti	0.30	1.39
			(5) 生铁及磁性部分损失 Ti	0.0077	0.036
合　计	21.74	100.0	合　计	21.73	100

平衡差：$\frac{21.74-21.73}{21.74}\times100\%=0.05\%$，极小，在允许误差范围内，计算正确。

（2）矿热电炉的计算。选用三相三电极密闭式电炉，炉功率 5MV·A(5000kV·A)，炉产能 40t/d 钛渣。年检修时间 35 日，年操作日按式 3-2 计算：

$$\tau=365-35=330\text{d/a}$$

为保证年产 12423.65t/a 钛渣(含 $\sum TiO_2$ 89.19%)任务的完成，需电炉台数，按式 3-1 计算：

$$n=\frac{12423.65}{40\times330}=0.94\text{ 台}$$

取定为 1 台。

1 台 5000kV·A 电炉的实际产能为 40 × 330 = 13200t/a > 12423.65t/a，所以，1 台 5000kV·A 电炉完全能满足生产要求。

密闭电炉熔炼钛渣时的电能单耗取 2300kW·h/t 钛渣，电炉功率因数取 0.95，变压器功率因数取 $k_1=0.93$，变压器工时利用系数取 $k_2=0.875$。则电炉变压器功率 P 按式3-3 计算：

$$P=40\times2300/(24\times0.93\times0.875\times0.95)=4958.63\text{kV}\cdot\text{A}$$

1 台电炉配置 1 台三相变压器，查变压器产品目录，选用型号为 SL_7-5000/6(油浸自冷式三相变压器，铝线绕组，额定容量 5000kV·A，高压端绕组额定线电压 6kV)的三相变压器。三相变压器有三个原绕组和三个副绕组，其铁芯有三个芯柱，每相的原、副绕组同心地缠绕在一个芯柱上。高压绕组(原绕组)首端用 A、B、C，末端用 X、Y、Z 标示；低压绕组(副绕组)的首端用 a、b、c，末端用 x、y、z 标示，如图 3-4*a* 所示。

三相变压器的高、低压绕组可以接成星形(Y)或三角形(△)，如果绕组接成 Y 形，其每相绕组的端电压就是相电压(等于 $1/\sqrt{3}$线电压)，这样可以降低绕组的绝缘要求；如果绕组接成△，其绕组中电流只有线电流的 $1/\sqrt{3}$，当输出一定的线电流时，绕组导线的截面可以减小。炉用变压器三相原、副绕组的连接方式有 Y/Y_0 和 Y/△两种，如图 3-4*b*、*c* 所示。其中分数的分子表示高压绕组接法，分母表示低压绕组接法。Y_0 表示接成 Y 形，并从中性点引出中性线。Y/Y_0 接法用于给三相四线制电路供电的配电变压器，高压不超

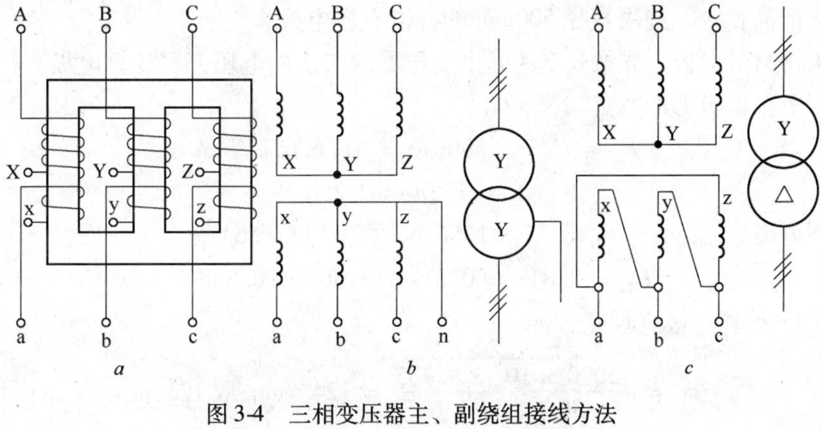

图 3-4 三相变压器主、副绕组接线方法

a—铁芯和绕组；*b*—Y/Y_0 接法；*c*—Y/△接法

过35kV，低压为400/230V，容量一般不超过1800kV · A。Y/△接法常用于高压为35 kV，低压为3～10 kV的变压器，其最大用量为5600 kV · A。

在矿热电炉中，三根电极与变压器低压端(副绕组)首端a、b、c的连接方式有Y/Y、Y/△、△/△三种。钛渣熔炼矿热炉以后两种接法为主。图3-5表示三极电炉的三根电极与三相变压器副绕组三相首端的具体连接方法。低压端电流强度为21.6kA。

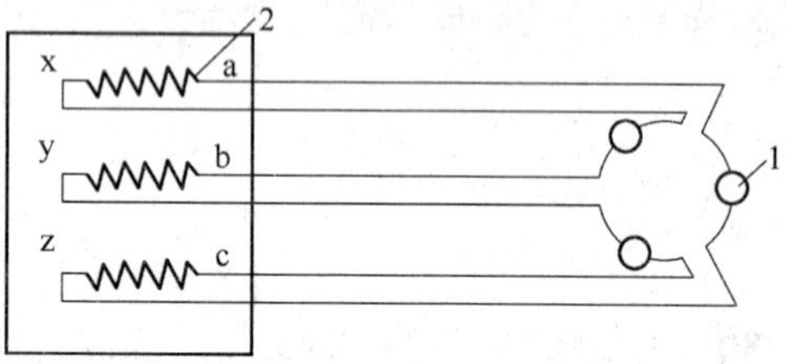

图3-5　三极电炉电极三角形排列
1—电极；2—炉用变压器

石墨电极的电阻率 $\rho_t = 10\Omega \cdot m$，材料系数 $k' = 0.845 W/cm^2$，电极直径 d_e 按式3-9计算：

$$d_e = \sqrt[3]{\frac{0.406 \times 21600 \times 10}{0.845}} = 47cm$$

商品电极无此规格的尺寸，取近似尺寸，即直径50cm。此时，其横截面积 $A_e = 0.785 \times 50^2 = 1962.5cm^2$，所选电极的实际电流密度按式3-10计算：

$$\delta = 21600/1962.5 = 11A/cm^2$$

在允许值 $11 \sim 28A/cm^2$ 范围的低限值，是十分安全的。

电极直径 d_e 也可按下列公式计算：

变压器二次侧电压 V_L 按式3-4计算：

$$V_L = 17 \times \left(\frac{5000}{3}\right)^{0.256} = 113.56V$$

电极最大电流 I_{max} 按式3-7计算：

$$I_{max} = \frac{5000 \times 10^3}{\sqrt{3} \times 113.56} = 25419.77A$$

取电极横截面允许电流密度 $j = 15A/cm^2$，按式3-5计算 d_e：

$$d_e = \sqrt{\frac{25419.77}{0.785 \times 15}} = 46.46cm \approx 47cm$$

计算结果与前面完全一致。

查电极产品目录，选用直径500mm的标准石墨电极。

如果采用自焙电极，先按式3-4算出变压器的二次侧电压，再计算电极直径 d_e。

分配到每根电极上的额定功率：

$$P_e = P/3 = 5000/3 = 1666.67kV \cdot A$$

取　$K = 17, n = 0.256$

二次侧电压：　$V_L = 17 \times 1666.67^{0.256} = 113.56V$

又　$U_2 = 0.8V_L = 0.8 \times 113.56 = 90.848V$

按式3-11计算电极直径 d_e：

$$d_e = \sqrt{\frac{5000 \times 10^3 \times 0.735}{90.848 \times 2.6}} = 124.7cm，取125cm$$

按式3-12进行校核：

$$l_{耗} = \frac{24 \times 5000 \times 0.95 \times 0.835 \times 0.014}{0.785 \times 1.25^2 \times 3 \times 1500} = 0.25\text{m/d}$$

$l_{耗}$ 刚好等于 $l_{烧结}$的低限。自焙电极取1.25m符合要求。

当然，在用自焙电极时，电极直径比石墨电极大很多，相应的，d'_e、炉子尺寸等都会改变。

下面的计算是按 ϕ500mm 的石墨电极进行的。

电极的极心圆直径(取极距系数3.1)按式3-13计算：

$$d'_e = 3.1 \times 50 = 155\text{cm} = 1550\text{mm}$$

内膛尺寸计算参见图3-1。

电炉熔炼区的炉膛直径，根据单位面积功率 $q_f = 340 \sim 380\text{kV} \cdot \text{A/m}^2$，对于密闭式电炉，这里取平均值 $360\text{kV} \cdot \text{A/m}^2$，则熔炼区炉膛平均直径按式3-18计算：

$$d_{mean} = \frac{d_1 + d_2}{2} = \sqrt{\frac{5000}{0.785 \times 360}} = 4.206\text{m} = 420.6\text{cm}$$

熔炼区上、下部直径之比，取 $d_2/d_1 = 1.05$，则求得

$$d_1 = 410.34\text{cm} = 4103\text{mm}; d_2 = 4308\text{mm}$$

电炉气体区炉膛直径按式3-19计算：

$$d_3 = 1.05 \times 4308 = 4523\text{mm}$$

从电极到炉壁的距离，按式3-20计算：

$$a = \frac{4523}{2} - \left(\frac{1550}{2} + \frac{500}{2}\right) = \frac{1}{2} \times (4523 - 1550 - 500) = 1236.5\text{mm}$$

炉料高度 h 参照铁合金电炉所用条件确定，按式3-21计算：

$$h = (2.11 \sim 2.15)d'_e$$

本计算取中值2.13。因此：

$$h = 2.13 \times 1550 = 3301.5\text{mm}$$

炉膛高度沿炉子各区的分布(见图3-6)如下：

炉膛底部高度：$h_0 = 200\text{mm}$；

下部熔炼区高度：$h_1 = 900\text{mm}$；

上部熔炼区高度：$h_2 = 1340\text{mm}$；

气体区高度：$h_3 = 861.5\text{mm}$；

合计，炉膛总高度：$h_{炉膛} = 3301.5\text{mm}$。

水冷却混凝土盖厚度：$h_k = 140\text{mm}$；

熔炼区下部侧壁和炉底镁砖砌体厚度：$\delta_{M1} = 920\text{mm}$；

熔炼区上部侧壁镁砖砌体厚度：$\delta_{M2} = 805\text{mm}$；

气体区侧壁镁砖砌体厚度：$\delta_{M3} = 690\text{mm}$；

炉底耐火混凝土层厚度：$\delta_C = 460\text{mm}$；

镁石层厚度：$\delta_{MK} = 40\text{mm}$；

石棉层厚度：$\delta_a = 10\text{mm}$；

钢壳层厚度：$\delta_{st} = 20\text{mm}$。

电炉总高度，按式3-23计算：

$$H_{总高} = 20 + 40 + 460 + 920 + 3301.5 + 140 = 4881.5\text{mm}$$

电炉外径：

$$D = 4103 + (920 + 40 + 10 + 20) \times 2 = 6110\text{mm}$$

炉料的体积等于三个圆柱体和一个球缺体积的总和：

$$V_m = \frac{\pi}{2}h_0\left[\left(\frac{d_1}{2}\right)^2 + \frac{h_0^2}{3}\right] + 0.785 \times (d_1^2h_1 + d_2^2h_2 + d_3^2h_3)$$

$$= \frac{3.14}{2} \times 0.2 \times \left[\left(\frac{4.103}{2}\right)^2 + \frac{0.2^2}{3}\right] + 0.785 \times (4.103^2 \times 0.9 + 4.308^2 \times 1.34 + 4.523^2 \times 0.8615) = 1.33 + 11.89 + 19.52 + 13.83 = 46.57\text{m}^3$$

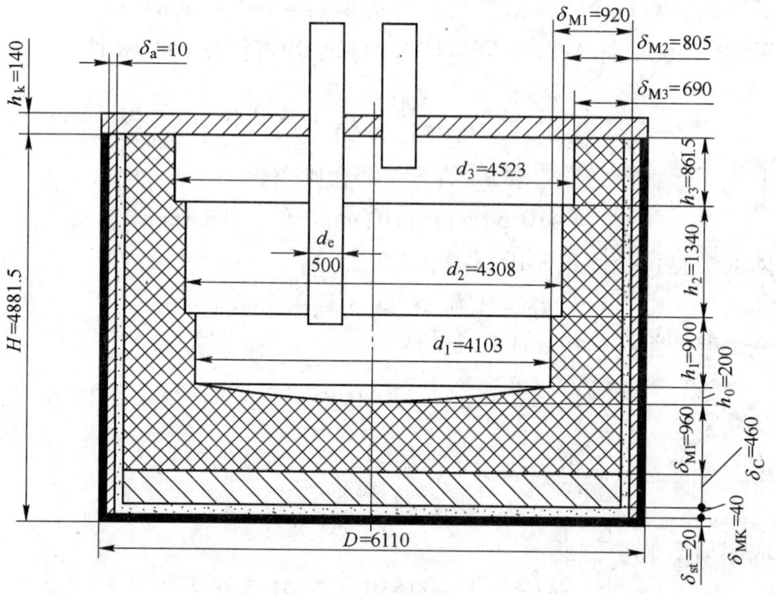

图3-6　根据计算结果画出的5000kV · A电炉尺寸结构示意图

炉料的单位容积功率按式3-24计算：

$$\gamma = 5000/46.57 = 107.37\text{kV}\cdot\text{A/m}^3$$

矿热电炉短线路计算如下：

1）电极导电夹头(铜瓦)尺寸计算：夹头为圆柱形，夹头—电极接触处的电流密度$\delta = 1.6\text{A/cm}^2$，夹头的表面积按式3-25计算：

$$\pi DH = 21600/(1.6 \times 0.86)$$

$$DH = 21600/(3.14 \times 1.6 \times 0.86) = 5000\text{cm}^2$$

夹头尺寸取：$D = H = 70\text{cm}$，实际$DH = 70 \times 70 = 4900\text{cm}^2$。

2）软电缆—夹头处进电水冷铜管尺寸的确定：允许电流密度$\delta_1 = 2\text{A/cm}^2$，每相夹头数为6，则铜管横截面积按式3-26计算：

$$A_{tube} = 21600/(2 \times 6) = 1800\text{mm}^2$$

管子尺寸采用60mm×30mm的矩形断面管。

3）软线束用铜软裸线组成，截面500mm^2，采用20根长2m的软线，这时软线的截面积：

$$A_2 = 20 \times 500 = 10000\text{mm}^2$$

对所选截面进行校核，其电流密度：

$$\delta = 21600/10000 = 2.16\text{A/mm}^2$$

与允许电流密度基本相等。

(3) 矿热电炉的热平衡计算。计算基准：时间取1h，温度取298K。

按表3-9，1000kg钛精矿熔炼产出商品钛渣517.52kg。

炉产能 $G_{炉} = 40\text{t/d} = 40\text{t/24h} = 1.67\text{t/h}$ 钛渣。

则1h应熔炼处理钛精矿量为：

$$\frac{1000}{517.52} \times 1.67 = 3.22693\text{t} \approx 3.23\text{t} = 3226.93\text{kg}$$

热收入项目：

1) 设炉料进炉温度为常温25℃(298K)，带入物理热为0；

2) 设空气温度也为298K，带入物理热也为0；

3) 石墨电极燃烧放热量：

$$\begin{array}{llll} \text{反应} & C + 0.5O_2 & = & CO \\ \Delta H^{\ominus}_{f,298}(\text{kcal/mol}) & 0 \quad\; 0 & & -26.42 \end{array} \tag{3-Ⅷ}$$

$$\begin{aligned}\Delta H^{\ominus}_{r,298} = \Delta H^{\ominus}_{f,298} &= -26.42\text{kcal/mol} = -26.42 \times 4.184 \times 10^3 \\ &= -110.54 \times 10^3\text{kJ/kmol} = -110.54 \times 10^3/12 \\ &= -9211.77\text{kJ/kgC}\end{aligned}$$

熔炼处理1t精矿耗石墨电极(100% C)15.76kg。则小时放热量：

$$\Delta H^{\ominus}_{r,298} = \frac{15.76}{1000} \times 3226.93 \times 9211.77 = 468477.61\text{kJ}$$

4) 燃烧焦炭中挥发分(CH_4)的小时放热量：

$$\begin{array}{llll} \text{反应} & CH_4 + 1.5O_2 & = & CO + 2H_2O \\ \Delta H^{\ominus}_{f,298}(\text{kcal/mol}) & -17.88 & & -26.42 \quad -57.95 \end{array} \tag{3-Ⅸ}$$

$$\begin{aligned}\Delta H^{\ominus}_{r,298} &= (-26.42) + (-57.95 \times 2) - (-17.88) = -124.44\text{kcal/mol} \\ &= -124.44 \times 4.184 \times 10^3 = -520636.96\text{kJ/kmol} \\ &= -520636.96/16 = -32541.06\text{kJ/kgCH}_4\end{aligned}$$

处理1t精矿燃烧 CH_4 10.45kg，则小时发热量为：

$$\Delta H^{\ominus}_{r,298} = \frac{10.45}{1000} \times 3226.93 \times 32541.06 = 1097330.70\text{kJ}$$

小时热收入项总和为：$Q_{总收入} = 468477.61 + 1097330.70 = 1565808.31\text{kJ}$

热支出项目：

1) 各组分碳还原的反应热(为吸热反应)：

①
$$\begin{array}{llll} \text{反应} & TiO_2 + 2C & = & Ti + 2CO \\ \Delta H^{\ominus}_{f,298}(\text{kcal/mol}) & -223.00 & & \quad\quad -26.42 \end{array} \tag{3-Ⅰ}$$

$$\Delta H^{\ominus}_{r,298} = (-26.42 \times 2) - (-223.00) = 170.16\text{kcal/molTiO}_2$$

$$= 170.16 \times 4.184 \times 10^3 \text{kJ/kmol} = 711949.44 \text{kJ/kmol}$$

$$= \frac{711949.44}{79.9} = 8910.51 \text{kJ/kg } TiO_2$$

1000kg 钛精矿中有 17.45kg TiO_2 被还原成金属 Ti，则小时吸热量：

$$\Delta H^{\ominus}_{r,(1)} = \frac{17.45}{1000} \times 3226.93 \times 8910.51 = 501750.18 \text{kJ}$$

② 反应 $FeO + C = Fe + CO$ （3-Ⅱ）

$$\Delta H^{\ominus}_{f,298}(\text{kcal/mol}) \quad -65.02 \qquad -26.42$$

$$\Delta H^{\ominus}_{r,298} = (-26.42) - (-65.02) = 38.6 \text{kcal/mol}$$

$$= 38.6 \times 4.184 \times 10^3 \text{kJ/kmol} = 161502.40 \text{kJ/kmol}$$

$$= \frac{161502.40}{71.85} = 2247.47 \text{kJ/kg FeO}$$

1000kg 钛精矿中有 326.60kg FeO 被还原成金属 Fe，则小时吸热量：

$$\Delta H^{\ominus}_{r,(2)} = \frac{326.60}{1000} \times 3226.93 \times 2247.77 = 2368959.28 \text{kJ}$$

③ 反应 $Fe_2O_3 + 3C = 2Fe + 3CO$ （3-Ⅲ）

$$\Delta H^{\ominus}_{f,298}(\text{kcal/mol}) \quad -197.30 \qquad -26.42$$

$$\Delta H^{\ominus}_{r,298} = (-26.42 \times 3) - (-197.30) = 118.04 \text{kcal/mol}$$

$$= 118.04 \times 4.184 \times 10^3 \text{kJ/kmol} = 493879.36 \text{kJ/kmol}$$

$$= \frac{493879.36}{159.7} = 3092.54 \text{kJ/kg } Fe_2O_3$$

1000kg 钛精矿中有 94.84kg Fe_2O_3 被还原成金属 Fe，则小时吸热量：

$$\Delta H^{\ominus}_{r,(3)} = \frac{94.84}{1000} \times 3226.93 \times 3092.54 = 946447.25 \text{kJ}$$

④ 反应 $SiO_2 + 2C = Si + 2CO$ （3-Ⅳ）

$$\Delta H^{\ominus}_{f,298}(\text{kcal/mol}) \quad -217.70 \qquad -26.42$$

$$\Delta H^{\ominus}_{r,298} = (-26.42 \times 2) - (-217.70) = 164.86 \text{kcal/mol}$$

$$= 164.86 \times 4.184 \times 10^3 \text{kJ/kmol} = 689774.24 \text{kJ/kmol}$$

$$= \frac{689774.24}{60.1} = 11477.11 \text{kJ/kg } SiO_2$$

1000kg 钛精矿中有 0.65kg SiO_2 被还原成金属 Si，则小时吸热量为：

$$\Delta H^{\ominus}_{r,(4)} = \frac{0.65}{1000} \times 3226.93 \times 11477.11 = 24073.29 \text{kJ}$$

⑤ 反应 $MnO + C = Mn + CO$ （3-Ⅴ）

$$\Delta H^{\ominus}_{f,298}(\text{kcal/mol}) \quad -92.00 \qquad -26.42$$

$$\Delta H^{\ominus}_{r,298} = (-26.42) - (-92.00) = 65.58 \text{kcal/mol}$$

$$= 65.58 \times 4.184 \times 10^3 \text{kJ/kmol} = 274386.72 \text{kJ/kmol}$$

$$= \frac{274386.72}{70.94} = 3867.87 \text{kJ/kg MnO}$$

1000kg 钛精矿中有 0.45kg MnO 被还原成金属 Mn，则小时吸热量为：

$$\Delta H^{\ominus}_{r,(5)} = \frac{0.45}{1000} \times 3226.93 \times 3867.87 = 5616.61\text{kJ}$$

⑥ 反应 $V_2O_5 + 5C = 2V + 5CO$ (3-Ⅵ)

$\Delta H^{\ominus}_{f,298}$(kcal/mol) −372.30 −26.42

$$\Delta H^{\ominus}_{r,298} = (-26.42 \times 5) - (-372.30) = 240.20\text{kcal/mol}$$
$$= 240.20 \times 4.184 \times 10^3\text{kJ/kmol} = 1004996.80\text{kJ/kmol}$$
$$= \frac{1004996.80}{181.88} = 5525.60\text{kJ/kg } V_2O_5$$

1000kg 钛精矿中有 0.96kg V_2O_5 被还原成金属 V，则小时吸热量为：

$$\Delta H^{\ominus}_{r,(6)} = \frac{0.96}{1000} \times 3226.93 \times 5525.60 = 17117.50\text{kJ}$$

⑦ 反应 $2TiO_2 + C = Ti_2O_3 + CO$ (3-Ⅶ)

$\Delta H^{\ominus}_{f,298}$(kcal/mol) −223.00 −363.94 −26.42

$$\Delta H^{\ominus}_{r,298} = (-26.42) - (-363.94) - (-223.00 \times 2) = 56.09\text{kcal/mol}TiO_2$$
$$= 56.09 \times 4.184 \times 10^3\text{kJ/kmol} = 234680.56\text{kJ/kmol}$$
$$= \frac{234680.56}{2 \times 79.9} = 1468.59\text{kJ/kg } TiO_2$$

1000kg 钛精矿中有 164.01kg TiO_2 被还原成金属 Ti_2O_3，则小时吸热量为：

$$\Delta H^{\ominus}_{r,(7)} = \frac{164.01}{1000} \times 3226.93 \times 1468.59 = 777249.48\text{kJ}$$

焦炭中灰分内成分被还原吸热量计算：

⑧ 反应 $SiO_2 + C = Si + 2CO$ (3-Ⅳ)

$\Delta H^{\ominus}_{f,298}$(kcal/mol) −217.70 −26.42

$$\Delta H^{\ominus}_{r,298} = (-26.42 \times 2) - (-217.70) = 164.86\text{kcal/mol}$$
$$= 689774.2\text{kJ/kmol} = 11477.11\text{kJ/kg } SiO_2$$

熔炼处理 1000kg 钛精矿时，灰分中有 0.40kg SiO_2 被还原成 Si，则小时吸热量为：

$$\Delta H^{\ominus}_{r,(8)} = \frac{0.40}{1000} \times 3226.93 \times 11477.11 = 14814.33\text{kJ}$$

⑨由前面第③项知，Fe_2O_3 被 C 还原反应的 $\Delta H^{\ominus}_{r,298} = 493879.36\text{kJ/kmol} = 3092.54\text{kJ/kg}Fe_2O_3$，处理 1000kg 钛精矿时，灰分中有 0.048kg Fe_2O_3 被还原成 Fe，则小时吸热量为：

$$\Delta H^{\ominus}_{r,(9)} = \frac{0.048}{1000} \times 3226.93 \times 3092.54 = 479.01\text{kJ}$$

这样化学还原反应小时吸热总和为：

$$Q_{还吸} = \sum_{i=1}^{9} \Delta H^{\ominus}_{r,(i)} = 501750.18 + 2368959.28 + 946447.25 + 24073.29$$
$$+ 5616.61 + 17117.50 + 777249.48 + 14814.33 + 479.01$$
$$= 4656506.93\text{kJ}$$

2）钛渣带走的物理热（出炉温度设为 2000K）。熔炼处理 1000kg 钛精矿生成的钛渣成分及热焓如下：

组分	质量/kg	$H^{\ominus}_{2000}-H^{\ominus}_{298}$/kcal·kmol^{-1}	$H^{\ominus}_{2000}-H^{\ominus}_{298}$/kJ·kg^{-1}	$\Delta H^{\ominus}_{j}$/kJ
TiO_2	304.58	29315	1535.09	467558.74
Ti_2O_3	147.59	58866	1712.76	252786.72
SiO_2	8.08	28300	1970.17	15918.97
Al_2O_3	20.09	55538	2278.15	45768.03
V_2O_5	1.00	89224	2050.52	2052.52
MnO	6.98	22453	1324.26	9243.33
MgO	9.80	20601	2138.82	20962.61
CaO	2.42	21825	1630.64	3946.15
FeO	24.85	30364	1768.17	43939.01
合计	525.39			862176.08

熔炼 1000kg 钛精矿产出钛渣 525.39kg，1h 处理钛精矿 3226.93kg/h，则 1h 钛渣带走热量：

$$Q_{钛渣}=\frac{862176.08}{1000}\times 3226.93=2782181.86\text{kJ}$$

3）生铁及磁性部分带走的物理热（设生铁出炉温度为 2000K）。熔炼处理 1000kg 钛精矿产出的生铁及磁性部分的成分和热焓：

组分	质量/kg	$H^{\ominus}_{2000}-H^{\ominus}_{298}$/kcal·kmol^{-1}	$H^{\ominus}_{2000}-H^{\ominus}_{298}$/kJ·kg^{-1}	$\Delta H^{\ominus}_{j}$/kJ
Fe	320.23	19583	1487.29	476273.76
Mn	0.35	20782	1582.67	553.93
Ti	10.46	18027	1574.63	16470.63
Si	0.49	22641	3371.17	1651.87
V	0.54	13443	1104.15	596.24
C	6.40	8428	2938.56	18806.80
S	0.20	8811	1152.04	230.41
P	0.10	8487	1146.58	114.66
合计	338.77			514698.30

$$Q_{生铁}=\frac{514698.30}{1000}\times 3226.93=1660895.39\text{kJ/h}$$

4）排出炉气带走的物理热（设气体出炉温度为 900K（627℃））。熔炼处理 1000kg 钛精矿产出的生铁及磁性部分的成分和热焓：

组分	质量/kg	$H^{\ominus}_{900}-H^{\ominus}_{298}$/kcal·kmol^{-1}	$H^{\ominus}_{900}-H^{\ominus}_{298}$/kJ·kg^{-1}	$\Delta H^{\ominus}_{j}$/kJ
CO	275.12	4416	659.88	181546.19
H_2O	27.90	5258	1222.19	34099.10
N_2	172.36	4378	654.20	112757.91
合计	475.38			328403.20

$$Q_{炉气}=\frac{328403.20}{1000}\times 3226.93=1059734.14\text{kJ/h}$$

5）被冷却水带走的物理热（炉盖水冷和铜夹头水冷）。设密闭式电炉冷却水用量为 30m^3/h，进出口水温差为 20℃，水的比热容 1kcal/（kg·℃）=4.184kJ/（kg·℃），水

的密度 $\rho_{水}=1000kg/m^3$，则

$$Q_{水}=30\times4.184\times1000\times20=2510400kJ/h$$

6）炉表面的热损失计算如下：

①炉底热损失。采用经验系数 $k=5800W/(m^2\cdot h)$，则炉底面积：

$$A_{底}=0.785d_1^2=0.785\times4.103^2=13.22m^2$$

1h 炉底热损失：

$$Q_{炉底}=5800\times13.22=76676.00W$$

②经熔融区炉壁的热损失。镁砖壁的平均厚度 $\delta_{镁砖}=\dfrac{0.92+0.805}{2}=0.862m$，镁石层厚度 0.04m，石棉层厚度 0.01m，钢外壳厚度 0.02m。取砌体层各层的平均温度为：

	镁砖层	镁石层	石棉层	钢壳
平均温度/℃	1200	575	250	180
平均厚度/m	0.862	0.04	0.01	0.02
导热系数 λ/W·(m·℃)$^{-1}$	2.94	4.56	0.12	45.5

这样，可确定出炉壁的热阻为：

$$\sum\frac{\delta}{\lambda}=\frac{0.862}{2.94}+\frac{0.04}{4.56}+\frac{0.01}{0.12}+\frac{0.02}{45.5}=0.386$$

取熔融区炉壁内表面温度为 1600℃，经熔区炉壁的单位面积热损失查图 3-2，得 $q=3500W/m^2$，熔区表面积：

$$A_{熔区}=\pi D(h_1+h_2)=3.14\times6.11\times(0.9+1.34)=42.98m^2$$

1h 经熔区炉壁的散热损失为：

$$Q_{熔区}=3500\times42.98=150413.53W$$

③气体区炉壁的热损失：

	镁砖层	镁石层	石棉层	钢壳
砌体各层平均温度/℃	550	250	170	140
内衬厚度/m	0.69	0.04	0.01	0.02
导热系数 λ'/W·(m·℃)$^{-1}$	4.7	5.5	0.13	45.5

这样，炉壁热阻：

$$\sum\frac{\delta'}{\lambda'}=\frac{0.69}{4.7}+\frac{0.04}{5.5}+\frac{0.01}{0.13}+\frac{0.02}{45.5}=0.232$$

取气体区内壁面温度为 800℃，其炉壁的单位热损失查图 3-2，得 $2100W/m^2$。

气体区炉表面积

$$A'=\pi Dh_3=3.14\times6.11\times0.8615=16.53m^2$$

1h 经气体区炉壁的热损失为：

$$Q_{气区损}=2100\times16.53=34713.00W$$

④经炉顶混凝土盖的热损失。炉盖厚度 $h_k=0.14m$，盖子平均温度 525℃，此温度下导热系数 $\lambda_k=1.28W/(m\cdot K)$，则炉盖热阻：$\delta_k/\lambda_k=0.14/1.28=0.11$。

盖子内壁面温度为 800℃，查图 3-2，得单位面积热损失 $q_k=5250W/(m^2\cdot K)$。

炉盖面积：

$$A_k = 0.785D^2 = 0.785 \times 6.11^2 = 29.31\text{m}^2$$

1h 经炉盖的热损失为：

$$Q_k = 5250 \times 29.31 = 153877.50\text{W}$$

于是，炉表面热损失总和：

$$Q_{炉总} = 76676.00 + 150413.53 + 34713.00 + 153877.50$$
$$= 415680.03\text{W} = 415680.03 \times 3.6 = 1496448.11\text{kJ/h}$$

7）变压器和进电装置的热损失。未考虑变压器和馈电线路的热损失时，总热损失为：

$$Q_{总支出} = 4656506.93 + 2782181.86 + 1660895.39 + 1059734.14 + 2510400 + 1496448.11$$
$$= 14166166.43\text{kJ/h}$$

热支出与热收入之间的差额要求电能供热来补偿。

因此，$Q_{电} = Q_{总支出} - Q_{总收入} = 14166166.43 - 1565808.31 = 12600358.12\text{kJ/h}$

取变压器和进电装置的热损失为电供热的 8%：

$$Q_{变压器} = 12600358.12 \times 0.08 = 1008028.65\text{kJ/h}$$

于是，$Q_{总电耗} = 12600358.12 + 1008028.65 = 13608386.77\text{kJ/h}$

未考虑周到从而未计入的热损失取为总电耗的 4%，或为保险起见，取安全系数 1.04，则：

$$Q_{总供电} = 1.04 \times 13608386.77 = 14152722.24\text{kJ/h}$$

其中未计入的热损失：

$$Q_{未计} = 544335.47\text{kJ/h}$$

根据以上计算结果，编制电炉的热平衡表，见表 3-12。

表 3-12　矿热电炉的热平衡（基准：时间 1h，温度 298K）

热收入			热支出		
收入项目	数量和组成		支出项目	数量和组成	
	数量/kJ	组成/%		数量/kJ	组成/%
（1）炉料物理热	0	0	（1）还原反应吸热	4656506.93	29.62
（2）空气物理热	0	0	（2）钛渣带走热	2782181.86	17.70
（3）电极燃烧热	468477.61	2.98	（3）生铁及磁性部分带走热	1660895.39	10.57
（4）挥发分燃烧热	1097330.70	6.98	（4）炉气带走热	1059734.14	6.74
（5）电能供热	14152722.24	90.04	（5）冷却水带走热	2510400	15.97
			（6）炉表面热损失	1496448.11	9.52
			（7）变压器和进电装置热损失	1008028.65	6.41
			（8）未计入热损失	544335.47	3.47
合　计	15718530.55	100.00	合　计	15718530.55	100.00

1h 的电能消耗量：$14152722.24\text{kJ/h} = \dfrac{14152722.24}{3600} = 3931.31\text{kW}$；

1h 产出商品钛渣量：1.67t；

1t 钛渣的单位电能耗：3931.31/1.67 = 2354.08kW · h；

很接近于原选定的 2300kW·h/t 钛渣的数值，可认为整个计算过程是正确的。

冷却炉底的空气量计算：取进气温度为 25℃，冷却炉底后升至 60℃。空气比热容为 8.4kJ/(m^3·℃)。

1h 经炉底的热损失为：

$$Q_{炉底} = 76676\text{W} = 76676 \times 3.6\text{kJ/h} = 276034\text{kJ}$$

则 1h 需空气量：$V = 276034/[8.4 \times (60-25)] = 939\text{m}^3$

密闭式钛渣熔炼电炉总图如图 3-7 所示。

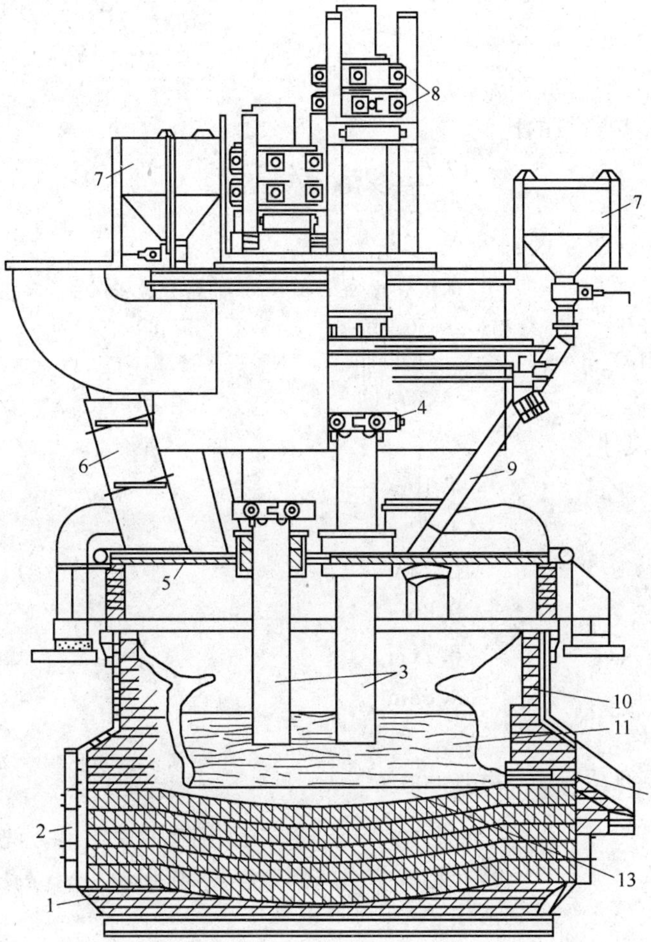

图 3-7 钛渣熔炼密闭电炉

1—炉壳；2—炉衬(镁砖)；3—电极；4—电极把持器；5—水冷炉顶；
6—通风管；7—加料仓；8—电极吊挂升降装置；9—下料管；
10—结渣层；11—钛渣；12—出渣口；13—生铁

年产 12358.65t/a 钛渣过程和 5000kV·A 电炉的技术指标如下：

(1) 炉产能 40t/d 钛渣(日处理精矿量 72.75t/d)。

(2) 钛渣单位能耗 2354kW·h/t。

(3) 钛金属进入钛渣的收率 94%。

（4）钛渣的成分（质量分数）：

TiO_2	57.97%	（折算成 TiO_2 后，钛渣中 $\sum TiO_2 = 89.19\%$）
Ti_2O_3	28.09%	
SiO_2	1.54%	
Al_2O_3	3.82%	
V_2O_5	0.19%	
MnO	1.33%	
MgO	1.87%	
CaO	0.46%	
FeO	4.73%	

（5）粉尘率（占炉料量的比例，%）：

$$\frac{17.62}{1116.52} \times 100\% = 1.58\%$$

（6）炉气组成：

	体积分数/%	质量分数/%
CO	56.05	57.87
H_2O	8.84	5.87
N_2	35.11	36.26

（7）电炉结构尺寸：

熔区下部直径	4.10m
气体区直径	4.52m
熔区深度	2.24m
气体区高度	0.86m
总直径	6.11m
总高度	4.88m

（8）变压器规格：

三相变压器型号	SL_7-5000/6 （含义：油浸自冷式三相降压变压器，沈阳变压器厂制造，铝线绕组，额定容量5000kV · A，高压端绕组额定线电压 6kV）
额定容量/kV · A	5000
初级电压/V	6000
二次侧电压/V	133.5（在 400/230V 以下）

4 钛渣的沸腾氯化过程及沸腾炉的计算

4.1 计算内容和任务

（1）所用原料和产出氯化物数量、组成的计算，并编制物料平衡表；

（2）沸腾炉台数及其工艺尺寸的计算；

（3）沸腾炉热平衡计算，并编制热平衡表；

（4）冷却收尘器、淋洗塔、沉降槽、套管换热器及尾气处理系统的计算。

4.2 计算依据

钛渣的氯化反应在沸腾氯化炉(流化床)中进行。反应靠自热进行，温度控制在850～950℃之间。钛渣中低价钛氧化物和FeO含量愈高，发热量愈大，温度愈高。循环使用的镁电解稀氯气中Cl_2浓度愈低，则含O_2量愈高，放热量也愈大，沸腾温度也会愈高。既要使氯化反应速度足够快，又不能超温，在使用挥发分小的优质焦时，钛渣中Ti_2O_3含量(质量分数)在30%～35%左右为宜。氯化残渣定期排放(1～2次/班)。

假设进入氯化残渣中的煅烧焦量占反应耗量的30%，全部过量碳留在炉渣中。另过量煅烧焦5%，被炉气带出炉外。钛渣成分及它们的氯化率参见表4-1。

假定FeO氯化时20%生成$FeCl_2$，80%生成$FeCl_3$。未被氯化的TiO_2、Ti_2O_3、SiO_2、Al_2O_3及其他氧化物成分和过剩碳、氯化生成的$MgCl_2$和$CaCl_2$全部进入炉渣。而$FeCl_3$、$AlCl_3$全部随炉气(蒸汽-气体混合物)出氯化炉进入收尘器。$MnCl_2$ 40%进入炉渣，60%进入炉气。$FeCl_2$ 10%留在炉渣中，90%进入炉气。

沸腾氯化用还原剂采用表3-2中所列的2号焦炭或3号煅烧焦。炉气中$CO/CO_2=2/1$(摩尔比，即体积比和分压比)。

4.3 氯化过程及沸腾氯化炉计算中所用计算公式

（1）沸腾炉台数(台)：

$$n = \frac{G}{G_{沸腾炉}} \tag{4-1}$$

式中 G——氯化车间要求的$TiCl_4$日生产能力，t/d；

$G_{沸腾炉}$——所用ϕ1.5m沸腾炉的单台$TiCl_4$日产能，t/d。

（2）沸腾氯化炉的结构参数：

沸腾段高径比 $$h_{沸}/D_{沸}=2.5 \tag{4-2}$$

扩大段与沸腾段的直径比 $$D_{扩}/D_{沸}=3.0 \tag{4-3}$$

扩大段高径比 $$h_{扩}/D_{扩}=1.0 \tag{4-4}$$

（3）沸腾速度：

1）冷床速度(m/s)：

$$w_{沸} = \frac{V_{Cl_2}}{A_{沸}} = \frac{V_{Cl_2}}{0.785D_{沸}^2} \tag{4-5}$$

式中　V_{Cl_2}——氯气的体积流量，m^3/s；

$A_{沸}$——沸腾段的截面积，m^2。

2）热床速度(m/s)：

$$w'_{沸} = w_{沸} \times \frac{T_{沸}}{298} \tag{4-6}$$

（4）临界流化速度(m/s)：

$$w_{临} = \frac{d_p(\gamma_s - \gamma_f)}{1650\mu} = \frac{9810d_p^2(\rho_s - \rho_f)}{1650Z} \tag{4-7}$$

雷诺数复核式：

$$Re = \frac{10^3 d_p w_{临} \rho_f}{Z} < 20 \tag{4-8}$$

式中　d_p——颗粒直径，m；

μ——气体黏度，$kgf \cdot s/m^2$（1kgf = 9.80665N）；$\mu = \frac{Z}{9810}$，Z 为氯气黏度，cP（1cP = 1mPa · s）

ρ_s——颗粒密度，kg/m^3；

ρ_f——氯气密度，kg/m^3；

γ_s——颗粒重度，kgf/m^3；

γ_f——氯气重度，kgf/m^3。

（5）带出速度(m/s)：

$$w_t = \left[\frac{4}{225} \cdot \frac{(\rho_s - \rho_f)^2 g}{\rho_f \cdot \mu}\right]^{1/3} d_p \tag{4-9}$$

式中　g——重力加速度，$9.81m/s^2$。

雷诺数复核公式：

$$Re_t = \frac{10^3 d_p w_t \rho_f}{Z} \tag{4-10}$$

要求 $1 < Re_t < 500$。

（6）流化数：

$$K = w_{沸} / w_{临} = 5 - 25 \tag{4-11}$$

（7）筛板开孔率：

$$\eta = \frac{A_{孔}}{A_{沸}} = \left(\frac{d_{孔}}{D_{沸}}\right)^2 n = 0.8\% \sim 1\% \tag{4-12}$$

（8）小孔速度：

$$w_{孔} = \frac{V_{Cl_2}}{A_{孔}} = \frac{V_{Cl_2}}{0.785d_{孔}^2 n} \tag{4-13}$$

式中　$A_{孔}$——小孔总面积，m^2；

$d_{孔}$——小孔直径，m；

n——小孔个数。

(9) 298K 时的标准反应热(kJ/h)：

$$\Delta H^{\ominus}_{r,298} = \sum(\Delta H^{\ominus}_{f,298,j} \cdot n_j)_j - \sum(\Delta H^{\ominus}_{f,298,i} \cdot n_i)_i \tag{4-14}$$

$$\Delta H^{\ominus}_{r,(n)} = \Delta H^{\ominus}_{r,298} \cdot m_i \tag{4-15}$$

式中　$\Delta H^{\ominus}_{f,298}$——物质 298K 时的标准生成热，kJ/kg；

i，j——分别代表反应物和产物；

n——反应式序号；

m_i——反应物 i 的小时反应量，kg/h。

(10) 物质带入或带走物理热 $\Delta H^{\ominus}_i$ 和 $\Delta H^{\ominus}_j$(kJ/h)为：

$$\left.\begin{aligned}\Delta H^{\ominus}_i &= m_i(H^{\ominus}_T - H^{\ominus}_{298})_i \\ \Delta H^{\ominus}_j &= m_j(H^{\ominus}_T - H^{\ominus}_{298})_j\end{aligned}\right\} \tag{4-16}$$

式中　m_i，m_j——分别代表反应物和产物的质量，kg/h；

$H^{\ominus}_T - H^{\ominus}_{298}$——物质的质量相对焓，kJ/kg。

注意，从热力学数据手册中查得的 $H^{\ominus}_T - H^{\ominus}_{298}$ 数据的单位是 cal/mol，也即 kcal/kmol，乘以 4.184，并除以物质的分子量，便换算成 kJ/kg 的单位。

(11) 炉壁向环境散热(kJ/h)的计算公式如下：

圆筒壁：

$$Q_{散热} = \frac{2\pi L(t_{内} - t_{外})\tau}{\frac{1}{\lambda_1}\ln\frac{d_{H_1}}{d_{B_1}} + \cdots + \frac{1}{\lambda_i}\ln\frac{d_{H_i}}{d_{B_i}}} = \frac{2.73L(t_{内} - t_{外})\tau}{\frac{1}{\lambda_1}\lg\frac{d_{H_1}}{d_{B_1}} + \cdots + \frac{1}{\lambda_i}\lg\frac{d_{H_i}}{d_{B_i}}} \tag{4-17}$$

平壁：

$$Q_{散热} = \frac{(t_{内} - t_{外})A_{平壁}\tau}{\frac{\delta_1}{\lambda_1} + \frac{\delta_2}{\lambda_2} + \cdots + \frac{\delta_i}{\lambda_i}} \tag{4-18}$$

式中　L——圆筒体的长度或高度，m；

$t_{内}$，$t_{外}$——分别为内、外壁的温度，℃；

τ——散热时间，h；

λ_i——第 i 层材料的导热系数，kJ/(m·K·h)；

d_{H_i}，d_{B_i}——分别为第 i 层的外径和内径，m；

$A_{平壁}$——平壁散热面积，m^2；

δ_i——第 i 层材料的厚度，m。

(12) 传热系数计算公式：

$$K = \frac{1}{\frac{1}{\alpha_1} + \frac{\delta}{\lambda} + \frac{1}{\alpha_2}} \tag{4-19}$$

式中　α_1——$TiCl_4$ 向管壁的给热系数，kJ/(m^2·K·h)；

α_2——管壁向冷冻盐水的给热系数，kJ/(m^2·K·h)；

δ——管壁厚度，m；

λ——管子的导热系数，kJ/(m · K · h)。

（13）雷诺数：

$$Re = \frac{10^3 dw\rho}{Z} \tag{4-20}$$

流体流型判断：

$$Re\begin{cases} < 2300 \text{ 为滞流区} \\ = 2300 \sim 10000 \text{ 为过渡流} \\ > 10000 \text{ 为湍流区} \end{cases}$$

（14）普朗特数：

$$Pr = \frac{3.6c_p Z}{\lambda} \tag{4-21}$$

（15）给热系数计算公式如下：

湍流区
$$\alpha = 0.023\frac{\lambda}{d_B}(Re)^{0.8}(Pr)^{0.4} \tag{4-22}$$

过渡流区
$$\alpha' = f\alpha \tag{4-23}$$

过渡流区校正系数
$$f = 1 - \frac{6 \times 10^5}{(Re)^{1.8}} \tag{4-24}$$

滞流区
$$\alpha = B\frac{(\rho w)^{0.2}}{d_e^{0.5}}\Delta t^{0.1} \tag{4-25}$$

式中　d_e——环隙当量直径，m；

B——系数，取 18；

Δt——不锈钢内管外壁与盐水间的温差，℃。

（16）套管换热器管长计算公式：

$$l = \frac{Q}{K\pi d_m \Delta t_m} \tag{4-26}$$

式中　Q——换热量，kJ/h；

d_m——管子平均直径，$d_m = \frac{d_B + d_H}{2}$，m；

Δt_m——对数平均温差，℃。

4.4　计算实例

4.4.1　沸腾氯化的计算

【例 4-1】　以 1000kg 钛渣为基准，对其沸腾氯化过程作物料平衡计算，并列出物料平衡表。

【解】　钛渣各组分的氯化情况列在表 4-1 中，计算基准：1000kg 钛渣。

全部钛渣的氯化率为 94.12%；未被氯化率为 5.88%。

TiO_2 加碳氯化反应既生成 CO，又生成 CO_2，反应比率取决于温度。设 1molTiO_2 反应生成 CO 的 TiO_2 比率为 η，则反应生成 CO_2 的比率为$(1-\eta)$。

$$\eta TiO_2 + 2\eta C + 2\eta Cl_2 = \eta TiCl_4 + 2\eta CO \quad (1)$$

$$+(1-\eta) TiO_2 + (1-\eta)C + 2(1-\eta)Cl_2 = (1-\eta)TiCl_4 + (1-\eta) CO_2 \quad (2)$$

总反应式：$TiO_2 + (1+\eta)C + 2Cl_2 = TiCl_4 + 2\eta CO + (1-\eta)CO_2 \quad (3)$

表 4-1 沸腾氯化 1000kg 钛渣时各组分的氯化情况

组 分	TiO_2	Ti_2O_3	SiO_2	Al_2O_3	MnO	MgO	CaO	V_2O_5	FeO	合 计
含量/（质量分数）/%	57.97	28.09	1.54	3.82	1.33	1.87	0.46	0.19	4.73	100.0
1000kg 钛渣中的量/kg	579.70	280.90	15.40	38.20	13.30	18.70	4.60	1.90	47.30	1000.0
氯化率/%	97.0	97.0	40.0	40.0	99.0	99.0	99.0	100.0	99.0	
氯化结果：										
已氯化量/kg	562.31	272.47	6.16	15.28	13.17	18.51	4.55	1.90	46.83	941.18
未氯化量/kg	17.39	8.43	9.24	22.92	0.13	0.19	0.05	0	0.47	58.82
备 注									氯化生成 $FeCl_3$ 的 FeO 量为 46.83 ×0.8 = 37.464kg；生成 $FeCl_2$ 的 FeO 量为 9.366kg	

注：未氯化的 Ti_2O_3 折合成 TiO_2 量：$\frac{2\times79.9}{143.8}\times8.43=9.37$kg，于是未被氯化的 $\sum TiO_2 = 17.39 + 9.37 = 26.76$kg。其中 2/3，即 26.76 ×（2/3）=17.84kg 进入炉渣；1/3，即 26.76 ×（1/3）=8.92kg 进入炉气。同样，已被氯化的 Ti_2O_3 折合成 TiO_2 量：$\frac{2\times79.9}{143.8}\times272.47=302.79$kg，于是，已氯化的 $\sum TiO_2 = 562.31 + 302.79 = 865.10$kg。钛渣中 $\sum TiO_2$ 含量（质量分数）为 89.185% ≈89.19%。

由 $\frac{p_{CO}}{p_{CO_2}} = \frac{2\eta}{1-\eta}$ 关系，求得 $\eta = 0.5$。于是有：

①反应 $TiO_2 + 1.5C + 2Cl_2 = TiCl_4 + CO + 0.5CO_2$ （4-Ⅰ）

79.9	18	142	189.9	28	22
562.31	a_1	b_1	c_1	d_1	e_1

消耗：C 耗量 $a_1 = \frac{562.31}{79.9}\times18 = 126.68$kg

Cl_2 耗量 $b_1 = \frac{562.31}{79.9}\times142 = 999.35$kg

生成：$TiCl_4$ 量 $c_1 = \frac{562.31}{79.9}\times189.9 = 1336.45$kg

CO 量 $d_1 = \frac{562.31}{79.9}\times28 = 197.05$kg

CO_2 量 $e_1 = \frac{562.31}{79.9}\times22 = 154.83$kg

②反应 $Ti_2O_3 + 2.25C + 4Cl_2 = 2TiCl_4 + 1.5CO + 0.75CO_2$ （4-Ⅱ）

143.8	27	284	379.8	42	33
272.47	a_2	b_2	c_2	d_2	e_2

消耗：C 耗量　　$a_2 = \frac{272.47}{143.8} \times 27 = 51.16\text{kg}$

Cl_2 耗量　　$b_2 = \frac{272.47}{143.8} \times 284 = 538.12\text{kg}$

生成：$TiCl_4$ 量　　$c_2 = \frac{272.47}{143.8} \times 379.8 = 719.64\text{kg}$

CO 量　　$d_2 = \frac{272.47}{143.8} \times 42 = 79.58\text{kg}$

CO_2 量　　$e_2 = \frac{272.47}{143.8} \times 33 = 62.53\text{kg}$

③反应　$FeO + 0.75C + 1.5Cl_2 = FeCl_3 + 0.5CO + 0.25CO_2$　　（4-Ⅲ）

71.85	9	106.5	162.35	14	11
37.464	a_3	b_3	c_3	d_3	e_3

消耗：C 耗量　　$a_3 = \frac{37.464}{71.85} \times 9 = 4.69\text{kg}$

Cl_2 耗量　　$b_3 = \frac{37.464}{71.85} \times 106.5 = 55.53\text{kg}$

生成：$FeCl_3$ 量　　$c_3 = \frac{37.464}{71.85} \times 162.35 = 84.65\text{kg}$

CO 量　　$d_3 = \frac{37.464}{71.85} \times 14 = 7.30\text{kg}$

CO_2 量　　$e_3 = \frac{37.464}{71.85} \times 11 = 5.74\text{kg}$

④反应　$FeO + 0.75C + Cl_2 = FeCl_2 + 0.5CO + 0.25CO_2$　　（4-Ⅳ）

71.85	9	71	126.85	14	11
9.366	a_4	b_4	c_4	d_4	e_4

消耗：C 耗量　　$a_4 = \frac{9.366}{71.85} \times 9 = 1.17\text{kg}$

Cl_2 耗量　　$b_4 = \frac{9.366}{71.85} \times 71 = 9.26\text{kg}$

生成：$FeCl_2$ 量　$c_4 = \frac{9.366}{71.85} \times 126.85 = 16.54\text{kg}$（10%（1.65kg）留在炉渣中，90%（14.89kg）进入炉气）

CO 量　　$d_4 = \frac{9.366}{71.85} \times 14 = 1.82\text{kg}$

CO_2 量　　$e_4 = \frac{9.366}{71.85} \times 11 = 1.43\text{kg}$

⑤反应　$CaO + 0.75C + Cl_2 = CaCl_2 + 0.5CO + 0.25CO_2$　　（4-Ⅴ）

56.1	9	71	111.1	14	11
4.55	a_5	b_5	c_5	d_5	e_5

消耗：C 耗量 $a_5 = \frac{4.55}{56.1} \times 9 = 0.73\text{kg}$

Cl_2 耗量 $b_5 = \frac{4.55}{56.1} \times 71 = 5.76\text{kg}$

生成：$CaCl_2$ 量 $c_5 = \frac{4.55}{56.1} \times 111.1 = 9.01\text{kg}$

CO 量 $d_5 = \frac{4.55}{56.1} \times 14 = 1.14\text{kg}$

CO_2 量 $e_5 = \frac{4.55}{56.1} \times 11 = 0.89\text{kg}$

⑥反应 $MgO + 0.75C + Cl_2 = MgCl_2 + 0.5CO + 0.25CO_2$ （4-Ⅵ）

40.3	9	71	95.3	14	11
18.51	a_6	b_6	c_6	d_6	e_6

消耗：C 耗量 $a_6 = \frac{18.51}{40.3} \times 9 = 4.13\text{kg}$

Cl_2 耗量 $b_6 = \frac{18.51}{40.3} \times 71 = 32.61\text{kg}$

生成：$MgCl_2$ 量 $c_6 = \frac{18.51}{40.3} \times 95.3 = 43.77\text{kg}$

CO 量 $d_6 = \frac{18.51}{40.3} \times 14 = 6.43\text{kg}$

CO_2 量 $e_6 = \frac{18.51}{40.3} \times 11 = 5.05\text{kg}$

⑦反应 $MnO + 0.75C + Cl_2 = MnCl_2 + 0.5CO + 0.25CO_2$ （4-Ⅶ）

70.9	9	71	125.9	14	11
13.17	a_7	b_7	c_7	d_7	e_7

消耗：C 耗量 $a_7 = \frac{13.17}{70.9} \times 9 = 1.67\text{kg}$

Cl_2 耗量 $b_7 = \frac{13.17}{70.9} \times 71 = 13.19\text{kg}$

生成：$MnCl_2$ 量 $c_7 = \frac{13.17}{70.9} \times 125.9 = 23.39\text{kg}$（40%（9.36kg）进入炉渣，60%（14.03kg）进入炉气）

CO 量 $d_7 = \frac{13.17}{70.9} \times 14 = 2.60\text{kg}$

CO_2 量 $e_7 = \frac{13.17}{70.9} \times 11 = 2.04\text{kg}$

⑧反应 $V_2O_5 + 2.25C + 3Cl_2 = 2VOCl_3 + 1.5CO + 0.75CO_2$ （4-Ⅷ）

181.8	27	213	346.8	42	33
1.90	a_8	b_8	c_8	d_8	e_8

消耗：C 耗量　$a_8 = \frac{1.90}{181.8} \times 27 = 0.28\text{kg}$

Cl_2 耗量　$b_8 = \frac{1.90}{181.8} \times 213 = 2.23\text{kg}$

生成：$VOCl_3$ 量　$c_8 = \frac{1.90}{181.8} \times 346.8 = 3.62\text{kg}$

CO 量　$d_8 = \frac{1.90}{181.8} \times 42 = 0.44\text{kg}$

CO_2 量　$e_8 = \frac{1.90}{181.8} \times 33 = 0.34\text{kg}$

⑨反应

$$\begin{array}{ccccccccccc} SiO_2 & + & 1.5C & + & 2Cl_2 & = & SiCl_4 & + & CO & + & 0.5CO_2 \\ 60.1 & & 18 & & 142 & & 170.1 & & 28 & & 22 \\ 6.16 & & a_9 & & b_9 & & c_9 & & d_9 & & e_9 \end{array} \qquad (4\text{-IX})$$

消耗：C 耗量　$a_9 = \frac{6.16}{60.1} \times 18 = 1.84\text{kg}$

Cl_2 耗量　$b_9 = \frac{6.16}{60.1} \times 142 = 14.55\text{kg}$

生成：$SiCl_4$ 量　$c_9 = \frac{6.16}{60.1} \times 170.1 = 17.43\text{kg}$

CO 量　$d_9 = \frac{6.16}{60.1} \times 28 = 2.87\text{kg}$

CO_2 量　$e_9 = \frac{6.16}{60.1} \times 22 = 2.25\text{kg}$

⑩反应

$$\begin{array}{ccccccccccc} Al_2O_3 & + & 2.25C & + & 3Cl_2 & = & 2AlCl_3 & + & 1.5CO & + & 0.75CO_2 \\ 102 & & 27 & & 213 & & 267 & & 42 & & 33 \\ 15.28 & & a_{10} & & b_{10} & & c_{10} & & d_{10} & & e_{10} \end{array} \qquad (4\text{-X})$$

消耗：C 耗量　$a_{10} = \frac{15.28}{102} \times 27 = 4.04\text{kg}$

Cl_2 耗量　$b_{10} = \frac{15.28}{102} \times 213 = 31.91\text{kg}$

生成：$AlCl_3$ 量　$c_{10} = \frac{15.28}{102} \times 267 = 40.00\text{kg}$

CO 量　$d_{10} = \frac{15.28}{102} \times 42 = 6.29\text{kg}$

CO_2 量　$e_{10} = \frac{15.28}{102} \times 33 = 4.94\text{kg}$

以上计算结果见表 4-2。

所用氯气是用烧碱厂产的浓氯气（含 Cl_2 99.5%）冲浓从镁电解车间来的稀氯气（含 Cl_2 70%）至 90% Cl_2（体积分数），另 10% 为空气。冲浓后的氯组成如下：

表 4-2 沸腾氯化反应计算结果

反应号	反应式	反应物耗量/kg			产物量/kg		
		氧化物	C	Cl_2	氯化物	CO	CO_2
(4-Ⅰ)	$TiO_2+1.5C+2Cl_2=TiCl_4+CO+0.5CO_2$	562.31	126.68	999.35	1336.45	197.05	154.83
(4-Ⅱ)	$Ti_2O_3+2.25C+4Cl_2=2TiCl_4+1.5CO+0.75CO_2$	272.47	51.16	538.12	719.64	79.58	62.53
(4-Ⅲ)	$FeO+0.75C+1.5Cl_2=FeCl_3+0.5CO+0.25CO_2$	37.464	4.69	55.53	84.65	7.30	5.74
(4-Ⅳ)	$FeO+0.75C+Cl_2=FeCl_2+0.5CO+0.25CO_2$	9.366	1.17	9.26	16.54	1.82	1.43
(4-Ⅴ)	$CaO+0.75C+Cl_2=CaCl_2+0.5CO+0.25CO_2$	4.55	0.73	5.76	9.01	1.14	0.89
(4-Ⅵ)	$MgO+0.75C+Cl_2=MgCl_2+0.5CO+0.25CO_2$	18.51	4.13	32.61	43.77	6.43	5.05
(4-Ⅶ)	$MnO+0.75C+Cl_2=MnCl_2+0.5CO+0.25CO_2$	13.17	1.67	13.19	23.39	2.60	2.04
(4-Ⅷ)	$V_2O_5+2.25C+3Cl_2=2VOCl_3+1.5CO+0.75CO_2$	1.90	0.28	2.23	3.62	0.44	0.34
(4-Ⅸ)	$SiO_2+1.5C+2Cl_2=SiCl_4+CO+0.5CO_2$	6.16	1.84	14.55	17.43	2.87	2.25
(4-Ⅹ)	$Al_2O_3+2.25C+3Cl_2=2AlCl_3+1.5CO+0.75CO_2$	15.28	4.04	31.91	40.00	6.29	4.94
	合　计	941.18	196.39	1702.51	2294.50	305.52	240.04

组分	Cl_2	O_2	N_2	合 计
体积分数/%	90	2.1	7.9	100.0
101.325kPa，即 1atm，0℃时的密度 ρ/kg · m^{-3}	3.21	1.42	1.25	
$100m^3$ 的质量/kg	288.90	2.982	9.875	301.76
质量分数/%	95.74	0.988	3.273	100.0

氯化 1000kg 钛渣时，随 Cl_2 带入的 O_2 量：

$$\frac{0.988}{95.74}\times1702.51=17.57\text{kg}$$

带入的 N_2 量：

$$\frac{3.273}{95.74}\times1702.51=58.20\text{kg}$$

理论上，氯化 1000kg 钛渣所用 90%（体积分数）的氯气总量为：

$$1702.51+17.57+58.20=1778.28\text{kg}$$

氯气带入的 O_2 会与还原剂焦中的挥发分（以 CH_4 计）反应。氯化 1000kg 钛渣，理论耗 C 量为 196.39kg，当用表 3-2 中所列的 2 号焦时，折合为焦量：

$$196.39/0.8936=219.77\text{kg}$$

煅烧焦过量 30% 以防炉渣黏结，乘以 1.30 的过量系数：

$$219.77\times1.30=285.70\text{kg}$$

其中，理论耗焦量 219.77kg，过剩焦量 65.93kg。

285.70kg 2 号焦中含：

组分	固定碳	挥发分（以 CH_4 计）	灰分	水分	合 计
质量分数/%	89.36	9.27	0.85	0.52	100.0
质量/kg	255.30	26.48	2.43	1.49	285.70

理论耗 C 量 196.39kg；过剩 C 量 58.91。

另外，多加 5% 的焦量，随炉气带走：219.77×0.05=10.95kg。

配料中入炉焦量总计应为：219.77 + 65.93 + 10.95 = 296.65kg。

被 O_2 燃烧掉的 CH_4 量计算：

⑪反应

$$CH_4 + 2O_2 = CO_2 + 2H_2O \quad (4\text{-XI})$$

$$\begin{matrix} 16 & 64 & 44 & 36 \\ a_{11} & 17.57 & b_{11} & c_{11} \end{matrix}$$

消耗：耗 CH_4 量　$a_{11} = \frac{17.57}{64} \times 16 = 4.39\text{kg}$

生成：CO_2 量　$b_{11} = \frac{17.57}{64} \times 44 = 12.08\text{kg}$

H_2O 量　$c_{11} = \frac{17.57}{64} \times 36 = 9.88\text{kg}$

除被燃烧掉 4.39kg CH_4 外，还剩余有 26.48 − 4.39 = 22.09kg CH_4 被氯化。

⑫反应

$$CH_4 + 4Cl_2 = CCl_4 + 4HCl \quad (4\text{-XII})$$

$$\begin{matrix} 16 & 284 & 154 & 146 \\ 22.09 & a_{12} & b_{12} & c_{12} \end{matrix}$$

消耗：耗 Cl_2 量　$a_{12} = \frac{22.09}{16} \times 284 = 392.10\text{kg}$

生成：CCl_4 量　$b_{12} = \frac{22.09}{16} \times 154 = 212.62\text{kg}$

HCl 量　$c_{12} = \frac{22.09}{16} \times 146 = 201.57\text{kg}$

配料焦带入水分：296.65 × 0.52% = 1.54kg；

挥发分燃烧生成 H_2O 量：9.88kg；

H_2O 总量：11.42kg。

假设50%的 H_2O（5.71kg）使 $TiCl_4$ 发生水解，50%（5.71kg）发生加碳氯化反应。

⑬反应

$$2H_2O + C + 2Cl_2 = 4HCl_4 + CO_2 \quad (4\text{-XIII})$$

$$\begin{matrix} 36 & 12 & 142 & 146 & 44 \\ 5.71 & a_{13} & b_{13} & c_{13} & d_{13} \end{matrix}$$

消耗：耗 C 量　$a_{13} = \frac{5.71}{36} \times 12 = 1.90\text{kg}$

耗 Cl_2 量　$b_{13} = \frac{5.71}{36} \times 142 = 22.52\text{kg}$

生成：HCl 量　$c_{13} = \frac{5.71}{36} \times 146 = 23.16\text{kg}$

CO_2 量　$d_{13} = \frac{5.71}{36} \times 44 = 6.98\text{kg}$

由于 H_2O 的氯化反应耗去 C 量 1.90kg，所以实际过剩 C 量为：

$$58.91 - 1.90 = 57.01\text{kg}$$

⑭反应

$$TiCl_4 + H_2O = TiOCl_2 + 2HCl \quad (4\text{-XIV})$$

$$\begin{matrix} 189.9 & 18 & 134.9 & 73 \\ a_{14} & 5.71 & b_{14} & c_{14} \end{matrix}$$

消耗：耗 $TiCl_4$ 量　　$a_{14}=\frac{5.71}{18}\times 189.9=60.24kg$

生成：$TiOCl_2$ 量　　$b_{14}=\frac{5.71}{18}\times 134.9=42.79kg$

HCl 量　　$c_{14}=\frac{5.71}{18}\times 73=23.16kg$

进入炉气中的 CO_2 总量为：

$$240.04+12.08+6.98=259.10kg$$

这样，氯化 1000kg 钛渣，理论耗 C 量为：

$$196.39+1.90=198.29kg$$

实际过剩 C 量：

$$255.30-198.29=57.01kg$$

此 C 量进入炉渣中。

炉渣的数量和组成为：

成　分	质量/kg	备　注	质量分数/%
TiO_2	17.84	钛渣中未被氯化的氧化物量 50.84kg	10.25
SiO_2	9.24		5.31
Al_2O_3	22.92		13.17
MnO	0.13		0.075
MgO	0.19		0.11
CaO	0.05		0.029
FeO	0.47		0.27
$CaCl_2$	9.01	氯化反应生成物量 63.79kg	5.18
$MgCl_2$	43.77		25.15
$MnCl_2$	9.36		5.38
$FeCl_2$	1.65		0.95
C	57.01	来自焦炭 59.44kg	32.75
灰分	2.43		1.40
合　计	174.07		100.0

炉渣中氯化物占渣量的 $\frac{63.79}{174.07}\times 100\%=36.65\%$。此量不致破坏沸腾层的流态化。

理论耗 Cl_2 量为：$1702.51+392.10+22.12=2116.73kg$，考虑到排渣时的损失、尾气中损失和 $TiCl_4$ 中的溶解等实际情况，假设 Cl_2 过量 2%，即 $2116.73\times 0.02=42.34kg$。

氯化 1000kg 钛渣的总 Cl_2 耗量为：$2116.73+42.34=2159.07kg$，折合成 90%（体积分数）的氯气（质量分数为 95.74%）：

$$2159.07/0.9574=2255.14kg$$

其中：

组分	Cl_2	O_2	N_2	合 计
质量/kg	2159.07	22.28	73.81	2255.14
质量分数/%	95.74	0.988	3.273	100.0
过剩量/kg	42.34	4.71	73.81	

混合料加料量：　$1000+296.65=1296.65kg$

料渣比：　$1296.65/174.07=7.45/1=100/13.42$

即炉渣约为加料量的 13.42%。

钛渣/2 号焦 = 1000/296.65 = 100:29.67 ≈ 100:30

氯气/炉料 = 2255.14/1296.65 = 1.74/1 = 100:57.47

随配料带入炉内的空气量计算：

已知钛渣真密度：$\rho_{钛渣,真} = 4100kg/m^3$，假密度 $\rho_{钛渣,假} = 2010kg/m^3$；

2 号焦真密度：$\rho_{焦,真} = 2250kg/m^3$，假密度 $\rho_{焦,假} = 1100kg/m^3$；

则，配料的真密度：

$$\rho_{配料,真} = \frac{G_{钛渣} + G_{油焦}}{\dfrac{G_{钛渣}}{\rho_{钛渣,真}} + \dfrac{G_{焦}}{\rho_{焦,真}}} = \frac{1000 + 296.65}{\dfrac{1000}{4100} + \dfrac{296.65}{2250}} = 3451.29kg/m^3$$

配料的假密度：

$$\rho_{配料,假} = \frac{G_{钛渣} + G_{油焦}}{\dfrac{G_{钛渣}}{\rho_{钛渣,假}} + \dfrac{G_{焦}}{\rho_{焦,假}}} = \frac{1000 + 296.65}{\dfrac{1000}{2010} + \dfrac{296.65}{1100}} = 1690.11kg/m^3$$

1296.65kg 配料带入空气量：

$$V_{空气} = \left(\frac{1}{\rho_{配料,假}} - \frac{1}{\rho_{配料,真}}\right) \times G_{配料} = \left(\frac{1}{1690.11} - \frac{1}{3451.29}\right) \times 1296.65 = 0.39\ m^3\ （标态）$$

其中：

组分	N_2	O_2	合计
体积分数/%	79	21	100.0
体积（标态）/m^3	0.31	0.08	0.39
质量分数/%	76.7	23.3	100.0
G/kg	0.39	0.11	0.50

这样，进入炉气的质量为：

总 CO_2 量	259.10kg
总 CO 量	305.52kg
总 O_2 量	4.71kg
总 N_2 量	73.81 + 0.39 = 74.20kg
总 HCl 量	201.57 + 23.16 + 23.16 = 247.89kg
CCl_4 量	212.62kg
余 Cl_2 量	42.34kg
$TiCl_4$ 量	1336.45 + 719.64 − 60.24 = 1995.85kg
$TiOCl_2$ 量	42.79kg
$AlCl_3$ 量	40.00kg
$SiCl_4$ 量	17.43kg
$FeCl_3$ 量	84.65kg
$FeCl_2$ 量	14.89kg
$MnCl_2$ 量	14.03kg
$VOCl_3$ 量	3.62kg
合 计	3345.53kg

以上计算结果见表4-3。钛渣沸腾氯化物料平衡图如图4-1所示。

表4-3 钛渣沸腾氯化工序物料平衡表（基准：1000kg 钛渣，2号焦）

收入项目	数量和组成			
	质量/kg	质量分数/%	体积（标态）/m^3	体积分数/%
(1) 配料	1296.65			
其中：1) 钛渣	1000.00	100.00		
含 TiO_2	579.70	57.97		
Ti_2O_3	280.90	28.09		
FeO	47.30	4.73		
CaO	4.60	0.46		
MgO	18.70	1.87		
MnO	13.30	1.33		
SiO_2	15.40	1.54		
Al_2O_3	38.20	3.82		
V_2O_5	1.90	0.19		
2) 2号焦	296.65	100.00		
含固定碳	265.09	89.36		
挥发分	27.50	9.27		
灰　分	2.52	0.85		
水　分	1.54	0.52		
(2) 随配料带入的空气	0.50	100.0	0.39	100.0
其中：O_2	0.11	23.3	0.08	21
N_2	0.39	76.7	0.31	79
(3) 氯气	2255.14	100.0	755.82	100.0
其中：Cl_2	2159.07	95.74	681.17	90.12
O_2	22.28	0.988	15.60	2.06
N_2	73.81	3.273	59.05	7.81
平衡差：1.29kg				
合　计：3553.58kg				

支出项目	数量和组成			
	质量/kg	质量分数/%	体积（标态）/m^3	体积分数/%
(1) 炉气	3359.64	100.0	904.23	100.0
其中：$TiCl_4$	1995.85	59.41	235.42	26.04
$TiOCl_2$	42.79	1.27	7.11	0.79
$FeCl_3$	84.65	2.52	11.68	1.29
$FeCl_2$	14.89	0.44	2.63	0.29
$MnCl_2$	14.03	0.42	2.50	0.28
$AlCl_3$	40.00	1.19	6.71	0.74
$SiCl_4$	17.43	0.52	2.30	0.25
$VOCl_3$	3.62	0.11	0.47	0.052
CO	305.52	9.09	244.42	27.03
CO_2	259.10	7.71	131.91	14.59
O_2	4.71	0.14	3.30	0.36
N_2	74.20	2.21	59.36	6.56
Cl_2	42.34	1.26	13.36	1.48
HCl	247.89	7.38	152.13	16.82
CCl_4	212.62	6.33	30.93	3.42
(2) 炉气夹带粉尘	19.87	100.0		
其中：TiO_2	8.92	44.89		
2号焦	10.95	55.11		
(3) 炉渣	174.07	100.0		
其中：TiO_2	17.84	10.25		
SiO_2	9.24	5.31		
Al_2O_3	22.92	13.17		
MgO	0.19	0.11		
MnO	0.13	0.075		
CaO	0.05	0.029		
FeO	0.47	0.27		
$CaCl_2$	9.01	5.18		
$MgCl_2$	43.77	25.15		
$MnCl_2$	9.36	5.38		
$FeCl_2$	1.65	0.95		
C	57.01	32.75		
灰分	2.43	1.40		
合　计：3553.58kg				

注：平衡差1.29kg，占$\frac{1.29}{3553.58}\times100\%=0.036\%$，误差极小，计算正确。

【例4-2】 计算沸腾氯化12423.65t/a钛渣的生产过程和沸腾炉的工艺尺寸。

【解】 (1) 日物料流量和Ti平衡计算。由[例3-2]知，生产1000kg(1t)商品海绵钛需熔炼商品钛渣2484.73kg。则年产5000t/a商品海绵钛，需入炉配料中有钛渣量：

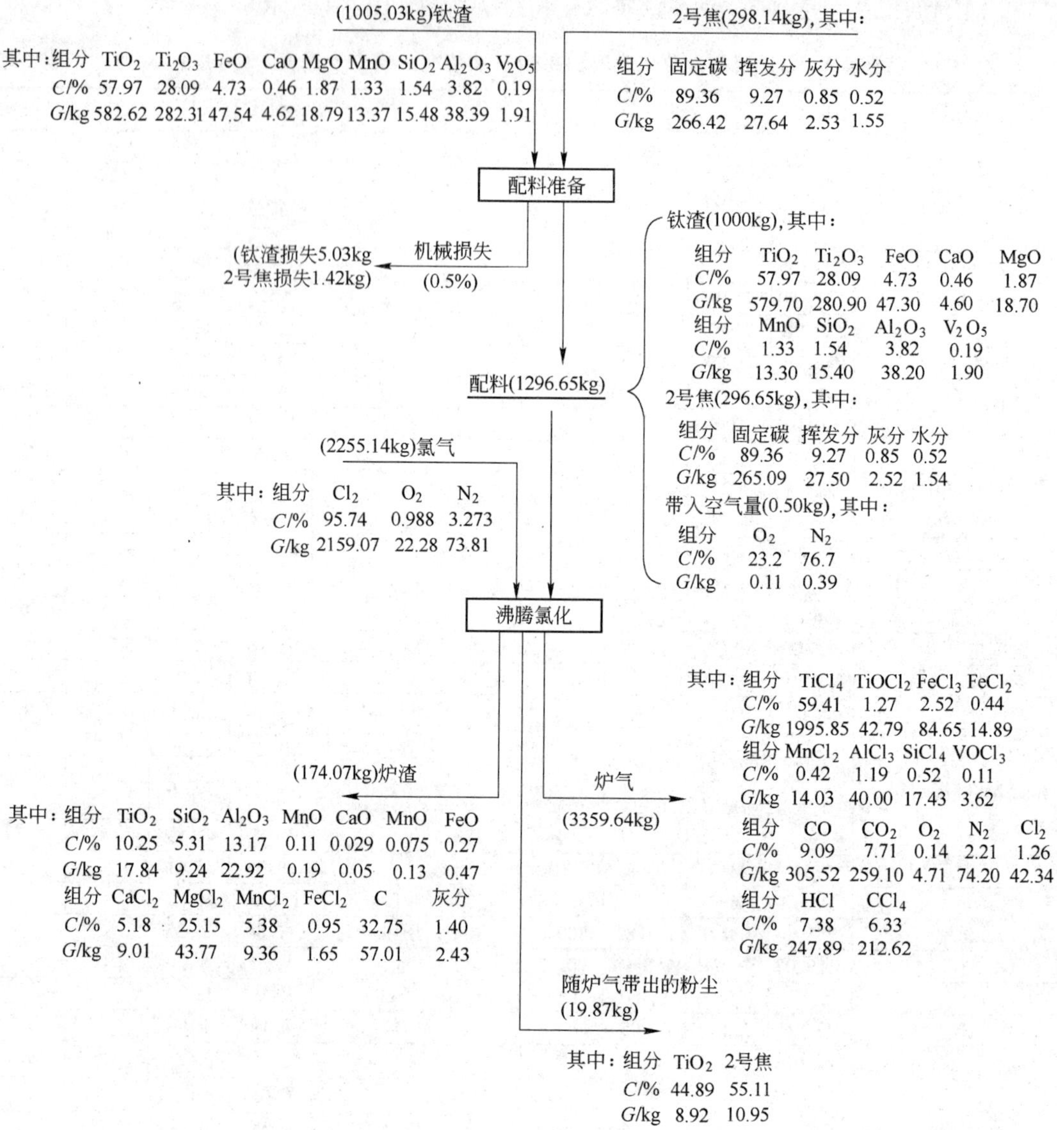

图 4-1　钛渣沸腾氯化物料平衡图

（基准：入炉配料中钛渣 1000kg，还原剂为表 3-2 中所列的 2 号焦）

$$\frac{2484.73}{1000}\times 5000 = 12423.65\text{t/a}$$

取沸腾炉年工作日 300 日，检修时间 65 日。则日氯化处理钛渣量：

$$\frac{12423.65}{300} = 41412.17\text{kg} = 41.41\text{t}$$

日耗焦量：

$$\frac{0.29665}{1}\times 41.41 = 12.284\text{t}$$

日配料带入空气量：

$$\frac{0.50\times10^{-3}}{1}\times41.41=0.021\text{t}$$

日耗氯气量：

$$\frac{2.25514}{1}\times41.41=93.389\text{t}$$

日产炉气量：

$$\frac{3.35964}{1}\times41.41=139.123\text{t}$$

日产炉渣量：

$$\frac{0.17407}{1}\times41.41=7.208\text{t}$$

日夹带出粉尘：

$$\frac{19.87\times10^{-3}}{1}\times41.41=0.823\text{t/d}$$

日沸腾氯化41.41t/d钛渣的日物流量见表4-4。

表4-4 钛渣沸腾氯化作业的日物流量（日处理钛渣41.41t）

日 投 入		日 产 出	
投入项目	质量/t	产出项目	质量/t
(1)钛渣	41.41	(1)炉气	139.123
(2)2号焦	12.284	(2)炉渣	7.208
(3)带入空气	0.021	(3)带出粉尘	0.823
(4)氯气	93.389		
平衡差	0.05		
合 计	147.154	合 计	147.154

注：平衡差：0.05t，占$\frac{0.05}{147.154}\times100\%=0.034\%$，很小，在允许范围内，计算正确。

日投入、产出物料中金属Ti量的计算：

日投入配料中钛渣含金属Ti量：

$$\frac{47.9}{79.9}\times41.41\times0.8919=22.14\text{t}$$

日产出炉气中含Ti量：

$$\frac{47.9}{189.9}\times139.123\times0.5941+\frac{47.9}{134.9}\times139.123\times0.0127=21.48\text{t}$$

日产出炉渣中含Ti量：

$$\frac{47.9}{79.9}\times7.208\times0.1025=0.443\text{t}$$

日夹带出粉尘中Ti量：

$$\frac{47.9}{79.9}\times0.823\times0.4489=0.222\text{t}$$

计算结果见表4-5。

表4-5　钛渣沸腾氯化作业的金属Ti日平衡表

收入			支出		
收入项目	数量和组成		支出项目	数量和组成	
	质量/t	质量分数/%		质量/t	质量分数/%
钛渣中Ti	22.14	100.0	(1)炉气中Ti	21.48	97.00
			(2)炉渣中Ti	0.44	2.00
			(3)带出粉尘中Ti	0.22	1.00
合　计	22.14	100.0	合　计	22.14	100.0

注：收支完全平衡，计算无误。

(2)沸腾氯化炉的计算。

1)沸腾炉台数及工艺尺寸计算。根据文献资料，沸腾氯化炉的生产强度为25～40t/(m^2·d)$TiCl_4$。本计算取30t/(m^2·d)$TiCl_4$。沸腾炉沸腾段直径，国内外已有ϕ0.6m，ϕ0.8m，ϕ1.0m，ϕ1.2m，ϕ1.36m，ϕ1.7m，ϕ1.75m，ϕ2.4m，ϕ2.44m，ϕ3.0m，ϕ3.05m和ϕ5.0m，ϕ6.0m，ϕ10.0m等各种规格。本计算根据国内已有ϕ1.2m炉的成功生产经验，再适当放大，取ϕ1.5m。则

沸腾段截面积：

$$A_{沸} = 0.785 \times 1.5^2 = 1.766\text{m}^2$$

单台炉子的日产能(产$TiCl_4$)：

$$G_{日产能} = 30 \times 1.766 = 52.98\text{t/(d·台)}$$

小时产能(产$TiCl_4$)：

$$G_{小时产能} = \frac{52980}{24} = 2207.5\text{kg/(h·台)}$$

由表4-3可知，氯化1000kg钛渣，产出炉气中含$TiCl_4$ 1995.85kg，则1h投入炉内的钛渣量应为：

$$\frac{1000}{1995.85} \times 2207.5 = 1106.045\text{kg/(h·台)}$$

1h投入炉内的2号焦量为：

$$\frac{296.65}{1000} \times 1106.045 = 328.11\text{kg/(h·台)}$$

1h投入炉内的氯气量为：

$$\frac{2255.14}{1000} \times 1106.045 = 2494.29\text{kg/(h·台)}$$

1h随配料带入的空气量为：

$$\frac{0.50}{1000} \times 1106.045 = 0.55\text{kg/(h·台)}$$

1h 产出炉气量为：

$$\frac{3359.64}{1000} \times 1106.045 = 3715.91\text{kg/(h · 台)}$$

1h 产出的炉渣量为：

$$\frac{174.07}{1000} \times 1106.045 = 192.53\text{kg/(h · 台)}$$

1h 炉气带出的粉尘量为：

$$\frac{19.87}{1000} \times 1106.045 = 21.98\text{kg/(h · 台)}$$

而根据有价成分平衡计算（参见第 2 章表 2-4 和图 2-2），年产 5000t/a 商品海绵钛，要求氯化工序产出炉气中含金属 Ti 6443.55t/a，折合成 $TiCl_4$：

$$\frac{189.9}{47.9} \times 6443.55 = 25545.52\text{t/a}$$

则要求日产炉气中 $TiCl_4$ 量为：

$$25545.52/300 = 85.15\text{t}$$

小时产炉气中 $TiCl_4$ 量为：

$$85.15/24 = 3.55\text{t}$$

因此，为满足所要求的生产能力，需沸腾炉台数，按式 4-1 计算：

$$n = \frac{85.15}{52.98} = 1.61 \text{ 台}$$

可实际安装 3 台，2 台运转，1 台备用。

下面考虑沸腾炉的尺寸结构：

沸腾段直径：$D_{沸} = 1500\text{mm}$；

沸腾段高度，按式 4-2 计算：

$h_{沸} = 2.5 \times 1500 = 3750\text{mm}$；

扩大段直径，按式 4-3 计算：

$D_{扩} = 3 \times 1500 = 4500\text{mm}$；

扩大段高度，按式 4-4 计算：

$h_{扩} = 4500\text{mm}$。

沸腾氯化炉结构示意图如图 4-2 所示。

再计算这种尺寸结构沸腾炉的沸腾速度。

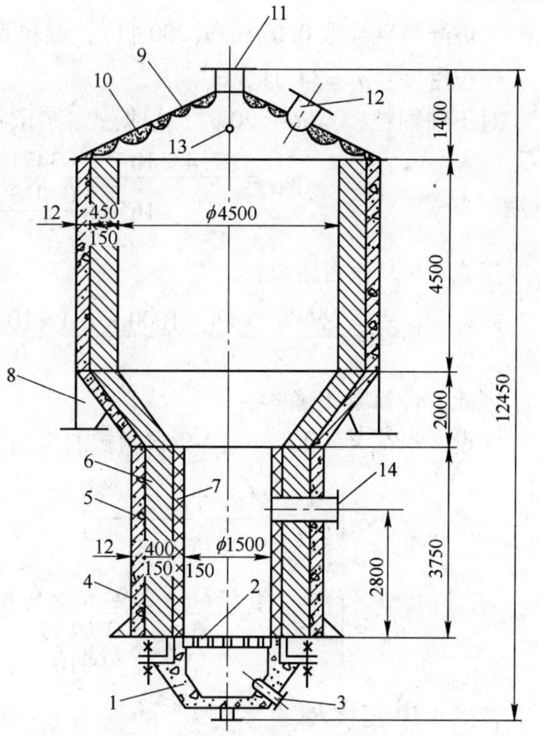

图 4-2 沸腾氯化炉结构示意图

1—炉底；2—筛板；3—氯气入口；4—钢外壳；5—捣固层；6—保温砖层；7—更新层；8—支座；9—炉盖；10—内衬；11—检查孔；12—出气孔；13—测温点；14—加料口

因为通入炉内的氯气量为：$G_{Cl_2}=2494.29$kg/(h · 台)，其浓度为90%（体积分数），可视为纯 Cl_2，不会引起太大误差。Cl_2 在标准状态(101.325kPa，即1atm，0℃)下的密度为3.21kg/m^3，25℃下为2.94 kg/m^3。则氯气的体积流量：

$$V_{Cl_2}=\frac{2494.29}{2.94}=848.40\text{m}^3/(\text{h}\cdot\text{台})$$

$$=0.24\text{m}^3/(\text{s}\cdot\text{台})$$

沸腾速度(冷床速度)按式4-5计算：

$$w_{沸}=\frac{0.24}{1.766}=0.14\text{m/s}$$

符合生产实际中0.12~0.15m/s 的要求。

热床沸腾速度按式4-6计算：

$$w'_{沸}=0.14\times\frac{1200}{298}=0.56\text{m/s}$$

查得 Cl_2 的物性参数如下：

密度：$\rho_f=2.94$kg/m^3(25℃时)；

黏度：$Z=0.0135$cP(25℃时)(1cP = 1mPa · s)；$\mu=\frac{Z}{9810}$，kgf · s/m^2(1kgf = 9.80665N)；

入炉配料颗粒取0.074mm(200目)，颗粒直径 $d_p=0.074\text{mm}=7.4\times10^{-5}\text{m}$；

颗粒密度：$\rho_s=3471$kg/m^3。

对于细颗粒，当 $Re<20$ 时，根据式4-7求临界流化速度：

$$w_{临}=\frac{(7.4\times10^{-5})^2(3471-2.94)}{1650\times\frac{0.0135}{9810}}=0.0084\text{m/s}$$

按式4-8复核雷诺数：

$$Re=\frac{1000d_p w_{临}\rho_f}{Z}=\frac{1000\times7.4\times10^{-5}\times0.0084\times2.94}{0.0135}=0.14\ll20$$

因此，计算是正确的。

又设 $1<Re_t<500$，按式4-9求颗粒的带出速度：

$$w_t=\left[\frac{4}{225}\times\frac{(\rho_s-\rho_f)^2\times g}{\rho_f\times\mu}\right]^{1/3}$$

$$d_p=\left[\frac{4}{225}\times\frac{(3471-2.94)^2\times9.81}{2.94\times\frac{0.0135}{9810}}\right]^{1/3}\times7.4\times10^{-5}=0.62\text{m/s}$$

按式4-10复核 Re_t：

$$Re_t=\frac{10^3\times7.4\times10^{-5}\times0.62\times2.94}{0.0135}=10$$

因为：$1<Re_t=10<500$，所以，所选 w_t 计算式是正确的。

由于 $w_{临}<w_{沸}=0.14\text{m/s}<w_t$，因此氯化时，颗粒能很好流态化，不易被大量带出

炉外。

流化数按式 4-11 计算：

$$K=0.14/0.0084=16.67$$

设筛板上孔径为 4mm $=4\times10^{-3}$m，孔数为 n 个，又设开孔率：

$$\eta=\frac{A_{孔}}{A_{沸}}=\frac{0.785\ (4\times10^{-3})^2\times n}{1.766}=1\%$$

则解得：

$$n=1406\ 个孔$$

小孔速度按式 4-13 计算：

$$w_{孔}=\frac{0.24}{0.785\times(4\times10^{-3})^2\times1406}=13.6\text{m/s}$$

筛板结构如图 4-3 所示。

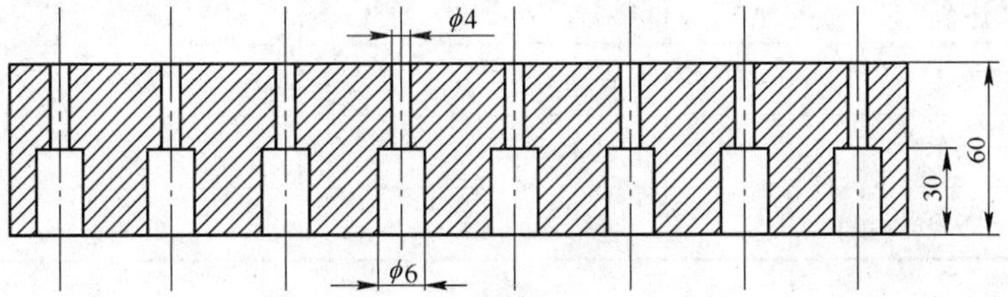

图 4-3 筛板结构示意图

2）沸腾炉的热平衡计算。

1 台炉 1h 产出炉气中 $TiCl_4$ 量为：

$$3715.91\times59.41\%=2207.62\text{kg}$$

小时处理钛渣量为 1106.05kg/(h · 台)。

(i) 沸腾段的热平衡计算。

热收入项目：

① 配料带入物理热(配料干燥预热至 400K(127℃)入炉)。

钛渣量 1106.05 kg/(h · 台)，其中：

成 分	质量分数/%	质量/kg · h^{-1}	$H^{\ominus}_{400}-H^{\ominus}_{298}$/kcal · kmol^{-1}	$H^{\ominus}_{400}-H^{\ominus}_{298}$/kJ · kg^{-1}	$\Delta H^{\ominus}_i$/kJ · h^{-1}
TiO_2	57.97	641.18	1427	74.73	47915.38
Ti_2O_3	28.09	310.69	2693.0	78.36	24345.67
FeO	4.73	52.32	1245	72.50	3793.20
CaO	0.46	5.09	1107	82.71	420.99
MgO	1.87	20.68	987	102.47	2119.08
MnO	1.33	14.71	1128	66.53	978.66
V_2O_5	0.19	2.10	3478	80.01	168.02
SiO_2	1.54	17.03	1203	83.75	1426.26
Al_2O_3	3.82	42.25	2183	89.55	3783.49
合 计	100.0	1106.05			84950.75

2 号焦量 328.11kg/(h · 台)，其中：

成　分	质量分数/%	质量/kg · h^{-1}	$H^{\ominus}_{400}-H^{\ominus}_{298}$/kcal · kmol^{-1}	$H^{\ominus}_{400}-H^{\ominus}_{298}$/kJ · kg^{-1}	$\Delta H^{\ominus}_{i}$/kJ · h^{-1}
固定碳	89.36	293.20	253	88.21	25863.95
挥发分	9.27	30.42	931	243.46	7405.95
灰　分	0.85	2.79	1203	83.75	233.66
水　分	0.52	1.71	830	192.93	329.91
合　计	100.0	328.11			33833.47

配料带入空气量 0.55kg/(h · 台)，其中：

成　分	质量分数/%	质量/kg · h^{-1}	$H^{\ominus}_{400}-H^{\ominus}_{298}$/kcal · kmol^{-1}	$H^{\ominus}_{400}-H^{\ominus}_{298}$/kJ · kg^{-1}	$\Delta H^{\ominus}_{i}$/kJ · h^{-1}
N_2	76.7	0.42	717	107.14	45.00
O_2	23.3	0.13	733	95.84	12.46
合　计	100.0	0.55			57.46

配料带入物理热总计：$Q_{炉料}=84950.75+33833.47+57.46=118841.68\text{kJ/h}$

② 氯气常温(25℃，298K)入炉，带入物理热为零。

③ 氯化反应的标准焓变 $\Delta H^{\ominus}_{r,298}$ 的计算。计算时乘以换算系数 1.106t/h 钛渣。

① 反应　$TiO_2 + 1.5C + 2Cl_2 = TiCl_4 + CO + 0.5CO_2$　(4-Ⅰ)

$\Delta H^{\ominus}_{f,298}(\times10^3\text{kcal/kmol})$　-225.80　　-182.40　-26.42　-94.05

$$\Delta H^{\ominus}_{r,298}=(-182.40)+(-26.42)+(-94.05\times0.5)-(-225.80)$$
$$=-30.05\times10^3\text{kcal/kmol}=-1573.58\text{kJ/kg } TiO_2$$
$$\Delta H^{\ominus}_{r,(1)}=(-1573.58)\times562.31\times1.106=-978632.79\text{kJ/h}$$

② 反应　$Ti_2O_3 + 2.25C + 4Cl_2 = 2TiCl_4 + 1.5CO + 0.75CO_2$　(4-Ⅱ)

$\Delta H^{\ominus}_{f,298}(\times10^3\text{kcal/kmol})$　-363.49　　-182.40　-26.42　-94.05

$$\Delta H^{\ominus}_{r,298}=(-182.40\times2)+(-26.42\times1.5)+(-94.05\times0.75)-(-363.49)$$
$$=-111.48\times10^3\text{kcal/kmol}=-3243.62\text{kJ/kg } Ti_2O_3$$
$$\Delta H^{\ominus}_{r,(2)}=(-3243.62)\times272.47\times1.106=-977470.79\text{kJ/h}$$

③ 反应　$FeO + 0.75C + 1.5Cl_2 = FeCl_3 + 0.5CO + 0.25CO_2$　(4-Ⅲ)

$\Delta H^{\ominus}_{f,298}(\times10^3\text{kcal/kmol})$　-65.02　　-95.46　-26.42　-94.05

$$\Delta H^{\ominus}_{r,298}=(-95.46)+(-26.42\times0.5)+(-94.05\times0.25)-(-65.02)$$
$$=-67.16\times10^3\text{kcal/kmol}=-3910.89\text{kJ/kg FeO}$$
$$\Delta H^{\ominus}_{r,(3)}=(-3910.89)\times37.464\times1.106=-162048.45\text{kJ/h}$$

④ 反应 $FeO + 0.75C + Cl_2 = FeCl_2 + 0.5CO + 0.25CO_2$ (4-Ⅳ)

$\Delta H^{\ominus}_{f,298}$ ($\times 10^3$kcal/kmol) −65.02　−81.80　−26.42　−94.05

$$\Delta H^{\ominus}_{r,298} = (-81.80 - 26.42 \times 0.5 - 94.05 \times 0.25) - (-65.02)$$
$$= -53.50 \times 10^3 \text{kcal/kmol} = -3115.43 \text{kJ/kg FeO}$$
$$\Delta H^{\ominus}_{r,(4)} = (-3115.43) \times 9.366 \times 1.106 = -32272.10 \text{kJ/h}$$

⑤ 反应 $CaO + 0.75C + Cl_2 = CaCl_2 + 0.5CO + 0.25CO_2$ (4-Ⅴ)

$\Delta H^{\ominus}_{f,298}$ ($\times 10^3$kcal/kmol) −151.60　−191.40　−26.42　−94.05

$$\Delta H^{\ominus}_{r,298} = (-191.40 - 26.42 \times 0.5 - 94.05 \times 0.25) - (-151.60)$$
$$= -76.52 \times 10^3 \text{kcal/kmol} = -5706.95 \text{kJ/kg CaO}$$
$$\Delta H^{\ominus}_{r,(5)} = (-5706.95) \times 4.55 \times 1.106 = -28719.08 \text{kJ/h}$$

⑥ 反应 $MgO + 0.75C + Cl_2 = MgCl_2 + 0.5CO + 0.25CO_2$ (4-Ⅵ)

$\Delta H^{\ominus}_{f,298}$ ($\times 10^3$kcal/kmol) −143.70　−153.30　−26.42　−94.05

$$\Delta H^{\ominus}_{r,298} = (-153.30 - 26.42 \times 0.5 - 94.05 \times 0.25) - (-143.70)$$
$$= -46.32 \times 10^3 \text{kcal/kmol} = -4809.00 \text{kJ/kg MgO}$$
$$\Delta H^{\ominus}_{r,(6)} = (-4809.00) \times 18.51 \times 1.106 = -98450.14 \text{kJ/h}$$

⑦ 反应 $MnO + 0.75C + Cl_2 = MnCl_2 + 0.5CO + 0.25CO_2$ (4-Ⅶ)

$\Delta H^{\ominus}_{f,298}$ ($\times 10^3$kcal/kmol) −92.00　−115.20　−26.42　−94.05

$$\Delta H^{\ominus}_{r,298} = (-115.20 - 26.42 \times 0.5 - 94.05 \times 0.25) - (-92.00)$$
$$= -59.92 \times 10^3 \text{kcal/kmol} = -3536.04 \text{kJ/kg MnO}$$
$$\Delta H^{\ominus}_{r,(7)} = (-3536.04) \times 13.17 \times 1.106 = -51506.03 \text{kJ/h}$$

⑧ 反应 $V_2O_5 + 2.25C + 3Cl_2 = 2VOCl_3 + 1.5CO + 0.75CO_2$ (4-Ⅷ)

$\Delta H^{\ominus}_{f,298}$ ($\times 10^3$kcal/kmol) −372.30　−172.00　−26.42　−94.05

$$\Delta H^{\ominus}_{r,298} = (-172.00 \times 2 - 26.42 \times 1.5 - 94.05 \times 0.75) - (-372.30)$$
$$= -81.87 \times 10^3 \text{kcal/kmol} = -1884.18 \text{kJ/kg} V_2O_5$$
$$\Delta H^{\ominus}_{r,(8)} = (-1884.18) \times 1.90 \times 1.106 = -3959.42 \text{kJ/h}$$

⑨ 反应 $SiO_2 + 1.5C + 2Cl_2 = SiCl_4 + CO + 0.5CO_2$ (4-Ⅸ)

$\Delta H^{\ominus}_{f,298}$ ($\times 10^3$kcal/kmol) −217.70　−164.18　−26.42　−94.05

$$\Delta H^{\ominus}_{r,298} = (-164.18 - 26.42 - 94.05 \times 0.5) - (-217.70)$$
$$= -19.93 \times 10^3 \text{kcal/kmol} = -1387.47 \text{kJ/kg SiO}_2$$
$$\Delta H^{\ominus}_{r,(9)} = (-1387.47) \times 6.16 \times 1.106 = -9452.78 \text{kJ/h}$$

⑩ 反应　$Al_2O_3 + 2.25C + 3Cl_2 = 2AlCl_3 + 1.5CO + 0.75CO_2$　(4-Ⅹ)

$\Delta H^{\ominus}_{f,298}$ ($\times 10^3$kcal/kmol) −400.00　−168.58　−26.42　−94.05

$$\Delta H^{\ominus}_{r,298} = (-168.58 \times 2 - 26.42 \times 1.5 - 94.05 \times 0.75) - (-400.00)$$
$$= -215.91 \times 10^3 \text{kcal/kmol} = -8856.54 \text{kJ/kg } Al_2O_3$$
$$\Delta H^{\ominus}_{r,(10)} = (-8856.54) \times 15.28 \times 1.106 = -149672.69 \text{kJ/h}$$

⑪ 反应　$CH_4 + 2O_2 = CO_2 + 2H_2O$　(4-Ⅺ)

$\Delta H^{\ominus}_{f,298}$ ($\times 10^3$kcal/kmol)　−17.88　−94.05　−57.91

$$\Delta H^{\ominus}_{r,298} = (-94.05 - 57.91 \times 2) - (-17.88) = -191.99 \times 10^3 \text{kcal/kmol}$$
$$= -50205.39 \text{kJ/kg} CH_4$$
$$\Delta H^{\ominus}_{r,(11)} = (-50205.39) \times 4.39 \times 1.106 = -243764.24 \text{kJ/h}$$

⑫ 反应　$CH_4 + 4Cl_2 = CCl_4 + 4HCl$　(4-Ⅻ)

$\Delta H^{\ominus}_{f,298}$ ($\times 10^3$kcal/kmol)　−17.88　−32.41　−22.00

$$\Delta H^{\ominus}_{r,298} = (-32.41 - 22.00 \times 4) - (-17.88) = -102.53 \times 10^3 \text{kcal/kmol}$$
$$= -26811.60 \text{kJ/kg } CH_4$$
$$\Delta H^{\ominus}_{r,(12)} = (-26811.60) \times 22.09 \times 1.106 = -655048.68 \text{kJ/h}$$

⑬ 反应　$2H_2O + C + 2Cl_2 = 4HCl + CO_2$　(4-ⅩⅢ)

$\Delta H^{\ominus}_{f,298}$ ($\times 10^3$kcal/kmol)　−57.91　−22.00　−94.05

$$\Delta H^{\ominus}_{r,298} = (-22.00 \times 4 - 94.05) - (-57.91 \times 2) = -66.25 \times 10^3 \text{kcal/kmol}$$
$$= -7699.72 \text{kJ/kg } H_2O$$
$$\Delta H^{\ominus}_{r,(13)} = (-7699.72) \times 5.71 \times 1.106 = -48625.73 \text{kJ/h}$$

⑭ 反应　$TiCl_4 + H_2O = TiOCl_2 + 2HCl$　(4-ⅩⅣ)

$\Delta H^{\ominus}_{f,298}$ ($\times 10^3$kcal/kmol)　−182.40　−57.91　−130.40　−22.00

$$\Delta H^{\ominus}_{r,298} = (-130.40 - 22.00 \times 2) - (-182.40 - 57.91) = 65.91 \times 10^3 \text{kcal/kmol}$$
$$= 1452.17 \text{kJ/kg } TiCl_4$$
$$\Delta H^{\ominus}_{r,(14)} = 1452.17 \times 60.24 \times 1.106 = 96751.47 \text{kJ/h}$$

所有化学反应的焓变量总和为：

$$\sum_{n=1}^{14} \Delta H^{\ominus}_{r,(n)} = -978632.79 - 977470.79 - 162048.45 - 32272.10 - 28719.08 - 98450.14 - 51506.03 - 3959.42 - 9452.78 - 149672.69 - 243764.24 - 655048.68 - 48625.73 + 96751.47$$
$$= -3342871.45 \text{kJ/h}$$

热收入项目总计：

$$Q_{收入} = -\sum_{n=1}^{14} \Delta H^{\ominus}_{r,(n)} + Q_{炉料} = 3342871.45 + 118841.68 = 3461713\text{kJ/h}$$

热支出项目计算如下：

假定沸腾段氯化反应温度维持在1200K（927℃），炉气和炉渣离开沸腾段的温度也为1200K。

① 炉气带走物理热。1h产出炉气量3715.91kg/(h·台)，其中：

成　分	质量分数/%	质量/kg	$H^{\ominus}_{1200}-H^{\ominus}_{298}$/kcal·kmol^{-1}	$H^{\ominus}_{1200}-H^{\ominus}_{298}$/kJ·kg^{-1}	$\Delta H^{\ominus}_{i}$/kJ·h^{-1}
$TiCl_4$	59.41	2207.62	22541	496.64	1096393.46
$TiOCl_2$	1.27	47.19	17161	532.26	25118.44
$FeCl_3$	2.52	93.64	17617	454.02	42514.86
$FeCl_2$	0.44	16.35	29326	967.28	15815.03
$MnCl_2$	0.42	15.61	27541	915.26	14284.30
$AlCl_3$	1.19	44.22	17175	538.28	23802.38
$SiCl_4$	0.52	19.32	29351	721.95	13950.05
$VOCl_3$	0.11	4.09	31968	771.18	3152.20
CO	9.09	337.78	6759	1009.99	341150.60
CO_2	7.71	286.50	10462	994.84	285018.34
O_2	0.14	5.20	7034	919.70	4784.53
N_2	2.21	82.12	6697	1000.72	82180.74
Cl_2	1.26	46.82	7825	461.12	21589.64
HCl	7.38	274.23	6528	748.31	205212.16
CCl_4	6.33	235.22	29469	800.64	188324.22
合　计	100.0	3715.91			2363290.95

② 炉渣带走物理热。1h产出炉渣量192.53kg/(h·台)，其中：

成　分	质量分数/%	质量/kg	$H^{\ominus}_{1200}-H^{\ominus}_{298}$/kcal·kmol^{-1}	$H^{\ominus}_{1200}-H^{\ominus}_{298}$/kJ·kg^{-1}	$\Delta H^{\ominus}_{i}$/kJ·h^{-1}
TiO_2	10.25	19.73	14781	774.01	15271.22
SiO_2	5.31	10.22	14179	987.10	10088.16
Al_2O_3	13.17	25.36	24674	1012.12	25667.36
MgO	0.11	0.21	10372	1076.83	228.05

续表

成　分	质量分数/%	质量/kg	$H_{1200}^{\ominus}-H_{298}^{\ominus}$/kcal · kmol^{-1}	$H_{1200}^{\ominus}-H_{298}^{\ominus}$/kJ · kg^{-1}	$\Delta H_i^{\ominus}$/kJ · h^{-1}
MnO	0.075	0.14	11111	655.69	94.68
CaO	0.029	0.056	11010	822.60	45.93
FeO	0.27	0.52	12144	707.17	367.61
$CaCl_2$	5.18	9.97	24844	935.62	9330.99
$MgCl_2$	25.15	48.42	28175	1236.98	59896.17
$MnCl_2$	5.38	10.36	27541	915.26	9480.37
$FeCl_2$	0.95	1.83	29326	967.28	1769.19
C	32.75	63.05	3880	1352.83	85300.77
灰　分	1.40	2.70	14179	987.10	2660.65
合　计	100.0	192.53			220201.15

③ 1h 炉气夹带粉尘量 21.98kg/(h · 台)，其中：

成　分	质量分数/%	质量/kg	$H_{1200}^{\ominus}-H_{298}^{\ominus}$/kcal · kmol^{-1}	$H_{1200}^{\ominus}-H_{298}^{\ominus}$/kJ · kg^{-1}	$\Delta H_i^{\ominus}$/kJ · h^{-1}
TiO_2	44.89	9.87	14781	774.01	7637.02
2 号焦	55.11	12.11	3880	1352.83	16387.07
合　计	100.0	21.98			24024.09

炉气和炉渣带走物理热总计：

$$Q_{产物}=Q_{炉气}+Q_{炉渣}+Q_{粉尘}=2363290.95+220201.15+24024.09=2607516.19\text{kJ/h}$$

④ 沸腾段向环境散热损失的计算。沸腾段尺寸如图 4-4 所示。

更新层厚度：$\delta_1=200$mm；

耐火砖层厚度：$\delta_2=400$mm；

捣固层厚度：$\delta_3=200$mm；

钢外壳厚度：$\delta_4=12$mm。

炉膛内径：

$$d_{B_1}=1500\text{mm}$$

$$d_{B_2}=d_{H_1}=1500+200\times2=1900\text{mm}$$

$$d_{B_3}=d_{H_2}=1900+400\times2=2700\text{mm}$$

$$d_{B_4}=d_{H_3}=2700+200\times2=3100\text{mm}$$

$$d_{H_4}=3100+12\times2=3124\text{mm}$$

d_B 表示内径，d_H 表示外径。

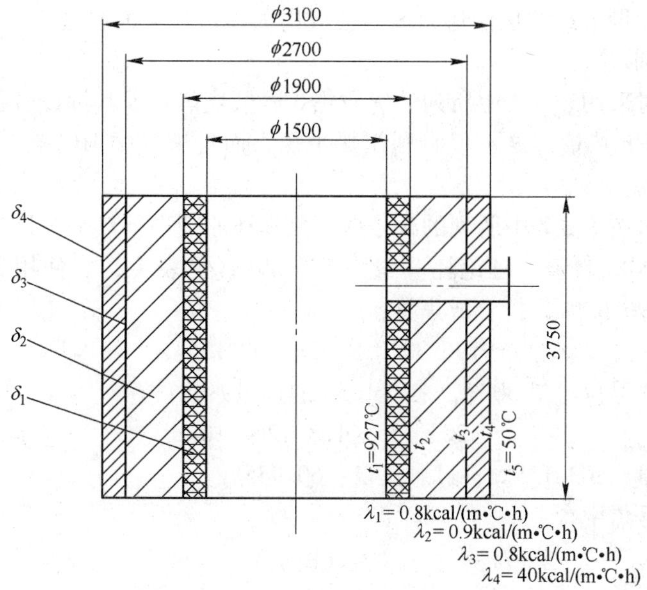

图 4-4 氯化炉沸腾段结构示意图

沸腾段 1h 通过炉壁向环境散失热量按式 4-17 计算：

$$Q_{散热}=\frac{2\times3.14\times3.75\times(927-50)\times1}{2.303\times\left(\frac{1}{0.8}\lg\frac{1.9}{1.5}+\frac{1}{0.9}\lg\frac{2.7}{1.9}+\frac{1}{0.8}\lg\frac{3.1}{2.7}+\frac{1}{40}\lg\frac{3.124}{3.1}\right)}$$

$$=24351.46\text{kcal/h}=101886.51\text{kJ/h}$$

考虑炉壁散热损失在内的热支出合计：

$$Q_{热支出}=Q_{产物}+Q_{散热}=2607516.19+101886.51=2709402.7\text{kJ/h}$$

假设因未考虑周到而未能计入的热损失占热支出量的 20%：

$$Q_{未计}=2709402.70\times0.2=541880.54\text{kJ/h}$$

于是，总热支出量：

$$Q_{总支出}=Q_{热支出}+Q_{未计}=2709402.70+541880.54=3251283.24\text{kJ/h}$$

总热收入比总热支出还多余：

$$Q_{多余}=3461713-3251283=210430\text{kJ/h}$$

热收入过多的后果，将是沸腾氯化超温，甚至超过 1000℃，尽管高温氯化可以提高一些反应速度，但升温太高，沸腾段更新层易腐蚀损坏，同时炉气出炉温度也会太高，从而增加收尘冷却器的负担。

从前面的计算可以看出，由于使用的 2 号焦挥发分含量太高（由表 3-2 可知，2 号焦挥发分含量（质量分数）9.27%，是优质的 3 号煅烧焦含量（质量分数）0.33% 的 28 倍之多），挥发分和 O_2 反应和被氯化及反应产生的 H_2O 又被氯化，即前面热平衡计算时，反应式第⑪、⑫和⑬项中的式（4－Ⅺ）、式（4-Ⅻ）和式（4-ⅩⅢ）三个反应，要多放出热量：

$$Q_{11}+Q_{12}+Q_{13}=243764.24+655048.68+48625.73=947438\text{kJ/h}$$

所以使用挥发分含量很高的焦作还原剂，会放出太多热量，而且还会造成 $TiCl_4$ 的水解损失，影响 $TiCl_4$ 的收率。

但如果氯化时采用表 3-2 中所列的优质焦 3 号煅烧焦，因其挥发分很低，则每小时可少放出大约 10^6kJ/h 热量，这不仅有利于热平衡，而且炉气中 HCl 含量降低，$TiCl_4$ 水解少，这是所希望的。

为此，下面再按表 3-2 中所列的 3 号煅烧焦作还原剂进行热平衡计算。

因为氯化 1000kg 钛渣，理论耗 C 量为 196.39kg(见表 4-2)，使用 3 号焦，固定碳含量(质量分数)为 96.67%，折合成焦量：

$$196.39/0.9667 = 203.155\text{kg}$$

同样，假设 3 号焦过量 30%，乘以 1.30 的过量系数：

$$203.155 \times 1.3 = 264.10\text{kg}$$

其中，理论耗焦量：203.155kg；过剩焦量：60.945kg。

264.10kg 3 号焦中含：

组分	固定碳	挥发分(CH_4 计)	灰分	水分	合计
质量分数/%	96.67	0.33	2.28	0.72	100.0
质量/kg	255.31	0.87	6.02	1.90	264.10
理论耗 C 量/kg	196.39				
过剩 C 量/kg	58.92				

另外，多加理论耗焦量的 5%，即 203.155 × 0.05 = 10.16kg，补偿炉气带走量。因此，配料中应加 3 号焦量：264.10 + 10.16 = 274.26kg。挥发分与氯气带入的 O_2 量反应：

⑪ 反应

$$\begin{array}{cccc} CH_4 + & 2O_2 = & CO_2 + & 2H_2O \\ 16 & 64 & 44 & 36 \\ 0.87 & a_{11} & b_{11} & c_{11} \end{array} \qquad (4\text{-}XI)$$

消耗：耗 O_2 量　$a_{11} = \frac{0.87}{16} \times 64 = 3.48\text{kg}$

生成：CO_2 量　$b_{11} = \frac{0.87}{16} \times 44 = 2.39\text{kg}$

H_2O 量　$c_{11} = \frac{0.87}{16} \times 36 = 1.96\text{kg}$

因为随 Cl_2 带入的 O_2 量为 17.57kg，与 CH_4 反应耗去 3.48kg，还剩余 O_2 量：17.57 − 3.48 = 14.09kg。

3 号焦带入 H_2O 量：274.26 × 0.72% = 1.97kg，CH_4 氯化又生成 H_2O 1.96kg，总 H_2O 量为：1.97 + 1.96 = 3.93kg。仍假设 H_2O 被加碳氯化和水解 $TiCl_4$ 各耗 H_2O 50%，则：

⑬反应

$$\begin{array}{ccccc} 2H_2O + & C + & 2Cl_2 = & 4HCl + & CO_2 \\ 36 & 12 & 142 & 146 & 44 \\ 1.965 & a_{13} & b_{13} & c_{13} & d_{13} \end{array} \qquad (4\text{-}XIII)$$

消耗：耗 C 量　$a_{13} = \frac{1.965}{36} \times 12 = 0.655\text{kg}$

耗 Cl_2 量 $$b_{13}=\frac{1.965}{36}\times142=7.75\text{kg}$$

生成：HCl 量 $$c_{13}=\frac{1.965}{36}\times146=7.97\text{kg}$$

CO_2 量 $$d_{13}=\frac{1.965}{36}\times44=2.40\text{kg}$$

⑭ 反应 $$\underset{\substack{189.9\\a_{14}}}{TiCl_4}+\underset{\substack{18\\1.965}}{H_2O}=\!=\!=\underset{\substack{134.9\\b_{14}}}{TiOCl_2}+\underset{\substack{73\\c_{14}}}{2HCl} \tag{4-XIV}$$

消耗：耗 $TiCl_4$ 量 $$a_{14}=\frac{1.965}{18}\times189.9=20.73\text{kg}$$

生成：$TiOCl_2$ 量 $$b_{14}=\frac{1.965}{18}\times134.9=14.73\text{kg}$$

HCl 量 $$c_{14}=\frac{1.965}{18}\times73=7.97\text{kg}$$

生成 HCl 量：7.97 + 7.97 = 15.94kg。

由于 H_2O 被氯化，耗去 C 量 0.655kg，实际还剩 C 量：

$$58.95-0.655=58.265\text{kg}$$

进入炉气中的 CO_2 总量为：

$$240.04+2.39+2.40=244.83\text{kg}$$

因此，在采用 3 号煅烧焦作还原剂情况下，氯化 1000kg 钛渣，理论耗 C 量为：

$$196.39+0.655=197.05\text{kg}$$

理论耗 Cl_2 量为：

$$1702.51+7.75=1710.26\text{kg}$$

考虑到损失，假设 Cl_2 过量 2%：

$$1710.26\times0.02=34.21\text{kg}$$

因此，氯化 1000kg 钛渣的总 Cl_2 耗量为：

$$1710.26+34.21=1744.47\text{kg}$$

折合成 90%（体积分数）的氯气（质量分数为 95.74%）：

$$1744.47/0.9574=1822.09\text{kg}$$

其组成为：

组分	Cl_2	O_2	N_2	合计
质量/kg	1744.47	18.00	59.64	1822.09
质量分数/%	95.74	0.988	3.273	100.0
剩余量/kg	34.21	14.52*	59.64	

注：过 O_2 量为：18.00 − 3.48 = 14.52kg，进入炉气。

氯化 1000kg 钛渣所产生的炉渣量为：

未氯化的各种氧化物之和	50.84kg
生成的氯化物量	63.79kg
过剩 C 量	58.27kg
灰分量	6.02kg
合计	178.92kg

在使用 3 号焦情况下，氯化物占炉渣量的比例为：

$$\frac{63.79}{178.92} \times 100\% = 35.65\%$$

配料量为

$$1000\text{kg}(\text{钛渣}) + 274.26(3\text{ 号焦}) = 1274.26\text{kg}$$

配料/炉渣比：

$$\frac{1274.26}{178.92} = 7.12/1 = 100/14$$

炉渣为配料量的 14%。

钛渣/焦比：

$$\frac{1000}{274.26} = 100/27.43$$

氯气/配料比：

$$\frac{1822.09}{1274.26} = 1.43/1 = 100/69.94 \approx 100/70$$

随 1274.26kg 配料带入的空气量稍有变化：

$$V_{\text{空气}} = \left(\frac{1}{1690.11} - \frac{1}{3451.29}\right) \times 1274.26 = 0.38\ \text{m}^3(\text{标态})$$

其中：

组分	N_2	O_2	合计
体积分数/%	79	21	100.0
体积(标态)/m^3	0.30	0.08	0.38
质量分数/%	76.7	23.3	100.0
G/kg	0.38	0.11	0.49

这样进入炉气中的总 O_2 量为：

$$14.52 + 0.11 = 14.63\text{kg}$$

总 N_2 量为：

$$59.64 + 0.38 = 60.02\text{kg}$$

以上计算结果见表 4-6。

表 4-6 氯化作业物料平衡表（基准：1000kg 钛渣，3 号焦）

收入					支出				
收入项目	数量和组成				支出项目	数量和组成			
	质量/kg	质量分数/%	体积（标态）/m^3	体积分数/%		质量/kg	质量分数/%	体积（标态）/m^3	体积分数/%
(1) 配料	1274.26				(1) 炉气	2899.86	100.0	716.71	100.0
其中：钛渣含	1000.00	100.0			其中：$TiCl_4$	2035.36	70.19	240.08	33.50
TiO_2	579.70	57.97			$TiOCl_2$	14.73	0.51	2.45	0.34
Ti_2O_3	280.90	28.09			$FeCl_3$	84.65	2.92	11.68	1.63
FeO	47.30	4.73			$FeCl_2$	14.89	0.51	2.63	0.37
CaO	4.60	0.46			$MnCl_2$	14.03	0.48	2.50	0.35
MgO	18.70	1.87			$AlCl_3$	40.00	1.38	6.71	0.94
MnO	13.30	1.33			$SiCl_4$	17.43	0.60	2.30	0.32
SiO_2	15.40	1.54			$VOCl_3$	3.62	0.12	0.47	0.066
Al_2O_3	38.20	3.82			CO	305.52	10.54	244.42	34.10
V_2O_5	1.90	0.19			CO_2	244.83	8.44	124.64	17.39
3 号焦	274.26	100.0			O_2	14.63	0.50	10.24	1.43
含：固定碳	265.13	96.67			N_2	60.02	2.07	48.02	6.70
挥发分	0.91	0.33			Cl_2	34.21	1.18	10.79	1.51
灰分	6.25	2.28			HCl	15.94	0.55	9.78	1.36
水分	1.97	0.72			(2) 随炉气带出的粉尘	19.01	100.0		
(2) 随配料带入的空气	0.49	100.0			其中：TiO_2	8.92	46.92		
其中：O_2	0.11	23.3			3 号焦	10.09	53.08		
N_2	0.38	76.7			(3) 炉渣	178.92	100.0		
(3) 氯气	1822.09	100.0			其中：TiO_2	17.84	9.97		
其中：Cl_2	1744.47	95.74			SiO_2	9.24	5.16		
O_2	18.00	0.988			Al_2O_3	22.92	12.81		
N_2	59.64	3.273			MgO	0.19	0.11		
平衡差：0.95kg					CaO	0.05	0.03		
					MnO	0.13	0.073		
					FeO	0.47	0.26		
					$CaCl_2$	9.01	5.04		
					$MgCl_2$	43.77	24.46		
					$MnCl_2$	9.36	5.23		
					$FeCl_2$	1.65	0.92		
					C	58.27	32.57		
					灰分	6.02	3.36		
合　计：3097.79kg					合　计：3097.79kg				

注：平衡差 0.95kg，占$\frac{0.95}{3097.79}\times 100\% = 0.03\%$，极小，计算无误。

根据前面的计算，在沸腾炉年工作日300天的情况下，单台炉日处理钛渣量为41.41t。日耗3号焦量为：

$$0.27426 \times 41.41 = 11.36\text{t}$$

日配料带入空气量为：

$$0.49 \times 10^{-3} \times 41.41 = 0.02\text{t}$$

日耗氯气量为：

$$1.82209 \times 41.41 = 75.45\text{t}$$

此时，日产炉气量为：

$$2.89986 \times 41.41 = 120.08\text{t}$$

日产炉渣量为：

$$0.17892 \times 41.41 = 7.41\text{t}$$

日随炉气带出粉尘量为：

$$0.01901 \times 41.41 = 0.79\text{t}$$

用3号焦作还原剂，单台炉沸腾氯化41.41t/(d·台)钛渣的日物流量见表4-7。

表4-7　钛渣沸腾氯化作业的日物流量(日处理钛渣41.41t/(d·台)，还原剂为3号焦)

日投入		日产出	
投入项目	数量/t	产出项目	数量/t
(1) 钛渣	41.41	(1) 炉气	120.08
(2) 3号焦	11.36	(2) 炉渣	7.41
(3) 配料带入空气	0.02	(3) 炉气带出粉尘	0.79
(4) 氯气	75.45		
平衡差	0.04		
合　计	128.28	合　计	128.28

注：平衡差为0.04t/d，占$\frac{0.04}{128.28} \times 100\% = 0.03\%$，极小，计算正确。

日投入配料中钛渣含Ti量：

$$\frac{47.9}{79.9} \times 41.41 \times 89.19\% = 22.14\text{t}$$

日产出炉气中$TiCl_4$含Ti量：

$$\frac{47.9}{189.9} \times 120.08 \times 70.19\% = 21.26\text{t}$$

日产出炉气中$TiOCl_4$含Ti量：

$$\frac{47.9}{134.9} \times 120.08 \times 0.51\% = 0.22\text{t}$$

日产出炉渣中TiO_2含Ti量：

$$\frac{47.9}{79.9} \times 7.41 \times 9.97\% = 0.44\text{t}$$

日炉气带出粉尘中TiO_2含Ti量：

$$\frac{47.9}{79.9} \times 0.79 \times 46.92\% = 0.22\text{t}$$

计算结果见表4-8。

表4-8 钛渣沸腾氯化时金属Ti的日平衡表

收入			支出		
收入项目	数量和组成		支出项目	数量和组成	
	质量/t	质量分数/%		质量/t	质量分数/%
钛渣中Ti量	22.14	100.0	(1) 炉气中$TiCl_4$含Ti量	21.26	96.03
			(2) 炉气中$TiOCl_2$含Ti量	0.22	0.99
			(3) 炉渣中TiO_2含Ti量	0.44	1.99
			(4) 炉气带出粉尘中TiO_2含Ti量	0.22	0.99
合计	22.14	100.0	合计	22.14	100.0

可以看出，用不同质量的焦进行配料，氯化时只稍微影响产物的组成和日物流量，但不影响有价成分金属Ti的平衡。

使用不同品质的焦配料，不影响单位时间内的钛渣投料量，而将影响焦量、氯气量和产出的炉气和炉渣量。

1h投入炉内的钛渣量仍为：

$$\frac{1000}{2035.36}\times 2207.5 = 1084.57\text{kg/(h·台)} = 1.085\text{t/(h·台)}$$

1h投入炉内的3号焦量为：

$$\frac{274.26}{1000}\times 1.085 = 0.30\text{t/(h·台)}$$

1h配料带入空气量：

$$\frac{0.49}{1000}\times 1.085 = 5.32\times 10^{-4}\text{t/(h·台)}$$

1h通入炉内的氯气量：

$$\frac{1822.09}{1000}\times 1.085 = 1.98\text{t/(h·台)}$$

1h产出的炉气量：

$$\frac{2899.86}{1000}\times 1.085 = 3.15\text{t/(h·台)}$$

1h产出的炉渣量：

$$\frac{178.92}{1000}\times 1.085 = 0.19\text{t/(h·台)}$$

1h炉气带出的粉尘量：

$$\frac{19.01}{1000}\times 1.085 = 0.021\text{t/(h·台)}$$

使用3号焦时，氯气耗量减少，为1.98t/(h·台)，其体积流量和沸腾速度也稍有降低。25℃，其体积流量为：

$$V_{Cl_2} = \frac{1980}{2.94} = 673.47\text{m}^3\text{/(h·台)} = 0.187\text{m}^3\text{/(s·台)}。$$

此时，沸腾速度(冷床速度)：

$$w_{沸}=\frac{0.187}{1.766}=0.106\text{m/s}\approx0.11\text{m/s}$$

1200K 下按式 4-6 计算：

$$w'_{沸}=0.11\times\frac{1200}{298}=0.44\text{m/s}$$

其临界流化速度和带出速度不变，仍为：

$$w_{临}=0.0084\text{m/s};\ w_{t}=0.62\text{m/s}$$

筛板开孔率仍为 1%，孔数为 1406 个，小孔径 4mm。

此时的小孔速度稍有下降：

$$w_{孔}=\frac{0.187}{0.785\ (4\times10^{-3})^{2}\times1406}=10.6\text{m/s}$$

在采用 3 号焦情况下的热平衡计算：

热收入项计算：

① 钛渣带入的物理热不变，仍为 84950.75kJ/(h · 台)。

② 3 号焦量和组成有变化，因而带入的物理热也会变化。

3 号焦量为 300.00kg(计算基准为 1h)，其中：

成　分	质量分数/%	质量/kg	$H^{\ominus}_{400}-H^{\ominus}_{298}$/kcal · kmol^{-1}	$H^{\ominus}_{400}-H^{\ominus}_{298}$/kJ · kg^{-1}	$\Delta H^{\ominus}_{i}$/kJ
固定碳	96.67	290.01	253	88.21	25581.78
挥发分	0.33	0.99	931	243.46	241.03
灰　分	2.28	6.84	1023	83.75	572.85
水　分	0.72	2.16	830	192.93	416.73
合　计	100.0	300.00			26812.39

③ 配料带入空气量 0.532kg/(h · 台)带入物理热，其中：

成　分	质量分数/%	质量/kg	$H^{\ominus}_{400}-H^{\ominus}_{298}$/kJ · kg^{-1}	$\Delta H^{\ominus}_{i}$/kJ
N_2	76.7	0.41	107.14	43.93
O_2	23.3	0.12	95.84	11.50
合　计	100.0	0.53		55.43

配料带入物理热合计：

$$Q_{炉料}=84950.75+26812.31+55.43=111818.49\text{kJ/(h · 台)}$$

氯化反应热量，从反应式 4-Ⅰ ~式 4-Ⅹ不变，仍为

$$\begin{aligned}Q_{反应}&=-\sum_{n=1}^{10}\Delta H^{\ominus}_{\mathrm{r},(n)}\\&=978632.79+977470.79+162048.45+32272.10+28719.08+98450.14+\\&\quad 51506.03+3959.42+9452.78+149672.69\\&=2492184.27\text{kJ/h}\end{aligned}$$

但以下 3 个反应的热量有变化：

⑪ 反应 $CH_4 + 2O_2 = CO_2 + 2H_2O$ (4-Ⅺ)

$\Delta H^{\ominus}_{f,298}$ ($\times 10^3$kcal/kmol) −17.88 −94.05 −57.91

$$\Delta H^{\ominus}_{r,298} = (-94.05 - 57.91 \times 2) - (-17.88) = -191.99 \times 10^3 \text{kcal/kmol}$$
$$= -50205.39 \text{kJ/kg } CH_4$$

$$\Delta H^{\ominus}_{r,(11)} = (-50205.39) \times 0.87 \times 1.085 = -47391.38 \text{kJ/h}$$

⑬ 反应 $2H_2O + C + 2Cl_2 = 4HCl + CO_2$ (4-XⅢ)

$\Delta H^{\ominus}_{f,298}$ ($\times 10^3$kcal/kmol) −57.91 −22.00 −94.05

$$\Delta H^{\ominus}_{r,298} = (-22.00 \times 4 - 94.05) - (-57.91 \times 2) = -66.25 \times 10^3 \text{kcal/kmol}$$
$$= -7699.72 \text{kJ/kg } H_2O$$

$$\Delta H^{\ominus}_{r,(13)} = (-7699.72) \times 1.965 \times 1.085 = -16416.00 \text{kJ/h}$$

⑭ 反应 $TiCl_4 + H_2O = TiOCl_2 + 2HCl$ (4-XⅣ)

$\Delta H^{\ominus}_{f,298}$ ($\times 10^3$kcal/kmol) −182.40 −57.91 −130.40 −22.00

$$\Delta H^{\ominus}_{r,298} = (-130.40 - 22.00 \times 2) - (-182.40 - 57.91)$$
$$= 65.91 \times 10^3 \text{kcal/kmol}$$
$$= 1452.17 \text{kJ/kg } TiCl_4$$

$$\Delta H^{\ominus}_{r,(14)} = 1452.17 \times 20.73 \times 1.085 = 32662.28 \text{kJ/h}$$

全部反应放热量总计：

$$Q_{总反应} = Q_{反应} + Q_{(11)} + Q_{(13)} - Q_{(14)} = 2492184.27 + 47391.38 + 16416.00 - 32662.28$$
$$= 2523329.37 \text{kJ/h}$$

热收入项目总计：$Q_{收入} = Q_{炉料} + Q_{总反应} = 111818.49 + 2523329.37 = 2635147.86$kJ/h

热支出项目计算如下：

① 炉气带走物理热。1h 产出炉气量 3.15t/(h · 台)，其中：

成 分	质量分数/%	质量/kg	$H^{\ominus}_{1200} - H^{\ominus}_{298}$/kJ · kg^{-1}	$\Delta H^{\ominus}_j$/kJ
$TiCl_4$	70.19	2210.985	496.64	1098063.59
$TiOCl_2$	0.51	16.065	532.26	8550.76
$FeCl_3$	2.92	91.98	454.02	41760.76
$FeCl_2$	0.51	16.07	967.28	15539.35
$MnCl_2$	0.48	15.12	915.26	13838.73
$AlCl_3$	1.38	43.47	538.28	23399.03
$SiCl_4$	0.60	18.90	721.95	13644.86
$VOCl_3$	0.12	3.78	771.18	2915.06
CO	10.54	332.01	1009.99	335326.78
CO_2	8.44	265.86	994.84	264488.16
O_2	0.50	15.75	919.70	14485.28
N_2	2.07	65.21	1000.72	65251.95
Cl_2	1.18	37.17	461.12	17139.83

续表

成　分	质量分数/%	质量/kg	$H_{1200}^{\ominus}-H_{298}^{\ominus}$/kJ·kg^{-1}	$\Delta H_j^{\ominus}$/kJ
HCl	0.55	17.33	748.31	12964.47
合　计	100.0	3150		1927368.61

② 炉渣带走物理热。1h 产出炉渣量 190kg/(h·台)，其中：

成　分	质量分数/%	质量/kg	$H_{1200}^{\ominus}-H_{298}^{\ominus}$/kJ·kg^{-1}	$\Delta H_j^{\ominus}$/kJ
TiO_2	9.97	18.94	774.01	14662.07
SiO_2	5.16	9.80	987.10	9677.53
Al_2O_3	12.81	24.34	1012.12	24633.99
MgO	0.11	0.21	1076.83	226.13
CaO	0.03	0.057	822.60	46.89
MnO	0.073	0.14	655.69	90.94
FeO	0.26	0.49	707.17	349.34
$CaCl_2$	5.04	9.58	935.62	8959.50
$MgCl_2$	24.46	46.47	1236.98	57487.41
$MnCl_2$	5.23	9.94	915.26	9094.94
$FeCl_2$	0.92	1.75	967.28	1690.81
C	32.57	61.88	1352.83	83717.18
灰　分	3.36	6.38	987.10	6301.65
合　计	100.0	190		216938.38

③ 炉气带走粉尘 21.00kg/(h·台)，其中：

成　分	质量分数/%	质量/kg	$H_{1200}^{\ominus}-H_{298}^{\ominus}$/kJ·kg^{-1}	$\Delta H_j^{\ominus}$/kJ
TiO_2	46.92	9.85	774.01	7626.48
3 号焦	53.08	11.15	1352.83	15079.73
合　计	100.0	21.00		22706.21

炉气和炉渣、粉尘带走物理热合计：

$$Q_{产物}=1927368.61+216938.38+22706.21=2167013.20\text{kJ/(h·台)}$$

炉子沸腾段散热损失不变，1h 单台炉散热量仍为：

$$Q_{散热}=101886.51\ \text{kJ/(h·台)}$$

则热支出为：

$$Q_{支出}=2167013.20+101886.51=2268899.71\text{kJ/(h·台)}$$

设因未考虑周到而未计入的热损失占热支出的 14%：

$$2268899.71\times0.14=317646\ \text{kJ/(h·台)}$$

总的热支出：

$$Q'_{支出}=2268899.71+317646=2586546\text{kJ/(h·台)}$$

热收入 $Q_{收入}=2635148$kJ/h 比热支出多 48602kJ/h，对维持氯化温度(1200K)是保险的。编制沸腾段热平衡表，见表 4-9。

表 4-9 氯化炉沸腾段热平衡表（氯化钛渣量：1.085t/(h·台)，采用3号焦）

热收入			热支出		
收入项目	数量和组成		支出项目	数量和组成	
	数量/kJ	组成/%		数量/kJ	组成/%
(1) 钛渣带入物理热	84950.75	3.22	(1) 炉气带走热	1927368.61	73.14
(2) 3号焦带入物理热	26812.39	1.02	(2) 炉渣带走热	216938.38	8.23
(3) 配料中空气带入热	55.43	0.0021	(3) 炉气带出粉尘热	22706.21	0.86
(4) 反应热	2523329.37	95.76	(4) 炉壁散热损失	101886.51	3.87
			(5) 未计入的热损失	317646.00	12.05
			平衡差	48601.94	1.84
合计	2635148	100.0	合计	2635148	100.0

可见，采用3号焦作氯化时的还原剂时，能够维持沸腾段温度在927℃左右，而且其他优点较多。以下的计算就以3号焦为基础进行。

(ii)氯化炉扩大段和过渡段的热平衡计算。

热收入项目：

① 从沸腾段进入扩大段的混合气体量为3.15t/(h·台)，带入物理热为1927369kJ/(h·台)。气体温度1200K(927℃)。

② 炉气夹带粉尘21.00kg/(h·台)，带入热量22706kJ/(h·台)。扩大段和过渡段热收入总计：1927369 + 22706 = 1950075kJ/(h·台)。

热支出项目：

① 扩大段出口炉气(进入冷却收尘器组)带走物理热计算：

假定出口气量等于入气量，仍为3150kg/(h·台)，出气温度873K(600℃)，其中：

成分	质量分数/%	质量/kg	$H_{873}^{\ominus}-H_{298}^{\ominus}$/kcal·kmol^{-1}	$H_{873}^{\ominus}-H_{298}^{\ominus}$/kJ·kg^{-1}	$\Delta H_j^{\ominus}$/kJ
$TiCl_4$	70.19	2210.985	14209.28	313.07	692193.07
$TiOCl_2$	0.51	16.065	10794.55	334.80	5378.56
$FeCl_3$	2.92	91.98	11161.37	287.65	26458.05
$FeCl_2$	0.51	16.07	41333.80	1363.35	31909.03
$MnCl_2$	0.48	15.12	46739.42	1552.78	23478.03
$AlCl_3$	1.38	43.47	10793.47	338.28	14705.03
$SiCl_4$	0.60	18.90	21081.57	518.55	9800.60
$VOCl_3$	0.12	3.78	23604.96	569.44	2152.48
CO	10.54	332.01	4210.53	629.17	208890.73
CO_2	8.44	265.86	6346.30	603.48	160441.19
O_2	0.50	15.75	4367.35	571.03	8993.72
N_2	2.07	65.21	4066.69	607.68	39626.81
Cl_2	1.18	37.17	4941.94	291.23	10825.02

续表

成　分	质量分数/%	质量/kg	$H^{\ominus}_{873}-H^{\ominus}_{298}$/kcal · kmol^{-1}	$H^{\ominus}_{873}-H^{\ominus}_{298}$/kJ · kg^{-1}	$\Delta H^{\ominus}_{j}$/kJ
HCl	0.55	17.33	4075.36	467.16	8095.88
合　计	100.0	3150.00			1232948.20

炉气带走粉尘量21.00kg/(h · 台)，出口温度873K(600℃)，其中：

成　分	质量分数/%	质量/kg	$H^{\ominus}_{873}-H^{\ominus}_{298}$/kJ · kg^{-1}	$\Delta H^{\ominus}_{j}$/kJ
TiO_2	46.92	9.85	472.77	4656.78
3号焦	53.08	11.15	762.01	8496.41
合　计	100.0	21.00		13153.19

注：($H^{\ominus}_{873}-H^{\ominus}_{298}$)的数值从热力学数据手册中不能直接查得，本表中数值是用内插法求得的。例如，对于$TiCl_4$，查得：$H^{\ominus}_{800}-H^{\ominus}_{298}=12358$kcal/kmol，$H^{\ominus}_{900}-H^{\ominus}_{298}=14894$kcal/kmol，则 $H^{\ominus}_{873}-H^{\ominus}_{298}=\frac{14894-12358}{100}\times73+12358$ $=14209.28$ kcal/kmol $=14209.28\times4.184/189.9=313.07$kJ/kg $TiCl_4$。

② 经过扩大段炉壁的散热损失计算按式4-17计算：

$$Q_{扩大段}=\frac{2.73\times4.5\times(700-50)\times1}{\frac{1}{0.9}\lg\frac{5.2}{4.5}+\frac{1}{0.8}\lg\frac{5.5}{5.2}+\frac{1}{40}\lg\frac{5.524}{5.5}}=79852.5\text{kcal/h}=334102.86\text{kJ/h}$$

③ 过渡段，为一圆台，圆台母线长(见右图)：

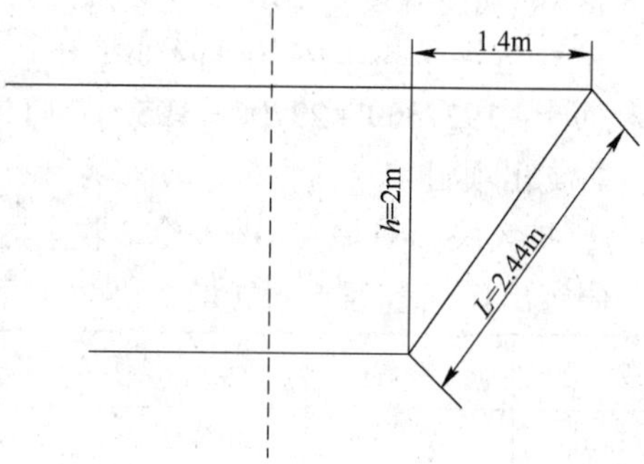

$$L=\sqrt{1.4^2+2^2}=2.44\text{m}$$

圆台侧面积：

$$\begin{aligned}A_{圆台}&=\pi(r_{上底圆半径}+r_{下底圆半径})L\\&=3.14\times(2.762+1.362)\times2.44\\&=31.6\text{m}^2\end{aligned}$$

散热量按平壁公式4-18计算：

$$Q_{过渡段}=\frac{(800-50)\times31.6}{\frac{0.40}{0.9}+\frac{0.20}{0.8}+\frac{0.012}{40}}=34149.86\text{kcal/h}=142883\text{kJ/h}$$

④ 炉盖散热损失计算：

炉盖按圆锥体考虑，锥底半径 $r_{圆锥底}=2.762$m；锥高 $h_{圆锥高}=1.00$m，则圆锥体侧面积：

$$A_{圆锥}=\pi r_{锥底}\sqrt{r^2_{锥底}+h^2_{锥高}}=3.14\times2.762\times\sqrt{2.762^2+1^2}=25.5\text{m}^2$$

散热量按平壁公式4-18计算：

$$Q_{炉盖}=\frac{(600-100)\times25.5}{\frac{0.2}{0.8}+\frac{0.012}{40}}=51000\text{kcal/h}=213384\text{kJ/h}$$

氯化炉上部各段散热总和：

$$Q_{总损}=334103+142883+213384=690370\text{kJ/h}$$

以上计算结果见表4-10。

表4-10 氯化炉扩大段、过渡段和炉盖几部分热平衡表

收入			支出		
收入项目	数量和组成		支出项目	数量和组成	
	数量 /kJ · h^{-1}	组成/%		数量 /kJ · h^{-1}	组成/%
(1) 来自沸腾段的炉气(927℃)	1927369	98.84	(1) 出炉气(600℃)	1232948	63.23
(2) 炉气夹带粉尘(927℃)	22706	1.16	(2) 出炉粉尘(600℃)	13153	0.67
			(3) 炉壁散热	690370	35.40
			平衡差	13604	0.70
合计	1950075	100.0	合计	1950075	100.0

热量收入基本平衡，平衡差仅0.7%，不大，在允许范围内。

沸腾炉上部各段结构示意图，如图4-5所示。

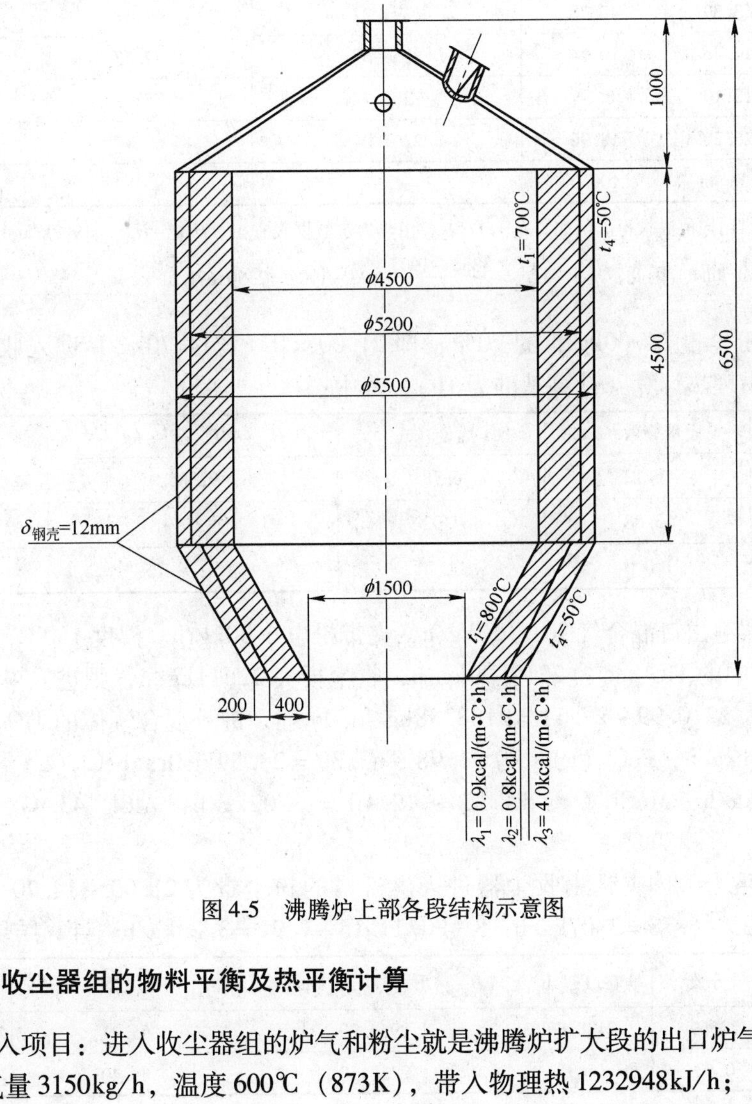

图4-5 沸腾炉上部各段结构示意图

4.4.2 冷却收尘器组的物料平衡及热平衡计算

(1) 收入项目：进入收尘器组的炉气和粉尘就是沸腾炉扩大段的出口炉气和夹带粉尘。

1) 炉气量3150kg/h，温度600℃（873K），带入物理热1232948kJ/h；

2）炉气夹带粉尘量21kg/h，温度600℃，带入物理热12153kJ/h。

上两项计算见前面扩大段的热平衡计算。

（2）支出项目：设排渣温度为150℃（423K）。

1）收尘渣量及带走的物理热。根据第2章有价平衡计算，有1% $TiCl_4$ 损失在收尘渣中，即2210.99×0.01＝22.11kg/h $TiCl_4$。$TiOCl_2$ 也有1%进入收尘渣16.07×0.01＝0.16kg。设 $FeCl_3$ 蒸气有70%冷凝结晶成固体，即91.98×0.7＝63.39kg/h $FeCl_3$（s）。$FeCl_2$ 蒸气有90%，即16.07×0.9＝14.46kg/h $FeCl_2$（s）冷凝成固态。$MnCl_2$ 冷凝结晶出80%，即15.12×0.8＝12.10kg/h $MnCl_2$（s）。$AlCl_3$ 蒸气有65%冷凝下来，即43.47×0.65＝26.26kg/h $AlCl_3$（s）。计算结果（计算基准为1h）如下：

成　分	质量/kg	质量分数/%	$H_{423}^{\ominus}-H_{298}^{\ominus}$/kcal·kmol^{-1}	$H_{423}^{\ominus}-H_{298}^{\ominus}$/kJ·kg^{-1}	$\Delta H_j^{\ominus}$/kJ
$TiCl_4$	22.11	15.97	2964.20	65.31	1444.00
$TiOCl_2$	0.16	0.12	2237.50	69.40	11.10
$FeCl_3$	63.39	45.78	2371.21	61.12	3874.40
$FeCl_2$	14.46	10.44	2350.67	77.53	1121.08
$MnCl_2$	12.10	8.74	2268.94	75.38	912.10
$AlCl_3$	26.26	18.96	2207.04	69.17	1816.40
合计	138.48	100.0			9179

注：$H_{423}^{\ominus}-H_{298}^{\ominus}$ 用插值法求得。例如，对于 $FeCl_2$，由热力学数据表查出，$H_{400}^{\ominus}-H_{298}^{\ominus}=1907$kcal/kmol，$H_{500}^{\ominus}-H_{298}^{\ominus}=3836$kcal/kmol。因此，$H_{423}^{\ominus}-H_{298}^{\ominus}=\frac{3836-1907}{100}\times23+1907=2350.67$kcal/kmol。

2）夹带粉尘量21.00kg/h的70%，即21.00×0.7＝14.70kg/h进入收尘渣，温度150℃，带出物理热计算（计算基准为1h），其中：

成　分	质量分数/%	质量/kg	$H_{423}^{\ominus}-H_{298}^{\ominus}$/kJ·kg^{-1}	$\Delta H_j^{\ominus}$/kJ
TiO_2	46.12	6.78	92.85	629.52
3号焦	53.88	7.92	113.79	901.22
合　计	100.0	14.70		1530.74

3）收尘器组出口混合气3011.23kg/h，夹带粉尘6.30kg/h。温度150℃（423K）。进入收尘器炉气中的 $TiCl_4$ 量为2210.99kg/h，收尘损失22.11kg/h，则进入淋洗塔混合气体的 $TiCl_4$ 量为2210.99－22.11＝2188.88kg/h。同理，进入混合气体的 $TiOCl_2$(g)16.07－0.16＝15.91kg/h，$FeCl_3$(g)量为91.98－63.39＝28.59kg/h，$FeCl_2$(g)量为16.07－14.46＝1.61kg/h，$MnCl_2$（g）15.12－12.10＝3.02kg/h，$AlCl_3$ 43.47－26.26＝17.21 kg/h。

另外，被混合气体夹带出收尘器进入淋洗塔的粉尘量为21.00－14.70＝6.30kg/h，其中，TiO_2 9.85－6.78＝3.07kg/h，3号焦11.15－7.92＝3.23kg/h。计算结果如下：

成　分	质量分数/%	质量/kg·h^{-1}	$H_{423}^{\ominus}-H_{298}^{\ominus}$/kcal·kmol^{-1}	$H_{423}^{\ominus}-H_{298}^{\ominus}$/kJ·kg^{-1}	$\Delta H_j^{\ominus}$/kJ·h^{-1}
$TiCl_4$	72.69	2188.88	2964.20	65.31	142955.75
$TiOCl_2$	0.53	15.91	2237.50	69.40	1104.15

续表

成　分	质量分数/%	质量/kg·h^{-1}	$H_{423}^{\ominus}-H_{298}^{\ominus}$/kcal·kmol^{-1}	$H_{423}^{\ominus}-H_{298}^{\ominus}$/kJ·kg^{-1}	$\Delta H_j^{\ominus}$/kJ·h^{-1}
$FeCl_3$	0.95	28.59	2371.21	61.12	1747.42
$FeCl_2$	0.053	1.61	2350.67	77.53	124.82
$MnCl_2$	0.10	3.02	2268.94	75.38	227.65
$AlCl_3$	0.57	17.21	2207.04	69.17	1190.42
$SiCl_4$	0.63	18.90	10025.79	246.61	4660.93
$VOCl_3$	0.13	3.78	12242.40	295.33	1116.35
CO	11.03	332.01	882.91	131.93	43795.44
CO_2	8.83	265.86	1221.50	116.15	30879.64
O_2	0.52	15.75	903.43	118.12	1860.39
N_2	2.17	65.21	880.53	131.58	8580.33
Cl_2	1.23	37.17	1039.50	61.26	2277.03
HCl	0.58	17.33	160.08	18.35	318.00
合　计	100.0	3011.23			240838.32
夹带粉尘	100.0	6.30			652.59
其中：TiO_2	48.73	3.07		92.85	285.05
3号焦	51.27	3.23		113.79	367.54
合　计	100.0	6.30			652.59

以上计算结果见表4-11。

表4-11　冷却收尘器组物料平衡及热平衡表

（基准：炉气3150.00kg/h，进气温度：600℃，出收尘器：150℃）

收入项目	质量/kg·h^{-1}	质量分数/%	热量/kJ·h^{-1}	组成/%	支出项目	质量/kg·h^{-1}	质量分数/%	热量/kJ·h^{-1}	组成/%
(1) 炉气（来自沸腾炉）	3150.00	100.0	1232948.20	100.0	(1) 收尘渣	153.18	100.0	10709.82	100.0
					其中：$TiCl_4$	22.11	14.43	1444.00	13.48
其中：$TiCl_4$	2210.99	70.19	692193.07	56.14	$TiOCl_2$	0.16	0.10	11.10	0.10
$TiOCl_2$	16.07	0.51	5378.56	0.44	$FeCl_3$	63.39	41.38	3874.40	36.18
$FeCl_3$	91.98	2.92	26458.05	2.15	$FeCl_2$	14.46	9.44	1121.08	10.47
$FeCl_2$	16.07	0.51	21909.03	1.78	$MnCl_2$	12.10	7.90	912.10	8.52
$MnCl_2$	15.12	0.48	23478.03	1.90	$AlCl_3$	26.26	17.14	1816.40	16.96
$AlCl_3$	43.47	1.38	14705.03	1.19	粉尘	14.70	9.60	1530.74	14.29
$SiCl_4$	18.90	0.60	9800.60	0.79	其中：TiO_2	6.78		629.52	
$VOCl_3$	3.78	0.12	2152.48	0.17	3号焦	7.92		901.22	

续表 4-11

收入					支出				
收入项目	数量和组成				支出项目	数量和组成			
	质量 /kg · h^{-1}	质量分数 /%	热量 /kJ · h^{-1}	组成 /%		质量 /kg · h^{-1}	质量分数 /%	热量 /kJ · h^{-1}	组成 /%
CO	332.01	10.54	208890.73	16.94	（2）混合气体	3011.23	100.0	240838.32	100.0
CO_2	265.86	8.44	160441.19	13.01	其中：$TiCl_4$	2188.88	72.69	142955.75	59.36
O_2	15.75	0.50	8993.72	0.73	$TiOCl_2$	15.91	0.53	1104.15	0.46
N_2	65.21	2.07	39626.81	3.21	$FeCl_3$	28.59	0.95	1747.42	0.73
Cl_2	37.17	1.18	10825.02	0.88	$FeCl_2$	1.61	0.053	124.82	0.052
HCl	17.33	0.55	8095.88	0.66	$MnCl_2$	3.02	0.10	227.65	0.095
（2）夹带粉尘	21.00	100.0	13153.19	100.0	$AlCl_3$	17.21	0.57	1190.42	0.49
其中：TiO_2	9.85	46.92	4656.78	35.40	$SiCl_4$	18.90	0.63	4660.93	1.94
3 号焦	11.15	53.08	8496.41	64.60	$VOCl_3$	3.78	0.13	1116.35	0.46
					CO	332.01	11.03	43795.44	18.18
					CO_2	265.86	8.83	30879.64	12.82
					O_2	15.75	0.52	1860.39	0.77
					N_2	65.21	2.17	8580.33	3.56
					Cl_2	37.17	1.23	2277.03	0.95
					HCl	17.33	0.58	318.00	0.13
					（3）夹带粉尘	6.30	100.0	652.59	100.0
					其中：TiO_2	3.07	48.73	285.05	43.68
					3 号焦	3.23	51.27	367.54	56.32
					（4）设备散热损失			993900.66	
合　计	3171.00		1246101.39		合　计	3171.00		1246101.39	

根据表 4-11，要求冷却收尘系统带走的热量是 993901kJ/h，下面计算导出此热量所需冷却收尘器组的面积和尺寸。

根据前面的计算知，ϕ1.5m 沸腾炉的日产能（$TiCl_4$）为：52.98t/（d · 台），对应 1 台沸腾炉，要求后置冷却收尘器组应散热 993901kJ/h（见表 4-11）。采用自然风对流冷却方式，根据生产实践经验，收尘冷却器单位冷却面积应不小于 7m^2/（d · t）$TiCl_4$。本计算为保险起见，增加 1 倍，取 14m^2/（d · t）$TiCl_4$。因此，配置在 1 台氯化炉后面的收尘冷却器组的冷却面积应不低于：

$$14 \times 52.98 = 741.72\text{m}^2/(\text{d}\cdot\text{组}) = 30.905\text{m}^2/(\text{h}\cdot\text{组})$$

现拟采用 3 台冷却器串联成一组。此时，每台的冷却面积应为：

$$30.905/3 = 10.3\text{m}^2/(\text{h}\cdot\text{台})$$

采用隔板收尘器，钢外壳厚度 10mm，内衬耐酸水泥捣固层(如磷酸盐矾土水泥)，厚度 4cm，其导热系数 0.8kcal/(m·K·h)。隔板涂刷辉绿岩-水玻璃防腐层。其结构示意图和串联组合方式分别如图 4-6 和图 4-7 所示。为操作之灵活性和机动性，在第二台与第三台冷却器之间设置旁通管路，当由于季节、天气变化，或原料组成波动等原因造成由沸腾炉扩大段出口进入第一台收尘器的炉气温度低于600℃时，可切断第三台不用，而只用第一、第二两台冷却收尘器，以适应炉温的变化。每台收尘器尺寸如下：

圆筒体外径 /m	圆筒高度 /m	圆锥体高度 /m	顶部球冠高度 /m
1.22	2.00	1.00	0.30
圆筒体侧面积 /m^2	圆锥体侧面积 /m^2	球冠侧面积 /m^2	散热总面积 /m^2
7.66	2.24	1.15	11.05

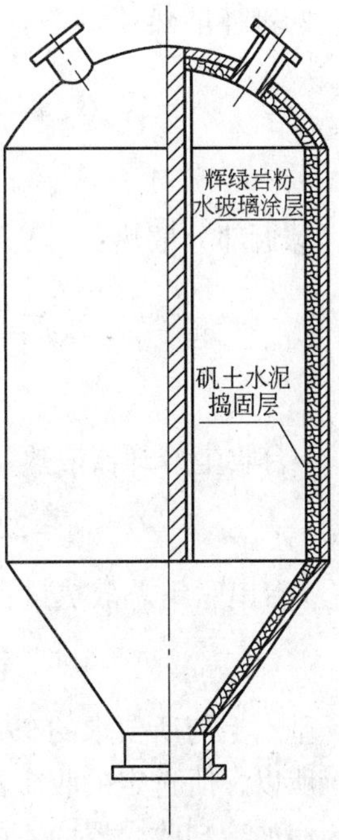

图 4-6 冷却收尘器

计算散热量时，内外壁温度差本来 3 台每台都各不相同，为简便计，按每台平均 375℃温差考虑。钢外壳的热阻很小，忽略不计。

圆筒体散热：

$$Q_{圆筒}=\frac{2.73\times 2\times 375\times 1}{\frac{1}{0.8}\lg\frac{1.20}{1.12}}=5467290\text{kcal/h}=228751.40\text{kJ/h}$$

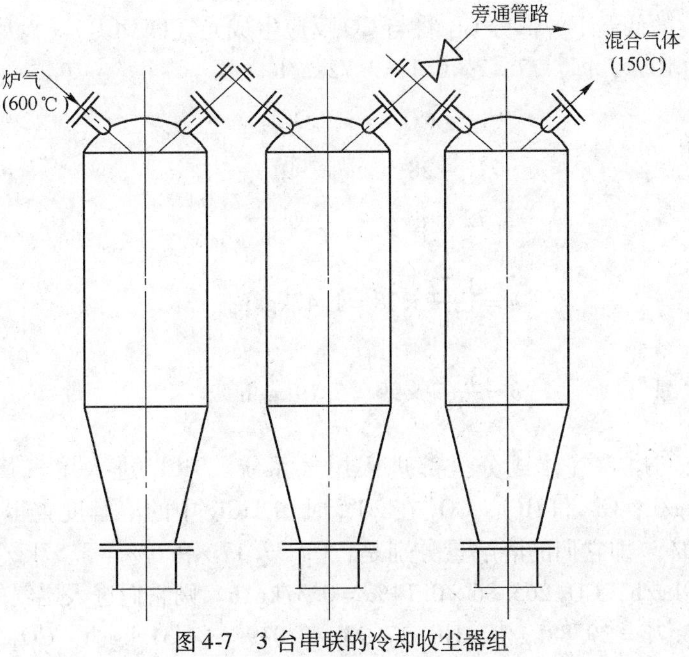

图 4-7 3 台串联的冷却收尘器组

圆锥体散热：

$$Q_{\text{圆锥}}=\frac{375\times 2.244\times 1}{\frac{0.04}{0.8}}=16830\text{kcal/h}=70416.72\text{kJ/h}$$

球冠部分散热：

$$Q_{\text{球冠}}=\frac{375\times 1.15\times 1}{\frac{0.04}{0.8}}=8617.5\text{kcal/h}=36055.62\text{kJ/h}$$

1 台收尘冷却器散热量：

$$Q_{\text{冷却器}}=228751.40+70416.72+36055.62=335223.74\text{kJ/h}$$

3 台串联组总散热量：

$$Q_{\text{总散热}}=335223.74\times 3=1005671.22\text{kJ/h}$$

基本上与所要求的 993901kJ/h 散热量持平。

所以，所选定的收尘器组台数、结构尺寸、散热面积等的考虑应该是正确的。

假如冷却收尘器内不是捣固层防腐，而是涂刷一层厚度不大的防腐材料，则热阻会大大减小，只要采用同样尺寸的冷却器 2 台就足够了。

4.4.3　淋洗工序的工艺及设备计算

(1) 收入项目：由冷却收尘器组进入淋洗塔的混合气体及夹带粉尘的量为 3011.23 + 6.30 = 3017.53kg/h，温度 150℃，带入热量 241491kJ/h。

(2) 支出项目：

1) 淋洗尾气。

在淋洗塔内的低温下，部分 Cl_2 将与 CO 反应生成光气（$COCl_2$）。设反应了的 Cl_2 量是尾气中 Cl_2 量的 10%，即：37.17 × 0.1 = 3.72kg/h。

⑮ 反应

$$\begin{matrix} Cl_2 & + & CO & = & COCl_2 \\ 71 & & 28 & & 99 \\ 3.72 & & a & & b \end{matrix} \qquad (4\text{-XV})$$

消耗 CO 量　　$a=\frac{3.72}{71}\times 28=1.47\text{kg/h}$

生成 $COCl_2$ 量　　$b=\frac{3.72}{71}\times 99=5.19\text{kg/h}$

设 CO、O_2、N_2 等气体成分全部进入尾气系统。$TiCl_4$ 进入尾气量为：2188.88 × 2.5% = 54.72kg/h；Cl_2 和 HCl、CO_2 在 20℃ 时在 $TiCl_4$ 中的溶解度查得分别为：9.6%、0.108% 和 0.14%。即它们的溶解量分别是：Cl_2 37.17 × 9.6% = 3.57kg/h，HCl 17.33 × 0.108% = 0.019kg/h，CO_2 265.86 × 0.14% = 0.37kg/h。则它们进入尾气的量分别是：Cl_2 37.17 − 3.57 − 3.72 = 29.88kg/h，HCl 17.33 − 0.019 = 17.31 kg/h，CO_2 265.86 − 0.37 =

265.49kg/h。CO 332.01 - 1.47 =330.54kg/h，$COCl_2$ 5.19kg/h。

2）机械损失。设 $TiCl_4$、$FeCl_3$、$FeCl_2$、$MnCl_2$、$AlCl_3$、$SiCl_4$、$VOCl_3$ 等的机械损失率全部为1.5%，则它们的损失量为：

组 分	$TiCl_4$	$TiOCl_2$	$FeCl_3$	$FeCl_2$	$MnCl_2$	$AlCl_3$	$SiCl_4$	$VOCl_3$	夹带粉尘中		合计
									TiO_2	3号焦	
机械损失率/%	1.5	1.5	1.5	1.5	1.5	1.5	1.5	1.5	1.5	1.5	
机械损失量/kg·h^{-1}	32.83	0.24	0.43	0.024	0.045	0.26	0.28	0.057	0.046	0.048	34.26

3）淋洗后液。由进入淋洗塔各组分的量扣除进入淋洗尾气的量和机械损失的量便是淋洗后液中各组分的量。

组 分	$TiCl_4$	$TiOCl_2$	$FeCl_3$	$FeCl_2$	$MnCl_2$	$AlCl_3$	$SiCl_4$	$VOCl_3$	夹带粉尘中	
									TiO_2	3号焦
机械损失量/kg·h^{-1}	32.83	0.24	0.43	0.024	0.045	0.26	0.28	0.057	0.046	0.048
进入尾气量	54.72									
进入淋洗后液的量/kg·h^{-1}	2101.33	15.67	28.16	1.59	2.98	16.95	18.62	3.73	3.02	3.18

组 分	Cl_2	HCl	CO_2	CO	O_2	N_2	$COCl_2$	合 计
机械损失量/kg·h^{-1}								34.26
进入尾气量	29.88	17.31	265.49	330.54	15.75	65.21	5.19	784.09
进入淋洗后液的量/kg·h^{-1}	3.57	0.019	0.37					2199.19

淋洗尾气的焓值(0℃，即273K)：

成 分	质量/kg·h^{-1}	$H_{273}^{\ominus}-H_{298}^{\ominus}$/kcal·kmol^{-1}	$H_{273}^{\ominus}-H_{298}^{\ominus}$/kJ·kg^{-1}	$\Delta H_j^{\ominus}$/kJ·h^{-1}
$TiCl_4$	54.72	-12.00	-0.26	-14.23
CO	330.54	-3.50	-0.523	-172.87
CO_2	265.49	-4.75	-0.452	-120.00
O_2	15.75	-3.75	-0.49	-7.72
N_2	65.21	-3.75	-0.56	-36.52
Cl_2	29.88	-4.00	-0.24	-7.4
HCl	17.31	-3.75	-0.43	-7.17
$COCl_2$	5.19	-8.45	-0.36	-1.87
合 计	784.09			-367.82

注：$H_{273}^{\ominus}-H_{298}^{\ominus}$用插值法求得。插值公式经推导为：$H_{273}^{\ominus}-H_{298}^{\ominus}=-0.25\times(H_{300}^{\ominus}-H_{298}^{\ominus})$kcal/kmol。

淋洗后液及夹带粉尘的焓值为0(25℃，即298K)；机械损失的焓值也为0(25℃，即298K)。

以上结果，见表4-12。

表 4-12　淋洗工序的物料平衡及热平衡表

收入					支出				
收入项目	数量和组成				支出项目	数量和组成			
	质量 /kg·h^{-1}	质量分数 /%	热量 /kJ·h^{-1}	组成 /%		质量 /kg·h^{-1}	质量分数 /%	热量 /kJ·h^{-1}	组成 /%
(1) 混合气体 (150℃)	3011.23	100.0	240838.32	100.0	(1) 淋洗尾气 (0℃)	784.09	100.0	-367.82	100.0
其中：$TiCl_4$	2188.88	72.69	142955.75	59.36	其中：$TiCl_4$	54.72	6.98	-14.23	3.87
$TiOCl_2$	15.91	0.58	1104.15	0.46	CO	330.54	42.16	-172.87	47.00
$FeCl_3$	28.59	0.95	1747.42	0.73	CO_2	265.49	33.86	-120.00	32.62
$FeCl_2$	1.61	0.053	124.82	0.052	O_2	15.75	2.00	-7.72	2.10
$MnCl_2$	3.02	0.10	227.65	0.095	N_2	65.21	8.32	-36.52	9.93
$AlCl_3$	17.21	0.57	1190.42	0.49	Cl_2	29.88	3.81	-7.17	1.95
$SiCl_4$	18.90	0.63	4660.93	1.94	HCl	17.31	2.21	-7.44	2.02
$VOCl_3$	3.78	0.13	1116.35	0.46	$COCl_2$	5.19	0.66	-1.87	0.51
CO	332.01	11.03	43795.44	18.18	(2) 淋洗后液 (25℃)	2199.19	100.0	0	0
CO_2	265.86	8.83	30879.64	12.82	其中：$TiCl_4$	2101.33	95.59		
O_2	15.75	0.52	1860.39	0.77	$TiOCl_2$	15.67	0.71		
N_2	65.21	2.17	8580.33	3.56	$FeCl_3$	28.16	1.28		
Cl_2	37.17	1.23	2277.03	0.95	$FeCl_2$	1.59	0.07		
HCl	17.33	0.58	318.00	0.13	$MnCl_2$	2.98	0.14		
小　计	3011.23	100.0	240838.32	100.0	$AlCl_3$	16.95	0.77		
(2) 夹带粉尘	6.30	100.0	652.59	100.0	$SiCl_4$	18.62	0.85		
其中：TiO_2	3.07	48.73	285.05	43.68	$VOCl_3$	3.73	0.17		
3 号焦	3.23	51.27	367.54	56.32	Cl_2	3.57	0.16		
小　计	6.30	100.0	652.59	100.0	HCl	0.019	0.00086		
					CO_2	0.37	0.017		
					TiO_2	3.02	0.14		
					3 号焦	3.18	0.14		
					小　计	2199.19	100.0		
					(3) 机械损失 (25℃)	34.26	100.0	0	0
					其中：$TiCl_4$	32.83	95.83		
					$TiOCl_2$	0.24	0.70		
					$FeCl_3$	0.43	1.26		
					$FeCl_2$	0.024	0.07		
					$MnCl_2$	0.045	0.13		
					$AlCl_3$	0.26	0.76		
					$SiCl_4$	0.28	0.82		
					$VOCl_3$	0.057	0.17		
					TiO_2	0.046	0.13		
					3 号焦	0.048	0.14		
					小　计	34.26	100.0		
					(4) 应冷却导走热量				241858.73
合　计	3031.84		241490.91		合　计	3031.84			241490.91

根据表4-12，淋洗时应由冷冻盐水导走的热量为241859kJ/h。设被1号淋洗塔冷凝下来的$TiCl_4$量及被导走的热量占90%，由2号和3号淋洗塔冷凝量占10%。即由1号塔冷凝后液量：

$$2199.19 \times 0.9 = 1979.27\text{kg/h}$$

1号套管换热器导走热量：

$$241859 \times 0.9 = 217673\text{kJ/h}$$

所以，对于1号淋洗塔，一方面要求它每1h导走热量217673kJ/h；另一方面，在工业上为了气液两相能充分接触，达到良好的冷凝效果，又要求有足够大的喷淋强度：100～150$m^3/(m^2 \cdot h)TiCl_4$。本计算取下限100$m^3/(m^2 \cdot h)TiCl_4$。

今考虑淋洗塔共3台，每台有2管，3台串联作业方式。因为1号淋洗塔淋洗量和导走热量最大，显然，1号塔和与之配套的套管换热器应当有最大的换热面积。

塔　号	每管内径 /mm	每管截面积 /m^2	喷淋强度 /$m^3 \cdot (m^2 \cdot h)^{-1}$	单管喷淋量 /$m^3 \cdot$(管$\cdot h)^{-1}$	双管喷淋量 /$m^3 \cdot$(台$\cdot h)^{-1}$
1号塔	500	0.196	100	19.6	39.2
2号和3号塔	250	0.049	100	4.9	9.8

1号塔配1台蛇形套管热交换器；2号和3号塔因喷淋量和导热量小，可共用1台套管热交换器。

淋洗塔结构示意图如图4-8所示。淋洗塔和热交换器配置情况如图4-9所示。

下面对1号淋洗塔及与之配套的套管热交换器进行计算：体积喷淋量$V_1 = 39.2m^3/$(台$\cdot$h)；质量喷淋量$G_1 = 39.2 \times 1719 = 67384.8$kg/(台$\cdot$h)。即1h用此量的$TiCl_4$与混合气体接触带走217673kJ/h热量，$TiCl_4$被混合气体在塔中由20.68℃加热至25℃，又被泵入套管换热器由冷冻盐水从25℃冷却至20.68℃后进喷淋塔。如此反复循环喷淋冷却，达到冷凝回收混合气体中$TiCl_4$的目的。喷淋$TiCl_4$的温度变化应为：

$$\Delta t = \frac{217673}{67384.8 \times 0.183 \times 4.184} = 4.22℃$$

就是说，泵入套管换热器的$TiCl_4$液被冷凝盐水降温4.22℃（由25℃下降到20.78℃），喷淋冷凝混合气体中$TiCl_4$后又升温4.22℃（由20.78℃升温到25℃）。带出的热量被冷冻热水导走。

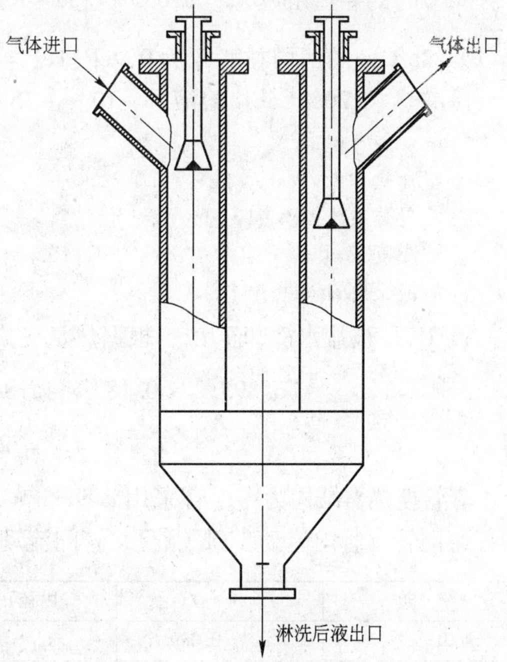

图4-8　淋洗塔

现在来计算套管热交换器的换热面积

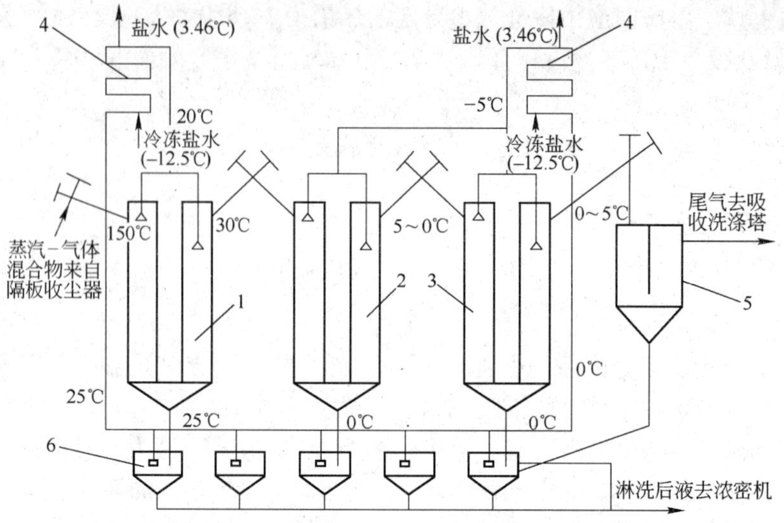

图 4-9　淋洗塔与套管换热器配置情况

1，2，3—分别为 1 号、2 号、3 号淋洗塔；4—套管换热器；5—捕滴器；6—循环泵槽

及管长和管程。

已知：$TiCl_4$ 的物性参数如下。

温度/℃	0	20	25	20～25℃间的平均密度
密度/$kg \cdot m^{-3}$	1761	1727	1719	1723

液体 $TiCl_4$ 的比热容 c_{p1} 为 0.183kcal/(kg · ℃)；

20℃时的导热系数 $\lambda_1 = 0.085W/(m \cdot K) = \frac{0.085}{1.163} = 0.073kcal/(m \cdot K \cdot h)$；

0～25℃间的平均黏度 Z 为 0.9cP(1cP = 1mPa · s)。

冷冻热水(20% $CaCl_2$ 溶液，−10～−15℃)的物性参数：

密度/$kg \cdot m^{-3}$	1192(20% $CaCl_2$，−12.5℃)
比热容 c_{p2}/kcal · (kg · ℃)$^{-1}$	0.73
导热系数 λ_2/kcal · (m · ℃ · h)$^{-1}$	0.494
黏度 Z/cP	5.4(20% $CaCl_2$ 液，−12.5℃)
应交换的热量	217673kJ/h

设 $TiCl_4$ 被盐水冷却至 t_{k_1}，根据热量交换关系，有：

$$65895.2 \times 0.183 \times 4.184 \times (25 - t_{k_1}) = 217673$$

得

$$t_{k_1} = 20.68℃$$

套管换热器结构为：内管采用 ϕ89mm × 4.5mm 的不锈钢管，外管为 ϕ110mm × 3.5mm 的普通钢管。管内流动 $TiCl_4$(液)，管间流动冷冻盐水。套管热交换器如图 4-10 所示。

类　型	外径 d_H/m	内径 d_B/m	壁厚 δ/m	管截面积 A/m^2
内　管	$d_{H1} = 0.089$	$d_{B1} = 0.08$	$\delta_1 = 0.0045$	$A_1 = 0.005024$
外　管	$d_{H2} = 0.11$	$d_{B2} = 0.103$	$\delta_2 = 0.0035$	$A_2 = 0.00211$

环隙当量直径 $d_e = d_{B2} - d_{H1} = 0.103 - 0.089 = 0.014\text{m}$

环隙宽度 $\delta = \dfrac{0.014}{2} = 0.007\text{m}$

环隙面积 $A_2 = 0.785[(0.103)^2 - (0.089)^2] = 0.00211\text{m}^2$

(1) $TiCl_4$ 在管内的流速：

$$w_1 = \frac{V_1}{A_1} = \frac{39.2}{0.005024 \times 3600} = 2.17\text{m/s}$$

冷冻盐水在环隙中的流速：

$$w_2 = 0.5\text{m/s}(\text{取定值})$$

体积流量：

$$V_2 = A_2 w_2 = 0.00211 \times 0.5 \times 3600 = 3.798\text{m}^3/\text{h}$$

质量流量：

$$G_2 = A_2 w_2 \rho_2 = 0.00211 \times 0.5 \times 1192 \times 3600 = 4527.22\text{kg/h}$$

设盐水出口温度为 t_{k_2}（见右图），则有：

$$G_2 c_{p2}[t_{k_2} - (-12.5)] = q$$

即 $4527.22 \times 0.73 \times 4.184(t_{k_2} + 12.5) = 217673$

解得 $t_{k_2} = 3.24℃$

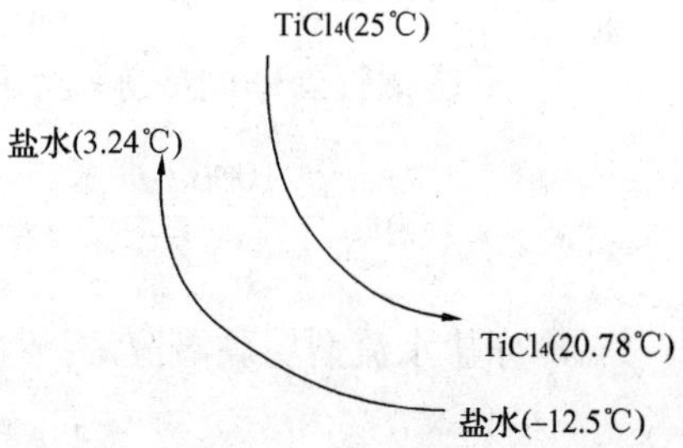

(2) 求对数平均温差 Δt_m：

$$\Delta t_m = \frac{(25 - 3.24) - [20.78 - (-12.5)]}{2.303\lg\dfrac{25 - 3.24}{20.78 + 12.5}} = 27.10℃$$

(3) 传热系数 K 的计算：

套管热交换器及物料参数如图 4-10 所示。

按式 4-19：

$$K = \frac{1}{\dfrac{1}{\alpha_1} + \dfrac{\delta}{\lambda} + \dfrac{1}{\alpha_2}}$$

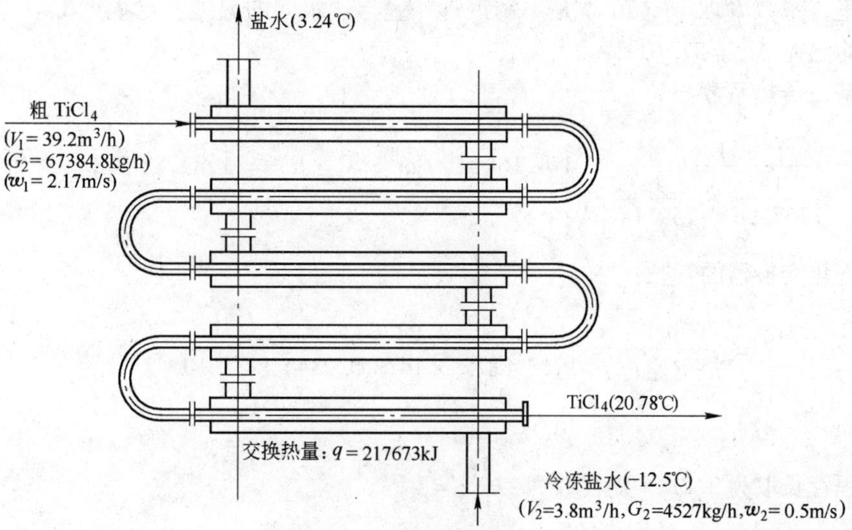

图 4-10 套管热交换器

1）$TiCl_4$ 向管壁的给热系数 α_1。

$$Re_1 = \frac{1000 d_{B_1} w_1 \times \rho_1}{Z_1} = \frac{1000 \times 0.08 \times 2.17 \times 1723}{0.9} = 332348 \gg 10^4$$

$TiCl_4$ 流型属湍流区。

$$Pr_1 = \frac{3.6 c_{p_1} Z_1}{\lambda_1} = \frac{3.6 \times 0.183 \times 0.9}{0.073} = 8.12$$

因此

$$\alpha_1 = 0.023 \frac{\lambda_1}{d_{B_1}} (Re_1)^{0.8} (Pr_1)^{0.4} = 0.023 \times \frac{0.073}{0.08} \times (332348)^{0.8} \times (8.12)^{0.4}$$

$$= 0.021 \times 26138.13 \times 2.31 = 1267.96 \text{kcal/(m}^2 \cdot ℃ \cdot \text{h)}$$

2）不锈钢管的热阻很小，$\frac{\delta}{\lambda} \approx 0$，可忽略不计。

3）不锈钢管外壁向冷冻盐水的给热系数 α_2。

$$Re_2 = \frac{1000 d_e w_2 \rho_2}{Z_2} = \frac{1000 \times 0.014 \times 0.5 \times 1192}{5.4} = 1545 < 2300$$

冷冻盐水流型属黏滞流区。

$$Pr_2 = \frac{3.6 c_{p_2} Z_2}{\lambda_2} = \frac{3.6 \times 0.73 \times 5.4}{0.494} = 28.73$$

$$\alpha_2 = B \frac{(\rho_2 w_2)^{0.2}}{d_e^{0.5}} \Delta t^{0.1} = 18 \times \frac{(1192 \times 0.5)^{0.2}}{(0.014)^{0.5}} \times (27.10)^{0.1} = 759.19 \text{kcal/(m}^2 \cdot ℃ \cdot \text{h)}$$

这里，系数 B 取 18，Δt 本是不锈钢管外壁与盐水间的温差，这里近似取为两种液体间的平均温差 $\Delta t_m = 27.10℃$。

于是，传热系数：

$$K = \frac{1}{\frac{1}{1267.96} + \frac{1}{759.19}} = 474.16 \text{kcal/(m}^2 \cdot ℃ \cdot \text{h)} = 1983.88 \text{kJ/(m}^2 \cdot ℃ \cdot \text{h)}$$

套管热交换器的管长：

$$l = \frac{q}{K \pi d_m \Delta t_m} = \frac{217673}{1983.88 \times 3.14 \times 0.0845 \times 27.10} = 15.26 \text{m}$$

取为 16m。

每程管长取为 3.2m，则程数为：$\frac{16}{3.2} = 5$ 程。

如果把冷冻盐水在管隙中的流速提高 1 倍，即从 0.5m/s 提高到 1.0m/s，则质量流

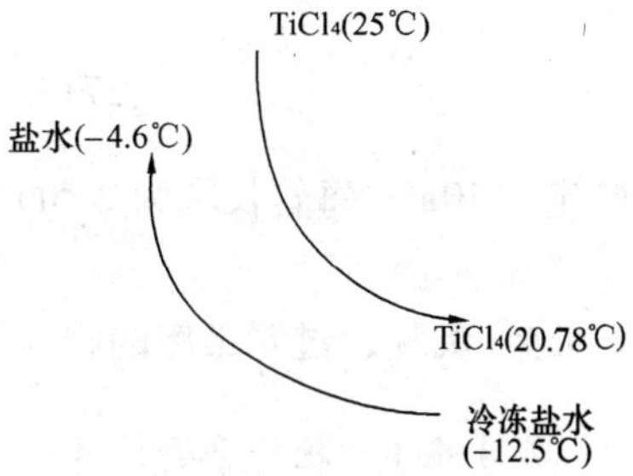

量和体积流量也都增加 1 倍。$G_2 = 9054.43\text{kg/h}$，$V_2 = 7.596\text{m}^3/\text{h}$。流型由滞流区变为过渡流区。其给热系数和传热系数将会增加，管长可缩短，管程可减少。

设盐水出口温度为 t_{k_2}（见右图），则：

$$G_2\bar{c}_{p2}[t_{k_2} - (-12.5)] = 217673$$

$$9054.43 \times 0.73 \times 4.184 \times [t_{k_2} - (-12.5)] = 217673$$

$$t_{k_2} = -4.6℃$$

对数平均温差：

$$\Delta t_m = \frac{[25 - (-4.6)] - [20.78 - (-12.5)]}{2.303\lg\dfrac{25 + 4.6}{20.78 + 12.5}} = 31.35℃$$

传热系数按式 4-19 计算：

$$K = \frac{1}{\dfrac{1}{\alpha_1} + \dfrac{\delta}{\lambda} + \dfrac{1}{\alpha_2}}$$

$\alpha_1 = 1267.96\text{kcal/(m}^2 \cdot \text{K} \cdot \text{h)}$不变。

不锈钢管外壁向冷冻盐水的给热系数 α_2 要变化：

$$Re_2 = \frac{1000d_e w_2\rho_2}{Z_2} = \frac{1000 \times 0.014 \times 1.0 \times 1192}{5.4} = 3090.37 > 2300\text{,但小于}10000$$

冷冻盐水流型由原来 0.5m/s 流速时的滞流型转变为过渡流区。

$$Pr_2 = \frac{3.6 \times 0.73 \times 5.4}{0.494} = 28.73$$

此时

$$\alpha_2 = 0.023 \times \frac{0.494}{0.014} \times (3090.37)^{0.8} \times (28.73)^{0.4} = 1923.21\text{kcal/(m}^2 \cdot \text{K} \cdot \text{h)}$$

因流型是过渡区，故应校正 α_2：

校正系数

$$f = 1 - \frac{6 \times 10^5}{(Re_2)^{1.8}} = 1 - \frac{6 \times 10^5}{(3090.37)^{1.8}} = 0.69$$

于是

$$\alpha_2' = 0.69\alpha_2 = 0.69 \times 1923.21 = 1327.01\text{kcal/(m}^2 \cdot \text{K} \cdot \text{h)}$$

这样，传热系数：

$$K = \frac{1}{\dfrac{1}{1267.96} + \dfrac{1}{1327.01}} = 648.51\text{kcal/(m}^2 \cdot \text{K} \cdot \text{h)}$$

$$= 648.51 \times 4.184 = 2713.37\text{kJ/(m}^2 \cdot \text{K} \cdot \text{h)}$$

套管换热器的管长：

$$l = \frac{217673}{2713.37 \times 3.14 \times 0.0845 \times 31.35} = 9.65\text{m}$$

取定为10m。每管长取为2.5m，则程数为：$\frac{10}{2.5}=4$ 程。

4.4.4　沉降、过滤工序的物料平衡及浓密机工艺尺寸的计算

4.4.4.1　物料平衡计算

（1）本工序收入项有三项：

1）淋洗后液（见表4-12）2199.19kg/h（25℃），其中：

组　分	质量/kg	质量分数/%	组　分	质量/kg	质量分数/%
$TiCl_4$	2101.33	95.59	$VOCl_3$	3.73	0.17
$TiOCl_2$	15.67	0.71	Cl_2	3.57	0.16
$FeCl_3$	28.16	1.28	HCl	0.019	0.00086
$FeCl_2$	1.59	0.07	CO_2	0.37	0.017
$MnCl_2$	2.98	0.14	TiO_2	3.02	0.14
$AlCl_3$	16.95	0.77	3号焦	3.18	0.14
$SiCl_4$	18.62	0.85			

2）本工序泥浆经蒸发冷凝回收的$TiCl_4$。根据第2章表2-3和图2-1，以1000kg商品海绵Ti为基准，返回本工序的金属Ti与淋洗后液中金属Ti之比例为：$M'_7/M_7 = 152.39/1224.79 = 1/8.04$，则每1h返回的$TiCl_4$量与淋洗后液中$TiCl_4$量也应是这个比例关系，即

$$M'_{7,\text{小时}} = \frac{1}{8.04}M_{7,\text{小时}} = \frac{1}{8.04} \times 2101.33 = 261.36\text{kg/h}$$

假设在返回粗$TiCl_4$液中$TiCl_4$的含量98%，其余2%设为微细固体沉淀物。则返回粗$TiCl_4$液量为：261.36/0.98 = 266.69kg/h，其中，固体物为266.69 − 261.36 = 5.33kg/h。

3）精馏工序返回的釜残液。

1h返回釜残液量为264.58kg（参见第6章二次精馏的计算），其中：

组　分	质量分数/%	质量/kg	组　分	质量分数/%	质量/kg
$TiCl_4$	95.96	253.89	$FeCl_3$	0.243	0.643
$SiCl_4$	0.0486	0.129	$AlCl_3$	0.230	0.609
$TiOCl_2$	1.841	4.871	固体悬浮物	1.716	4.54
$VOCl_3$	0.000586	0.00155	合　计	100.0	264.68

（2）支出项目：

1）机械损失，各组分全部按1.5%损失率计算，则各组分1h损失量为：

组 分	损失率/%	进入本工序总量/kg	损失量/kg
$TiCl_4$	1.5	2101.33 + 261.36 + 253.89 = 2616.58	39.25
$TiOCl_2$	1.5	15.67 + 4.871 = 20.541	0.31
$FeCl_3$	1.5	28.16 + 0.643 = 28.803	0.432
$FeCl_2$	1.5	1.59	0.024
$MnCl_2$	1.5	2.98	0.0447
$AlCl_3$	1.5	16.95 + 0.609 = 17.559	0.263
$SiCl_4$	1.5	18.62 + 0.129 = 18.749	0.281
$VOCl_3$	1.5	3.73 + 0.00155 = 3.732	0.056
Cl_2	1.5	3.57	0.054
HCl	1.5	0.019	0.000285
CO_2	1.5	0.37	0.00555
固体悬浮物	1.5	6.20 + 5.33 + 4.54 = 16.07	0.241
合 计		2730.44	40.96

2）沉清液（即供给精制车间的粗 $TiCl_4$ 液）。根据第 2 章有价成分平衡计算，本工序直收率 85%（机械损失率 1.5%，可返回损失率 13.5%，总损失率 15%），因此 1h 进入粗 $TiCl_4$ 液（沉清液）中的 $TiCl_4$ 量应为：2616.58 × 0.85 = 2224.093kg。假定其含量为 97.932%，则 1h 粗 $TiCl_4$ 液量为：2224.093/0.97932 = 2271.06kg，其组成如下：

组 分	质量分数/%	质量/kg	组 分	质量分数/%	质量/kg
$TiCl_4$	97.932	2224.093	Cl_2	0.13	2.952
$TiOCl_2$	0.50	11.355	HCl	0.0008	0.018
$FeCl_3$	0.11	2.498	CO_2	0.016	0.363
$AlCl_3$	0.15	3.407	固体悬浮物	0.40	9.084
$SiCl_4$	0.68	15.443	合 计	100.0	2271.06
$VOCl_3$	0.08	1.817			

3）沉淀泥浆，用减差法求出组成（计算基准为 1h）如下：

组 分	质量/kg	质量分数/%	组 分	质量/kg	质量分数/%
$TiCl_4$	353.237	84.39	$VOCl_3$	1.859	0.44
$TiOCl_2$	8.876	2.12	Cl_2	0.564	0.13
$FeCl_3$	25.873	6.18	HCl	0	0
$FeCl_2$	1.566	0.37	CO_2	0.00145	0.00035
$MnCl_2$	2.935	0.70	固体悬浮物	6.745	1.61
$AlCl_3$	13.889	3.32	合 计	418.57	100.0
$SiCl_4$	3.025	0.72			

以上计算结果见表 4-13。

表 4-13　沉降、过滤作业物料平衡表(计算基准为 1h)

收入			支出		
收入项目	数量和组成		支出项目	数量和组成	
	质量/kg	质量分数/%		质量/kg	质量分数/%
(1)淋洗后液	2199.19	100.0	(1) 沉清液(粗 $TiCl_4$ 液)	2271.06	100.0
其中：$TiCl_4$	2101.33	95.59	其中：$TiCl_4$	2224.093	97.932
$TiOCl_2$	15.67	0.71	$TiOCl_2$	11.355	0.50
$FeCl_3$	28.16	1.28	$FeCl_3$	2.498	0.11
$FeCl_2$	1.59	0.07	$AlCl_3$	3.407	0.15
$MnCl_2$	2.98	0.14	$SiCl_4$	15.443	0.68
$AlCl_3$	16.95	0.77	$VOCl_3$	1.817	0.08
$SiCl_4$	18.62	0.85	Cl_2	2.952	0.13
$VOCl_3$	3.73	0.17	HCl	0.018	0.0008
Cl_2	3.57	0.16	CO_2	0.363	0.016
HCl	0.019	0.00086	固体悬浮物	9.084	0.40
CO_2	0.37	0.017	(2) 沉淀泥浆	418.57	100.0
TiO_2	3.02	0.14	其中：$TiCl_4$	353.237	84.39
3 号焦	3.18	0.14	$TiOCl_2$	8.876	2.12
(2)本工序泥浆蒸发回收液	266.69	100.0	$FeCl_3$	25.873	6.18
其中：$TiCl_4$	261.36	98.0	$FeCl_2$	1.566	0.37
固定沉淀物	5.33	2.0	$MnCl_2$	2.935	0.70
(3)精馏返回釜残液	264.58	100.0	$AlCl_3$	13.889	3.32
其中：$TiCl_4$	253.89	95.958	$SiCl_4$	3.025	0.72
$SiCl_4$	0.129	0.0486	$VOCl_3$	1.859	0.44
$TiOCl_2$	4.871	1.841	Cl_2	0.564	0.13
$VOCl_3$	0.00155	0.0000585	CO_2	0.00145	0.00035
$FeCl_3$	0.643	0.243	固体悬浮物	6.745	1.61
$AlCl_3$	0.609	0.230	(3) 机械损失	40.96	100.0
固体悬浮物	4.44	1.678	其中：$TiCl_4$	39.25	95.83
			$TiOCl_2$	0.31	0.76
			$FeCl_3$	0.432	1.05
			$FeCl_2$	0.024	0.06
			$MnCl_2$	0.045	0.11
			$AlCl_3$	0.263	0.64
			$SiCl_4$	0.281	0.69
			$VOCl_3$	0.056	0.14
			Cl_2	0.054	0.13
			HCl	0.00029	0.00071
			CO_2	0.0056	0.014
			固体悬浮物	0.241	0.58
合　计	2730.46		合　计	2730.59	

注：平衡差 0.13kg，占$\frac{0.13}{2730.59}\times 100\% = 0.005\%$，极小，计算无误。

4.4.4.2 浓密机结构尺寸的计算

计算沉降处理表4-13中所列淋洗后液的浓密机的直径和高度。已知条件：

(1)淋洗后液的固含量(质量分数)：3%

(2)固体沉淀物的密度：$\rho_S = 2700\text{kg/m}^3$；

(3)固体沉淀物最小粒子直径：$d_S = 10\mu\text{m} = 10^{-5}\text{m}$；

(4)悬浮液温度：$t = 25℃$；

(5)25℃时 $TiCl_4$ 的密度：$\rho_L = 1719\text{kg/m}^3$；

(6)25℃时 $TiCl_4$ 的黏度：$Z = 0.791\text{cP}\left(\mu = \dfrac{Z}{9810}\text{kgf}\cdot\text{s/m}^2\right)$(1cP = 1mPa · s，1kgf = 9.80665N)；

(7)沉淀泥浆中的固含量(质量分数)：$C_S = 13\%$；

(8)增浓区增浓所需时间：8h；

(9)增浓区的固液比：S/L = 1/9。

(10)每昼夜排出泥浆中所含固相为1.42t。

(11)淋洗后液和返回液、泥浆的小时处理量：$G = 2730.46\text{kg} \approx 2.73\text{t}$。

因为淋洗后液和增浓区悬浮液浓度都较低，因此可假设沉降过程为自由沉降(非干扰沉降)，则应服从斯托克斯定律，沉降速度为：

$$w_0 = \frac{d_S^2(\rho_S - \rho_L)}{18\mu} = \frac{(10^{-5})^2 \times (2700 - 1719)}{18 \times \left(\dfrac{0.791}{9810}\right)} = 0.068 \times 10^{-3}\text{m/s} = 0.068\text{mm/s}$$

验算：

$$Re = \frac{1000 d_S w_0 \rho_L}{Z} = \frac{1000 \times (10^{-5}) \times 0.068 \times 10^{-3} \times 1719}{0.791} = 0.0015 \ll 1$$

符合斯托克斯定律的条件。

淋洗后液和返回液中液相的量：

$$V_0 = \frac{2730.46 \times 0.97}{1719} = 1.54\text{m}^3/\text{h}$$

淋洗后液和返回液沉降前的浓度(1kg液体中固体的量)：

$$C_0 = \frac{3}{97} = 0.031\text{kg/kg}$$

沉降后沉淀的浓度(1kg液体中固体的量)：

$$C_2 = \frac{13}{87} = 0.15\text{kg/kg}$$

于是，浓密机的理论面积应为：

$$A_{理} = \frac{V_0}{3600 w_0}\left(1 - \frac{C_0}{C_2}\right) = \frac{1.54}{3600 \times 0.068 \times 10^{-3}} \times \left(1 - \frac{0.031}{0.15}\right) = 4.99\text{m}^2$$

取安全系数1.33。

沉降槽实际面积：$A_{实} = 4.99 \times 1.33 = 6.64\text{m}^2$。则浓密机直径为：

$$D=\sqrt{\frac{A_{实}}{0.785}}=\sqrt{\frac{6.64}{0.785}}=2.91\text{m}$$

实际上取为3.00m。

可见，在处理1个系列(即1台沸腾炉配1组收尘冷却器和1组淋洗塔的$TiCl_4$生产量)的淋洗后液和返回液时，由于处理量不大，致使沉降槽面积和直径也都不大。

如果把2个系列生产的淋洗后液和返回液合并在1台浓密机中沉降处理，这样，生产能力翻番，即在这种情况下：$V_0=1.54\times2=3.08\text{m}^3/\text{h}$，而其他参数不变。于是：

$$A_{理}=4.99\times2=9.98\text{m}^2;A_{实}=9.98\times1.33=13.27\text{m}^2$$

此时，$D=\sqrt{\frac{13.27}{0.785}}=4.11\text{m}$。实际可取为4.00m。

下面再计算浓密机的高度。

增浓区高度h_2的计算：

以1t固相为基准，因为S/L=1/9，即增浓区中1t固相就有9t液相量。则增浓区悬浮液的体积为：

$$V_{增浓区}=\frac{1000}{2700}+\frac{9000}{1719}=0.37+5.24=5.61\text{m}^3$$

增浓区悬浮液中固相的量为：

$$\frac{1}{5.61}=0.18\text{t/m}^3$$

因为增浓时间为8h，因此每8h所沉降的固相量为

$$\frac{1.42}{24}\times8=0.47\text{t}$$

则浓密机增浓区每8h处理的增浓液量为：

$$\frac{0.47}{0.18}=2.63\text{m}^3$$

所以，增浓区的高度为：

$$h_2=\frac{2.63}{0.785\times3^2}=0.37\text{m}$$

实际取为0.4m。

再求清液区高度h_1。h_1一般按经验取定：$h_1=0.45\sim0.75\text{m}$。

因为所处理的淋洗后液很稀，固含量仅3%，因此取上限为宜。

至于沉淀区(呈锥形，要排出的泥浆)的高度，一种方法是也按经验估计：按1m沉降槽直径取0.075m，于是有：

$$h_3=0.075\times3=0.225\text{m}$$

实际取为0.25m。因此，浓密机总高度：

$$H=h_1+h_2+h_3=0.75+0.4+0.25=1.4\text{m}$$

另一种方法是取α角为20°，则沉淀区高度：

$$h_3=1.5\times\tan20°=1.5\times0.3697=0.55\text{m}$$

这种情况下：

$$H=0.75+0.4+0.55=1.7\text{m}$$

其结构示意图如图 4-11 和图 4-12 所示。

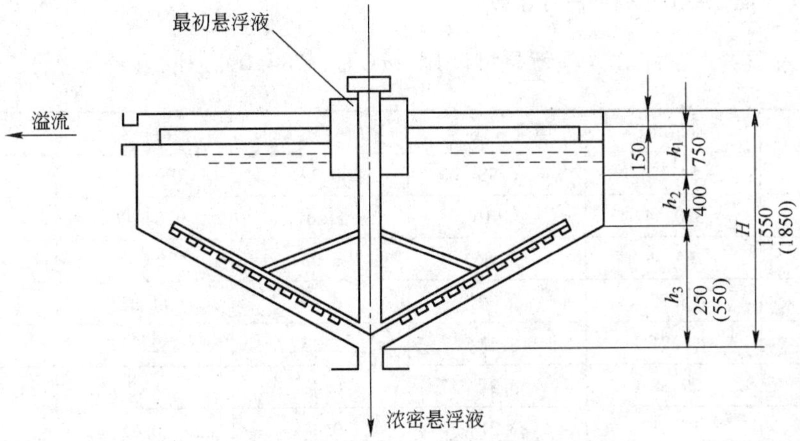

图 4-11 浓密机结构示意图

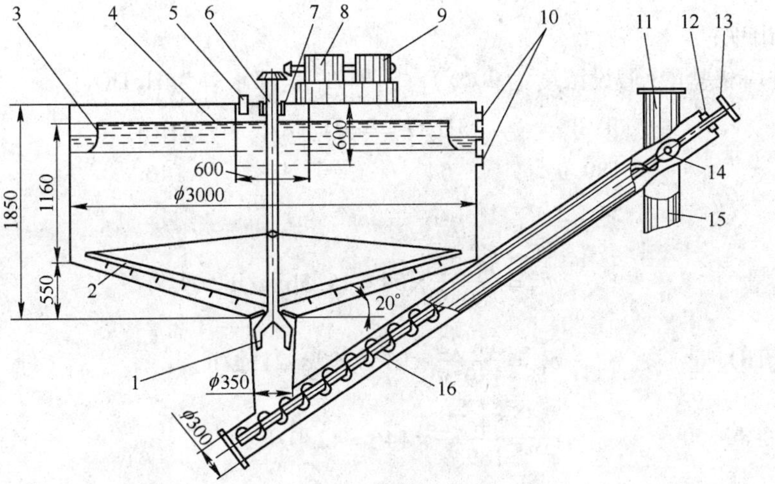

图 4-12 浓密机

1—净化铲(除渣通条); 2—刮板机; 3—溢流堰; 4—缓流槽; 5—粗 $TiCl_4$ 进入管; 6—轴; 7—密封填料; 8—减速器; 9—电动机; 10—溢流管; 11—清除孔盖; 12—密封盖; 13—传动齿轮; 14—活接头(铰链); 15—卸料连接套管; 16—螺旋

如果 2 个系列淋洗后液合并处理，则 h_1 不变，而

$$h_2 = \frac{2 \times 2.63}{0.785 \times 4^2} = 0.42\text{m},可取为\ 0.5\text{m}$$

$$h_3 = 0.075 \times 4 = 0.3\text{m}$$

$$H = 0.75 + 0.5 + 0.3 = 1.55\text{m}$$

校核：8h 内直径 $d_S \geqslant 10\mu\text{m}$ 的颗粒所能沉降的距离为

$$H_{沉降} = 0.068 \times 10^{-3} \times 3600 \times 8 = 1.96\text{m}$$

这就是说，在 8h 内 $d_S \geqslant 10\mu\text{m}$ 的粒子完全能从清液区经增浓后进入沉淀区，而后排出。说明浓密机结构尺寸的计算是合理的。

4.4.5　尾气处理系统的物料平衡计算

（1）收入项：本工序收入项就是淋洗尾气（0℃，784.09kg/h，1个系列），其中：

成　分	质量/kg	质量分数/%	物质的量/kmol	体积(标态)/m^3	体积分数/%
$TiCl_4$	54.72	6.98	0.29	6.45	1.32
CO	330.54	42.16	11.81	264.43	53.91
CO_2	265.49	33.86	6.03	135.16	27.56
O_2	15.75	2.00	0.49	11.03	2.25
N_2	65.21	8.32	2.33	52.17	10.64
Cl_2	29.88	3.81	0.42	9.43	1.92
HCl	17.31	2.21	0.47	10.62	2.17
$COCl_2$	5.19	0.66	0.052	1.17	0.24
合　计	794.09	100.0	21.89	490.46	100.0

（2）支出项：

1）水洗塔稀盐酸（假设浓度为20%）。设 $TiCl_4$ 全部水解为 H_2TiO_3：

⑯反应

$$\begin{matrix} TiCl_4 & + & 3H_2O & = & H_2TiO_3 & + & 4HCl \\ 189.9 & & 54 & & 97.9 & & 146 \\ 54.72 & & a_{15} & & b_{15} & & c_{15} \end{matrix} \qquad (4\text{-XVI})$$

耗 H_2O 量　$a_{15}=\frac{54.72}{189.9}\times 54=15.56\text{kg/h}$

生成 H_2TiO_3 量　$b_{15}=\frac{54.72}{189.9}\times 97.9=28.21\text{kg/h}$

生成 HCl 量　$c_{15}=\frac{54.72}{189.9}\times 146=42.07\text{kg/h}$

则尾气中 HCl 总量为：17.31 + 42.07 = 59.38kg/h。

水吸收 HCl 生成的稀盐酸浓度为20% HCl，设吸收率为95%，则吸收 HCl 量为：59.38 × 0.95 = 56.41kg/h。余下的 HCl：59.38 − 56.41 = 2.97kg/h 进碱洗塔。

生成稀盐酸（20% HCl）量：$\frac{56.41}{0.2}=282.05\text{kg/h}$，其中，HCl 56.41kg，$H_2O$ 225.64kg。

设生成的 H_2TiO_3 28.21kg/h 以悬浮物状态全部进入稀盐酸，可沉清、过滤除去。

反应需 H_2O 量15.56kg/h，作为吸收剂的 H_2O 量225.64kg/h，合计：241.20kg/h。

2）碱洗塔除 Cl_2 和 CO_2：

⑰反应

$$\begin{matrix} Cl_2 & + & 2NaOH & = & NaOCl & + & NaCl & + & H_2O \\ 71 & & 80 & & 74.5 & & 58.5 & & 18 \\ 29.88 & & a_{16} & & b_{16} & & c_{16} & & d_{16} \end{matrix} \qquad (4\text{-XVII})$$

需 NaOH 量　$a_{16}=\frac{29.88}{71}\times 80=33.67\text{kg/h}$

生成 NaOCl 量 $b_{16}=\frac{29.88}{71}\times 74.5=31.35\text{kg/h}$

生成 NaCl 量 $c_{16}=\frac{29.88}{71}\times 58.5=24.62\text{kg/h}$

生成 H_2O 量 $d_{16}=\frac{29.88}{71}\times 18=7.58\text{kg/h}$

⑱反应 $$\underset{\substack{44\\252.22}}{CO_2}+\underset{\substack{2\times 40\\a_{17}}}{2NaOH}=\!=\!=\underset{\substack{106\\b_{17}}}{Na_2CO_3}+\underset{\substack{18\\c_{17}}}{H_2O} \tag{4-XVIII}$$

设 CO_2 洗除率为95%：265.49×0.95=252.22kg/h；

余下 CO_2 5%：265.49×0.05=13.27kg/h，从烟囱放空。

需 NaOH 量 $a_{17}=\frac{252.22}{44}\times 2\times 40=458.58\text{kg/h}$

生成 Na_2CO_3 量 $b_{17}=\frac{252.22}{44}\times 106=607.62\text{kg/h}$

生成 H_2O 量 $c_{17}=\frac{252.22}{44}\times 18=103.18\text{kg/h}$

另外，由水洗塔未吸收完全而进入碱洗塔的 HCl 2.97 kg/h 也被碱中和：

⑲反应 $$\underset{\substack{36.5\\2.97}}{HCl}+\underset{\substack{40\\a_{18}}}{NaOH}=\!=\!=\underset{\substack{58.5\\b_{18}}}{NaCl}+\underset{\substack{18\\c_{18}}}{H_2O} \tag{4-XIX}$$

需 NaOH 量 $a_{18}=\frac{2.97}{36.5}\times 40=3.25\text{kg/h}$

生成 NaCl 量 $b_{18}=\frac{2.97}{36.5}\times 58.5=4.78\text{kg/h}$

生成 H_2O 量 $c_{18}=\frac{2.97}{36.5}\times 18=1.46\text{kg/h}$

3 个反应耗 NaOH 总量为：

$$33.67+458.58+3.25=495.5\text{kg/h}$$

设 NaOH 浓度为20% NaOH 的碱液，则碱液量为：

$$\frac{495.50}{0.20}=2477.50\text{kg/h}$$

其中：NaOH 495.50kg/h

H_2O 1982.00kg/h

生成：NaClO 量 31.35kg/h

NaCl 量 24.62+4.78=29.40kg/h

Na_2CO_3 量 607.62kg/h

生成 H_2O 量和加入 H_2O 量：

$$7.58+103.18+1.46+1982.00=2094.22\text{kg/h}$$

设进入烟囱的水蒸气量占总水量的10%，则为：

$$2094.22 \times 0.1 = 209.42\text{kg/h}$$

进入碱洗液的 H_2O 量为：

$$2094.22 - 209.42 = 1884.80\text{kg/h}$$

3）排入烟囱的废气，其中：

成　分	质量/kg	质量分数/%	物质的量/kmol	体积(标态)/m^3	体积分数/%
CO	330.54	51.70	11.81	264.43	44.35
CO_2	13.27	2.08	0.30	6.76	1.13
N_2	65.21	10.20	2.33	52.17	8.75
O_2	15.75	2.46	0.49	11.03	1.85
H_2O	209.42	32.75	11.63	260.61	43.71
$COCl_2$	5.19	0.81	0.052	1.17	0.20
合　计	639.38	100.0		596.17	100.0

以上计算结果见表 4-14。

表 4-14　尾气处理系统的物料平衡表(计算基准为 1h)

收　入					支　出				
收入项目	数量和组成				支出项目	数量和组成			
	质量/kg	质量分数/%	体积(标态)/m^3	体积分数/%		质量/kg	质量分数/%	体积(标态)/m^3	体积分数/%
(1)淋洗尾气	784.09	100.0	490.46	100.0	(1) 稀盐酸(20% HCl)	282.05			
其中：CO	330.54	42.16	264.43	53.91					
CO_2	265.49	33.86	135.16	27.56	其中：HCl	56.41	20.0		
N_2	65.21	8.32	52.17	10.64	H_2O	225.64	80.0		
O_2	15.75	2.00	11.03	2.25	(2) H_2TiO_3	28.21			
Cl_2	29.88	3.81	9.43	1.92	(3) 碱洗液	2553.17			
HCl	17.31	2.21	10.62	2.17	其中：NaClO	31.35			
$TiCl_4$	54.72	6.98	6.45	1.32	Na_2CO_3	607.62			
$COCl_2$	5.19	0.66	1.17	0.24	NaCl	29.40			
(2)水洗塔用水	241.20	100.0			H_2O	1884.80			
(3)碱洗塔碱液	2477.50	100.0			(4) 废气(排入烟囱)	639.38	100.0	596.17	100.0
其中：NaOH	495.50	20.0			其中：CO	330.54	51.70	264.43	44.35
H_2O	1982.00	80.0			CO_2	13.27	2.08	6.76	1.13
					N_2	65.21	10.20	52.17	8.75
					O_2	15.75	2.46	11.03	1.85
					H_2O	209.42	32.75	260.61	43.71
					$COCl_2$	5.19	0.81	1.17	0.20
合　计	3502.79				合　计	3502.81			

注：平衡差 0.02kg，占 $\frac{0.02}{3502.81} \times 100\% = 0.0006\%$，极小，计算无误。

以上计算是1个系列的尾气处理系统。因尾气量不大，实际生产中，可考虑把2个系列的尾气合并到1个尾气处理系统中进行处理，从而节省设备和基建投资费用。当然，此时尾气处理量相应为：$795.01\times2=1590.02$kg/h。相应各项皆应加倍。

沸腾氯化车间主要技术经济指标如下。

(1) 单耗（以车间产品粗 $TiCl_4$，即浓密机沉清过滤后的澄清液1t为基准）：

钛渣/t	0.484
3号焦/t	0.134
配料/t	0.618
氯气（90% Cl_2）/t	0.883
碱液（20% NaOH）/t	1.105
H_2O 量/t	0.108（只是尾气系统吸收 HCl 用水，未包括收尘渣冲洗水、地面冲洗水等）

(2) 产出量（以产出1t粗 $TiCl_4$ 为基准）：

炉渣/t	0.085
渣料比$\left(\dfrac{\text{炉渣量/t}}{\text{配料/t}}\right)$	0.138
收尘渣量/t	0.068
泥浆/t	0.182
炉气/t	1.405
收尘后混合气体/t	1.344
淋洗尾气/t	0.35
尾气处理后的废气（烟囱放空）/t	0.285
稀盐酸（20% HCl）/t	0.126
废碱液/t	1.139

(3) $TiCl_4$ 氯化率/%	97
(4) 氯气有效利用率/%	71.21
(5) 氯气总利用率/%	98
(6) 氯化车间实收率/%	90

5　钛渣熔盐氯化过程和氯化炉的计算

5.1　钛渣熔盐氯化的计算内容和任务

（1）所用原料和所产出物料的数量、组成的计算，并编制该工序的物料平衡表；

（2）计算熔盐氯化作业的日物料流量及日金属平衡并编制成表，计算熔盐氯化炉的台数及其工艺尺寸；

（3）计算并编制氯化炉的热平衡表；

（4）确定氯化炉的冷却水耗量；

（5）计算变压器功率。

5.2　方法概述及计算依据

熔盐氯化炉特别适合于高钙、高镁钛渣和 $\sum TiO_2$ 品位不是很高的钛渣。钛渣不需制团，可直接以粉料状态加入由 NaCl 或镁电解槽废电解液组成的熔融体中进行氯化。在 NaCl 熔盐中进行氯化是最新的技术改进。可直接使用镁电解产生的稀氯气（含 $Cl_2$70% ~ 80%（体积分数））氯化，当然用冲浓了的氯气氯化效果更好。因为在这种情况下，炉气中 $TiCl_4$的浓度高、分压大，有利于后续工序冷凝回收 $TiCl_4$。熔盐氯化还有利于浓密机泥浆的返回处理。氯化产生的废熔盐常常是进一步回收提取 V、Sc、RE、Nb、Ta 的原料，这对原料的综合利用是有利的。

熔盐氯化温度维持在 750 ~ 800℃为宜，靠氯化反应放出热量自热进行，反应期多余的热量由安装在氯化炉壁上的导热元件用冷却水导走。氯化炉的预热和启动反应所需温度需电供热来完成。

废熔盐定期排放，并加入新的熔盐。废熔盐量大，处理比较困难，这是本方法的一个缺点。

熔盐氯化时，TiO_2氯化率为 98%，随废熔盐带走的 TiO_2损失为 0.5%，随蒸汽-气体混合物（炉气）带走的钛损失为 1.5%。为简化计算，氯利用率假定为 100%，炉气中 CO_2/CO =（10 ~ 20）/1（物质的量比），CO_2浓度特别高，这是有别于沸腾氯化的地方。熔盐的氯耗量为 40 ~ 60m^3/（m^3 · h）。氯化炉内熔盐层高度为 2.3 ~ 3.2m。

5.3　本章所用计算公式

（1）用式 5-1 确定所需氯化炉的台数（台）：

$$n = A/A_{氯化炉} \tag{5-1}$$

式中　A，$A_{氯化炉}$——分别为所要求的车间产能和所用氯化炉的单台生产能力，t/d。

（2）按式 5-2 求取氯化炉槽体内部的长度（m）：

$$L = A_{氯化炉}/(2A_{单位}) \tag{5-2}$$

式中 $A_{单位}$——氯化炉产生 $TiCl_4$ 的单位生产能力，属于氯气分布的长度单位，t/(m·d)。

计算出的槽体长度应增至与砖的尺寸成倍数的最接近的那个尺寸。

(3) 单台氯化炉两室之一的内部宽度（m），按式5-3确定：

$$B_0 = (B_{内宽} - \delta)/2 \tag{5-3}$$

式中 $B_{内宽}$——氯化炉的内部宽度（按结构要求选用），m；

δ——氯化炉中间隔墙的厚度，m。

(4) 由式5-4求取氯化炉的工作截面（即炉底内表面积，m^2）：

$$A_{工作} = 2B_0L \tag{5-4}$$

氯化炉的总高度（m），按式5-5和式5-6求得：

$$H = H_{高} + \delta_{炉顶} \tag{5-5}$$

$$H_{高} = H_{净空} + h \tag{5-6}$$

式中 $H_{高}$——氯化炉内从炉底到炉顶的高度，m；

$\delta_{炉顶}$——炉顶的厚度，m；

$H_{净空}$——氯化炉内熔盐层以上净空的高度，m；

h——氯化炉槽体的深度，m。

(5) 按式5-7计算风口直径 d_1 和氯气管道的直径 d（m）：

$$d_1 = \sqrt{\frac{A_{f_1}}{0.785}} \tag{5-7}$$

$$A_{f_1} = q_1/w_1 \tag{5-8}$$

$$d = \sqrt{\frac{A_f}{0.785}} \tag{5-9}$$

$$A_f = q/w \tag{5-10}$$

式中 A_{f_1}，A_f——分别为风口和氯气管道的截面积，m^2；

q_1，q——分别为通过风口和氯气管的氯气体积流量，m^3/s；

w_1，w——分别为在风口和氯气管内的氯气流速，m/s。

(6) 为了计算每秒钟进入氯化炉的氯气之体积流量 V（m^3/s）及其压力 p，可采用式5-11～式5-13：

$$V = m \times 1000/(3600\rho_1) \tag{5-11}$$

$$\rho_1 = (a\rho_{空气} + b\rho_{氯气})p/101.3 \tag{5-12}$$

$$p = p' + \rho_{熔盐}H_{高} \tag{5-13}$$

式中 $\rho_{空气}$,$\rho_{氯气}$,$\rho_{熔盐}$——分别为空气、氯气和熔盐的密度，kg/m^3；

m——单台氯化炉中氯气的耗量（根据物料平衡），t/h；

ρ_1——氯化炉内实际所用压力下氯气的密度，kg/m^3；

a，b——分别为氯气中空气和氯的比例，%；

p'——氯化炉出口气体的压力，Pa。

(7) 导出热量所需导热管的数量（根），按式5-14确定：

$$n = Q_{多余}/Q_{导热棒} \tag{5-14}$$

式中　$Q_{多余}$——氯化炉内多余的热量，kJ/h；

$Q_{导热棒}$——单根导热棒导走的热量，采用 22000 ~ 30000kJ/h。

(8) 按式 5-15 确定引入导热棒中的水耗量（t/h）：

$$m = Q_{多余}/[4184(t_2 - t_1)] \tag{5-15}$$

式中　t_1，t_2——分别为冷却水的初温和终温，℃。

(9) 加热氯化炉所需功率（kV · A），按式 5-16 计算：

$$P = Q_{加热}/3600 \tag{5-16}$$

式中　$Q_{加热}$——加热氯化炉所需的热量，kJ/h。

(10) 所配置变压器的电功率（kV · A）用式 5-17 ~ 式 5-19 进行计算：

$$P_{加热} = 3U_{相}I_{相} \tag{5-17}$$

$$I_{相} = U_{相}/R_{相} \tag{5-18}$$

$$U_{相} = \varphi U_{线} \tag{5-19}$$

式中　$U_{相}$——氯化炉的相电压，V；

$I_{相}$——相电流，A；

$R_{相}$——变压器的相电阻（由变压器特性决定），Ω；

φ——考虑到电路中的电压损失而采用的系数；

$U_{线}$——向氯化炉供电的线电压（取决于变压器的接线方式），V。

(11) 按式 5-20 确定供电母线的截面积（mm^2）：

$$A_{母线} = I_{相}/\delta \tag{5-20}$$

式中　δ——母线材料的容许电流密度，A/mm^2。

根据供电母线的截面并考虑到结构要求，选用其横截面的尺寸，然后根据这个尺寸决定供电母线的有效截面积 $A_{有效}$。母线的真实电流密度 $\delta_{真实}$（A/mm^2）由式 5-21 确定：

$$\delta_{真实} = I_{相}/A_{有效} \tag{5-21}$$

真实电流密度应低于容许电流密度。

(12) 软线束所需截面积 $A_{软线束}$（mm^2）和线束内的根数 Z 按式 5-22 和式 5-23 确定：

$$A_{软线束} = I_{相}/\delta' \tag{5-22}$$

$$Z = A_{软线束}/A_{条} \tag{5-23}$$

式中　δ'——软线束材料的容许电流密度，A/mm^2；

$A_{条}$——每 1 条电线的横截面积，mm^2。

5.4　计算实例

试计算 1 昼夜氯化 130t/d 钛渣的过程和熔盐氯化炉。已知钛渣组成（质量分数）如下：80% TiO_2；4.22% SiO_2；5.12% Al_2O_3；0.96% MnO；4.2% MgO；1.8% CaO；0.2% V_2O_5；3.3% FeO；0.2% S。单台氯化炉的生产能力为 100t/d $TiCl_4$。

5.4.1　焦炭、镁电解阳极氯气、废电解质等材料的消耗量及所得氯化产物量的计算并编制物料平衡表

进入氯化过程的物料组成如下：

(1) 沥青焦

成 分	固定碳	挥发分	灰分	S	备 注
质量分数/%	93.45	3.52	2.33	0.7	挥发分按 CH_4 计

（2）阳极氯气：

成 分	Cl_2	N_2	O_2
质量分数/%	85.15	11.39	3.46
体积分数/%	70.00	23.70	6.30

（3）废电解质：

成 分	KCl	NaCl	$CaCl_2$	$MgCl_2$	MgO	Fe_2O_3	Al_2O_3	SiO_2	其 他
质量分数/%	76.00	15.50	2.70	5.50	0.02	0.04	0.07	0.07	0.10

计算氯化的物料平衡时，采用了以下基础数据：

（1）配料中各组分的氯化率：

组 分	TiO_2	V_2O_5	Al_2O_3	SiO_2	CaO	MgO	MnO	FeO❶
氯化率/%	98	98	95	85	99	99	99	99

（2）氯的利用率为100%。

（3）灰分、焦炭、废电解质中各组分、挥发分和硫的氯化未予考虑。计算时蒸气和原料中的水分也未加考虑。

（4）由蒸汽-气体混合物（炉气）带走的焦炭损失占沥青焦总耗量的7%，由浮渣带走的焦炭损失占8%。

（5）加碳氯化反应生成95% CO_2，5% CO（相当于 $CO/CO_2=1/19$）。

（6）加入的废电解量占所耗钛渣质量的15%。

（7）以 TiO_2 形式损失的钛等于钛渣中 TiO_2 含量（质量分数）的2%，其中0.5%进入废电解质，1.5%进入炉气。

（8）所生成的氯化物和废电解质各组分进入废熔盐的比例：

组 分	$MgCl_2$	$CaCl_2$	$MnCl_2$	$FeCl_2$	$FeCl_3$	KCl	NaCl
质量分数/%	97	97	97	45	5	93	97

（9）钛渣中未被氯化的氧化物成分 FeO、Al_2O_3、SiO_2，以及加入的镁电解废电解质中的 Fe_2O_3、Al_2O_3、SiO_2、MgO、$MgCl_2$、$CaCl_2$ 等和沥青焦中的灰分，全部进入废熔盐。

（10）氯气中的 O_2 有10%进入炉气中。

计算基准：1000kg 钛渣。

反应结果见表5-1。

表 5-1 钛渣氯化反应结果

组 分	TiO_2	SiO_2	Al_2O_3	MnO	MgO	CaO	V_2O_5	FeO	S	合 计
含量（质量分数）/%	80.00	4.22	5.12	0.96	4.20	1.80	0.20	3.30	0.20	100.00
1000kg 钛渣中的量/kg	800.00	42.20	51.20	9.60	42.00	18.00	2.00	33.00	2.00	1000.00
氯化率/%	98.00	85.00	95.00	99.00	99.00	99.00	99.00	99.00	—	
氯化结果										
已被氯化量/kg	784.00	35.90	48.60	9.50	41.60	17.80	1.96	32.70①	—	972.06
未被氯化量/kg	16.00	6.30	2.60	0.10	0.40	0.20	0.04	0.30	2.00	27.94

①被氯化成 $FeCl_2$ 的 FeO 量：32.7×25%=8.175kg，生成 $FeCl_3$ 的 FeO 量：32.7×75%=24.525kg。

❶FeO 氯化时，有25% FeO 氯化生成 $FeCl_2$，有75% FeO 氯化生成 $FeCl_3$。

由表 5-1 可见，已氯化各组分量合计 972.06kg，未氯化量合计 27.94kg。钛渣的氯化率为 97.206%。

加碳氯化反应与第 4 章各反应基本相同。本章按另一种计算方法，即把全部反应先考虑为生成 CO_2，再考虑布多尔反应生成 CO 进行计算。

第Ⅰ类反应为生成 CO_2 的反应：

①反应

$$\begin{array}{ccccc} TiO_2 & +\ C & +\ 2Cl_2 = & TiCl_4 & +\ CO_2 \\ 79.9 & 12 & 142 & 189.9 & 44 \\ 784.00 & a_1 & b_1 & c_1 & d_1 \end{array} \qquad (5\text{-}Ⅰ)$$

消耗：耗 C 量　$a_1 = \frac{784.00}{79.9} \times 12 = 117.75\text{kg}$

耗 Cl_2 量　$b_1 = \frac{784.00}{79.9} \times 142 = 1393.34\text{kg}$

生成：$TiCl_4$ 量　$c_1 = \frac{784.00}{79.9} \times 189.9 = 1863.35\text{kg}$

CO_2 量　$d_1 = \frac{784.00}{79.9} \times 44 = 431.73\text{kg}$

下列各反应的原料耗量及生成物量也可进行类似计算：

②反应

$$\begin{array}{ccccc} SiO_2 & +\ C & +\ 2Cl_2 = & SiCl_4 & +\ CO_2 \\ 60.1 & 12 & 142 & 170.1 & 44 \\ 35.90 & a_2 & b_2 & c_2 & d_2 \end{array} \qquad (5\text{-}Ⅱ)$$

消耗：耗 C 量　$a_2 = \frac{35.90}{60.1} \times 12 = 7.17\text{kg}$

耗 Cl_2 量　$b_2 = \frac{35.90}{60.1} \times 142 = 84.82\text{ kg}$

生成：$SiCl_4$ 量　$c_2 = \frac{35.90}{60.1} \times 170.1 = 101.61\text{ kg}$

CO_2 量　$d_2 = \frac{35.90}{60.1} \times 44 = 26.28\text{ kg}$

③反应

$$\begin{array}{ccccc} 2Al_2O_3 & +3C & +\ 6Cl_2 = & 4AlCl_3 & +3CO_2 \\ 204 & 36 & 426 & 534 & 132 \\ 48.60 & a_3 & b_3 & c_3 & d_3 \end{array} \qquad (5\text{-}Ⅲ)$$

消耗：耗 C 量　$a_3 = \frac{48.60}{204} \times 36 = 8.58\text{ kg}$

耗 Cl_2 量　$b_3 = \frac{48.60}{204} \times 426 = 101.49\text{ kg}$

生成：$AlCl_3$ 量　$c_3 = \frac{48.60}{204} \times 534 = 127.22\text{ kg}$

CO_2 量　$d_3 = \frac{48.60}{204} \times 132 = 31.45\text{ kg}$

④反应 $$2MnO + C + 2Cl_2 = 2MnCl_2 + CO_2 \quad (5\text{-}IV)$$

141.88	12	142	251.88	44
9.50	a_4	b_4	c_4	d_4

消耗：耗C量 $$a_4 = \frac{9.50}{141.88} \times 12 = 0.80\text{kg}$$

耗Cl_2量 $$b_4 = \frac{9.50}{141.88} \times 142 = 9.51\text{kg}$$

生成：$MnCl_2$量 $$c_4 = \frac{9.50}{141.88} \times 251.88 = 16.87\text{kg}$$

CO_2量 $$d_4 = \frac{9.50}{141.88} \times 44 = 2.95\text{kg}$$

⑤反应 $$2MgO + C + 2Cl_2 = 2MgCl_2 + CO_2 \quad (5\text{-}V)$$

80.6	12	142	190.6	44
41.60	a_5	b_5	c_5	d_5

消耗：耗C量 $$a_5 = \frac{41.60}{80.6} \times 12 = 6.19\text{kg}$$

耗Cl_2量 $$b_5 = \frac{41.60}{80.6} \times 142 = 73.29\text{kg}$$

生成：$MgCl_2$量 $$c_5 = \frac{41.60}{80.6} \times 190.6 = 98.37\text{ kg}$$

CO_2量 $$d_5 = \frac{41.60}{80.6} \times 44 = 22.71\text{kg}$$

⑥反应 $$2CaO + C + 2Cl_2 = 2CaCl_2 + CO_2 \quad (5\text{-}VI)$$

112	12	142	222	44
17.8	a_6	b_6	c_6	d_6

消耗：耗C量 $$a_6 = \frac{17.8}{112} \times 12 = 1.91\text{kg}$$

耗Cl_2量 $$b_6 = \frac{17.8}{112} \times 142 = 22.57\text{kg}$$

生成：$CaCl_2$量 $$c_6 = \frac{17.8}{112} \times 222 = 35.28\text{kg}$$

CO_2量 $$d_6 = \frac{17.8}{112} \times 44 = 6.99\text{kg}$$

⑦反应 $$2V_2O_5 + 3C + 6Cl_2 = 4VOCl_3 + 3CO_2 \quad (5\text{-}VII)$$

363.76	36	426	693.76	132
1.96	a_7	b_7	c_7	d_7

消耗：耗C量 $$a_7 = \frac{1.96}{363.76} \times 36 = 0.19\text{kg}$$

耗Cl_2量 $$b_7 = \frac{1.96}{363.76} \times 426 = 2.30\text{kg}$$

生成：$VOCl_3$量　$c_7 = \frac{1.96}{363.76} \times 693.76 = 3.74\text{kg}$

CO_2量　$d_7 = \frac{1.96}{363.76} \times 132 = 0.71\text{kg}$

⑧反应　$2FeO + C + 2Cl_2 = 2FeCl_2 + CO_2$　(5-Ⅷ)

143.7　12　142　253.7　44

8.175　a_8　b_8　c_8　d_8

消耗：耗 C 量　$a_8 = \frac{8.175}{143.7} \times 12 = 0.68\text{kg}$

耗 Cl_2量　$b_8 = \frac{8.175}{143.7} \times 142 = 8.06\text{kg}$

生成：$FeCl_2$量　$c_8 = \frac{8.175}{143.7} \times 253.7 = 14.43\text{ kg}$

CO_2量　$d_8 = \frac{8.175}{143.7} \times 44 = 2.50\text{kg}$

⑨反应　$2FeO + C + 3Cl_2 = 2FeCl_3 + CO_2$　(5-Ⅸ)

143.7　12　213　324.7　44

24.525　a_9　b_9　c_9　d_9

消耗：耗 C 量　$a_9 = \frac{24.525}{143.7} \times 12 = 2.05\text{kg}$

耗 Cl_2量　$b_9 = \frac{24.525}{143.7} \times 213 = 36.35\text{kg}$

生成：$FeCl_3$量　$c_9 = \frac{24.525}{143.7} \times 324.7 = 55.42\text{kg}$

CO_2量　$d_9 = \frac{24.525}{143.7} \times 44 = 7.51\text{kg}$

将氯化反应式 5-Ⅰ～式 5-Ⅸ的计算结果列于表 5-2 中。

表 5-2　氯化反应式 5-Ⅰ～式 5-Ⅸ的计算结果

反　应	消耗量/kg			生成量/kg	
	氧化物	C	Cl_2	氯化物	CO_2
(5-Ⅰ) $TiO_2 + C + 2Cl_2 = TiCl_4 + CO_2$	784.00	117.75	1393.34	1863.35	431.73
(5-Ⅱ) $SiO_2 + C + 2Cl_2 = SiCl_4 + CO_2$	35.90	7.17	84.82	101.61	26.28
(5-Ⅲ) $2Al_2O_3 + 3C + 6Cl_2 = 4AlCl_3 + CO_2$	48.60	8.58	101.49	127.22	31.45
(5-Ⅳ) $2MnO + C + 2Cl_2 = 2MnCl_2 + CO_2$	9.50	0.80	9.51	16.87	2.95
(5-Ⅴ) $2MgO + C + 2Cl_2 = 2MgCl_2 + CO_2$	41.60	6.19	73.29	98.37	22.71
(5-Ⅵ) $2CaO + C + 2Cl_2 = 2CaCl_2 + CO_2$	17.80	1.91	22.57	35.28	6.99
(5-Ⅶ) $2V_2O_5 + 3C + 6Cl_2 = 4VOCl_3 + 3CO_2$	1.96	0.19	2.30	3.74	0.71
(5-Ⅷ) $2FeO + C + 2Cl_2 = 2FeCl_2 + CO_2$	8.175	0.68	8.06	14.43	2.50
(5-Ⅸ) $2FeO + C + 3Cl_2 = 2FeCl_3 + CO_2$	24.525	2.05	36.35	55.42	7.51
合　计	972.06	145.32	1731.73	2316.29	532.83

在气相中 $CO_2/CO = 95/5$ 的情况下，CO_2将按如下反应式（布多尔反应或 C 的气化反应）还原成 CO：

⑩反应 $CO_2 + C = 2CO$ (5-Ⅹ)

	CO_2	C	2CO
分子量	44	12	56
初始量/kg	532.83	0	0
反应物耗量及产物生成量/kg	x	y	z
反应达平衡时物质量/kg	$532.83-x$		z

式中 x——被还原成CO的CO_2量，kg；

y——还原时消耗的C量，kg；

z——生成的CO量，kg。

据题意，因为$CO_2/CO=95/5$，所以可列出方程式组：

$$(532.83-x)/z=95/5 \tag{5-1'}$$

反应的化学计量关系 $x/z=44/56$ (5-2′)

解方程式，得：

$$x=21.16\text{kg } CO_2;\ z=26.93\text{kg CO}$$

还原CO_2所需C量：

$$y=\frac{12\times 21.16}{44}=5.77\text{kg}$$

未被还原的CO_2量：

$$532.83-21.16=511.67\text{kg}$$

因此，氯化所需的总C量：

$$145.32+5.77=151.09\text{kg}$$

钛渣中所含的S燃烧时，按式5-Ⅺ计算：

⑪反应 $S + O_2 = SO_2$ (5-Ⅺ)

S	O_2	SO_2
32	32	64
2	a_{11}	b_{11}

消耗O_2 $a_{11}=2$kg，生成SO_2 $b_{11}=4$kg。

随氯气带入的O_2量为：

$$\frac{3.46}{85.15}\times 1731.73=70.37\text{kg}$$

随氯气带入的N_2量为：

$$\frac{11.39}{85.15}\times 1731.73=231.64\text{kg}$$

氯化1000kg钛渣所用稀氯气总量为：

$$1731.73+70.37+231.64=2033.74\text{kg}$$

转入蒸汽-气体混合物（炉气）中随炉气带走的O_2量为：

$$70.37\times 10\%=7.04\text{kg}$$

此时氯气中剩余的O_2将与补加的沥青焦相互作用，这个O_2量为：

$$70.37-7.04=63.33\text{kg}$$

废电解质的耗量可用以下方法来估计。

氯化1000kg钛渣消耗150kg电解质，它含有：

组　分	KCl	NaCl	$CaCl_2$	$MgCl_2$	MgO	Fe_2O_3	Al_2O_3	SiO_2	其他	合计
含量（质量分数）/%	76.00	15.50	2.70	5.50	0.02	0.04	0.07	0.07	0.10	100.00
质量/kg	114.00	23.25	4.05	8.25	0.03	0.06	0.105	0.105	0.15	150.00

沥青焦的耗量用以下方法确定。氯化反应要耗沥青焦量为：

$$151.09/0.9345 = 161.68\text{kg}$$

焦中含：

组　分	固定碳	挥发分	灰分	S	合　计
含量（质量分数）/%	93.45	3.52	2.33	0.70	100.00
质量/kg	151.09	5.69	3.77	1.13	161.68

焦中的S将按反应式5-Ⅺ被氯气中的氧氧化：

⑫反应

$$\begin{array}{ccc} S & +\,O_2 \xlongequal{} & SO_2 \\ 32 & 32 & 64 \\ 1.13 & a_{12} & b_{12} \end{array} \qquad (5\text{-}Ⅺ)$$

耗 O_2 量　$a_{12} = \frac{1.13}{32} \times 32 = 1.13\text{kg}$

生成 SO_2 量　$b_{12} = \frac{1.13}{32} \times 64 = 2.26\text{kg}$

焦中的挥发分（以 CH_4 计）被氯气中的 O_2 所氧化：

⑬反应

$$\begin{array}{cccc} CH_4 & +\,2O_2 \xlongequal{} & CO_2 & +\,2H_2O \\ 16 & 64 & 44 & 36 \\ 5.69 & a_{13} & b_{13} & c_{13} \end{array} \qquad (5\text{-}Ⅻ)$$

耗 O_2 量　$a_{13} = \frac{5.69}{16} \times 64 = 22.76\text{kg}$

生成 CO_2 量　$b_{13} = \frac{5.69}{16} \times 44 = 15.65\text{kg}$

生成 H_2O 量　$c_{13} = \frac{5.69}{16} \times 36 = 12.80\text{kg}$

氯气中剩余的 O_2 量：63.33 -（1.13 + 22.76 + 2.00）= 37.44kg，将与补加的沥青焦中各可燃组分相互作用。

先以100kg沥青焦为基准，其中含固定碳93.45kg，挥发分3.52kg，S 0.7kg。则按：

⑭反应

$$\begin{array}{ccc} C & +\,O_2 \xlongequal{} & CO_2 \\ 12 & 32 & 44 \\ 93.45 & a_{14} & b_{14} \end{array} \qquad (5\text{-}XIII)$$

耗 O_2 量　$a_{14} = \frac{93.45}{12} \times 32 = 249.20\text{kg}$

生成 CO_2 量　$b_{14} = \frac{93.45}{12} \times 44 = 342.65\text{kg}$

又按反应式5-Ⅺ：

⑮反应 $S + O_2 = SO_2$ (5-Ⅺ)

$$\begin{matrix} 32 & 32 & 64 \\ 0.7 & a_{15} & b_{15} \end{matrix}$$

耗 O_2 量 $a_{15} = \frac{0.7}{32} \times 32 = 0.70\text{kg}$

生成 SO_2 量 $b_{15} = \frac{0.7}{32} \times 64 = 1.40\text{kg}$

再按反应式5-Ⅻ：

⑯反应 $CH_4 + 2O_2 = CO_2 + 2H_2O$ (5-Ⅻ)

$$\begin{matrix} 16 & 64 & 44 & 36 \\ 3.52 & a_{16} & b_{16} & c_{16} \end{matrix}$$

耗 O_2 量 $a_{16} = \frac{3.52}{16} \times 64 = 14.08\text{kg}$

生成：CO_2 量 $b_{16} = \frac{3.52}{16} \times 44 = 9.68\text{kg}$

H_2O 量 $c_{16} = \frac{3.52}{16} \times 36 = 7.92\text{kg}$

可见，与100kg沥青焦中可燃成分相互作用共耗 O_2 量为：

$$249.20 + 0.70 + 14.08 = 263.98\text{kg}$$

因此，为了结合氯气中剩余的那部分（37.44kg）O_2，需要沥青焦的量为：

$$\frac{100}{263.98} \times 37.44 = 14.18\text{kg}$$

其中，可燃成分量：

$$14.18 \times 97.67\% = 13.85\text{kg}$$

它包括：

$14.18 \times 93.45\% = 13.25\text{kgC}$

$14.18 \times 3.52\% = 0.50\text{kg}$ 挥发分

$14.18 \times 0.7\% = 0.1\text{kgS}$

不可燃的灰分量：

$$14.18 \times 2.33\% = 0.33\text{kg}$$

这样，沥青焦的总耗量应为：

$$161.68 + 14.18 = 175.86\text{kg}$$

随炉气和废熔盐带走的焦损失占总耗焦量的15%：

$$175.86 \times 0.15 = 26.38\text{kg}$$

其中，进入炉气的焦量占7%：$175.86 \times 0.07 = 12.31\text{kg}$；进入废熔盐的焦量占8%：$175.86 \times 0.08 = 14.07\text{kg}$ 焦。

应加沥青焦量为：

$$175.86 + 26.38 = 202.24\text{kg}$$

再看生成物的数量。

按反应式 5-XIII，这时燃烧 C 13.25kg：

耗 O_2 量　$\frac{13.25}{12}\times 32 = 35.33\text{kg}$

生成 CO_2 量：　$\frac{13.25}{12}\times 44 = 48.58\text{kg}$

按反应式 5-XII，这时燃烧挥发分 0.50kg：

耗 O_2 量：　$\frac{0.50}{16}\times 64 = 2.00\text{kg}$

生成：CO_2 量　$\frac{0.50}{16}\times 44 = 1.38\text{kg}$

H_2O 量　$\frac{0.50}{16}\times 36 = 1.13\text{kg}$

按反应式 5-XI，这时燃烧 S 0.1kg：

耗 O_2 量　$\frac{0.1}{32}\times 32 = 0.1\text{kg}$

生成 SO_2 量　$\frac{0.1}{32}\times 64 = 0.2\text{kg}$

所有反应的结果，生成的产物量：

CO_2 量　$511.67 + 15.65 + 48.58 + 1.38 = 577.28\text{kg}$

SO_2 量　$4 + 2.26 + 0.2 = 6.46\text{kg}$

H_2O 量　$12.80 + 1.13 = 13.93\text{kg}$

CO 量　26.93kg

沥青焦带入的灰分量：

$$3.77 + 0.33 = 4.10\text{kg}$$

废熔盐的数量和成分用以下方法确定。

从钛渣及氯化产物进入废熔盐的有：

成　分	1000kg 钛渣中的量/kg	生成物量/kg	未氯化量/kg	进入废熔盐的质量分数/%	进入废熔盐的量/kg
TiO_2	800.00			0.5	4.00
$MgCl_2$		98.37		97	95.42
$CaCl_2$		35.28		97	34.22
$MnCl_2$		16.87		97	16.36
$FeCl_2$		14.43		45	6.49
$FeCl_3$		55.42		5	2.77
FeO			0.30	100	0.30
Al_2O_3			2.60	100	2.60
SiO_2			6.30	100	6.30

续表

成 分	1000kg 钛渣中的量/kg	生成物量/kg	未氯化量/kg	进入废熔盐的质量分数/%	进入废熔盐的量/kg
MnO			0. 10	100	0. 10
MgO			0. 40	100	0. 40
CaO			0. 20	100	0. 20
V_2O_5			0. 04	100	0. 04
合 计					169. 20

每 1000kg 钛渣加入的废电解质量为：1000 × 15% = 150kg，则从废电解质进入废熔盐的各成分量为：

成 分	KCl	NaCl	$MgCl_2$	$CaCl_2$	Fe_2O_3	Al_2O_3	SiO_2	MgO	其他	合计
废电解质中的含量（质量分数）/%	76. 00	15. 50	5. 50	2. 70	0. 04	0. 07	0. 07	0. 02	0. 10	
150kg 废电解质中的量/kg	114. 00	23. 25	8. 25	4. 05	0. 06	0. 11	0. 11	0. 03	0. 15	
进入废熔盐的比例/%	93	97	97	97	100	100	100	100	100	
进入废熔盐的量/kg	106. 02	22. 55	8. 00	3. 93	0. 06	0. 11	0. 11	0. 03	0. 15	140. 96

从沥青焦燃烧产物中进入废熔盐的有灰分 4. 10kg，未反应的焦量 14. 07kg，废熔盐总量为：

$$169.20 + 140.96 + 4.10 + 14.07 = 328.33\text{kg}$$

其组成如下：

成 分	质量/kg	含量（质量分数）/%	成 分	质量/kg	含量（质量分数）/%
KCl	106. 02	32. 29	Al_2O_3	2. 71	0. 83
NaCl	22. 55	6. 87	SiO_2	6. 41	1. 95
$MgCl_2$	103. 42	31. 50	MnO	0. 10	0. 03
$CaCl_2$	38. 15	11. 62	MgO	0. 43	0. 13
$MnCl_2$	16. 36	4. 98	CaO	0. 20	0. 06
$FeCl_2$	6. 49	1. 98	V_2O_5	0. 04	0. 012
$FeCl_3$	2. 77	0. 84	沥青焦	14. 07	4. 29
TiO_2	4. 00	1. 22	灰 分	4. 10	1. 25
FeO	0. 30	0. 09	其 他	0. 15	0. 046
Fe_2O_3	0. 06	0. 018	合 计	328. 33	100. 0

沥青焦挥发分氧化生成的 H_2O 量为：13.93kg，它可使 $TiCl_4$ 按下列反应发生水解：

⑰反应

$$\begin{matrix} TiCl_4 & + & H_2O & = & TiOCl_2 & + & 2HCl \\ 189.9 & & 18 & & 134.9 & & 73 \\ a_{17} & & 13.93 & & b_{17} & & c_{17} \end{matrix} \qquad (5\text{-}XIV)$$

水解耗 $TiCl_4$ 量　　$a_{17} = \frac{13.93}{18} \times 189.9 = 146.96kg$

生成：$TiOCl_2$ 量　　$b_{17} = \frac{13.93}{18} \times 134.9 = 104.40kg$

HCl 量　　$c_{17} = \frac{13.93}{18} \times 73 = 56.49kg$

炉气（蒸汽-气体混合物）的数量和组成按以下方法确定。

组分	生成量/kg	扣除量/kg	进入炉气的比例/%	进入炉气中量/kg	含量（质量分数）/%
$TiCl_4$	1863.35	146.96		1716.39	56.13
TiO_2	800.00		1.5	12.00	0.39
$TiOCl_2$	104.40		100	104.40	3.41
$SiCl_4$	101.61		100	101.61	3.32
$AlCl_3$	127.22		100	127.22	4.16
$VOCl_3$	3.74		100	3.74	0.12
$MnCl_2$	16.87	16.36		0.51	0.017
$FeCl_2$	14.43	6.49		7.94	0.26
$FeCl_3$	55.42	2.77		52.65	1.72
$MgCl_2$	98.37 + 8.25 = 106.62	95.42 + 8.00 = 103.42		3.20	0.10
$CaCl_2$	35.28 + 4.05 = 39.33	34.22 + 3.93 = 38.15		1.18	0.039
KCl	114.00	106.02		7.98	0.26
NaCl	23.25	22.55		0.70	0.023
SO_2	6.46		100	6.46	0.21
N_2	231.64		100	231.64	7.58
O_2	70.37		10	7.04	0.23
CO_2	577.28		100	577.28	18.88
CO	26.93		100	26.93	0.88
HCl	56.49		100	56.49	1.85
带出的焦				12.31	0.40
合　计				3057.67	100.00

将以上计算结果编制成物料平衡表，见表 5-3。

表 5-3 熔盐氯化作业的物料平衡（基准：1000kg 钛渣）

收入			支出		
收入项目	数量和组成		支出项目	数量	
	质量/kg	质量分数/%		质量/kg	质量分数/%
（1）钛渣	1000.00	100.00	（1）炉气	3057.67	100.00
其中：TiO_2	800.00	80.00	其中：$TiCl_4$	1716.39	56.13
SiO_2	42.20	4.22	带出 TiO_2	12.00	0.39
Al_2O_3	51.20	5.12	$TiOCl_2$	104.40	3.41
MnO	9.60	0.96	$SiCl_4$	101.61	3.32
MgO	42.00	4.20	$AlCl_3$	127.22	4.16
CaO	18.00	1.80	$MnCl_2$	0.51	0.017
V_2O_5	2.00	0.20	$MgCl_2$	3.20	0.10
FeO	33.00	3.30	$CaCl_2$	1.18	0.039
S	2.00	0.20	KCl	7.98	0.26
（2）氯气	2033.74	100.00	NaCl	0.70	0.023
其中：Cl_2	1731.73	85.15	$FeCl_2$	7.94	0.26
O_2	70.37	3.46	$FeCl_3$	52.65	1.72
N_2	231.64	11.39	$VOCl_3$	3.74	0.12
（3）沥青焦	202.24	100.00	SO_2	6.46	0.21
其中：固定碳	188.99	93.45	HCl	56.49	1.85
挥发分	7.12	3.52	N_2	231.64	7.58
灰分	4.71	2.33	O_2	7.04	0.23
S	1.42	0.70	CO_2	577.28	18.88
（4）废电解质	150.00	100.00	CO	26.93	0.88
其中：KCl	114.00	76.00	带出焦	12.31	0.40
NaCl	23.25	15.50	（2）废熔盐	328.33	100.00
$CaCl_2$	4.05	2.70	其中：KCl	106.02	32.29
$MgCl_2$	8.25	5.50	NaCl	22.55	6.87
MgO	0.03	0.02	$MgCl_2$	103.42	31.50
Fe_2O_3	0.06	0.04	$CaCl_2$	38.15	11.62
Al_2O_3	0.105	0.07	$FeCl_2$	6.49	1.98
SiO_2	0.105	0.07	$FeCl_3$	2.77	0.84
其他	0.15	0.1	$MnCl_2$	16.36	4.98
			TiO_2	4.00	1.22
			FeO	0.30	0.09
			Fe_2O_3	0.06	0.018
			Al_2O_3	2.71	0.83
			SiO_2	6.41	1.96
			CaO	0.20	0.06
平衡差：0.41kg			MgO	0.43	0.13
			MnO	0.10	0.03
			V_2O_5	0.04	0.012
			灰分	4.10	1.25
			焦	14.07	4.29
			其他	0.15	0.046
合 计	3386.00		合 计	3386.00	

注：收支完全平衡，计算无误。

5.4.2 熔盐氯化炉台数及其尺寸的计算

熔盐氯化炉结构示意图如图 5-1 所示。计算时采用以下原始数据：单台氯化炉的产能 100t/d；对氯分布器长度单位上的 $TiCl_4$单位产能 12t/(m · d)$TiCl_4$；氯化炉的槽深，3m。

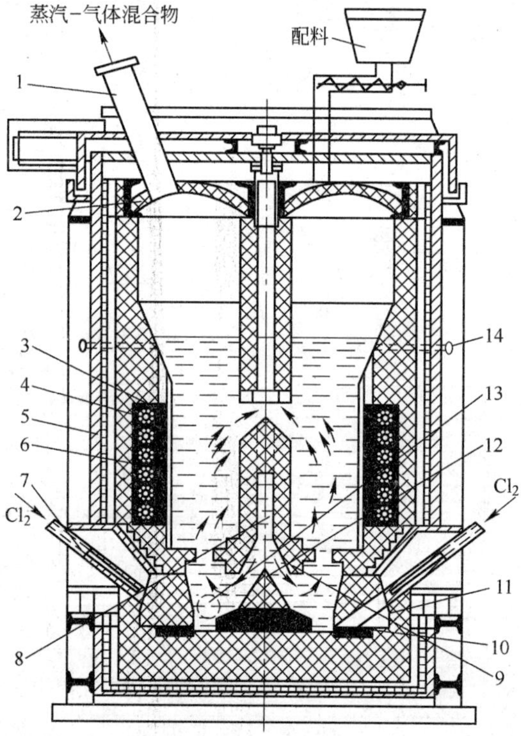

图 5-1 熔盐氯化炉

1—烟道；2—炉顶；3—电极；4—水冷塞杆；5—壳体；6—石墨保护壁；7—通氯管；8—溢流道；9—循环隔墙；10—热电偶；11—水冷填料箱；12—耐火黏土气体分布器；13—下部排渣口；14—上部侧排料口

氯化炉台数用如下方法确定。

按照物料平衡，并考虑到日历时间的利用率为 92%，应制得 $TiCl_4$：$130 \times 1.72/1 \times 0.92 = 243$t/d。相当于年工作日：$365 \times 0.92 = 335$d，检修日 30 日或日工作小时数：$24 \times 0.92 = 22$h。

所需氯化炉台数按式 5-1 计算：

$$n = \frac{243}{100} = 2.43 \text{ 台}$$

实际采用 3 台。

氯化炉的尺寸按以下方式确定。在双侧供氯和所采用单位产能的条件下，氯化炉槽体的计算长度由式 5-2 计算：

$$L = \frac{100}{2 \times 12} = 4.17\text{m}$$

取槽子的内长等于砌砖尺寸的最接近的最大倍数：

$$L_{内长} = 4370\text{mm}$$

根据结构要求，氯化炉的内宽取为 $B_{内宽} = 2735$mm。

在中间隔墙的下部，保温砌体的厚度取 115mm，结果把中间隔墙的厚度增至 715mm。此时这部分的单室宽度按式 5-3 确定：

$$B_0 = \frac{2735 - 715}{2} = 1010\text{mm}$$

氯化炉的工作截面(炉膛底面积)可由式 5-4 求出：

$$A_{工作} = 2 \times 1.01 \times 4.37 = 8.8\text{m}^2$$

取氯化炉内熔盐层以上的净空高度为 2m，熔盐层深度 3m，拱顶净空深度 1.5m，按式 5-5 和式 5-6 计算出氯化炉的总高：

$$H_{高} = 2 + 3 = 5\text{m}$$

$$H = 5 + 1.5 = 6.5\text{m}$$

采取 8 根氯管供氯气(每侧安装 4 根)。

根据物料平衡，单台氯化炉的氯气耗量为：

$$m = 2.03394 \times 100/(1.72135 \times 24) = 4.92\text{t/h}$$

为了确定氯气管和风嘴的直径，可采用下列原始数据：

从氯化炉排出的气体压力/kPa	101.0505
密度 ρ/kg · m^{-3}	
熔盐	1700
空气	1.293
氯气	3.22
氯气中的摩尔分数	
空气	0.3
氯	0.7
氯气的速度/m · s^{-1}	
在氯管中	6
在风嘴处	9

在槽深3m情况下，氯化炉内熔盐的静压为：

$$\rho H_{槽} = 1700 \times 3\text{kg/m}^2 = \frac{1700 \times 3}{10000} \times 101 = 51.51\text{kPa}$$

进入氯化炉的氯气压力按式5-13确定：

$$p = 101.0505 + 51.51 = 152.5605 \approx 153\text{kPa}$$

在所指压力下，氯化炉内氯气的密度由式5-12求出：

$$\rho_1 = (0.3 \times 1.293 + 0.7 \times 3.22) \times 153/101.3 = 3.99\ \text{kg/m}^3$$

供给氯化炉的氯气体积流量按式5-11求得：

$$V = 4.92 \times 1000/(3600 \times 3.99) = 0.343\text{m}^3/\text{s}$$

通过1根氯管的氯气体积流量应为：

$$0.343/8 = 0.043\text{m}^3/\text{s}$$

氯管的横截面积和直径分别按式5-10和式5-9确定：

$$A_f = 0.043/6 = 0.0072\text{m}^2$$

$$d = \sqrt{\frac{0.0072}{0.785}} = 0.096\text{m} = 96\text{mm}$$

实际上可取氯管直径为100mm。

风口的横截面积和直径分别按式5-8和式5-7求得：

$$A_{f1} = 0.043/9 = 0.0048\text{m}^2$$

$$d_1 = \sqrt{\frac{0.0048}{0.785}} = 0.078\text{m} = 78\text{mm}$$

实际取风口直径为80mm。

5.4.3 熔盐氯化炉的热平衡计算

热平衡计算按四氯化钛的小时产量进行。根据物料平衡(见表5-3)，1000kg钛渣产出1716.39kg $TiCl_4$。当氯化炉产能为100t/d $TiCl_4$时，为换算成小时产能采用换算系数

2.42 $\left(\frac{1000}{1716.39}\times 100/24 = 2.42\text{t/h 钛渣}\right)$。

热收入项：

（1）设物料进炉温度为25℃（298K），当取298K为基准温度时，则所有物料带入的物理热为0。

（2）化学反应产生的反应热（因为取298K作基准温度，因此取这个温度下的标准生成热计算标准反应热）。

①反应　　$TiO_2 + C + 2Cl_2 = TiCl_4 + CO_2$　　（5-Ⅰ）

$\Delta H^{\ominus}_{f,298}(\times 10^3\text{kcal/kmol})$　-225.80　　-182.40　-94.05

$\Delta H^{\ominus}_{r,298} = (-182.40 - 94.05) - (-225.80) = -50.65\times 10^3\text{kcal/kmol}$

$= -50.65\times 10^3\times 4.184/79.9 = -2652.31\text{kJ/kg } TiO_2$

$\Delta H^{\ominus}_{r,(1)} = -2652.31\times 784\times 2.42 = -5032174.72\text{kJ/h}$

②反应　　$SiO_2 + C + 2Cl_2 = SiCl_4 + CO_2$　　（5-Ⅱ）

$\Delta H^{\ominus}_{f,298}(\times 10^3\text{kcal/kmol})$　-217.70　　-164.18　-94.05

$\Delta H^{\ominus}_{r,298} = (-164.18 - 94.05) - (-217.70) = -40.53\times 10^3\text{kcal/kmol}$

$= -40.53\times 10^3\times 4.184/60.1 = -2821.59\text{kJ/kg } SiO_2$

$\Delta H^{\ominus}_{r,(2)} = -2821.59\times 35.90\times 2.42 = -245134.04\text{kJ/h}$

③反应　　$2Al_2O_3 + 3C + 6Cl_2 = 4AlCl_3 + 3CO_2$　　（5-Ⅲ）

$\Delta H^{\ominus}_{f,298}(\times 10^3\text{kcal/kmol})$　-400.00　　-168.58　-94.05

$\Delta H^{\ominus}_{r,298} = (-168.58\times 4 - 94.05\times 3) - (-400.00\times 2) = -156.47\times 10^3/2\text{kcal/kmol}$

$= -156.47\times 10^3\times 4.184/2\times 102 = -3209.17\text{kJ/kg } Al_2O_3$

$\Delta H^{\ominus}_{r,(3)} = -3209.17\times 48.60\times 2.42 = -377436.79\text{kJ/h}$

④反应　　$2MnO + C + 2Cl_2 = 2MnCl_2 + CO_2$　　（5-Ⅳ）

$\Delta H^{\ominus}_{f,298}(\times 10^3\text{kcal/kmol})$　-92.00　　-115.20　-94.05

$\Delta H^{\ominus}_{r,298} = (-115.20\times 2 - 94.05) - (-92.00\times 2) = -140.45\times 10^3/2$

$= -70225\text{kcal/kmol}$

$= -70225\times 4.184/70.94 = -4141.83\text{kJ/kg MnO}$

$\Delta H^{\ominus}_{r,(4)} = -4141.83\times 9.50\times 2.42 = -95220.67\text{kJ/h}$

⑤反应　　$2MgO + C + 2Cl_2 = 2MgCl_2 + CO_2$　　（5-Ⅴ）

$\Delta H^{\ominus}_{f,298}(\times 10^3\text{kcal/kmol})$　-143.70　　-153.30　-94.05

$\Delta H^{\ominus}_{r,298} = (-153.30\times 2 - 94.05) - (-143.70\times 2) = -113.25\times 10^3/2\text{ kcal/kmol}$

$= -56625\text{kcal/kmol} = -56625\times 4.184/40.3 = -5878.88\text{kJ/kg MgO}$

$\Delta H^{\ominus}_{r,(5)} = -5878.88\times 41.6\times 2.42 = -591838.95\text{kJ/h}$

⑥反应　　$2CaO + C + 2Cl_2 = 2CaCl_2 + CO_2$　　（5-Ⅵ）

$\Delta H^{\ominus}_{f,298}(\times 10^3\text{kcal/kmol})$　-151.60　　-191.40　-94.05

$\Delta H^{\ominus}_{r,298} = (-191.40\times 2 - 94.05) - (-151.60\times 2) = -173.65\times 10^3/2\text{ kcal/kmol}$

$= -86825\times 4.184/56 = -6487.07\text{kJ/kg CaO}$

$\Delta H^{\ominus}_{r,(6)} = -6487.07 \times 17.80 \times 2.42 = -279436.94 kJ/h$

⑦反应 $2V_2O_5 + 3C + 6Cl_2 = 4VOCl_3 + CO_2$ (5-Ⅶ)

$\Delta H^{\ominus}_{f,298}(\times 10^3 kcal/kmol)$ -372.30 -172.00 -94.05

$\Delta H^{\ominus}_{r,298} = (-172.00 \times 4 - 94.05) - (-372.30 \times 2) = -37.45 \times 10^3/2 kcal/kmol$

$= -37450 \times 4.184/2 \times 181.88 = -430.75 kJ/kg\ V_2O_5$

$\Delta H^{\ominus}_{r,(7)} = -430.75 \times 1.96 \times 2.42 = -2043.13 kJ/h$

⑧反应 $2FeO + C + 2Cl_2 = 2FeCl_2 + CO_2$ (5-Ⅷ)

$\Delta H^{\ominus}_{f,298}(\times 10^3 kcal/kmol)$ -65.02 -81.80 -94.05

$\Delta H^{\ominus}_{r,298} = (-81.80 \times 2 - 94.05) - (-65.02 \times 2) = -127.61 \times 10^3/2 kcal/kmol$

$= -127610 \times 4.184/2 \times 71.85 = -3715.52 kJ/kg\ FeO$

$\Delta H^{\ominus}_{r,(8)} = -3715.52 \times 8.175 \times 2.42 = -73505.99 kJ/h$

⑨反应 $2FeO + C + 3Cl_2 = 2FeCl_3 + CO_2$ (5-Ⅸ)

$\Delta H^{\ominus}_{f,298}(\times 10^3 kcal/kmol)$ -65.02 -95.46 -94.05

$\Delta H^{\ominus}_{r,298} = (-95.46 \times 2 - 94.05) - (-65.02 \times 2) = -154.93 \times 10^3/2\ kcal/kmol$

$= -154930 \times 4.184/2 \times 71.85 = -4510.98 kJ/kg\ FeO$

$\Delta H^{\ominus}_{r,(9)} = -4510.98 \times 24.525 \times 2.42 = -267728.63 kJ/h$

⑩反应 $CO_2 + C = 2CO$ (5-Ⅹ)

$\Delta H^{\ominus}_{f,298}(\times 10^3 kcal/kmol)$ -94.05 -26.42

$\Delta H^{\ominus}_{r,298} = (-26.42 \times 2) - (-94.05) = 41.21 \times 10^3 kcal/kmol = 41210 \times 4.184/44$

$= 3918.70 kJ/kg\ CO_2$

$\Delta H^{\ominus}_{r,(11)} = 3918.70 \times 21.16 \times 2.42 = 200665.47 kJ/h$

⑪反应 $S + O_2 = SO_2$ (5-Ⅺ)

$\Delta H^{\ominus}_{f,298}(\times 10^3 kcal/kmol)$ -70.94

$\Delta H^{\ominus}_{r,298} = \Delta H^{\ominus}_{f,298}\ -70940 kcal/kmol = -70940/32 = -2216.875\ kcal/kg$

$= -2216.875 \times 4.184 = -9275.41 kJ/kg\ S$

$\Delta H^{\ominus}_{r,(11)} = -9275.41 \times 3.42 \times 2.42 = -76767.00 kJ/h$

⑫反应 $CH_4 + 2O_2 = CO_2 + 2H_2O$ (5-Ⅻ)

$\Delta H^{\ominus}_{f,298}(\times 10^3 kcal/kmol)$ -17.88 -94.05 -57.91

$\Delta H^{\ominus}_{r,298} = (-94.05 - 57.91 \times 2) - (-17.88) = -191.99 \times 10^3 \times 4.184/16\ kcal/kmol$

$= -50205.385 kJ/kg\ CH_4$

$\Delta H^{\ominus}_{r,(12)} = -50205.384 \times 7.12 \times 2.42 = -865058.85 kJ/h$

⑬反应 $C + O_2 = CO_2$ (5-ⅩⅢ)

$\Delta H^{\ominus}_{f,298}(\times 10^3 kcal/kmol)$ -94.05

$\Delta H^{\ominus}_{r,298} = \Delta H^{\ominus}_{f,298} = -94.05 \times 10^3 kcal/kmol = -94050 \times 4.184/12$

$= -32792.1 kJ/kg\ C$

$\Delta H^{\ominus}_{r,(13)} = -32792.1 \times 13.25 \times 2.42 = -1051478.69$ kJ/h

⑭反应　　$TiCl_4 + H_2O \Longrightarrow TiOCl_2 + 2HCl$　　(5-XIV)

$\Delta H^{\ominus}_{f,298}$ ($\times 10^3$ kcal/kmol)　　-182.40　　-57.91　　-130.40　-22.00

$\Delta H^{\ominus}_{r,298} = (-130.40 - 22.00 \times 2) - (-182.40 - 57.91) = 65.91 \times 10^3$ kcal/kmol

$= 1452.17$ kJ/kg $TiCl_4$

$\Delta H^{\ominus}_{r,(14)} = 1452.17 \times 146.96 \times 2.42 = 516454.39$ kJ/h

化学反应热合计：

$$\sum \Delta H^{\ominus}_{r,(i)} = -5032174.72 - 245134.04 - 377436.79 - 95220.67 - 591838.95 - 279436.94 - 2043.13 - 73505.99 - 267728.63 + 200665.47 - 76767.00 - 865058.85 - 1051478.69 + 516454.39 = -8240704.54 \text{ kJ/h}$$

即热收入：

$$Q_{收入} = 8240704.54 \text{ kJ/h}$$

热支出项：氯化反应温度为 800℃（1073K），炉气和废熔盐出炉温度为 750℃（1023K）。

(1) 炉气带出物理热（$H^{\ominus}_{1023} - H^{\ominus}_{298}$ 是用插值法求得的）：

成　分	质量/kg	质量分数/%	$H^{\ominus}_{1023} - H^{\ominus}_{298}$/kcal · kmol^{-1}	$H^{\ominus}_{1023} - H^{\ominus}_{298}$/kJ · kg^{-1}	$\Delta H^{\ominus}_j$/kJ
$TiCl_4$	1716.39	56.40	18023.5	397.11	681595.63
(带出)TiO_2	12.00	0.39	11625.95	608.80	7305.58
$TiOCl_2$	104.40	3.31	13707.27	425.14	44384.62
$SiCl_4$	101.61	3.33	24863.13	611.57	62141.20
$AlCl_3$	127.22	4.17	13713.19	429.78	54676.95
$MnCl_2$	0.51	0.017	23470	779.72	397.66
$MgCl_2$	3.20	0.10	24263.3	1065.24	3408.78
$CaCl_2$	1.18	0.039	13771.11	519.08	612.52
KCl	7.98	0.26	10051.86	563.77	4498.86
NaCl	0.70	0.02	9830.62	763.10	492.17
$FeCl_2$	7.94	0.26	25007.2	824.83	6549.18
$FeCl_3$	52.65	1.73	14119.25	363.87	19175.97
$VOCl_3$	3.74	0.12	27400	660.99	2472.09
SO_2	6.46	0.21	8408.16	549.68	3550.93
HCl	56.49	1.79	5186.96	594.58	32458.23
N_2	231.64	7.59	5318.79	794.78	184102.65
O_2	7.04	0.23	5576.91	729.18	5133.43
CO_2	577.28	18.76	8201.49	779.89	450214.90
CO	26.93	0.88	5366.63	801.93	21595.92
(带出)沥青焦(按C计)	12.31	0.39	2943.14	1026.17	12632.15
合　计	3057.67	100.0			1597399.42

（2）废熔盐带走物理热：

成　分	质量/kg	质量分数/%	$H^{\ominus}_{1023}-H^{\ominus}_{298}$/kcal · kmol^{-1}	$H^{\ominus}_{1023}-H^{\ominus}_{298}$/kJ · kg^{-1}	$\Delta H^{\ominus}_{j}$/kJ
KCl	106.02	32.35	10051.86	563.77	59770.90
NaCl	22.55	6.88	9830.62	703.10	15854.91
$MgCl_2$	103.42	31.56	2463.3	1065.24	110167.12
$CaCl_2$	38.15	11.64	13771.11	519.08	19802.90
$FeCl_3$	2.77	0.85	14119.25	363.87	1007.92
$FeCl_2$	6.49	1.98	25007.2	824.83	5353.15
$MnCl_2$	16.36	4.99	23470	779.72	12756.22
TiO_2	4.00	1.22	11625.95	608.80	2435.20
FeO	0.30	0.09	9603.29	559.22	167.77
Fe_2O_3	0.06	0.018	24867	651.49	39.09
Al_2O_3	2.71	0.83	19343	793.44	2150.23
SiO_2	6.41	1.96	11216.8	780.88	5005.44
CaO	0.20	0.06	8723.32	651.76	130.35
MgO	0.43	0.13	8194.52	850.77	365.83
MnO	0.10	0.03	8777.61	517.70	51.77
V_2O_5	0.04	0.012	44972.8	1027.66	41.11
灰分(按 SiO_2 计)	4.10	1.21	11216.8	780.88	3201.61
焦(按 C 计)	14.07	4.15	2943.14	1026.17	14438.21
其　他	0.15	0.046	—	—	—
合　计	328.33	100.0			252739.73

1023K 下炉气和废熔盐带出物理热总和(以 1000kg 钛渣作基准)：

$$1597399.42+252739.73=1850139.15\text{kJ}$$

当 1h 氯化 2.42t 钛渣时，应为：

$$1850139.15\times 2.42=4477336.74\text{kJ/h}$$

（3）氯化炉向周围环境的散热损失计算。氯化炉槽体的内衬结构如图 5-2 所示。炉子采用内衬结构。先考察一下处于熔盐区的炉底和侧壁情况。

炉槽部分：黏土砖厚度 δ_1 取 750mm；黏土碎屑填料的厚度 δ_2 取 30mm；辉绿岩砖的厚度 δ_3 取 50mm。

熔盐面以上净空侧壁部分：黏土砖厚度 $\delta'_1=295$mm；黏土碎屑填料层厚度 $\delta'_2=30$mm；辉绿岩砖的厚度 $\delta'_3=50$mm。

黏土砖的导热系数 $\lambda_{黏土砖}=0.955\text{W/(m·K)}$；黏土碎屑的导热系数 $\lambda_{黏土屑}=0.465\text{W/(m·K)}$；辉绿岩砖的导热系数 $\lambda_{辉绿岩砖}=1.163\text{W/(m·K)}$。

氯化炉内壁和底部温度取 750℃。

分别计算，确定出经过氯化炉槽体和熔盐面以上部分侧壁的单位热损失量 q 和 q'。为此，先确定氯化炉槽体部分(接触熔盐部分)和上部侧壁部分的热阻。

氯化炉槽体热阻：

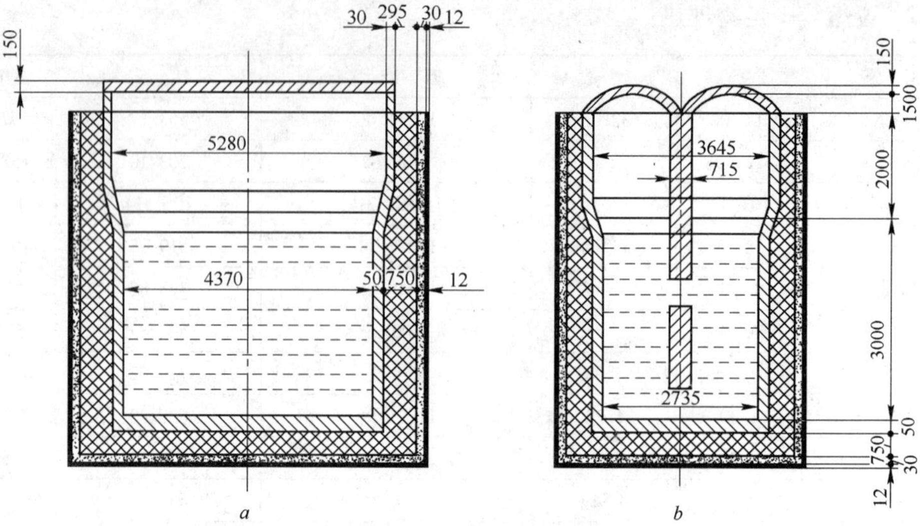

图 5-2　熔盐氯化炉砌体示意图

a—纵剖面图(沿炉长方向)；*b*—横剖面图(沿炉宽方向)

$$\sum \delta/\lambda = 0.75/0.955 + 0.03/0.465 + 0.65/1.163 = 0.89$$

熔盐面以上部分炉壁的热阻：

$$\sum \delta'/\lambda = 0.295/0.955 + 0.03/0.465 + 0.05/1.163 = 0.42$$

查图 3-2，找出炉子的外表面温度和单位热损失量：

炉子槽体为：$t_{外壁} = 80℃$；$q = 1163\text{W}/(\text{m}^2 \cdot \text{K})$；

熔盐面以上部分外壁：$t'_{外壁} = 120℃$；$q' = 2100\text{W}/(\text{m}^2 \cdot \text{K})$。

再计算氯化炉的内表面积。

炉子槽体部分(接触熔盐反应区)的内表面积：

$$A_{槽内壁} = 炉底内表面积 + 炉长方向双内侧表面积 + 炉宽方向(即两个端头)双内侧表面积 = 8.8 + 4.37 \times 3 \times 2 + 2.735 \times 3 \times 2 = 51.43\text{m}^2$$

熔盐区以上部分的内表面积：

$$A_{净宽壁} = 5.28 \times 2 \times 2 + 3.645 \times 2 \times 2 = 35.7\text{m}^2$$

然后按式 3-37 确定 1h 的散热损失量：

经过槽壁：$Q_{槽体} = 1163 \times 51.43 \times 1 = 59813\text{W}$；

经过熔盐面以上侧壁：$Q_{净空壁} = 2100 \times 35.7 \times 1 = 74970\text{W}$。

向周围环境散热总计：

$$Q_{总散热} = 59813 + 74970 = 134783\text{W} = 134783 \times 3.6 = 485219\text{kJ/h}$$

未考虑到从而未能计入的热损失取总热收入量的 2%，即 8240704.54 × 0.02 = 164814.09kJ/h。

这样，热支出项的总和为：

$$Q_{支出} = 4477336.74 + 485219 + 164814.09 = 5127369.83\text{kJ/h}$$

需冷却氯化炉导走的过剩热量为：

$$8240704.54 - 5127369.83 = 3113334.71 \text{kJ/h}$$

以上计算结果见表5-4。

表5-4 熔盐氯化炉的热平衡（计算基准为1h）

收入			支出		
收入项目	数量和组成		支出项目	数量和组成	
	数量/kJ	组成/%		数量/kJ	组成/%
（1）物料带入物理热（298K）	0	0	（1）排出物料物理热	4477336.74	54.33
			（2）向环境散失热	485219	5.89
（2）化学反应热	8240704.54	100.0	（3）未计入的热	164814.09	2.00
			（4）冷却水导出热	3113334.71	37.78
合 计	8240704.54	100.0	合 计	8240704.54	100.0

假设每根导热管每小时导出的热量为105000kJ/(h·根)，这样，所需导热管的根数由式5-14确定：

$$n = 3113334.71/105000 = 29.65 \text{ 根}$$

取30根。

5.4.4 冷却氯化炉耗水量的确定及氯化炉电参数的计算

5.4.4.1 冷却水耗量的确定

冷却水的始、终温度分别取25℃和40℃。按式5-15计算水耗量（水的比热容 c_p 取 $1\text{kcal/(kg}\cdot℃) = 4.184\times1000\text{kJ/(m}^3\cdot℃)$）：

$$m = 3113334.71/4.184\times1000(40-25) = 49.61\text{m}^3/\text{h} \approx 50\text{m}^3/\text{h}$$

5.4.4.2 氯化炉电参数的计算

上面的计算是氯化反应期的计算。因为氯化炉较大，筑炉用材多，预热烤炉达到反应启动温度800℃，炉子本身也会吸收较多的热量和较长的预热时间。这在沸腾氯化炉的情况下，是用烤炉小车烧木材、焦炭或重油等燃料来完成的。而在熔盐氯化炉情况下，由于炉子的密闭性，燃烧燃料烤炉是困难的，因此熔盐氯化炉设计成石墨电极用电加热的形式。

按开工期启动时间48h所需热耗量的计算来选用变压器。加热时供给的热量用以补偿经过炉子内衬的热损失、未计入的热损失和加热氯化炉砌体材料所需的热量上。根据热平衡，氯化炉操作1h向外界环境散失的热量为485219kJ/h。在加热氯化炉期间，往每根氯管中通入空气量为 $25\text{m}^3/\text{h}$，那么，往8根氯管中的通风量就是 $200\text{m}^3/\text{h}$。在这种情况下，被空气取走的热量应为：

$$Q_{空气} = 200\times1.293\times\frac{11600}{28.96} = 103583\text{kJ/h}$$

式中 1.293——空气的密度，kg/m^3；

28.96——空气的平均相对分子质量；

11600——排出空气的焓值，kJ/kmol。

加热氯化炉砌体的热耗量按炉子内衬黏土材料及导热管用石墨的质量来计算。可认为，1 台氯化炉要用黏土材料 166t，石墨 32t。在氯化炉外壁平均温度为 100℃，而内壁温度为 750℃情况下，黏土砌体材料的平均温度：

$$t_{黏土} = (750 + 100)/2 = 425℃$$

石墨导热棒的平均温度取为 300℃。黏土材料和石墨的初始温度取为 20℃。

在平均温度范围内，黏土砖和石墨的比热容分别为 0.935kJ/(kg · K)和 0.952kJ/(kg · K)。

按式 3-30 确定加热黏土砖的热耗量：

$$Q_{黏土} = 166000 \times 0.935 \times (425 - 20) = 62860050\text{kJ}$$

加热石墨的热耗量：

$$Q_{石墨} = 32000 \times 0.952 \times (300 - 20) = 8529920\text{kJ}$$

加热黏土砖和石墨的总热耗量：

$$Q_{总耗} = 62860050 + 8529920 = 71389970\text{kJ}$$

加热炉内衬其余部分(黏土碎屑和辉绿岩砖)的热耗按加热黏土砖和石墨热耗量的 10% 计。这样，加热氯化炉全部砌体要求：

$$Q_{砌体} = 71389970 \times 1.10 = 78528967\text{kJ}$$

这是 48h 加热期的热耗量。加热氯化炉砌体用的单位时间热耗应为：

$$Q_{砌体}^{小时} = 78528967/48 = 1636020\text{kJ/h}$$

于是，加热期间的总热耗：

$$Q_{总支出} = 485219 + 103583 + 1636020 = 2224822\text{kJ/h}$$

考虑到砌体加热的不均衡性，将热耗增加 30%：

$$Q'_{总支出} = 2224822 \times 1.30 = 2892269\text{kJ/h}$$

加热氯化炉所需的电功率按式 5-16 计算：

$$P = 2892269/3600 = 804\text{kW}$$

在安装时，可采用 2 台 SL-1100/10 型变压器，采取二次线路串联方式。这种情况下，产生线电压：

$$U_{线压} = 70.8\text{V}$$

这个线电压用来供给氯化炉用。

取电路的电压损失为 $\varphi = 10\%$，按式 5-19 确定氯化炉的相电压：

$$U_{相} = 70.8 \times 0.9 = 63.72\text{V}$$

变压器的计算相电阻取为：$R_{相} = 0.014\Omega$。

此时便可由式 5-18 求相电流：

$$I_{相} = 63.72/0.014 = 4551.43 \approx 4551\text{A}$$

变压器的加热功率按式 5-17 确定：

$$P_{加热} = 3 \times 63.72 \times 4551 = 869969\text{V} \cdot \text{A} = 870\text{kV} \cdot \text{A}$$

变压器的加热功率要能保证氯化炉所需的加热量。

显然，变压器加热功率 870kV · A 比氯化炉加热所需的电功率 804kW 大，因此，变压器的选择是合理的。

电路元件按以下方式计算。

先确定出母线(汇流排)的截面积。前已求得母线的相电流 $I_{相} = 4551\text{A}$，母线材料是铝，其容许电流密度为 $\delta_{容许} = 0.7\text{A/mm}^2$。这样，母线的截面积可按式 5-20 求得：

$$A_{母线} = 4551/0.7 = 6501\text{mm}^2$$

取母线截面 250mm × 30mm = 7500mm²，在这种情况下，母线中的真实电流密度按式 5-21 确定：

$$\delta_{真实} = 4551/7500 = 0.61\text{A/mm}^2$$

真实值 0.61A/mm² 小于容许值 0.70A/mm²，因此母线截面的选择是合理的。

在计算软线束时，采用铝质材料。其允许电流密度 δ'_1 = 0.7 A/mm²。所需的软线束截面按式 5-22 确定：

$$A_{软线束} = 4551/0.7 = 6501\text{mm}^2$$

选用由截面 200mm × 2mm 的铝带所组成的软线束。这样，按式 5-23 求得软线束中铝带的根数为：

$$Z = 6501/(200 \times 2) = 16.25\ 根$$

实际取 17 根。

熔盐氯化过程和氯化炉的技术指标如下：

氯化炉炉膛尺寸/mm	
内长	4370
内高	6500
内宽	2735
氯化炉的内底面积/m^2	8.8
单台氯化炉的产能（产 $TiCl_4$）/$t \cdot (d \cdot 台)^{-1}$	100
氯化炉单位内长上的单位产能/$t \cdot (m \cdot d)^{-1}$	12
氯气耗量/$m^3 \cdot h^{-1}$	1.42
氯气压力/kPa	153
变压器功率/kV · A	870
氯化温度/℃	750

6 粗四氯化钛的精制过程和精馏塔的计算

6.1 计算内容和任务

（1）计算并编制除钒作业和精馏脱硅的物料平衡表；

（2）计算和确定精馏塔理论塔板数、实际塔板数及塔高和塔径；

（3）计算并编制精馏塔和蒸馏釜的热平衡表，确定蒸馏釜的尺寸和电功率；

（4）计算塔顶蒸汽的冷凝-分凝器及馏出物的冷却器。

6.2 计算依据

精制车间的任务是铝粉除钒和精馏脱硅并分离除去高沸点成分，如 $FeCl_3$、$AlCl_3$ 和 $TiOCl_2$ 等。流程图如图 6-1 所示。计算分成两部分。

第一部分是将铝粉除钒作业放在初蒸馏塔的蒸馏釜中同时进行。釜残液即除钒渣液，经蒸发回收得到的 $TiCl_4$ 返回本工序；钒渣另行单独处理，为防止钒在流程中积累，不进行循环。

第二部分是把初蒸馏得到的初蒸液作为精馏塔的进料液在精馏塔中精馏。塔顶蒸出 $SiCl_4$，塔底液去第 3 塔(二级精馏塔)蒸馏，塔顶得精 $TiCl_4$。而二次精馏塔的釜底残液富集了高沸点成分，因已无硅和钒，将其返回浓密机沉降分离处理，不会产生积累现象，从而不会影响操作流程的稳定运行和产品质量。

本车间年工作日 300 天，检修时间 65 天。机械损失率 5.0%，其中除钒渣中损失率 2.5%，二级精馏塔损失 2.5%，釜残液返回氯化车间浓密机处理。

图 6-1 和图 6-2 分别表示精制过程的原则性流程和设备流程。

6.3 精馏过程及塔设备计算所用的公式

（1）用 A 代表易挥发组分(较低沸点组分) $SiCl_4$，B 代表较高沸点组分 $TiCl_4$。则 $SiCl_4$ 在液相中的摩尔分数：

$$x_A = \frac{p - p_B^{\ominus}}{p_A^{\ominus} - P_B^{\ominus}} \tag{6-1}$$

$SiCl_4$ 在气相中的摩尔分数：

$$y_A = \frac{p_A^{\ominus}}{p} x_A \tag{6-2}$$

式中 p——在常压蒸馏时，$p = 1atm = 101325Pa = 0.101325MPa = 101.325kPa$；

$p_A^{\ominus}$——$SiCl_4$ 的蒸气压，kPa；

$p_B^{\ominus}$——$TiCl_4$ 的蒸气压，kPa。

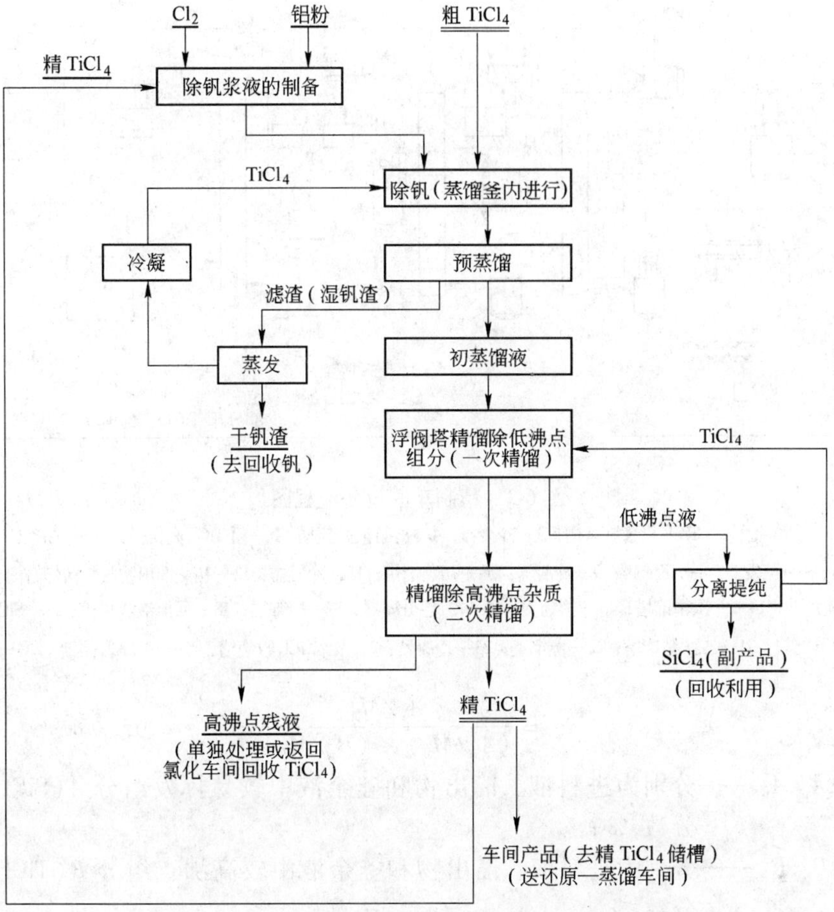

图 6-1 铝粉除钒及精馏法精制 $TiCl_4$ 原则性流程

(2) 在温度 T 时，A 对 B 即 $SiCl_4$ 对 $TiCl_4$ 的相对挥发度(即分离系数)：

$$\alpha_{AB,T} = \frac{p_A^{\ominus}}{p_B^{\ominus}} = \frac{y_A/x_A}{y_B/x_B} = \frac{y_A/(1-y_A)}{y_A/(1-x_A)} \tag{6-3}$$

在 n 个温度下 $\alpha_{AB,T}$ 的平均值：

$$\bar{\alpha}_{AB} = \frac{\sum_{1}^{n} \alpha_{AB,T}}{n} \tag{6-4}$$

在塔顶和塔底温度下 α_{AB} 的几何平均值：

$$\alpha_{AB,\text{顶底}} = \sqrt{\alpha_{AB,\text{塔顶}}\alpha_{AB,\text{塔底}}} \tag{6-5}$$

(3) 进料液(x_f)、馏出物(x_p)、釜或塔底剩余物(x_w)中各低沸点组分 $A(SiCl_4)$ 的摩尔分数：

$$x_f = \frac{A_f/M_A}{(A_f/M_A) + (B_f/M_B)} \tag{6-6}$$

$$x_p = \frac{A_p/M_A}{(A_p/M_p) + (B_p/M_B)} \tag{6-7}$$

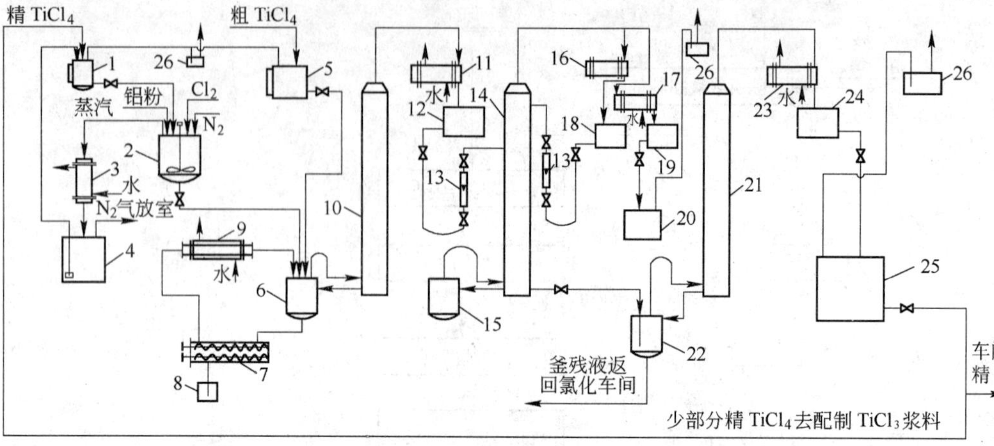

图 6-2　精制车间设备流程图

1—精 $TiCl_4$高位槽；2—$TiCl_3$料浆制备槽；3—冷凝器；4—冷凝液收集槽；5—粗 $TiCl_4$高位槽；6—蒸馏釜(兼作除钒反应罐)；7—蒸发器；8—钒渣罐；9—冷凝器；10—初蒸馏塔；11—冷凝器；12—初蒸馏出物收集槽(兼作高位槽)；13—转子流量计；14—一次精馏塔；15—蒸馏釜；16—冷凝-分凝器；17—冷却器；18—回流液收集槽；19—$SiCl_4$收集槽；20—$SiCl_4$储槽；21—二次精馏塔；22—蒸馏釜；23—冷凝器；24—精 $TiCl_4$收集槽；25—精 $TiCl_4$储槽；26—酸封罐

$$x_w = \frac{A_w/M_A}{(A_w/M_A) + (B_w/M_B)} \tag{6-8}$$

式中　A_f, A_p, A_w ——分别为进料液、馏出物和釜余液中较易挥发组分 A($SiCl_4$)的质量分数,%；

B_f, B_p, B_w ——分别为进料液、馏出物和釜余液中较高沸点组分 B($TiCl_4$)的质量分数,%；

M_A, M_B ——分别为 A($SiCl_4$)和 B($TiCl_4$)的相对分子质量。

(4) 进料液(M_f)、馏出物(M_p)和釜余液(M_w)的平均相对分子质量的计算：

$$M_f = A_f M_A + B_f M_B \tag{6-9}$$

$$M_p = A_p M_A + B_p M_B \tag{6-10}$$

$$M_w = A_w M_A + B_w M_B \tag{6-11}$$

(5) 将各种溶液的质量(kg/h)换算成物质的量(kmol/h)：

$$q_f = q_{f,质量}/M_f \tag{6-12}$$

$$q_p = q_{p,质量}/M_p \tag{6-13}$$

$$q_w = q_{w,质量}/M_w \tag{6-14}$$

(6) 全塔物料衡算式。精馏塔中物流示意图如图 6-3 所示。

总物料衡算式：

$$F = P + W \tag{6-15}$$

较易挥发组分($SiCl_4$)的物料衡算式：

$$Fx_f = Px_p + Wx_w \tag{6-16}$$

式中　F, P, W ——分别为进料液、塔顶馏出物和塔底液的量，kg/h 或 kmol/h；

x_f, x_p, x_w ——分别为较易挥发组分($SiCl_4$)在进料液、塔顶馏出液和塔底产品中的浓度，质量分数或摩尔分数,%。

通常 F，x_f，x_p 和 x_w 都是已知的，将式6-15 和式6-16 联立求解，便可求得 P 和 W。

（7）精馏段操作线方程式：

$$y_{n+1} = \frac{R}{R+1}x_n + \frac{x_p}{R+1} \tag{6-17}$$

提馏段操作线方程式：

$$y_m = \frac{L+qF}{L+qF-W}x_{m+1} - \frac{Wx_w}{L+qF-W} \tag{6-18}$$

式中 n，$n+1$——分别为精馏段中靠近加料板的 2 个塔板号；

m，$m+1$——分别为提馏段中靠近加料板的 2 个塔板号；

L——精馏段回流液量，kg/h 或 kmol/h；

R——回流比；

q——表示进料热状态的参数。

（8）进料的热状态参数：

$$q = \frac{I - i_f}{I - i} = \frac{饱和蒸汽的焓 - 进料液的焓}{饱和蒸汽的焓 - 饱和液体的焓}$$

$$= \frac{将\ 1\text{kmol}\ 进料液汽化为饱和蒸汽所需的热量}{料液的\ \text{kmol}\ 汽化潜热} \tag{6-19}$$

q 值对操作线的影响如图 6-4 所示。

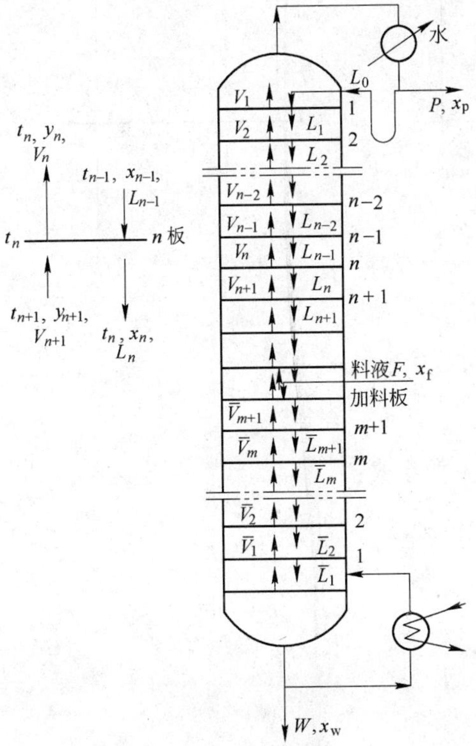

图6-3 精馏塔中物流示意图

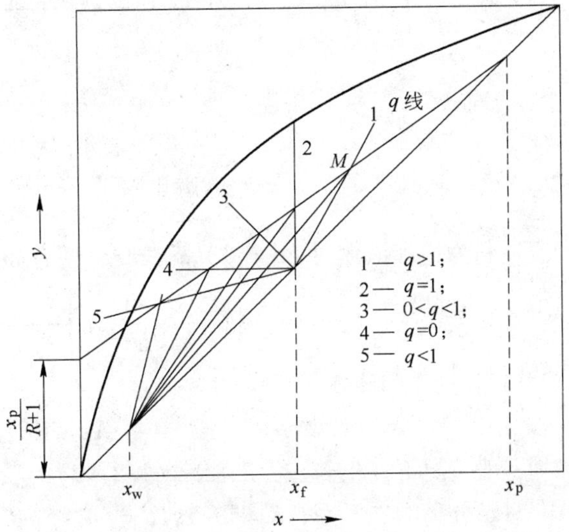

图6-4 进料热状态对操作线的影响

（9）q 线方程式：

$$y = \frac{q}{q-1}x - \frac{x_f}{q-1} \tag{6-20}$$

此式代表了交点 M 的运动轨迹，它表示了交点 M 的坐标 x 与 y 的关系。

（10）最小回流比：

$$R_{min} = \frac{x_p - y_c}{y_c - x_c} \tag{6-21}$$

式中　y_c, x_c —— q 线与 y-x 平衡曲线的交点 c 的坐标值。

在最小回流比时，操作线与 q 线交点的坐标（x_c, y_c）位于平衡线上，故有：

$$y_c = \frac{\overline{\alpha}_{AB} x_c}{1 + (\overline{\alpha}_{AB} - 1)x_c} \tag{6-22}$$

此式对于任何进料热状态都适用。

R_{min}是精馏操作回流比的下限，是精馏计算中常用的一个参数。在 R_{min} 值下塔板数需要无限多个。所以，一个有限塔板数的精馏塔于 R_{min} 下操作，是达不到分离要求的。最小回流比分析及求法如图 6-5 所示。

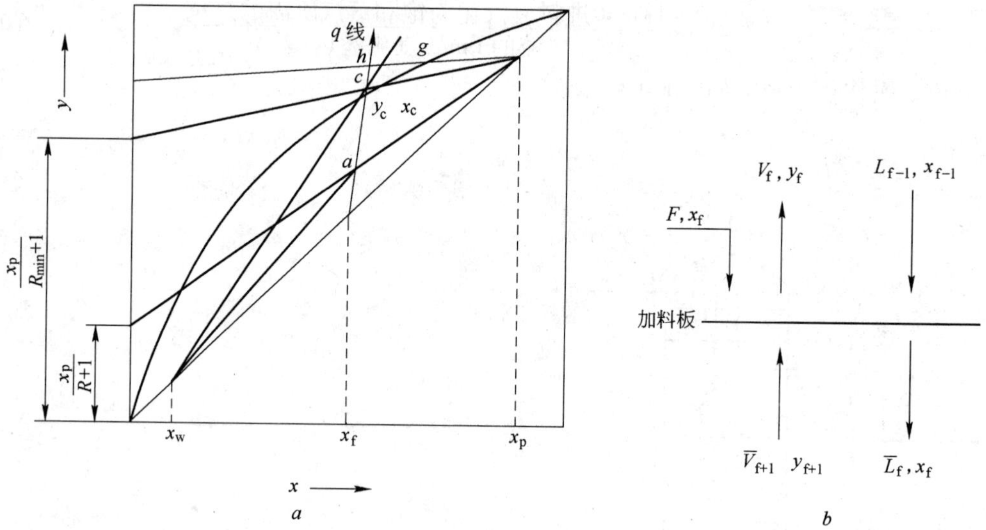

图 6-5　最小回流比分析及求法

a—最小回流比分析图；*b*—加料板上进、出物料情况

进料为饱和液体时（$q = 1$），$x_c = x_f$，便有如下关系式：

$$R_{min} = \frac{1}{\overline{\alpha}_{AB} - 1}\left[\frac{x_p}{x_f} - \frac{\overline{\alpha}_{AB}(1 - x_p)}{1 - x_f}\right] \tag{6-23}$$

（11）操作回流比：

$$R = KR_{min} \tag{6-24}$$

一般情况下，$K = 1.2 \sim 2$，$R = (1.2 \sim 2)R_{min}$；

对难分离的二元系，$K = 4 \sim 5$，$R = (4 \sim 5)R_{min}$。

（12）芬斯克方程式（简捷法求最少理论板数的解析式）：

$$N_{\min} = \frac{\lg\left(\frac{x_{p_A}}{x_{p_B}} \cdot \frac{x_{w_B}}{x_{w_A}}\right)}{\lg\bar{\alpha}_{AB,\text{顶底}}} - 1 = \frac{\lg\left(\frac{x_{p_A}}{1 - x_{p_A}} \cdot \frac{1 - x_{w_A}}{x_{w_A}}\right)}{\lg\bar{\alpha}_{AB,\text{顶底}}} - 1 \tag{6-25}$$

式中 $N_{\min}$——塔中最少理论板数；

$\bar{\alpha}_{AB,\text{顶底}}$——平均相对挥发度(见式6-5)；

$\frac{x_{p_A}}{x_{p_B}}, \frac{x_{w_B}}{x_{w_A}}$——分别为塔顶、塔底溶液的组成比。

由式6-25求得的最少理论板数已将塔釜作为一个理论板加以扣除。

（13）实际塔板数：

$$N_A = \frac{N_T}{E_0} \tag{6-26}$$

式中 N_A——精馏塔的实际塔板数；

N_T——精馏塔的理论塔板数；

E_0——板效率。

（14）捷算法求饱和液体进料时理论板数的程序Ⅰ：

1）应用式6-21～式6-24算出 $R_{\min}$ 和 R；

2）应用式6-25计算最少理论板数 N_m；

3）计算出 $\frac{R - R_{\min}}{R + 1}$ 值，在吉利兰曲线图(见图6-6)的横坐标上找到相应的一点，由此点向上作垂线与曲线交于一点，再由此点向左作水平线与纵坐标轴的交点，读出 $\frac{N - N_{\min}}{N + 1}$ 的值，从而计算出 N；

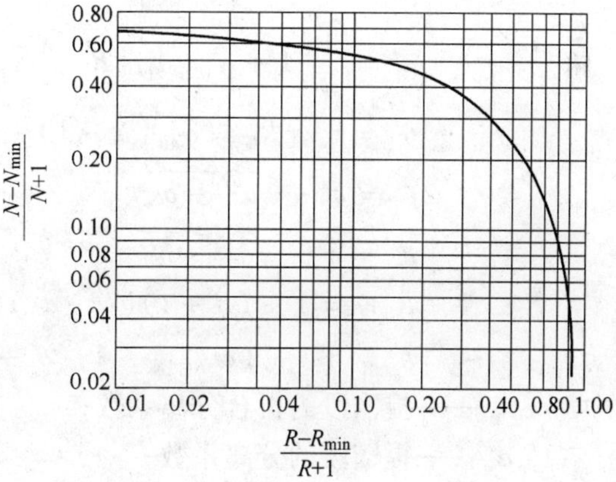

图6-6 理论板数-回流比关联图

4）设精馏段和提馏段的理论板数分别为 n 和 m，对于饱和液体进料，可应用下列经验关系决定 n 和 m：

$$\lg\frac{n}{m} = 0.206\lg\left[\frac{W}{P} \cdot \frac{x_{f_B}}{x_{f_A}}\left(\frac{x_{w_A}}{x_{w_B}}\right)^2\right] \tag{6-27}$$

$$n + m = N \tag{6-28}$$

将式6-27和式6-28联立求解，即求得 n 和 m。

注意，以上程序只对饱和液体进料才适用。

（15）求理论塔板数的解析法Ⅱ：

1）求精馏段理论塔板数 n：

$$n = \frac{\lg\left[\left(\frac{x_p - d}{c - x_p}\right)\Big/\left(\frac{x_f - d}{c - x_f}\right)\right]}{\lg\varepsilon_{\text{精馏}}} \tag{6-29}$$

$$a = \frac{1}{2}\{1 + \bar{\alpha}_{AB}/[R(\bar{\alpha}_{AB} - 1) - x_p/R]\} \tag{6-30}$$

$$b = x_p/[R(\bar{\alpha}_{AB} - 1)] \tag{6-31}$$

$$c = a + \sqrt{a^2 - b} \tag{6-32}$$

$$d = a - \sqrt{a^2 - b} \tag{6-33}$$

$$\varepsilon_{精馏} = 1 + (\bar{\alpha}_{AB} - 1)(c - d)/[(\bar{\alpha}_{AB} - 1)d + 1] \tag{6-34}$$

式中　$\varepsilon_{精馏}$——精馏段的折合分离系数；

c，d——精馏段的分离系数；

a，b——计算系数；

$\bar{\alpha}_{AB}$——$SiCl_4$对 $TiCl_4$的相对挥发度（分离系数）平均值（见式6-4）。

2）求提馏段的理论塔板数 m：

$$m = \frac{\lg\left[\left(\frac{x_f - d'}{c' - x_p}\right)\Big/\left(\frac{x_w - d'}{c' - x_w}\right)\right]}{\lg\varepsilon_{提馏}} \tag{6-35}$$

$$a' = \frac{1}{2}\{1 + \bar{\alpha}_{AB,提馏}/[R_{提馏}(\bar{\alpha}_{AB,提馏} - 1) - x_w/R_{提馏}]\} \tag{6-36}$$

$$b' = x_w/[R_{提馏}(\bar{\alpha}_{AB,提馏} - 1)] \tag{6-37}$$

$$c' = a' + \sqrt{a'^2 - b'} \tag{6-38}$$

$$d' = a' - \sqrt{a'^2 - b'} \tag{6-39}$$

$$R_{提馏} = 1 + (R + 1)(x_f - x_w)/(x_p - x_f) \tag{6-40}$$

$$\varepsilon_{提馏} = 1 + (\bar{\alpha}_{AB,提馏} - 1)(c' - d')/[(\bar{\alpha}_{AB,提馏} - 1)d' + 1] \tag{6-41}$$

式中　$\varepsilon_{提馏}$——提馏段的折合分离系数；

c',d'——提馏段的分离系数；

a',b'——提馏段的计算系数；

$\bar{\alpha}_{AB,提馏}$——提馏段 $SiCl_4$对 $TiCl_4$的平均相对挥发度；

$R_{提馏}$——提馏段的实际回流比。

（16）图解法求理论塔板数的程序（见图6-7）：

1）首先在直角坐标上绘制 $y - x$ 平衡曲线①；

2）画对角线 OO'；

3）按精馏段操作线方程式6-17，在纵坐标轴上找到截距 $B = \frac{x_p}{R + 1}$，将截距与对角线上（x_p，x_p）点联结得精馏段操作线②；

4）按提馏段操作线方程式6-18，求出操作线的斜率 $\frac{L + qF}{L + qF - W}$ 或截距 $\frac{Wx_w}{L + qF - W}$，将求得的斜率或截距与对角线上（x_w，x_w）点联结得提馏段操作线③。但更好的方法是按 q 线方程式6-20，求出 q 线的斜率 $\frac{q}{q - 1}$（q 值按式6-19计算），由对角线上（x_f，x_f）点作 q 线。q 线与精馏段操作线的交点为 M。然后联结 M 点与对角线上（x_w，x_w）点，即得提馏段操作线方程式④。

q 线与 $y-x$ 平衡曲线的交点坐标为（y_c，x_c）。按式6-21 可以计算 R_{min}。

5）在操作线与平衡曲线间从对角线上（x_p，x_p）点开始作阶梯，到最后一个阶梯的 $x \leqslant x_w$ 为止。梯级数即为全塔的理论塔板数 N_T。可清楚地看出加料板的位置（M 点处的位置参见图6-10）。加料板以上梯级数为精馏段的理论板数 n；加料板以下的梯级数为提馏段的理论板数 m。应注意，蒸馏釜要视作一个理论板。

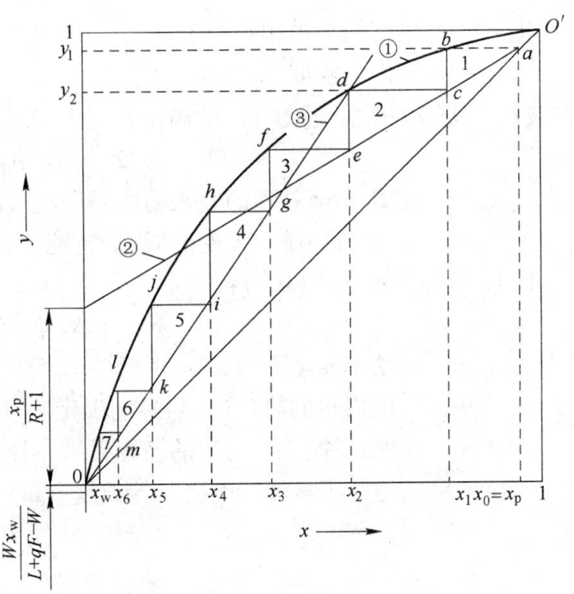

图6-7 图解法求理论板数

（17）精馏塔高度的计算。精馏段实际塔板数：

$$n_{实} = n/E_{精馏} + 2 \quad (6\text{-}42)$$

式中 $E_{精馏}$——精馏段的板效率。

提馏段实际塔板数：

$$m_{实} = m/E_{提馏} + 2 \quad (6\text{-}43)$$

式中 $E_{提馏}$——提馏段的板效率。

$E_{精馏}$和 $E_{提馏}$不一定相同。

全塔实际塔板总数：

$$N = m_{实} + n_{实} \quad (6\text{-}44)$$

塔的总高度：

$$H_{全塔} = h_{精馏} + h_{提馏} \quad (6\text{-}45)$$

$$h_{精馏} = \delta(n_{实} - 1) + bn_{实} + h_{盖} \quad (6\text{-}46)$$

$$h_{提馏} = \delta m_{实} + bm_{实} + h_{底} \quad (6\text{-}47)$$

式中 $h_{精馏}$，$h_{提馏}$——分别为精馏段和提馏段的高度，m；

δ——板间距，m；

b——塔板厚度，m；

$h_{盖}$——从最上面一块塔板到顶盖的距离，m；

$h_{底}$——从最下面一块塔板到顶底的距离，m。

（18）塔内径按式6-48 计算或复核：

$$D = \sqrt{\frac{V_{汽}}{0.785w \times 3600}} \quad (6\text{-}48)$$

$$V_{汽} = q_{精馏} M_{平均}/\rho_{汽} \quad (6\text{-}49)$$

$$M_{平均} = (M_f + M_p)/2 \quad (6\text{-}50)$$

式中 $V_{汽}$——经过塔截面的蒸汽体积流量，m^3/h；

w——塔截面上的蒸汽流速，m/s；

$q_{精馏}$——进入分凝器的蒸汽的物质的量，kmol/h；

$M_{平均}$ ——蒸汽的平均相对分子质量；

$\rho_{汽}$ ——蒸汽的密度，kg/m^3。

（19）精馏塔所需台数(台)的确定：

$$Z = A_M/A_T \tag{6-51}$$

式中 A_M ——要求精馏处理的进入精馏塔原料液的昼夜总量(由物料平衡确定)，t/d；

A_T ——一台精馏塔 1 天的产能(处理能力)，t/(d · 台)。

（20）蒸馏釜电功率(kW)：

$$P_{电} = K_{电}Q/3600 \tag{6-52}$$

式中 $K_{电}$——电功率安全系数；

Q——需电供热的热量(由热平衡确定)，kJ/h；

3600——由 kJ/h 换成电功率的换算系数，1kW = 3600kJ/h。

（21）1 台蒸馏釜所需加热电阻丝的长度 l(m)：

$$l = U^2A/(\rho_t P_{电}) \tag{6-53}$$

$$\rho_t = \rho_{20} + \alpha t_{平均} \tag{6-54}$$

式中 U——供给电热丝的电压，V；

A——电热丝的横截面积，mm^2；

ρ_t，ρ_{20} ——在 $t_{平均}$温度和20℃时电阻丝的电阻率，Ω · m；

α ——温度系数。

（22）电热丝圈数的确定：

$$n_{线圈} = l/(\pi d_{磁管}) \tag{6-55}$$

式中 $d_{磁管}$——在其上缠绕电阻丝用的瓷管的直径，m。

（23）线圈之间的距离 $L_{圈距}$：

$$L_{圈距} = \frac{L_{瓷管} n_{瓷管} - n_{线圈} \pi d_{瓷管}}{n_{线圈} - 1} \tag{6-56}$$

式中 $L_{瓷管}$——瓷管的长度，cm；

$n_{瓷管}$——瓷管的数量；

$n_{线圈}$——线圈圈数；

$d_{瓷管}$——瓷管外径，cm。

（24）冷凝-分凝器热交换面积的计算：

$$A = A_K K' \tag{6-57}$$

$$A_K = Q/(K''\Delta t_m) \tag{6-58}$$

式中 A_K——热交换面积计算值，m^2(其计算方法按化工原理公式，参见第 4 章)；

K' ——热交换器安全系数；

Q ——冷凝回流液部分 1h 交换的热量，kJ/h；

K'' ——冷凝器传热系数；

Δt_m ——对数平均温差,℃。

（25）冷却水用量(m^3/h)：

$$G_{水} = Q/[4184(t_{终,水} - t_{始,水})] \tag{6-59}$$

式中 $t_{始,水}$，$t_{终,水}$——分别为冷却水在冷却前、后的温度,℃。

(26) 塔顶馏出物冷却器的计算。所需冷却器的热交换面积(m^2):

$$A_{冷却} = Q_{冷却}/(K''_{冷却}\Delta t_{平均,冷却}) \tag{6-60}$$

式中 $Q_{冷却}$——冷凝并冷却馏出物时交换的热量,kJ/h;

$K''_{冷却}$——冷却器的传热系数,$W/(m^2 \cdot K)$;

$\Delta t_{平均,冷却}$——平均温差,℃。

6.4 精制除钒及预蒸馏过程的计算

采用铝微粉还原法除钒。铝粉为高活性微细粉末,粒度为0.074~0.043mm(-200~+325目)。本车间年工作日300天。

关于$TiCl_3$料浆的制备:用精$TiCl_4$在不锈钢搅拌槽中制备$TiCl_3$料浆。从安全计,为避免微细活性铝粉燃爆危险,需通N_2保护。在搅拌条件下,加入铝粉并通入Cl_2气,生成的新鲜$AlCl_3$作催化剂,预先制备$TiCl_3$—$AlCl_3$—$TiCl_4$浆料。所发生的反应为:

①反应 $2Al + 3Cl_2 = 2AlCl_3$(在精$TiCl_4$介质中) (6-Ⅰ)

↓

②反应 $3TiCl_4 + Al \xlongequal{AlCl_3} 3TiCl_3 + AlCl_3$ (6-Ⅱ)

将制得的$TiCl_3$料浆和要净化处理的粗$TiCl_4$液按比例加入预蒸馏塔的蒸馏釜中,在加热条件下进行还原除钒作业。这里,蒸馏釜同时起到除钒还原器的作用。此时,粗$TiCl_4$中的$VOCl_3$被低价氯化钛浆液中的$TiCl_3$还原:

③反应 $VOCl_3 + TiCl_3 = VOCl_2\downarrow + TiCl_4$ (6-Ⅲ)

所以,铝粉除钒的实质是$TiCl_3$还原$VOCl_3$。但除钒过程的总反应式为:

④反应 $3VOCl_3 + Al = 3VOCl_2\downarrow + AlCl_3$ (6-Ⅳ)

【例6-1】 计算铝粉除钒和预蒸馏作业过程并编制物料平衡表。

【解】 计算基准:1000kg 粗$TiCl_4$液。

收入项:

(1) 制备低价氯化钛浆液用精$TiCl_4$量按粗$TiCl_4$液量的20%计算,即$1000 \times 0.2 = 200$kg。其中:

组 分	质量/kg	质量分数/%	组 分	质量/kg	质量分数/%
$TiCl_4$	199.92	99.96	$FeCl_3$	0.00868	0.00434
$TiOCl_2$	0.0646	0.0323	$AlCl_3$	0.00822	0.00411
$SiCl_4$	0.0017	0.00085	$VOCl_3$	0.00000208	0.00000104

(2) 粗$TiCl_4$ 1000kg,其中:

组 分	质量/kg	质量分数/%	组 分	质量/kg	质量分数/%
$TiCl_4$	979.32	97.932	$VOCl_3$	0.80	0.08
$TiOCl_2$	5.00	0.50	Cl_2	1.30	0.13
$FeCl_3$	1.10	0.11	HCl	0.008	0.0008
$AlCl_3$	1.50	0.15	CO_2	0.16	0.016
$SiCl_4$	6.80	0.68	固体悬浮物	4.00	0.40

粗 $TiCl_4$ 中能与 Al 粉发生反应的成分有 $VOCl_3$、Cl_2 和 HCl。设 $VOCl_3$ 的还原率为 98%，即还原量为：0.8 ×0.98 =0.784kg。未还原率 2%，即 0.8 −0.784 =0.016kg $VOCl_3$ 将进入预蒸馏塔馏出液中。Cl_2 和 HCl 100% 与 Al 反应。

④ 反应

$$\begin{array}{ccccccc} 3VOCl_3 & + & Al = & & 3VOCl_2\downarrow & + & AlCl_3 \\ 3\times173.4=520.2 & & 26.98 & & 3\times137.9=413.7 & & 133.5 \\ 0.784 & & a_4 & & b_4 & & c_4 \end{array} \qquad (6\text{-}\mathrm{IV})$$

耗 Al 量　$a_4=\dfrac{0.784}{520.2}\times26.98=0.041\ \mathrm{kg}$

生成 $VOCl_2$ 量　$b_4=\dfrac{0.784}{520.2}\times413.7=0.623\ \mathrm{kg}$

生成 $AlCl_3$ 量　$c_4=\dfrac{0.784}{520.2}\times133.5=0.201\ \mathrm{kg}$

⑤ 反应

$$\begin{array}{cccc} Al & +3HCl = & AlCl_3 & +1.5H_2\uparrow \\ 26.98 & 3\times36.5=109.5 & 133.5 & 1.5\times2=3.0 \\ a_5 & 0.008 & b_5 & c_5 \end{array} \qquad (6\text{-}\mathrm{V})$$

耗 Al 量　$a_5=\dfrac{0.008}{109.5}\times26.98=0.00197\ \mathrm{kg}$

生成 $AlCl_3$ 量　$b_5=\dfrac{0.008}{109.5}\times133.5=0.00975\ \mathrm{kg}$

生成 H_2 量　$c_5=\dfrac{0.008}{109.5}\times3.0=0.000219\ \mathrm{kg}$

⑥反应

$$\begin{array}{ccc} Al & +1.5Cl_2 = & AlCl_3 \\ 26.98 & 1.5\times71=106.5 & 133.5 \\ a_6 & 1.30 & b_6 \end{array} \qquad (6\text{-}\mathrm{I})$$

耗 Al 量　$a_6=\dfrac{1.30}{106.5}\times26.98=0.329\ \mathrm{kg}$

生成 $AlCl_3$ 量　$b_6=\dfrac{1.30}{106.5}\times133.5=1.630\ \mathrm{kg}$

以上三项耗 Al 量合计：0.041 +0.00197 +0.329 =0.372kg。实际生产中，Al 粉用量为 0.8 ~1.2kg/t 粗 $TiCl_4$，现按 1.00kg/t $TiCl_4$ 计。多余 Al 粉量 1 −0.372 =0.628kg 与通入的 Cl_2 反应生成具有催化作用的新鲜 $AlCl_3$：

⑦反应

$$\begin{array}{ccc} Al & +1.5Cl_2 = & AlCl_3 \\ 26.98 & 1.5\times71=106.5 & 133.5 \\ 0.628 & a_7 & b_7 \end{array} \qquad (6\text{-}\mathrm{I})$$

耗 Cl_2 量　$a_7=\dfrac{0.628}{26.98}\times106.5=2.479\ \mathrm{kg}$

生成 $AlCl_3$ 量 $$b_7 = \frac{0.628}{26.98} \times 133.5 = 3.107\ \text{kg}$$

（3）加入 Al 粉量 1kg；

（4）通入 Cl_2 气量 2.479kg。

反应生成物的量：

$AlCl_3$　0.201 +0.00975 +1.630 +3.107 =4.948kg

$VOCl_2$　0.623kg

H_2　0.000219kg

$AlCl_3$ 总量：

$$4.948 + 0.00792 + 1.50 = 6.45\text{kg}$$

支出项目：

（1）钒渣。精制车间 $TiCl_4$ 回收率为 95.0%，总损失率 5.0%。其中 1/2 即 2.5% 损失于钒渣中。另外 2.5% 损失于二级精馏塔的釜残液中。

钒渣中 $TiCl_4$ 损失量：（979.32 +199.92）×0.025 =29.481kg。假设其他几种氯化物在钒渣中的去除率分别为：$TiOCl_2$ 50%，$FeCl_3$ 70%，$AlCl_3$ 95%，$SiCl_4$ 50%，$VOCl_3$ 98%，固体悬浮物 50%。则钒渣量为：45.101kg，其中：

组　分	质量/kg	质量分数/%	组　分	质量/kg	质量分数/%
$TiCl_4$	29.481	65.37	$SiCl_4$	3.40	7.54
$TiOCl_2$	2.53	5.61	$VOCl_2$	0.784	1.74
$FeCl_3$	0.776	1.72	固体悬浮物	2.00	4.43
$AlCl_3$	6.13	13.59	合　计	45.101	100.0

（2）预蒸馏塔塔顶馏出物量 1158.36kg，其中：

组 分	质量/kg	质量分数/%	组 分	质量/kg	质量分数/%
$TiCl_4$	199.92 +979.32 −29.481 =1149.759	99.26	$SiCl_4$	0.0017 +6.80 −3.40 =3.40	0.29
$TiOCl_2$	5.0646 −2.53 =2.53	0.22	$VOCl_3$	0.00000208 +0.80 −0.784 =0.016	0.0014
$FeCl_3$	0.0085 +1.10 −0.776 =0.333	0.029	固体悬浮物	4.00 −2.00 =2.00	0.17
$AlCl_3$	6.45 −6.13 =0.32	0.028	合　计	1158.36	100.0

（3）CO_2 0.16kg；

（4）H_2 0.000219kg。

以上计算结果见表 6-1。

在每 1h 处理粗 $TiCl_4$ 液 4542.12kg/h（2 台氯化炉粗 $TiCl_4$ 的小时产量）情况下的物料平衡表见表 6-2。

表 6-1　除钒和预蒸馏作业的物料平衡表(基准：1000.00kg 粗 $TiCl_4$ 液)

收入			支出		
收入项目	数量和组成		支出项目	数量和组成	
	质量/kg	质量分数/%		质量/kg	质量分数/%
(1) 粗 $TiCl_4$ 液	1000.00	100.00	(1) 钒渣	45.101	100.00
其中：$TiCl_4$	979.32	97.932	其中：$TiCl_4$	29.481	65.36
$TiOCl_2$	5.00	0.50	$TiOCl_2$	2.53	5.61
$FeCl_3$	1.10	0.11	$FeCl_3$	0.776	1.72
$AlCl_3$	1.50	0.15	$AlCl_3$	6.13	13.59
$SiCl_4$	6.80	0.68	$SiCl_4$	3.40	7.54
$VOCl_3$	0.80	0.08	$VOCl_2$	0.784	1.74
Cl_2	1.30	0.13	固体悬浮物	2.00	4.43
HCl	0.008	0.0008	(2) 预蒸馏塔塔顶馏出物	1158.36	100.0
CO_2	0.16	0.016			
悬浮物	4.00	0.40	其中：$TiCl_4$	1149.76	99.26
(2) 精 $TiCl_4$	200	100.0	$TiOCl_2$	2.53	0.22
其中：$TiCl_4$	199.92	99.96	$FeCl_3$	0.333	0.029
$TiOCl_2$	0.0646	0.0323	$AlCl_3$	0.32	0.028
$SiCl_4$	0.0017	0.00085	$SiCl_4$	3.40	0.29
$FeCl_3$	0.0086	0.0043	$VOCl_3$	0.00163	0.00014
$AlCl_3$	0.00792	0.00396	固体悬浮物	2.00	0.17
$VOCl_3$	0.00000208	0.00000104	(3) CO_2	0.16	
(3) 高活性 Al 粉	1.00		(4) H_2	0.000219	
(4) Cl_2气	2.479		平衡差	0.14	
合　计	1203.48		合　计	1203.48	

注：平衡差$\frac{0.14}{1203.48}\times 100\% = 0.02\%$，误差极小，计算可信。

表 6-2 除钒和预蒸馏作业的物料平衡表(基准：4542.12kg/h 粗 $TiCl_4$ 液)

收入			支出		
收入项目	数量和组成		支出项目	数量和组成	
	质量/kg · h^{-1}	质量分数/%		质量/kg · h^{-1}	质量分数/%
(1) 粗 $TiCl_4$ 液	4542.12	100.00	(1) 钒渣	204.85	100.00
其中：$TiCl_4$	4448.19	97.932	其中：$TiCl_4$	133.91	65.36
$TiOCl_2$	22.71	0.50	$TiOCl_2$	11.49	5.61
$FeCl_3$	4.996	0.11	$FeCl_3$	3.524	1.72
$AlCl_3$	6.813	0.15	$AlCl_3$	27.85	13.60
$SiCl_4$	30.886	0.68	$SiCl_4$	15.44	7.54
$VOCl_3$	3.634	0.08	$VOCl_2$	3.56	1.74
Cl_2	5.905	0.13	固体悬浮物	9.08	4.43
HCl	0.036	0.0008	(2) 预蒸馏塔塔顶馏出物	5261.41	100.0
CO_2	0.727	0.016			
悬浮物	18.168	0.40	其中：$TiCl_4$	5222.35	99.26
(2) 精 $TiCl_4$	908.424	100.0	$TiOCl_2$	11.49	0.22
其中：$TiCl_4$	908.06	99.95	$FeCl_3$	1.51	0.029
$TiOCl_2$	0.29	0.0323	$AlCl_3$	1.45	0.028
$SiCl_4$	0.00772	0.00085	$SiCl_4$	15.44	0.29
$FeCl_3$	0.0391	0.0043	$VOCl_3$	0.0074	0.00014
$AlCl_3$	0.0363	0.0040	固体悬浮物	9.08	0.17
$VOCl_3$	0.00001	0.0000011	(3) CO_2	0.727	
(3) Al 粉	4.542		(4) H_2	0.000995	
(4) Cl_2 气	11.260				
平衡差	0.652				
合 计	5466.998		合 计	5466.998	

注：相对平衡差：$\frac{0.652}{5466.998} \times 100\% = 0.012\%$。

6.5 精馏脱硅过程及精馏塔(一次精馏)的计算

【例 6-2】 试计算小时处理量为 5261.41kg 初蒸馏液(即预蒸馏塔顶部馏出物，亦即除钒后液)的精馏过程和精馏塔。

【解】 除钒后液(初蒸馏塔塔顶馏出物)组成(见表 6-1)为：99.26% $TiCl_4$，0.22% $TiOCl_2$，0.029% $FeCl_3$，0.028% $AlCl_3$，0.29% $SiCl_4$，0.00014% $VOCl_3$，固体悬浮物 0.173%。

为获得含硅量很低的塔底液，取精馏过程中各组分的分布率为：在塔底液中 $TiCl_4$ 98%，$SiCl_4$ 2%，$VOCl_3$ 5%，其他杂质成分，如 $FeCl_3$、$AlCl_3$、$TiOCl_2$、固体悬浮物 100%。在塔顶馏出物中，$TiCl_4$ 2%，$SiCl_4$ 98%，$VOCl_3$ 95%。

计算基准：1000kg 预蒸馏塔塔顶馏出液。

进入塔底液的各组分量：

$TiCl_4 = 992.60 \times 0.98 = 972.748kg$；

$TiOCl_2 = 2.20 \times 100\% = 2.20kg$；

$SiCl_4 = 2.90 \times 0.02 = 0.058kg$；

$VOCl_3 = 0.0014 \times 0.05 = 0.00007kg$；

$AlCl_3 = 0.28 \times 100\% = 0.28kg$；

$FeCl_3 = 0.29 \times 100\% = 0.29kg$；

固体悬浮物 $= 1.73 \times 100\% = 1.73kg$。

合计：977.306kg。

进入塔顶馏出物的各组分量：

$TiCl_4 = 992.60 - 972.748 = 19.852kg$；

$SiCl_4 = 2.90 - 0.058 = 2.842kg$；

$VOCl_3 = 0.0014 - 0.00007 = 0.00133kg$。

合计：22.70kg。

塔底液中的 $SiCl_4$ 含量为 0.00593%，塔顶馏出物中的 $SiCl_4$ 含量为 12.523%。将以上计算结果编制成物料平衡表，见表 6-3。小时处理量 5261.41kg 初蒸馏馏出物，是 1000kg/h的 5.261 倍，各项乘以这个系数，便得该精馏处理量下的各项指标，见表 6-4。

表 6-3　精馏除硅的物平衡表（基准：1000kg 预蒸馏液）

收入			支出		
收入项目	数量和组成		支出项目	数量和组成	
	质量/kg	质量分数/%		质量/kg	质量分数/%
预蒸馏馏出液	1000.00	100.00	（1）塔底液	977.306	100.00
其中：$TiCl_4$	992.60	99.26	其中：$TiCl_4$	972.748	99.54
$TiOCl_2$	2.20	0.22	$TiOCl_2$	2.20	0.225
$FeCl_3$	0.29	0.029	$SiCl_4$	0.058	0.00593
$AlCl_3$	0.28	0.028	$VOCl_3$	0.00007	0.00000716
$SiCl_4$	2.90	0.29	$FeCl_3$	0.29	0.02967
$VOCl_3$	0.0014	0.00014	$AlCl_3$	0.28	0.0286
固体悬浮物	1.73	0.173	固体悬浮物	1.73	0.174
			（2）塔顶馏出物	22.70	100.0
			其中：$TiCl_4$	19.852	87.47
			$SiCl_4$	2.842	12.52
			$VOCl_3$	0.00133	0.0059
合　计	1000.0		合　计	1000.0	

注：收支完全平衡，计算正确无误。

表 6-4 精馏除硅的物料平衡(基准：预蒸馏液处理量：5261.41kg/h)

收入			支出		
收入项目	数量和组成		支出项目	数量和组成	
	质量/kg	质量分数/%		质量/kg	质量分数/%
初蒸馏馏出液	5261.41	100.0	(1)塔底液	5141.60	100.0
其中：$TiCl_4$	5222.47	99.26	其中，$TiCl_4$	5117.63	99.54
$TiOCl_2$	11.57	0.22	$TiOCl_2$	11.57	0.225
$FeCl_3$	1.53	0.029	$SiCl_4$	0.30	0.00593
$AlCl_3$	1.47	0.028	$VOCl_3$	0.00037	0.00000716
$SiCl_4$	15.26	0.29	$FeCl_3$	1.53	0.02967
$VOCl_3$	0.0074	0.00014	$AlCl_3$	1.47	0.0286
固体悬浮物	9.10	0.173	固体悬浮物	9.10	0.174
			(2)塔顶馏出物	119.41	100.0
			其中，$TiCl_4$	104.45	87.47
			$SiCl_4$	14.95	12.52
			$VOCl_3$	0.00699	0.0059
			平衡差	0.4	
合计	5261.41		合计	5261.41	

注：平衡差极小，是运算中四舍五入引起的。计算正确。

下面计算精馏除硅作业的日物料流量。

取精馏的年工作日为300天。为保证规定之产能，1天须处理预蒸馏馏出液(除钒后液)：$5261.41 \times 24 = 126273.84\text{kg} \approx 126.27\text{t}$。这样，日得塔底液：$\frac{977.276}{1000} \times 126.27 = 123.40\text{t}$。日得塔顶馏出物量：$126.27 - 123.40 = 2.87\text{t}$。

日物料流量见表6-5。日金属Ti的平衡见表6-6。

表 6-5 精馏除硅作业的日物料流量

日收入		日产出	
收入项目	数量/t	支出项目	数量/t
预蒸馏馏出液	126.27	(1)塔底液	123.40
		(2)塔顶馏出物	2.87
合计	126.27	合计	126.27

表 6-6 日 Ti 平衡表

日收入		日产出	
收入项目	数量/t	支出项目	数量/t
预蒸馏馏出液中的金属Ti	31.61	(1)塔底液中的Ti	30.98
		(2)馏出物中的Ti	0.63
合计	31.61	合计	31.61

金属 Ti 日平衡计算如下。

收入项：预蒸馏馏出液中的 Ti　$\frac{47.9}{189.9} \times \frac{992.60}{1000} \times 126.27 = 31.61$ t/d。

支出项：

（1）塔底液中的 Ti：$\frac{47.9}{189.9} \times \frac{972.748}{1000} \times 126.27 = 30.98$ t/d；

（2）馏出物中的 Ti：$\frac{47.9}{189.9} \times \frac{19.852}{1000} \times 126.27 = 0.63$ t/d。

除硅精馏塔的计算如下。

已知条件：因杂质含量很少，因此杂质对主成分 $TiCl_4$ 和杂质相互间的影响可忽略不计。从而将多元系简化成 $TiCl_4$-$SiCl_4$ 二元系，而不考虑其他成分。

此时，预蒸馏塔馏出物的成分变为：

$TiCl_4$	992.60kg	占 99.709%
$SiCl_4$	2.90kg	0.291%
合　计	995.50kg	100.0%

精馏塔塔底液的组成变为：

$TiCl_4$	972.748kg	占 99.994%
$SiCl_4$	0.058kg	0.00596%
合　计	972.806kg	100.0%

精馏塔塔顶馏出物组成变为：

$TiCl_4$	19.852kg	占 87.477%
$SiCl_4$	2.842kg	12.523%
合　计	22.694kg	100.0%

（1）$SiCl_4$-$TiCl_4$ 二元系 t-x 图（沸点-组成图）和 y-x 图（平衡曲线图）的绘制。

按式 6-1 和式 6-2 计算出 58 ~ 136℃温度范围内（$SiCl_4$ 与 $TiCl_4$ 沸点之间）若干个温度（温度间隔为 10℃）的 x_A 和 y_A 的数值，列在表 6-7 中。

表 6-7　$SiCl_4$-$TiCl_4$ 溶液的气液相平衡组成

沸点/℃	蒸气压/kPa		$x_A = \frac{p - p_B^\ominus}{p_A^\ominus - p_B^\ominus}$（摩尔分数）	$y_A = \frac{p_A^\ominus}{p} x_A$（摩尔分数）	$\alpha_{AB} = \frac{p_A^\ominus}{p_B^\ominus}$
	$p_A^\ominus$（$SiCl_4$）	$p_B^\ominus$（$TiCl_4$）			
58	101.325	7.532	$\frac{101.325 - 7.532}{101.325 - 7.532} = 1.0$	1.0	
60	110.340	8.183	$\frac{101.325 - 8.183}{110.340 - 8.183} = 0.912$	$\frac{110.340}{101.325} \times 0.912 = 0.993$	13.484
70	149.360	12.159	$\frac{101.325 - 12.159}{149.360 - 12.159} = 0.650$	$\frac{149.360}{101.325} \times 0.650 = 0.958$	12.284
80	198.258	17.656	$\frac{101.325 - 17.656}{198.258 - 17.656} = 0.463$	$\frac{198.258}{101.325} \times 0.463 = 0.906$	11.229

续表 6-7

沸点/℃	蒸气压/kPa		$x_A=\dfrac{p-p_B^{\ominus}}{p_A^{\ominus}-p_B^{\ominus}}$（摩尔分数）	$y_A=\dfrac{p_A^{\ominus}}{p}x_A$（摩尔分数）	$\alpha_{AB}=\dfrac{p_A^{\ominus}}{p_B^{\ominus}}$
	$p_A^{\ominus}$（$SiCl_4$）	$p_B^{\ominus}$（$TiCl_4$）			
90	258.571	25.113	$\dfrac{101.325-25.113}{258.571-25.113}=0.326$	$\dfrac{258.571}{101.325}\times 0.326=0.832$	10.296
100	331.813	35.067	$\dfrac{101.325-35.067}{331.813-35.067}=0.223$	$\dfrac{331.813}{101.325}\times 0.223=0.730$	9.462
110	419.629	48.073	$\dfrac{101.325-48.073}{419.629-48.073}=0.143$	$\dfrac{419.629}{101.325}\times 0.143=0.592$	8.729
120	523.570	64.849	$\dfrac{101.325-64.849}{523.570-64.849}=0.080$	$\dfrac{523.570}{101.325}\times 0.080=0.413$	8.074
123	558.170	70.780	$\dfrac{101.325-70.780}{558.170-70.780}=0.063$	$\dfrac{558.170}{101.325}\times 0.063=0.345$	7.886
130	645.335	86.278	$\dfrac{101.325-86.278}{645.335-86.278}=0.027$	$\dfrac{645.335}{101.325}\times 0.027=0.172$	7.480
136	727.541	101.325	$\dfrac{101.325-101.325}{727.541-101.325}=0$	0	

注：常压蒸馏时，$p=1\text{atm}=101325\text{Pa}=101.325\text{kPa}$；

$$\bar{\alpha}_{AB}=\frac{13.484+12.284+11.229+10.296+9.462+8.729+8.074+7.480}{8}$$

$$=\frac{81.038}{8}=10.13;$$

$$\bar{\alpha}_{AB,\text{顶底}}=\sqrt{13.484\times 7.480}=10.04。$$

按式 6-3 计算不同温度下的 $SiCl_4$ 与 $TiCl_4$ 的相对挥发度 α_{AB}，再按式 6-4 和式 6-5 计算相对挥发度的平均值 $\bar{\alpha}_{AB}$，并列入表 6-8 中。

$SiCl_4$ 蒸气压 $p_A^{\ominus}$ 是按公式：$\ln p=9.1817-2634.16/(T-43.15)$，bar(238 ~ 364K)计算的。

$TiCl_4$ 蒸气压 $p_B^{\ominus}$ 是按公式：$\lg p=7.683-1964/T$，mmHg(298 ~ 409K)计算的。

两种方法求得的相对挥发度的平均值十分接近。

表 6-7 中的 $\bar{\alpha}_{AB}$ 是按公式 $\alpha_{AB}=p_A^{\ominus}/p_B^{\ominus}$ 求得的，下面再按公式 $\alpha_{AB}=\dfrac{y_A/y_B}{x_A/x_B}=\dfrac{y_A/(1-y_A)}{x_A/(1-x_A)}$ 求 α_{AB}，两法求得的 α_{AB} 本应相同，但因采用 $SiCl_4$ 蒸气压公式的适用温度范围的延伸，及运算中四舍五入关系产生的误差，致使二者稍有差别。

表 6-8 $SiCl_4$ 对 $TiCl_4$ 的相对挥发度

$SiCl_4$ 在液相中的摩尔分数 x_A	$SiCl_4$ 在气相中的摩尔分数 y_A	沸点/℃	相对挥发度 $\alpha_{AB}=\dfrac{y_A/(1-y_A)}{x_A/(1-x_A)}$
0.912	0.993	60	13.688
0.650	0.958	70	12.282
0.463	0.906	80	11.179
0.326	0.832	90	10.239
0.223	0.730	100	9.420

续表 6-8

$SiCl_4$在液相中的摩尔分数 x_A	$SiCl_4$在气相中的摩尔分数 y_A	沸点/℃	相对挥发度 $\alpha_{AB}=\dfrac{y_A/(1-y_A)}{x_A/(1-x_A)}$
0.143	0.592	110	8.488
0.080	0.413	120	8.091
0.063	0.345	123	7.834
0.027	0.172	130	7.486
			$\sum\alpha_{AB}=80.873$

$$\bar{\alpha}_{AB}=\frac{\sum\alpha_{AB}}{8}=\frac{80.873}{8}=10.11$$

$$\bar{\alpha}_{AB,\text{顶底}}=\sqrt{13.688\times7.486}=10.12$$

利用表 6-7 和表 6-8 中的数据绘制 $SiCl_4$-$TiCl_4$的 t-x 图和 y-x 图如图 6-8 和图 6-9 所示。

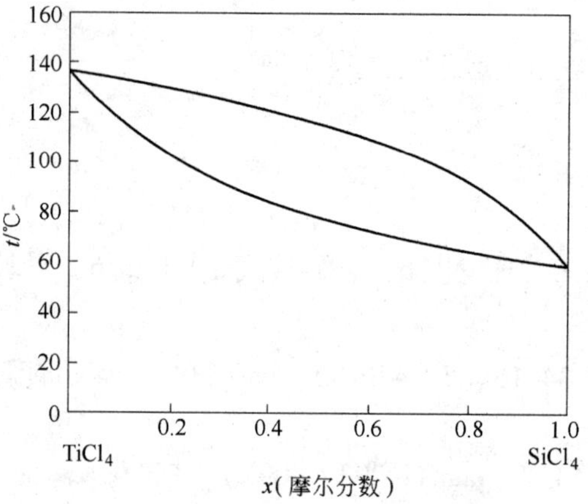

图 6-8　$SiCl_4$-$TiCl_4$溶液的沸点组成图

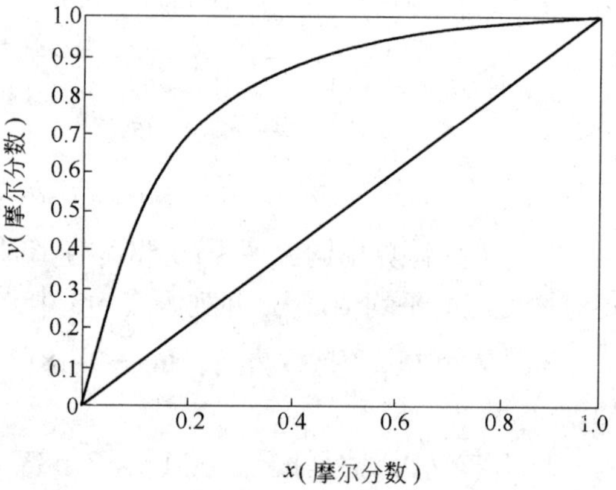

图 6-9　$SiCl_4$-$TiCl_4$溶液的 y-x 图(常压)

【例 6-3】　试设计一连续精馏塔，用以分离 $SiCl_4$-$TiCl_4$ 混合液。进料中含 $SiCl_4$ 0.291%，$TiCl_4$ 99.709%，每 1h 处理量 1500kg（即 1.5t/h）。要求塔顶馏出物中含 $SiCl_4$ 12.523%，塔底产品含 $SiCl_4$0.00596%(质量分数)。试计算:

(1) 塔顶和塔底产品量。

(2) 在下面两种进料热状态下的理论塔板数和进料位置:

1) 进料为饱和液体;

2) 进料液温度为 50℃。

(3) 在一定板效率下，求实际板数。

(4) 计算精馏塔总高度 H 和塔径 D。

查得有关数据如下:

$SiCl_4$-$TiCl_4$二元系的平衡数据和 t-x 图见表 6-7 和图 6-8;

进料液的平均比热容 $\bar{c}_p$ = 34.75kcal/(kmol · ℃)

=0.183 kcal/(kg · ℃) =0.767kJ/(kg · ℃);

$SiCl_4$在正常沸点下的气化潜热 γ_{SiCl_4} = 6800 kcal/kmol

= 39. 976kcal/kg = 167. 262kJ/kg;

$TiCl_4$在正常沸点下的气化潜热 γ_{TiCl_4} = 8550 kcal/kmol = 45. 024kcal/kg = 188. 37kJ/kg。

【解】 (1) 计算塔顶和塔底的产品量。

总物料衡算按式 6-15:

$$W + P = 1500$$

较易挥发组分 $SiCl_4$(组元 A)的衡算，按式 6-16:

$$0.12523P + 0.0000596W = 0.00291 \times 1500$$

解得 $W = 1465.84\text{kg/h} = 1465.84/189.9 = 7.719\text{kmol/h}$

$$P = 34.16\text{kg/h} = 34.16/187.17 = 0.183\text{kmol/h}$$

因为塔底产品中 $SiCl_4$浓度很低，所以平均分子量 M_w可用 $TiCl_4$分子量代替。而塔顶产品的平均分子量按式 6-10:

$$M_p = 0.1378 \times 170.1 + 0.8622 \times 189.9 = 187.17$$

式中，0. 1378 和 0. 8622 分别为 $SiCl_4$和 $TiCl_4$在馏出液中的摩尔分数。

(2) 求理论塔板数和实际塔板数以及塔的高度。

1) 进料热状态为饱和液体的情况。

第一种为图解法。

按式 6-6 ~ 式 6-8 将质量分数换算为摩尔分数:

进料中组元 $A(SiCl_4)$:

$$x_f = \frac{0.291/170.1}{0.291/170.1 + 99.709/189.9} = 0.00325$$

塔顶产品中组元 $A(SiCl_4)$:

$$x_p = \frac{12.523/170.1}{12.523/170.1 + 87.477/189.9} = 0.1378$$

塔底产品中组元 $A(SiCl_4)$:

$$x_w = \frac{0.00596/170.1}{0.00596/170.1 + 99.994/189.9} = 0.0000665$$

由于 x_f、x_p 和 x_w 的数值都很小，在 $SiCl_4$-$TiCl_4$二元系的 y-x 图上，它们的坐标都趋近坐标原点，因而精馏段和提馏段的操作线及作出的阶梯偏向 y-x 图的左下方，在通常比例的 y-x 图上无法图解。为此，在求解精馏段的理论塔板数时将坐标放大 10 倍(见图6-10)，而在求解提馏段的理论塔板时将坐标放大 100 倍(见图 6-11)，以便作图。

为了绘制放大数倍后的 y-x 平衡曲线，在 120 ~ 136℃ 区间每间隔 2. 5℃ 计算出 $p_A^{\ominus}$、$p_B^{\ominus}$ 及 x_A、y_A的数值，列于表 6-9 中。

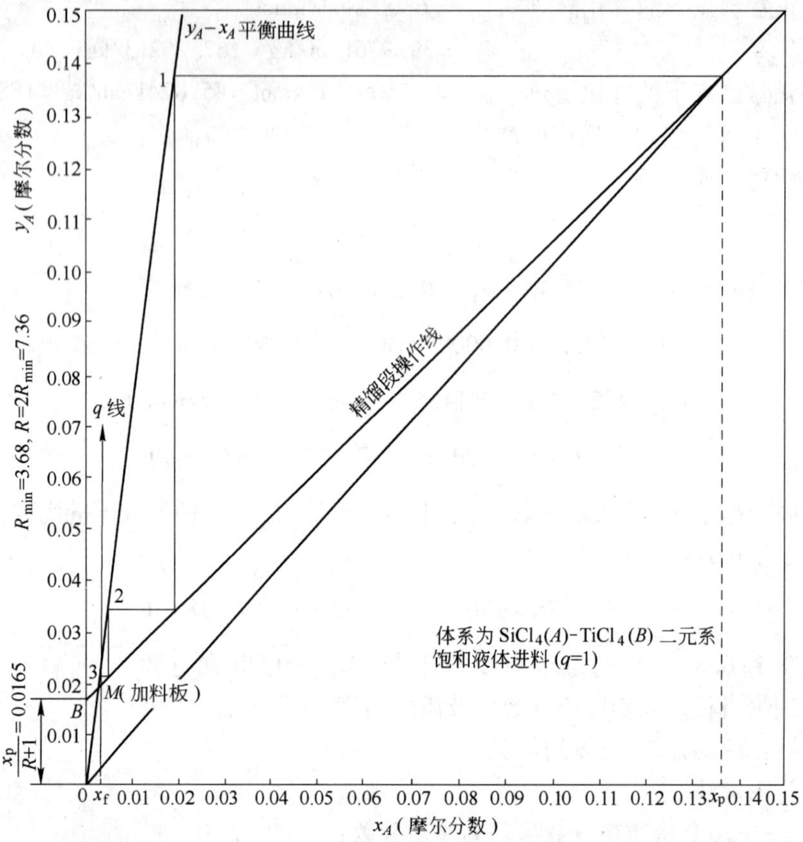

图 6-10　饱和液体进料时精馏段理论塔板数图解法(放大 10 倍作图)

表 6-9　在 110 ~ 136℃区间 $SiCl_4$和 $TiCl_4$的蒸气压及平衡组成

温　度		蒸气压/kPa		$x_A=\frac{p-p_B^{\ominus}}{p_A^{\ominus}-p_B^{\ominus}}$(摩尔分数)	$y_A=\frac{p_A^{\ominus}}{p}x_A$(摩尔分数)
摄氏温度/℃	热力学温度/K	$p_A^{\ominus}$($SiCl_4$)	$p_B^{\ominus}$($TiCl_4$)		
110	383.15	419.629	48.073	$\frac{101.325-48.073}{419.629-48.073}=0.143$	$\frac{419.629}{101.325}\times0.143=0.592$
112.5	385.65	444.020	51.868	$\frac{101.325-51.868}{444.020-51.868}=0.126$	$\frac{444.020}{101.325}\times0.126=0.552$
115	388.15	469.501	55.963	$\frac{101.325-55.963}{469.501-55.963}=0.110$	$\frac{469.501}{101.325}\times0.110=0.510$
117.5	390.65	496.146	60.242	$\frac{101.325-60.242}{496.146-60.242}=0.0942$	$\frac{496.146}{101.325}\times0.0942=0.461$
120	393.15	523.570	64.849	$\frac{101.325-64.849}{523.570-64.849}=0.080$	$\frac{523.570}{101.325}\times0.080=0.413$
122.5	395.65	552.288	69.807	$\frac{101.325-69.807}{552.288-69.807}=0.065$	$\frac{552.288}{101.325}\times0.065=0.354$
125	398.15	582.116	74.972	$\frac{101.325-74.972}{582.116-74.972}=0.052$	$\frac{582.116}{101.325}\times0.052=0.299$
127.5	400.65	613.126	80.520	$\frac{101.325-80.520}{613.126-80.520}=0.039$	$\frac{613.126}{101.325}\times0.039=0.236$
130	403.15	645.335	86.278	$\frac{101.325-86.278}{645.335-86.278}=0.027$	$\frac{645.335}{101.325}\times0.027=0.172$
132.5	405.65	678.762	92.449	$\frac{101.325-92.449}{678.762-92.449}=0.015$	$\frac{678.762}{101.325}\times0.015=0.100$
136	409.15	727.541	101.325	0	0

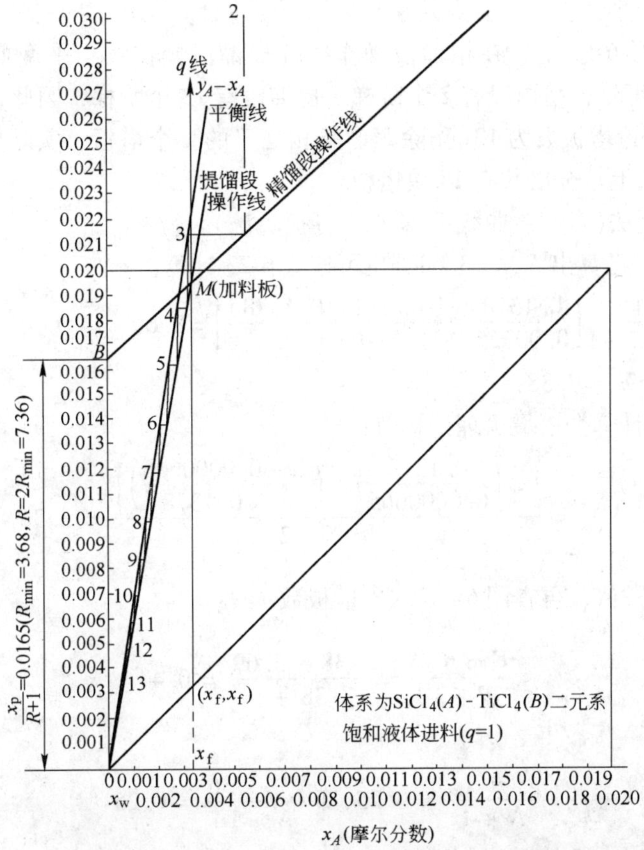

图 6-11 饱和液体进料时提馏段理论塔板数图解法(放大 100 倍)

图解程序如下:

① 在 y-x 图(参见图 6-10)画出平衡曲线和对角线,并定出(x_p, x_p)、(x_f, x_f)点。(x_w, x_w)点无法画出,实际上就是坐标原点。可以看出,放大倍数后的平衡曲线高温段因为曲率半径太大,基本上成为一条直线。

② 求 R_{min} 和 R 值,并作出精馏段的操作线:

按式 6-22 求出

$$y_c = 10.11 \times 0.00325/[1 + (10.11 - 1) \times 0.00325] = 0.032$$

又按式 6-21 求得:

$$R_{min} = (0.1378 - 0.032)/(0.032 - 0.00325) = 3.68$$

取系数 $K=2.0$,由式 6-24 确定:

$$R = 2.0 \times 3.68 = 7.36$$

精馏段操作线截距:

$$OB = \frac{x_p}{R+1} = \frac{0.1378}{7.36+1} = 0.0165$$

在图 6-10 上联结 B 点与(x_p, x_p)点得精馏段操作线。

③ 作 q 线。因为饱和液体热状态进料的 q 线是一条通过(x_f, x_f)点的垂线,很容易画出 q 线。在图 6-11 上,由 q 线与精馏段操作线的交点 M 和(x_w, x_w)点联结得提馏段操作

线(注意，因 x_w 极小，(x_w, x_w) 点几乎与坐标原点重合)。

在图 6-10 和图 6-11 上，在精馏段操作线和提馏段操作线与平衡曲线之间，自 (x_p, x_p) 开始作阶梯，可见，精馏段有 2 个阶梯，提馏段有 13 个阶梯，因此，精馏段理论塔板数为 2，提馏段理论塔板数为 13(扣除蒸馏釜相当于的 1 个塔板，实际应为 12)。加料板位置在第 3 块塔板上。全塔共有 14 块塔板。

第二种为解析法(吉利兰曲线-芬斯克方程捷算法)。

前面(图解法)已算出 $R_{min}=3.68$，也可按式 6-23 计算：

① $R_{min}=\dfrac{1}{10.12-1}\left[\dfrac{0.1378}{0.00325}-\dfrac{10.12(1-0.1378)}{1-0.00325}\right]=3.69$

$R=2\times3.69=7.38$

② 按式 6-25 计算全塔最少理论板数：

$$N_{min}=\frac{\lg\left[\left(\frac{0.1378}{0.0000665}\right)\times\left(\frac{1-0.0000665}{1-0.1378}\right)\right]}{\lg 10.12}=3.36$$

③ 求出 $\dfrac{R-R_{min}}{R+1}$ 值，再查图 6-6，求出塔板数：

$$\frac{R-R_{min}}{R+1}=\frac{7.38-3.69}{7.38+1}=0.44$$

查图 6-10 得：

$$\frac{N-N_m}{N+1}=0.25,\text{即}\frac{N-3.36}{N+1}=0.25$$

于是，$N=4.81\approx5$ 块(包括釜)。

④ 按式 6-27 和式 6-28 确定加料板位置：

$$\lg\frac{n}{m}=0.206\lg\left[\left(\frac{7.719}{0.183}\right)\times\left(\frac{0.99675}{0.00325}\right)\times\left(\frac{0.0000665}{0.9999335}\right)^2\right]=-0.874$$

$$\frac{n}{m}=0.134$$

而

$$m+n=5$$

解得：

$$m=4.41(\text{包括釜})$$

不包括釜时为 3.41，取为 4 块。$n=0.59$，取为 1 块。全塔共 5 块理论塔板。加料板位置在第 2 块塔板上。

2) 进料热状态为 50℃时。在本计算的特殊情况下，因混合液中 $SiCl_4$ 浓度太小，q 线与平衡曲线的交点坐标 (y_c, x_c) 会出现 $y_c>x_p$ 的情况，而 $R_{min}=\dfrac{x_p-y_c}{y_c-x_c}$ 中，分母中 $y_c>x_c$，是正值，而分子中 x_p-y_c 呈负值，R_{min} 为负值便失去了最小回流比的物理意义，这样便不能求出精馏段操作线的截距。因而图解法、解析法不能进行。只有不按公式求 R_{min}，而根据实际生产经验取定 R 值来进行计算。现取 R 值为 7.38(与饱和液体进料相同)。

第一种为图解法。

按前面饱和液体热状态进料图解法一样的程序计算。不同的是，此时 q 线不是垂线

($q\neq1$，而是 $q>1$)，q 线作法如下：查得 $SiCl_4$ 和 $TiCl_4$ 的气化潜热分别为 6880kcal/kmol 和 8550kcal/kmol。

进料的平均气化潜热：

$$\gamma_{进料}=0.00325\times6880+0.99675\times8550=8544.31\text{kcal/kmol}$$

按式 6-19：

$$q=\frac{34.8\times(136-50)+8544.31}{8544.31}=1.35$$

由式 6-20 求出 q 线的斜率：

$$\frac{q}{q-1}=\frac{1.35}{1.35-1}=3.86$$

由图 6-12 和图 6-13 上分别作的操作线与平衡线之间的阶梯，求得 50℃ 进料时，精馏段为 1 块理论板，提馏段有 7 块理论板，扣除蒸馏釜相当的 1 块，还有 6 块。加料板在第 2 块板上。全塔理论板数共 7 块。

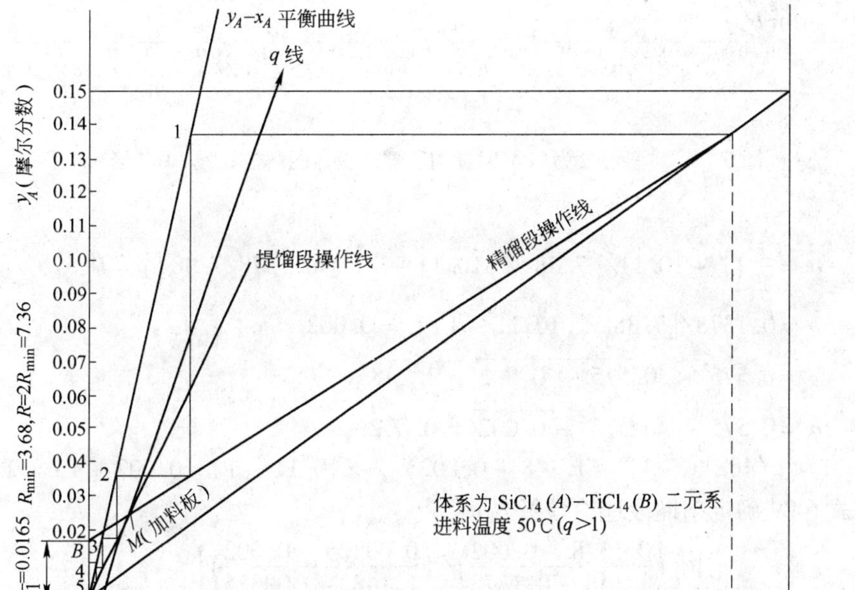

图 6-12 进料温度为 50℃时精馏段理论板数图解法(放大 10 倍作图)

第二种为解析法。下面按解析法计算。

从前面计算中，已知：$R=7.38$；$P=34.16\text{kg/h}=0.183\text{kmol/h}$；$W=1465.84\text{kg/h}=7.719\text{kmol/h}$；$x_f=0.00325$；$x_p=0.1378$；$x_w=0.0000665$。

回流量：

$$L=RP=7.38\times34.16=252.10\text{kg/h}=1.347\text{kmol/h}$$

$$F=1500\text{kg/h}=7.899\text{kmol/h}$$

先按式 6-30 ~ 式 6-34 计算以下数值：

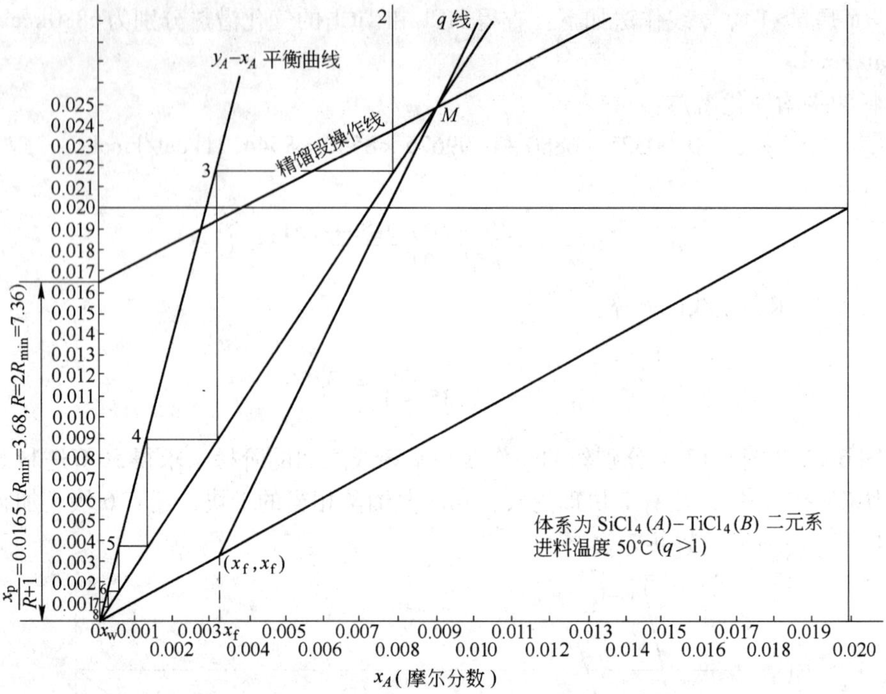

图 6-13　进料温度为 50℃时提馏段理论板数图解法(放大 100 倍)

精馏段：

$$a = \frac{1}{2}\{1 + 10.11/[7.38 \times (10.11 - 1) - 0.1378/7.38]\} = 0.575$$

$$b = 0.1378/[7.38 \times (10.11 - 1)] = 0.002$$

$$c = 0.575 + \sqrt{0.575^2 - 0.002} = 1.148$$

$$d = 0.575 - \sqrt{0.575^2 - 0.002} = 0.002$$

$$\varepsilon_{精馏} = 1 + [(10.11 - 1) - (1.148 - 0.002)]/[(10.11 - 1) \times 0.002 + 1] = 11.253$$

再按式 6-29 确定精馏段理论塔板数 n：

$$n = \frac{\lg\left[\left(\frac{0.1378 - 0.002}{1.148 - 0.1378}\right) / \left(\frac{0.00325 - 0.002}{1.148 - 0.00325}\right)\right]}{\lg 11.253} = 1.99$$

取为 2 块。

提馏段：

先按式 6-40 求提馏段的回流比：

$$R_{提馏} = 1 + (7.38 + 1) \times [(0.00325 - 0.0000665)/(0.1378 - 0.00325)] = 1.198 \approx 1.20$$

再按式 6-35 ~ 式 6-39 和式 6-41 确定以下参数：

提馏段平均温度取为 123℃(369.15K)的 $\alpha_{提馏} = 7.89$(见表 6-7)。类似地：

$$a' = \frac{1}{2}\{1 + 7.89/[1.20 \times (7.89 - 1) - 0.0000665/1.20]\} = 0.977$$

$$b' = 0.0000665/[1.20 \times (7.89 - 1)] = 0.000008043$$

$$c' = 0.977 + \sqrt{0.97^2 - 0.000008043} = 1.954$$

$$d' = 0.977 - \sqrt{0.977^2 - 0.000008043} = 0.000004$$

$$\varepsilon_{提馏} = 1 + (7.89 - 1) \times (1.954 - 0.000004)/[(7.89 - 1) \times 0.000004 + 1] = 14.46$$

于是

$$m = \frac{\lg\left[\left(\frac{0.1378 - 0.000004}{1.954 - 0.1378}\right)\Big/\left(\frac{0.00325 - 0.000004}{1.954 - 0.00325}\right)\right]}{\lg 14.46} = 1.43$$

取为2块。

下面再按 $R_{min} = 5.06$，回流过量系数 $K = 2$，则实际回流比 $R = 2 \times 5.06 = 10.12$ 计算。此时，回流量：

$$L = RP = 10.12 \times 34.16 = 345.70\text{kg/h} = 345.70/187.17 = 1.847\text{kmol/h}$$

$$F = 1500\text{kg/h} = 1500/189.9 = 7.899\text{kmol/h}$$

按式6-30～式6-34计算以下数值：

精馏段：

$$a = \frac{1}{2}\{1 + 10.11/[10.12 \times (10.11 - 1) - 0.1378/10.12]\} = 0.555$$

$$b = 0.1378/[10.12 \times (10.11 - 1)] = 0.00149$$

$$c = 0.555 + \sqrt{0.555^2 - 0.00149} = 1.109$$

$$d = 0.555 - \sqrt{0.555^2 - 0.00149} = 0.0014$$

$$\varepsilon_{精馏} = 1 + [(10.11 - 1) \times (1.109 - 0.0014)]/[(10.11 - 1) \times 0.0014 + 1] = 10.963$$

再按式6-29确定精馏段理论塔板数 n：

$$n = \frac{\lg\left[\left(\frac{0.1378 - 0.0014}{1.109 - 0.1378}\right)\Big/\left(\frac{0.00325 - 0.0014}{1.109 - 0.00325}\right)\right]}{\lg 10.963} = 1.85$$

取为2块。

提馏段：

先按式6-40求提馏段的回流比：

$$R_{提馏} = 1 + (10.12 + 1) \times [(0.00325 - 0.0000665)/(0.1378 - 0.00325)] = 1.263$$

再按式6-35～式6-39和式6-41确定以下参数：

123℃（提馏段平均温度）$SiCl_4$ 对 $TiCl_4$ 的相对挥发度 $\alpha_{提馏} = 7.89$（见表6-7）。类似地：

$$a' = \frac{1}{2}\{1 + 7.89/[1.263 \times (7.89 - 1) - 0.0000665/1.263]\} = 0.953$$

$$b' = 0.0000665/[1.263 \times (7.89 - 1)] = 7.64 \times 10^{-6}$$

$$c' = 0.953 + \sqrt{0.953^2 - 7.64 \times 10^{-6}} = 1.906$$

$$d' = 0.953 - \sqrt{0.953^2 - 7.64 \times 10^{-6}} = 0$$

$$\varepsilon_{提馏} = 1 + (7.89 - 1) \times (1.906 - 0)/[(7.89 - 1) \times 0 + 1] = 14.132$$

于是

$$m = \frac{\lg\left[\left(\frac{0.1378 - 0}{1.906 - 0.1378}\right)\Big/\left(\frac{0.00325 - 0}{1.906 - 0.00325}\right)\right]}{\lg 14.132} = 1.44$$

取为2块。

以上不同方法的计算结果见表6-10。

表6-10　不同方法计算理论塔板数结果比较

饱和液体进料($q=1$)						进料液温度为50℃($q>1$)						
图解法			解析法			图解法			解析法			
n	m	N	n	m	N	n	m	N	n	m	N	备注
2	12	14	1	4	5	1	6	7	2	2	4	$R=7.38$时
									2	2	4	$R=10.12$时

注：均已扣除蒸馏釜相当的1个理论板。

从表6-10可见，不同方法得到的结果差别颇大。这是因为$SiCl_4$在$TiCl_4$中的浓度很低，这种特殊情况造成理论计算和图解的困难性和不准确性。

已有钛厂的生产实际中，一般塔板都比较多。现综合以上计算结果并考虑到生产实际情况，对于50℃进料热状态，取精馏段理论塔板数为2，板效率0.2；提馏段理论板数为6，板效率为0.3。则实际塔板数为：

精馏段　　$n=2/0.2=10$块

提馏段　　$m=6/0.3=20$块

全　塔　　$N=n+m=30$块

加料板位置在第11块板上。精馏塔用不锈钢材料制造。取塔板厚度4mm，盘间距300mm。塔最上面一块板距塔盖0.55m，塔最下面一块板到塔底距离0.8m。这样，由式6-45～式6-47确定精馏塔和提馏段及全塔高度：

$$h_{精馏}=0.9\times9+0.004\times10+0.55=3.29\text{m}$$

$$h_{提馏}=0.3\times20+0.004\times20+0.80=6.88\text{m}$$

$$H_{全塔}=3.29+6.88=10.17\text{m}$$

(3) 塔径计算。

塔内蒸汽密度经计算，在标态(0.1MPa，0℃)时为8.355kg/m³，在塔内平均温度为123℃(396K)时为5.76kg/m³。蒸汽在塔内的速度为0.3m/s。

进料的平均相对分子质量：

$$\begin{aligned}M_f&=0.00325\times M_{SiCl_4}+0.99676\times M_{TiCl_4}\\&=0.00325\times170.1+0.99676\times189.9\\&=189.84(\text{直接用}TiCl_4\text{分子量}189.9\text{也可})\end{aligned}$$

产品馏出物的平均相对分子质量前已算出：$M_p=187.17$。

塔内蒸汽的平均相对分子质量按式6-50计算：

$$M_{平均}=\frac{189.84+187.17}{2}=188.5$$

通过塔的蒸汽体积流量由式6-49确定：

$$V_{汽}=0.183(7.38+1)\times188.5/5.76=50.186\text{m}^3/\text{h}$$

则塔径

$$D=\sqrt{\frac{50.186}{0.785\times0.3\times3600}}=0.25\text{m}$$

取安全系数1.2，则 $D' = 1.2 \times 0.25 = 0.3\text{m}$。

ϕ300(塔内径)浮阀塔的生产能力1.5t/h(36t/d)，相当于生产强度510t/(m^2·d)。

(4) 计算塔的台数。

5000t/a海绵钛要求精制车间精馏塔的小时处理能力为5261.41kg。因此需精馏塔台数按式6-51为：

$$Z = \frac{5261.41}{1500} = 3.51\ \text{台}$$

实际安装4台。这样，精制车间为保证企业5000t/a商品海绵钛任务的完成，需安装4个系列(或4组)塔设备。采取3塔串联制的方法配置。每个系列由初蒸馏塔—脱硅精馏塔(一次精馏)—脱高沸点杂质塔(二次精馏)各1台串联组合而成。全车间总塔数为3×4=12台。

(5) 精馏塔和蒸馏釜设备的热平衡计算。

计算基准：塔的小时产能，温度25℃(298K)。

热收入项目：

1) 进料液：质量1500kg/h(ϕ300塔产能)；$TiCl_4$的摩尔比热容，查得为34.75kcal/(kmol·℃)，$\bar{c}_{p_{TiCl_4}} = 34.75 \times 4.184/189.9 = 0.767\text{kJ/(kg·℃)}$，进塔温度为50℃。于是：

$$Q_{料} = 1500 \times 0.767 \times (50 - 25) = 28762.5\text{kJ/h}$$

2) 回流液带入热量：回流比 $R = 7.38$，回流量 $L = RP = 7.38 \times 34.16 = 252.1\text{kg/h}$；$SiCl_4$的摩尔比热容为：33.50kcal/(kmol·℃)，$\bar{c}_{p_{SiCl4}} = 30.50 \times 4.184/170.1 = 0.824\ \text{kJ/(kg·℃)}$，回流液的平均比热容：$\bar{c}_{p_{回流}} = 0.1378 \times 0.824 + 0.8622 \times 0.767 = 0.78\ \text{kJ/(kg·℃)}$。回流液温度(饱和液体)为57.2℃。这样，回流液带入热量：

$$Q_{回流} = 252.10 \times 0.78 \times (57.2 - 25) = 6331.75\text{kJ/h}$$

热收入合计：

$$Q_{收入} = 28762.5 + 6331.75 = 35094.25\text{kJ/h}$$

热支出项目：

1) 塔顶蒸汽带走的热量。蒸汽量应为：

$$L + P = 252.10 + 34.16 = 286.26\text{kg/h}$$

平均蒸发潜热：

$$r = 167.262 \times 0.1378 + 188.379 \times 0.8622 = 185.47\text{kJ/kg}$$

平均比热容：

$$\bar{c}_p = 0.78\text{kJ/(kg·℃)}$$

于是，蒸汽带走热量：

$$Q_{蒸汽} = 286.26 \times [185.47 + 0.78 \times (57.2 - 25)] = 60282.35\text{kJ/h}$$

2) 塔底液带走热量。塔底液(可视为纯$TiCl_4$饱和液体)平均比热容 $\bar{c}_p = 0.767\text{kJ/(kg·℃)}$，沸点为136.6℃。质量为1465.84kg/h。

$$Q_{釜} = 1465.84 \times 0.767 \times (136.6 - 25) = 125471.80\text{kJ/h}$$

3) 精馏塔散失热量：

原始数据：

塔径/mm	
内径	300
外径	312
塔壁厚度/mm	6
加保温层后(石棉硅藻土)外径/mm	430
保温层厚度/mm	59
塔的高度/m	10.17
温度/℃	
塔内蒸汽平均温度	96.4
环境温度	25
保温层外表面温度	35
不锈钢导热系数/W·(m·K)$^{-1}$	55

塔壁平均温度：

$$t_{平均} = \frac{96.4 + 35}{2} = 65.7℃$$

石棉硅藻土的导热系数：

$$\lambda = 0.1731 \mathrm{W/(m \cdot K)}$$

向环境散热按圆筒散热，用式4-17计算：

$$Q_{塔散热} = \frac{2.73 \times (96.4 - 25) \times 10.17}{\frac{1}{55}\lg\frac{0.312}{0.30} + \frac{1}{0.1731}\lg\frac{0.43}{0.312}} = \frac{1982.357}{0.805} = 2462.55 \mathrm{W/h}$$

$$= 2462.55 \times 3.6 = 8865 \mathrm{kJ/h}$$

4）蒸馏釜向环境散热量计算：不锈钢蒸馏釜为立槽式，锥形底。釜尺寸为：内径1.00m，高1.5m，壁厚6mm。锥高0.4m，石棉硅藻土保温层厚度75mm。

计算原始数据：

温度/℃	
釜中液体	140
釜表面	40
环境温度	25
釜工艺尺寸/m	
釜内径	1.00
釜外径	1.012
壁厚	0.006
保温层外径	1.162
保温层厚度	0.075

先计算圆筒体部分的散热量。釜壁平均温度：

$$t_{平均} = \frac{140 + 40}{2} = 90℃$$

石棉硅藻土的导热系数：

$$\lambda = 0.184 \mathrm{W/(m \cdot K)}$$

按式4-17计算：

$$Q_{釜体} = \frac{2.73 \times (140 - 25) \times 1.5}{\frac{1}{55}\lg\frac{1.012}{1.00} + \frac{1}{0.184}\lg\frac{1.162}{1.012}}$$
$$= \frac{470.925}{0.3263} = 1443.227\text{W/h}$$
$$= 1443.227 \times 3.6 = 5195.62\text{kJ/h}$$

顶盖面积：

$$A_{盖} = 0.785 \times 1.162^2 = 1.06\text{m}^2$$

散热量按平壁散热公式4-18计算：

$$Q_{盖} = \frac{1.06 \times (140 - 25)}{\frac{1}{55} \times 0.006 + \frac{1}{0.184} \times 0.075} = \frac{121.9}{0.4077} = 298.99\text{W/h}$$
$$= 298.99 \times 3.6 = 1076.36\text{kJ/h}$$

锥底侧面积：

$$A_{锥底} = 3.14 \times \frac{1.162}{2} \times \sqrt{0.581^2 + 0.42} = 1.588\text{m}^2$$

按平壁公式4-18计算锥底散热量：

$$Q_{锥底} = \frac{1.588 \times (140 - 25)}{\frac{1}{55} \times 0.006 + \frac{1}{0.184} \times 0.075} = \frac{182.62}{0.4077} = 447.93\text{W/h}$$
$$= 447.93 \times 3.6 = 1612.55\text{kJ/h}$$

整个釜散热量：

$$Q_{釜} = 5195.62 + 1076.36 + 1612.55 = 7885\text{kJ/h}$$

热支出合计：

$$Q_{支出} = 60282.35 + 125471.80 + 8865 + 7885 = 202504\text{kJ/h}$$
$$Q_{支出} - Q_{收入} = 202504 - 35094 = 167410\text{kJ/h}$$

这个差值需电加热供给。

精馏塔热平衡见表6-11。

表6-11 精馏塔的热平衡表(进料热状态为50℃)

收入			支出		
收入项目	数量和组成		支出项目	数量和组成	
	数量/kJ·h^{-1}	组成/%		数量/kJ·h^{-1}	组成/%
(1) 进料(预蒸馏后$TiCl_4$)带入热	28762	14.20	(1) 塔顶蒸汽带走热	60282	29.77
			(2) 塔底液带出热	125472	61.96
(2) 回流带入热	6332	3.13	(3) 塔向环境散热	8865	4.38
(3) 蒸馏釜电加热	167410	82.67	(4) 蒸馏釜向环境散失热	7885	3.89
合计	202504	100.0	合计	202504	100.0

(6) 蒸馏釜所需电功率计算及电阻丝计算。取电功率安全系数$K_{电} = 1.25$，按式6-52确定蒸馏釜电功率：

$$P = \frac{1.25 \times 167410}{3600} = 58\text{kW}$$

如果进料和回流热状态都为常温(25℃，即基准温度)，则带入物理热为0。则需电供热量为202504kJ/h。蒸馏釜电功率应为 $P = \frac{1.25 \times 202504}{3600} = 70\text{kW}$。

电加热用Ni-Cr电阻丝。电压220V，丝径1mm。20℃时Ni-Cr丝的电阻率为1.1Ω·m。电阻温度系数0.0009。电热丝本身工作温度为300℃。则按式6-54确定工作温度下的电阻率为：

$$\rho_t = 1.1 + 0.009 \times 300 = 1.37\Omega \cdot \text{m}$$

Ni-Cr丝截面积：

$$A = 0.785d^2 = 0.785 \times 1^2 = 0.785\text{mm}^2$$

釜用Ni-Cr丝的长度用式6-53确定：

$$l = 220^2 \times 0.785/(1.37 \times 58) = 478.15\text{m}$$

瓷管直径3cm，长1200mm，共12根，则所需线圈数按式6-55确定：

$$n_{线圈} = 478.15/(3.14 \times 0.03) = 5076\ 圈$$

线圈之间的距离按式6-56确定：

$$L_{圈距} = \frac{120 \times 12 - 3.14 \times 0.03 \times 5076}{5076 - 1} = 0.19\text{cm} = 1.9\text{mm}$$

(7) 冷凝-分凝器的计算。前已算出，塔顶蒸汽量为286.26kg/h。把它分成两部分考虑，一部分进入冷凝-分凝器冷凝成57.2℃的饱和液体作为回流液，其量 $L = RP = 252.10$kg/h。其平均蒸发潜热为185.47kJ/kg。因此，应放出热量：

$$Q_{冷凝} = 185.47 \times 252.10 = 46757\text{kJ/h}$$

选用卧式列管热交换器，用冷水导走此热量。取传热系数 $K = 266\text{W}/(\text{m}^2 \cdot \text{K}) = 266 \times 3.6 = 957.6\text{kJ}/(\text{m}^2 \cdot \text{K})$。设 $SiCl_4$-$TiCl_4$ 蒸气由57.2℃冷凝成57.2℃的饱和液体回流进入精馏塔，冷却水由25℃升至30℃(见右图)。

对数平均温差：

$$\Delta t_m = \frac{(57.2 - 30) - (57.2 - 25)}{2.303\lg\frac{57.2 - 30}{57.2 - 25}} = 29.62℃$$

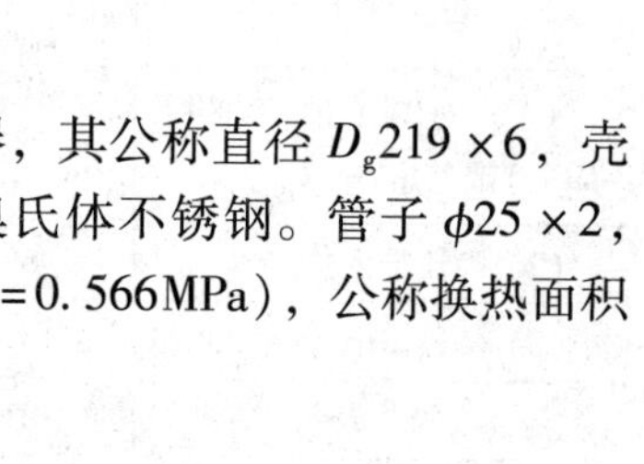

这样，热交换器的换热面积按式6-58计算：

$$A_{冷凝器} = \frac{46757}{957.6 \times 29.62} = 1.65\text{m}^2$$

取安全系数1.5，则 $A' = 1.5 \times 1.65\text{m}^2 = 2.48\text{m}^2$。

查手册，选用型号为CS-219×6Ⅱ-6-5型双程列管换热器，其公称直径 $D_g 219 \times 6$，壳体材料为碳钢，壳壁厚度6mm，管子、管箱和管板材料为奥氏体不锈钢。管子 $\phi 25 \times 2$，管长1.5m，管数26根。公称压力 $6\text{kgf/cm}^2 (6 \times 9.81 \times 10^4\text{Pa} = 0.566\text{MPa})$，公称换热面积 3m^2。

冷却水耗用量：

$$G_{水} = 46757/4.184 \times 1000 \times (30 - 25) = 2.24\text{m}^3/\text{h}$$

馏出物冷却器的计算。馏出物量 $P = 34.16$kg/h；进冷却器温度57.2℃($SiCl_4$ 饱和蒸气温度)，冷凝并冷却至30℃；馏出物平均比热容0.78kJ/(kg·℃)；馏出物冷凝潜热185.47kJ/kg；冷却水由25℃升至28℃(见右图)。对数平均温差：

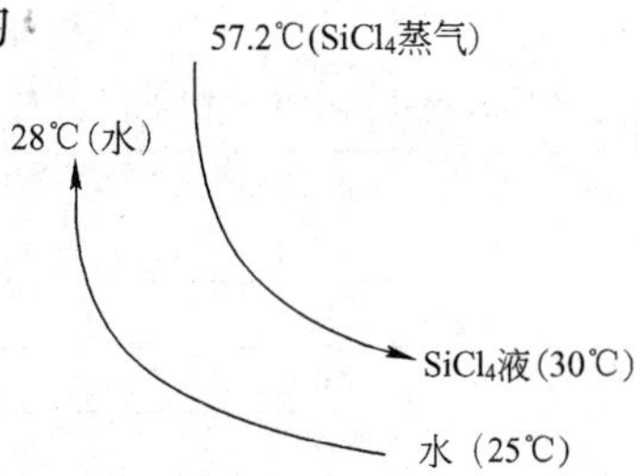

$$\Delta t_m = \frac{(57.2-28)-(30-25)}{2.303\lg\frac{57.2-28}{30-25}} = 13.71℃$$

馏出物冷凝并冷却放出的热量

$$Q_{馏出物} = 34.16 \times [185.47 + 0.78 \times (57.2 - 30)] = 7264.81\text{kJ/h}$$

取传热系数 $K = 266\text{W/(m}^2\cdot℃) = 957.6\text{kJ/(m}^2\cdot℃)$，于是，传热面积：

$$A_{冷却器} = \frac{7264.81}{957.6 \times 13.71} = 0.55\text{m}^2$$

同样，取安全系数 $K = 1.5$，则 $A = 1.5 \times 0.55\text{m}^2 = 0.83\text{m}^2$。

选用型号为CS159×4.5Ⅰ-6-1.5的单程列管热交换器。管长1.5m，管数14根，公称压力6kgf/cm²(0.566MPa)，公称换热面积1.5m²。

冷却水用量：

$$G = 7264.81/[4.184 \times 1000 \times (28 - 25)] = 0.6\text{m}^3/\text{h}$$

精馏的技术指标如下：

粗 $TiCl_4$ 的供应量/$t\cdot d^{-1}$($kg\cdot h^{-1}$)	109.01(4542.12)
车间产品(精 $TiCl_4$)量/$t\cdot d^{-1}$($kg\cdot h^{-1}$)	85.15(3547.64)
一次精馏塔馏出物量($SiCl_4$ 液)/$kg\cdot h^{-1}$	119.41
塔内径/mm	300
塔总高度/m	10.17
塔板数目/块	30
板间距/mm	300
塔内蒸汽的线速度/$m\cdot s^{-1}$	0.3
温度/℃	
塔顶部	57.2
塔底部	140
提馏段平均温度	123
蒸汽压力/kPa	
塔顶部	27
塔底部	1.35
蒸馏釜电加热功率/kW	58
冷却水用量/$m^3\cdot h^{-1}$	
冷凝-分凝器	2.24
馏出物冷却器	0.6

6.6 二次精馏的物料平衡

从前面的计算可以看出，初蒸馏馏出物经过一级精馏除硅后，塔底液中的 $TiCl_4$ 含量(质量分数)为99.54%(见表6-3)，还未达到精 $TiCl_4$ 中 $TiCl_4$≥99.9%以上的要求。因此，还需进行二次精馏，进一步脱除高沸点杂质成分，使之达到 $TiCl_4$ 含量在 99.9% 以上。

收入项：以 1 台一次精馏除硅的精馏塔产出的 $TiCl_4$ 量为基准。一次精馏的塔底液量为 1465.84kg/(h·台)。其中：

组　分	质量分数/%	质量/kg·(h·台)$^{-1}$
$TiCl_4$	99.54	1459.097
$TiOCl_2$	0.225	3.298
$SiCl_4$	0.00593	0.0869
$VOCl_3$	0.0000716	0.000105
$FeCl_3$	0.02967	0.435
$AlCl_3$	0.02863	0.419
固体悬浮物	0.174	2.551
合　计	100.0	1465.84

支出项：

(1) 返回浓密机处理的釜底液的量。根据有价成分平衡计算，本工序返回氯化车间的残液中 $TiCl_4$ 占本工序进料中 $TiCl_4$ 的 10%，即 $1459.097 \times 0.1 = 145.91$kg/(h·台)。其中浓集了高沸点杂质成分，假设进料中各杂质成分除悬浮物 100% 进入残液外，其余成分进入残液的百分率均按 87% 计，则残液组成：

组　分	富集率即返回率/%	返回量/kg·(h·台)$^{-1}$	在返回液中的含量(质量分数)/%
$TiCl_4$	10	145.91	95.899
$TiOCl_2$	87	2.87	1.886
$SiCl_4$	87	0.076	0.05
$VOCl_3$	87	0.0000914	0.00006
$FeCl_3$	87	0.378	0.248
$AlCl_3$	87	0.365	0.240
固体悬浮物	100	2.551	1.677
合　计		152.15	100.0

(2) 二次精馏馏出物(车间产品精 $TiCl_4$)，其中：

组　分	质量/kg·(h·台)$^{-1}$	质量分数/%
$TiCl_4$	1313.187	99.96
$TiOCl_2$	0.428	0.0326
$SiCl_4$	0.011	0.00084
$VOCl_3$	0.0000136	0.00000104
$FeCl_3$	0.057	0.00434
$AlCl_3$	0.054	0.00411
合　计	1313.739	100.00

可见，进行二次精馏后，可将 $TiCl_4$ 含量从 99.54% 提高到 99.96%，达到前苏联 OCT48-18-72 标准中 ОЧТ-1 等级的精 $TiCl_4$ 水平($TiCl_4 \geqslant 99.96\%$)。物料平衡表见表 6-12 和表 6-13。

精制车间 4 个系列(或 4 组)一次精馏产生的塔底液的小时产量为 5141.60kg(见表 6-4)，是一次精馏塔(除硅塔)每台 1 小时产出塔底液 1465.84kg 的 $\frac{5141.60}{1465.84} = 3.5076$ 倍。所以，将表 6-12 中各项数据乘以 3.5076 的系数，便是表 6-13 所列车间的小时物料和日物料平衡表。

表 6-12 二次精馏的物料平衡(基准：1465.84kg/(h·塔))

收入			支出		
收入项目	数量和组成		支出项目	数量和组成	
	质量/kg·h^{-1}	质量分数/%		质量/kg·h^{-1}	质量分数/%
一次精馏的塔底液	1465.84	100.0	(1) 釜残液(返回浓密机)	152.15	100.0
其中：$TiCl_4$	1459.097	99.54	其中：$TiCl_4$	145.91	95.899
$TiOCl_2$	3.298	0.225	$TiOCl_2$	2.87	1.886
$SiCl_4$	0.0869	0.00593	$SiCl_4$	0.076	0.05
$VOCl_3$	0.000105	0.00000716	$VOCl_3$	0.0000914	0.00006
$FeCl_3$	0.435	0.02967	$FeCl_3$	0.378	0.248
$AlCl_3$	0.419	0.02863	$AlCl_3$	0.365	0.24
固体悬浮物	2.551	0.174	固体悬浮物	2.551	1.677
			(2) 精$TiCl_4$	1313.737	100.0
			其中：$TiCl_4$	1313.187	99.96
			$TiOCl_2$	0.428	0.0326
			$SiCl_4$	0.011	0.00084
			$VOCl_3$	0.0000136	0.00000104
			$FeCl_3$	0.057	0.00434
平衡差	0.04		$AlCl_3$	0.054	0.00411
合 计	1465.84		合 计	1465.88	

表 6-13 二次精馏的物料平衡(基准：进入精制车间的粗$TiCl_4$量)

收入				支出			
收入项目	数量和组成			支出项目	数量和组成		
	小时质量/kg	天质量/t	组成/%		小时质量/kg	天质量/t	组成/%
一次精馏的脱硅液	5141.85	123.40	100.0	(1) 釜残液(返回浓密机)	533.71	12.81	100.0
其中：$TiCl_4$	5117.93	122.84	99.54	其中：$TiCl_4$	511.823	12.284	95.899
$TiOCl_2$	11.57	0.28	0.225	$TiOCl_2$	10.066	0.242	1.886
$SiCl_4$	0.305	0.0073	0.00593	$SiCl_4$	0.267	0.0064	0.05
$VOCl_3$	0.00037	0.0000088	0.00000716	$VOCl_3$	0.00032	0.0000077	0.00006
$FeCl_3$	1.53	0.037	0.0297	$FeCl_3$	1.324	0.0318	0.248
$AlCl_3$	1.47	0.035	0.0286	$AlCl_3$	1.281	0.0307	0.24
固体悬浮物	8.95	0.215	0.174	悬浮物	8.950	0.215	1.677
平衡差	0.095			(2) 精$TiCl_4$(车间产品)	4608.31	110.60	100.0
				其中：$TiCl_4$	4606.47	110.56	99.96
				$TiOCl_2$	1.488	0.036	0.0326
				$SiCl_4$	0.0392	0.00094	0.00085
				$VOCl_3$	0.0000507	0.00000122	0.0000104
				$FeCl_3$	0.198	0.00476	0.00434
				$AlCl_3$	0.184	0.0044	0.00411
合 计	5142.0			合 计	5142.02		

由表 6-13 可以看出，整个车间返回浓密机的釜残液量是 533.71kg/h，这是返回 2 台浓密机的总量，而返回单台浓密机的量是其 1/2：$\frac{533.71}{2}=266.86$kg/h，与前面计算时估计的 264.58kg/h 差得不多。

7　$TiCl_4$ 镁还原—真空蒸馏过程及设备计算

7.1　计算内容及任务

（1）编制还原—蒸馏车间的物料平衡；

（2）选择还原反应罐和还原炉，并计算它们的尺寸；

（3）编制还原炉的热平衡；

（4）确定冷却还原罐用空气的耗量；

（5）计算还原炉的电功率；

（6）计算还原罐和还原炉的台数；

（7）选择并计算还原炉的真空系统；

（8）编制真空蒸馏炉的热平衡；

（9）计算冷凝器冷却水耗量和冷凝器的冷却表面积；

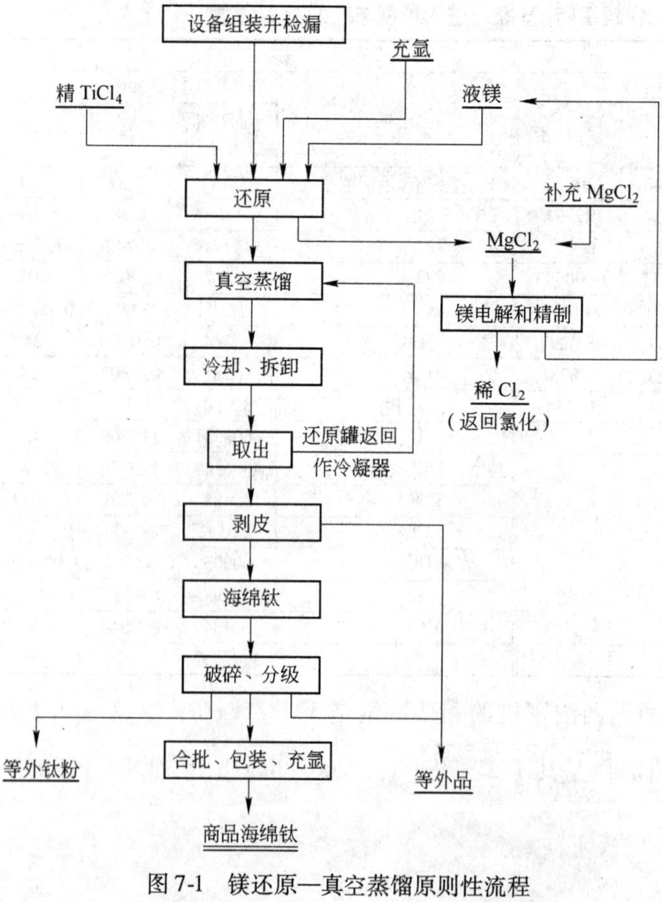

图 7-1　镁还原—真空蒸馏原则性流程

（10）计算真空蒸馏炉的电功率；

（11）计算蒸馏炉和冷凝器（返回罐）的数量；

（12）选择并计算真空蒸馏炉的真空系统。

7.2　方法概述及计算依据

镁还原—真空蒸馏的方框流程如图 7-1 所示。

还原温度控制在 870 ~ 900℃，氩气保护。$p = 2.4 \sim 24.0kPa$，$p_{TiCl_4} \approx 0.700 \sim 4.0kPa$，$p_{Ar} = (0.93 \sim 0.98)p$。设备为不锈钢反应罐，每罐每周期产出 5.0t 海绵钛。还原反应罐经清整干净，渗 Ti（新罐时）、组装并真空检漏合格后，先在坩埚炉（还原炉）中加热至 865℃，加料启动。经带孔假底和下部排盐管定期从罐内排放 $MgCl_2$ 熔融盐。放盐按排放制度进行。还原反应为强放热反应，能自热维持所需温度。在激烈反应期，为防超温，需通风冷却导走多余热量。

排放 $MgCl_2$ 熔盐时，损失 Ti 2.5%。Mg 的利用率为 60% ~70%。还原产物约含 Ti 55% ~60%，Mg 25% ~30%，$MgCl_2$ 10% ~15%，5t/罐炉还原期共 67h。

真空蒸馏温度 950 ~ 1000℃。高真空蒸馏，蒸馏后期保持残余压力约 0.07Pa。蒸馏结束时罐内剩余压力为 0.0133 ~ 0.133Pa。现在一般用返回罐(就是已打取出钛坨并清理干净的还原反应罐)作为冷凝器，然后冷凝器(返回罐)又作为下一个周期的还原反应罐。冷凝器要淋水冷却。水初温 25℃，终温 50℃。

真空蒸馏时 Ti 的可返回损失为 0.5%(包括挥发在内)。

关于还原罐、蒸馏冷凝器相互间的配置组合问题，现在有两种广泛使用的方式：

一种是独联体国家的 I 形半联合工艺，这是一种上冷式蒸馏设备。如图 7-2 所示。它的操作过程是：还原罐(稳定生产中，也是冷凝返回罐)组装检漏合格后，吊入还原炉，连接好各种接管。充氩，加注液镁，升温至反应启动温度，加入 $TiCl_4$。控制好罐内温度、压力。反应结束，还原反应罐吊出还原炉。在吊装入蒸馏炉后，迅速把冷凝器(返回罐)组装在还原罐的上面。蒸馏完毕，将冷凝返回罐拆下作为还原反应罐进入下一个循环；而还原蒸馏罐中的海绵钛坨去打取。然后又作为下一个周期的冷凝返回罐使用。如此反复循环。

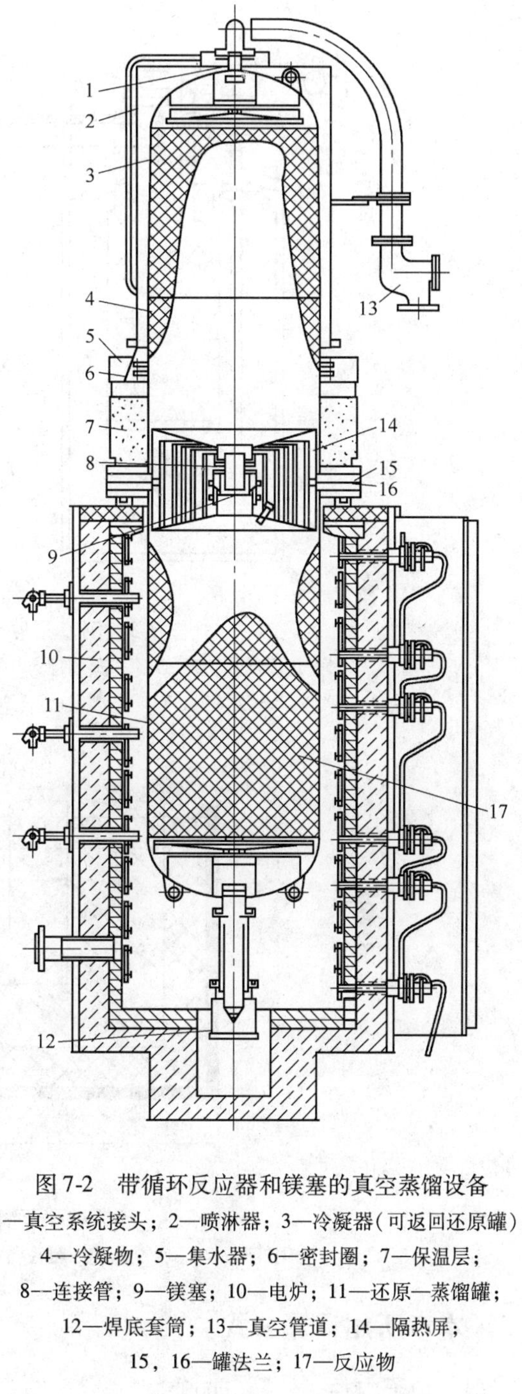

图 7-2 带循环反应器和镁塞的真空蒸馏设备
1—真空系统接头；2—喷淋器；3—冷凝器(可返回还原罐)；4—冷凝物；5—集水器；6—密封圈；7—保温层；8—连接管；9—镁塞；10—电炉；11—还原—蒸馏罐；12—焊底套筒；13—真空管道；14—隔热屏；15，16—罐法兰；17—反应物

另一种是美国、日本等国及我国近年普遍采用的倒 U 形还原—蒸馏联合装置，如图 7-3 所示。它是将还原—真空蒸馏作业合并在一个电炉中先还原，后蒸馏。这种情况下，还原时要通风散热；蒸馏时要抽反真空，炉子的结构设计当然要复杂困难得多。这种装置节能，且易大型化，是目前最先进的装置。

还原炉和蒸馏炉的结构尺寸如图 7-4 所示。

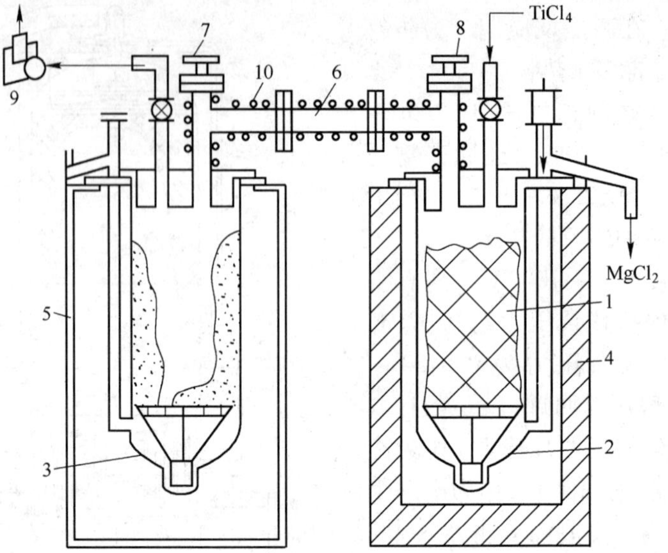

图7-3　倒U形联合法装置示意图

1—还原产物；2—还原—蒸馏罐；3—冷凝器；4—加热炉；5—冷却器；6—连接管；7，8—阀门；9—真空机组；10—通道管加热器

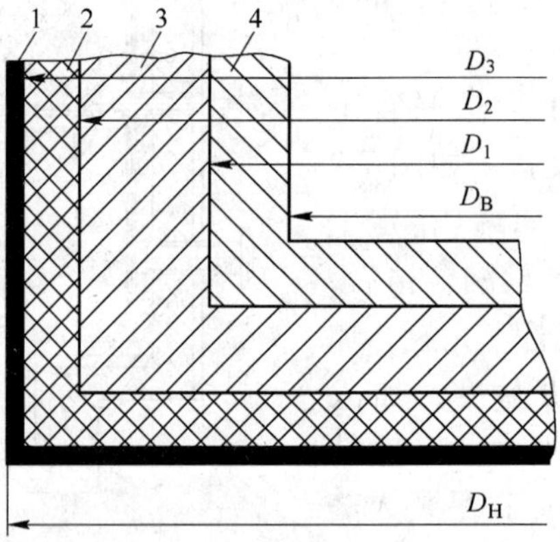

图7-4　还原炉和蒸馏炉的内衬砌体结构

1—钢外壳；2—石棉层；3—超轻质黏土保温砖；4—轻质黏土耐火砖

7.3　本章所用计算公式

（1）炉子内径、外径（mm）：

$$D_{内径} = D_{B} = d_{平均} + 2c + 2l \tag{7-1}$$

$$d_{平均} = (d_{上} + d_{下})/2 \tag{7-2}$$

$$D_{外径} = D_{H} = D_{内径} + 2\delta_1 + 2\delta_2 + 2\delta_3 + 2\delta_4 \tag{7-3}$$

式中 c——从反应罐外壁至加热电阻丝搁置架的距离，mm；
l——加热丝搁丝架从内衬耐火砖层凸出部分的宽度，mm；
δ_1，δ_2，δ_3——分别为各内衬衬里层的厚度，mm；
δ_4——炉子钢外壳壳体的厚度，mm；
$d_{上}$，$d_{下}$——分别为还原反应罐罐体上部和下部的外径，mm。

炉子高度(mm)：

$$H = h + l_{底距} + h_{炉底} + h_{盖} \tag{7-4}$$

$$h_{炉底} = \delta_1 + \delta_2 + \delta_3 + \delta_4 \tag{7-5}$$

式中 h——反应罐罐体高度，mm；
$l_{底距}$——从炉底到反应罐的距离，mm；
$h_{炉底}$——炉底的厚度，mm；
$h_{盖}$——反应罐盖的厚度，mm。

(2) 耐火材料及保温材料的比热容(kcal/(kg · K)或kJ/(kg · K))：

$$c_p = a + bt \tag{7-6}$$

式中 a，b——系数(查有关手册)。

(3) 辐射和对流热损失的计算：

1) 两个平行表面之间的辐射热损失：

$$Q_{辐射} = \varepsilon_{折合} C_0 A_{辐射}\left[\left(\frac{T_1}{100}\right)^4 - \left(\frac{T_2}{100}\right)^4\right] \tag{7-7}$$

式中 $\varepsilon_{折合}$——系统的折合黑度；
C_0——绝对黑体的辐射系数；
T_1，T_2——分别为辐射表面和受热辐射表面的温度，K。

在两个平行表面之间热辐射时：

$$\varepsilon_{折合} = \frac{1}{1/\varepsilon_1 + 1/(\varepsilon_2 - 1)} \tag{7-8}$$

式中 ε_1，ε_2——每个表面的黑度。

2) 两个圆筒体表面之间的辐射热损失，其中，一个直径为 D_2 的圆筒包围另一个直径为 D_1 的圆筒：

$$Q'_{辐射} = \varepsilon_{折合} C_0 A_{辐射}\left[\left(\frac{T_1}{100}\right)^4 - \left(\frac{T_2}{100}\right)^4\right] \tag{7-9}$$

式中 $A_{辐射}$——辐射表面积，m^2。

在两个圆筒体表面之间进行热辐射情况下：

$$\varepsilon_{折合} = \frac{1}{1/\varepsilon_1 + D_1/D_2[1/(\varepsilon_2 - 1)]} \tag{7-10}$$

式中 ε_1，ε_2——每个表面的黑度。

在系统中存在圆筒形表面——隔热屏情况下：

$$\varepsilon_{折合} = \frac{1}{(n+2)(2/\varepsilon - 1)} \tag{7-11}$$

式中 n——隔热屏数目；
ε——隔热屏的黑度。

3) 在表面任意配置情况下的辐射热损失：

$$Q''_{辐射} = \varepsilon_{折合} C_0 \phi A_{表面} \left[\left(\frac{T_1}{100} \right)^4 - \left(\frac{T_2}{100} \right)^4 \right] \tag{7-12}$$

式中　C_0——绝对黑体的辐射系数；

ϕ——阻隔系数；

$A_{表面}$——热交换条件的计算表面积，m^2。

当表面任意配置时：

$$\varepsilon_{折合} = \varepsilon_1 \varepsilon_2 \tag{7-13}$$

4）对流热损失（W）由式7-14确定：

$$Q_{对流} = \alpha A(t_2 - t_1) \tag{7-14}$$

式中　α——对流给热系数，W/(m^2·K)。

当温度较低时：

$$\alpha = K_{对流} \sqrt[4]{t_2 - t_1} \tag{7-15}$$

式中　$K_{对流}$——对流系数，对垂直表面取2.56，对水平向上的表面取3.26，对水平向下的表面取1.63；

t_1——周围环境的温度，℃；

t_2——给体表面的温度，℃。

5）在确定对流和辐射共同热损失时的联合给热系数按式7-16计算：

$$\alpha = 1.163 \times \left[K_{对流} \sqrt[4]{t_2 - t_1} + c \frac{\left(\frac{T_2}{100} \right)^4 - \left(\frac{T_1}{100} \right)^4}{t_2 - t_1} \right] \tag{7-16}$$

式中　c——热辐射系数。

对流和辐射的总热损失：

$$Q_{对流,辐射} = \alpha_{表面} A(t_2 - t_1) + \varepsilon_{折合} A C_0 \left[\left(\frac{T_1}{100} \right)^4 - \left(\frac{T_2}{100} \right)^4 \right] \tag{7-17}$$

式中　$\alpha_{表面}$——在给热与受热表面之间空隙中的给热系数，W/(m^2·K)。

（4）还原炉和真空蒸馏炉的电功率（kW）和加热丝尺寸计算：

$$P = KQ_{电}/3600 \tag{7-18}$$

式中　K——功率安全系数；

$Q_{电}$——电加热需输入的热量，kJ。

为了确定炉子电加热丝的厚度，应先按电热丝的接通系统确定每一温度区加热丝的功率。

每个温度区加热丝的厚度（mm）：

$$a = \sqrt[3]{\frac{5 \times 10^4 P^2 \rho_t}{m(m+1) U^2 \gamma_{允许}}} \tag{7-19}$$

式中　P——每个温度区内加热丝的功率，kW；

U——供给每个温区加热丝上的电压，V；

m——加热丝的宽度/厚度比；

$\gamma_{允许}$——加热元件的允许表面负荷，W/cm^2；

ρ_t——工作温度下加热丝的电阻率，Ω·m。

$$\rho_t = \rho_{20} + (1 + \beta_t) \tag{7-20}$$

式中 ρ_{20}——20℃下的电阻率，Ω · m；

β_t——电阻率的温度系数。

电加热丝的长度由式 7-21 确定：

$$L = 0.94RA/\rho_t \tag{7-21}$$

式中 R——加热丝的电阻，Ω；

A——加热丝的横截面积，mm^2；

0.94——加热丝的倒角系数。

加热丝电阻按式 7-22 计算：

$$R = \frac{U^2}{P \times 10^3} \tag{7-22}$$

加热丝的单位负荷（W/cm^2）由式 7-23 确定：

$$W_{计算} = \frac{P \times 10^3}{nL} \tag{7-23}$$

式中 n——加热丝断面的周长，cm；

L——加热丝的长度，cm。

计算得到的单位负荷应小于允许负荷。允许负荷可查手册得到。

加热丝的匝数按式 7-24 求得（带状电阻丝不是直线式的，而是折叠加工成“之”字形波折状，每两匝之间有一定距离，如图 7-5 所示）：

$$N = \frac{l}{B + l_{带}} \tag{7-24}$$

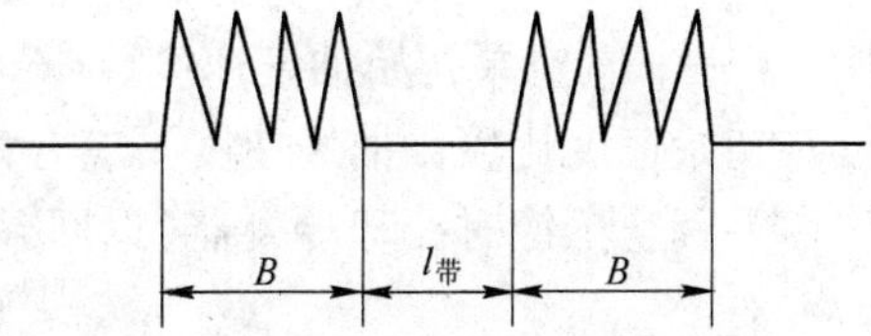

图 7-5 波折状加热丝带

式中 B——曲折带的长度（根据结构要求确定），m；

$l_{带}$——两带之间的距离，m。

加热丝的质量（kg）由式 7-25 求出：

$$m = lA\rho \tag{7-25}$$

式中 l，A，ρ——分别为加热丝的长度，m；截面积，m^2；密度，kg/m^3。

（5）还原罐冷却用空气的耗用量（m^3/h）：

$$V = \frac{Q_{导出}}{c_{空气}(t_2 - t_1)} \tag{7-26}$$

式中 $Q_{导出}$——需从还原反应罐导出的热量，kJ/h；

t_1，t_2——分别为空气冷却还原罐前、后的温度，℃；

$c_{空气}$——空气的比热容，$kJ/(m^3 \cdot K)$。

（6）真空系统的计算。

真空泵抽气速率（L/s）按式 7-27 确定：

$$s_p = \frac{2.3V \times 10^3}{\tau} \lg \frac{101325}{p_C} \tag{7-27}$$

式中 V——罐子和管路的体积，m^3；

τ——抽气时间，s；

p_C——反应器内的剩余压力，Pa。

根据计算出的 s_p 选择真空泵。

按下式确定真空管道上每一段的流导(L/s)：

对于黏滞流：
$$U_{黏滞流}=1.34\frac{d^4}{l}p_C \tag{7-28}$$

对于分子-黏滞流：
$$U_{分子-黏滞流}=1.34\frac{d^4}{l}p_C+12.1\frac{d^3}{l} \tag{7-29}$$

式中　l——真空管路一段的长度，cm；

d——真空管路的直径，cm；

p_C——反应器内的剩余压力，Pa。

真空系统总的流导由式 7-30 确定：
$$\frac{1}{U_总}=\frac{1}{\sum U_i} \tag{7-30}$$

式中　U_i——一段真空管道的流导，L/s。

真空系统的有效流导 $U_{有效}$(反应罐的排气速率)按式 7-31 确定：
$$U_{有效}=\frac{s_p}{1+s_p/U_总} \tag{7-31}$$

式中　s_p——真空泵初始抽气速度，L/s。

与初始速度比较，抽气速度不应有太大的下降。

(7) 真空蒸馏时冷却冷凝器(返回罐)的水耗量(m^3/h)按式 7-32 确定：
$$G=Q/c_水(t_终-t_始) \tag{7-32}$$

式中　Q——喷淋时需从冷凝器导走的热量，kJ/h；

$c_水$——水的比热容，kJ/(m^3·K)；

$t_始$，$t_终$——分别为水在喷淋冷却前、后的温度，℃。

7.4　计算实例

【例 7-1】　计算年还原 21553.15t 精 $TiCl_4$(根据第 2 章年产 5000t 合格海绵钛需含 $TiCl_4$99.96% 的精 $TiCl_4$ 量为：$\frac{189.9\times5434.35}{47.9\times0.9996}=21553.15t/a$)并真空蒸馏还原产物的过程和设备。已知条件：

(1) 精 $TiCl_4$ 的组成(已将表 6-12 中精 $TiCl_4$ 的成分换算成元素的质量分数)：25.2137% Ti，0.0015% Fe，0.000000323% V，0.00014% Si，0.00081% Al，0.001% C，74.78% Cl，0.0004% O，0.001% N。

(2) 商品镁(质量分数)：99.9% Mg，0.05% Fe，0.01% Si，0.004% C，0.006% Cl，0.01% O，0.02% N。

(3) 氩气中的杂质：11.0g/m^3 O，15.0g/m^3 N，6.0g/m^3 H。或：Ar≥99.99%，N≤0.01%，O≤0.0015%，H≤0.0005%，C_nH_m≤0.001%，H_2≤30mg/m^3。

(4) 商品海绵钛的平均组成(质量分数)：99.6% Ti，0.10% Fe，0.03% Si，0.08% Cl，0.03% C，0.02% N，0.08% O，其他 0.06%。相当于我国国家标准 GB/T 2524—2002 中的 MHT-110(1 级)牌号。

【解】 计算基准：1000kg 精 $TiCl_4$。计算时采用下列数据：还原损失 Ti 2.5%（随 $MgCl_2$排放）；进入真空蒸馏冷凝产物并返回还原作业的 Ti 0.5%（可返回损失）；从精 $TiCl_4$原料到海绵钛的 Ti 收率 97.5%；还原后的反应产物中含量(质量分数)：58% Ti，27.87% Mg，14% $MgCl_2$，其他杂质 0.13%。Mg 的利用率 68.39%。

(1)还原过程的物料平衡计算。

$TiCl_4$还原的总反应式：

$$\begin{array}{ccccccc} TiCl_4 & + & 2Mg & = & Ti & + & 2MgCl_2 \\ 189.9 & & 2\times24.3=48.6 & & 47.9 & & 2\times95.3=190.6 \\ 999.6 & & a & & b & & c \end{array} \quad (7\text{-}\mathrm{I})$$

计算得：耗 Mg 量 $a=\dfrac{999.6}{189.9}\times48.6=255.822\text{kg}$；

生成 Ti 量 $b=\dfrac{999.6}{189.9}\times47.9=252.137\text{kg}$；

生成 $MgCl_2$量 $c=\dfrac{999.6}{189.9}\times190.6=1003.285\text{kg}$。

考虑到 Mg 的利用率，需 Mg 量：255.822/0.6839 = 374.063kg(参与反应的 Mg 量 255.822kg，过量 Mg118.241kg，过量系数 1.4622，即过量了 46.22%)，折算为商品镁：374.063/0.999 = 374.437kg。

所用商品镁的组成：

组　分	质量/kg	质量分数/%
Mg	374.063	99.9
Fe	0.187	0.05
Si	0.0374	0.01
C	0.0150	0.004
Cl	0.0228	0.006
O	0.0374	0.01
N	0.0749	0.02
合　计	374.437	100.00

假设生产 1t 海绵钛耗用氩气 $20m^3$。1000kg $TiCl_4$ 中含金属 Ti 252.137kg，收率 97.5%，则从 $TiCl_4$进入海绵钛的 Ti 量为：252.137 × 0.975 = 245.834kg。这时制得海绵钛量：245.834/0.996 = 246.82kg。从 1000kg $TiCl_4$还原产出这个量的海绵钛时耗用 Ar 气量：$\dfrac{20}{1000}\times246.82=4.936m^3$。

随氩气带来的杂质量：

杂　质	含量(质量浓度)/$g\cdot m^{-3}$	杂质量/kg
O	11.0	0.054296
N	15.0	0.07404
H	6.0	0.029616

用以下方法确定反应产物量及排放的 $MgCl_2$量和它们的组成。据反应式 7-Ⅰ，1000kg $TiCl_4$反应生成 $MgCl_2$ 1003.285kg。随排放 $MgCl_2$损失的 Ti 为：252.137 × 0.025 = 6.30kg。进入反应产物中的 Ti 为：252.137 − 6.30 = 245.837kg。所生成的反应产物应为：245.837/0.58 = 423.857kg。则反应产物的组成为：

组　分	质量/kg	质量分数/%	备　注
Ti	245.837	58	
Mg	118.129	27.87	
$MgCl_2$	59.340	14	其中 Mg 15.23kg，Cl 44.11kg
其他杂质	0.551	0.13	
合　计	423.857	100.00	

从原料 $TiCl_4$、Mg 和惰性气体 Ar 中进入反应产物并在真空蒸馏后又进入海绵钛的其他杂质，组成为：

杂质组分	质量/kg
Fe	0.015 + 0.187 = 0.202
Si	0.0014 + 0.0374 = 0.0388
V	0.00000323
Al	0.0081
C	0.01 + 0.015 = 0.025
O	0.004 + 0.0374 + 0.0543 = 0.0957
N	0.01 + 0.0749 + 0.074 = 0.159
H	0.0296
合　计	0.5582

排放的 $MgCl_2$ 含 $MgCl_2$ 量：1003.285 − 59.34 = 943.945kg（其中：Mg 240.691kg，Cl 703.254kg）；含 Ti 量 6.30kg。排放出的 $MgCl_2$ 总量为：943.945 + 6.30 = 950.25kg。

还原作业的物料平衡见表 7-1。

表 7-1　镁还原作业的物料平衡表（基准：1000kg 精 $TiCl_4$）

收入			支出		
收入项目	数量和组成		支出项目	数量和组成	
	质量/kg	质量分数/%		质量/kg	质量分数/%
（1）精四氯化钛	1000.0	100.0	（1）还原产物	423.86	100.0
其中：Ti	252.137	25.21	其中：Ti	245.837	58.00
Si	0.0014	0.00018	Mg	118.129	27.87
Al	0.0081	0.00097	$MgCl_2$	59.340	14.00
Fe	0.015	0.0019	Fe	0.202	0.048
V	0.00000323	0.000000323	Si	0.0388	0.0091
C	0.01	0.0010	V	0.00000323	0.00000076
Cl	747.80	74.78	Al	0.0081	0.0019
O	0.004	0.0004	C	0.025	0.0059
N	0.01	0.001	O	0.0957	0.0226
（2）商品镁	374.437	100.0	N	0.159	0.0375
其中：Mg	374.063	99.9	H	0.0296	0.00698
Fe	0.187	0.05	（2）排放的氯化镁	950.25	100.0
Si	0.0374	0.01	其中：Ti	6.30	0.667
C	0.0150	0.004	$MgCl_2$	943.945	99.333
Cl	0.0228	0.006			
O	0.0374	0.01			
N	0.0749	0.02			
（3）氩气中杂质	0.157952		平衡差：0.48kg		
其中：O	0.054296				
N	0.07404				
H	0.029616				
合　计	1374.59		合　计	1374.59	

（2）真空蒸馏的物料平衡计算。

反应产物的各组分在真空蒸馏时分配到海绵钛坨和冷凝物中。进入冷凝物中的 Ti 占还原产物中 Ti 量的 0.5%，即 245.837 × 0.005 = 1.23kg；留在海绵钛坨中的 Ti 为：245.84 − 1.23 = 244.61kg。产出海绵钛坨量：244.61/0.996 = 245.59kg。

真空蒸馏后得到的海绵钛组成为：

组　分	质量/kg	质量分数/%
Ti	244.61	99.60
Fe	0.202	0.082
Si	0.0388	0.016
C	0.025	0.01
Cl	0.1963	0.08
N	0.05	0.02
O	0.0957	0.04
合　计	245.59	100.0

假设 Mg 和 $MgCl_2$ 及 V、Al、H 全部进入冷凝物或被真空抽走。其他组分除进入海绵钛以外，也都进入冷凝物和真空。则冷凝物的组成为：

组　分	质量/kg	质量分数/%
Ti	1.23	0.69
Mg	118.129	66.05
$MgCl_2$	59.340	33.18
V	0.00000323	0.0000018
Al	0.0081	0.0045
H	0.0296	0.0166
N	0.109	0.061
合　计	178.85	100.0

表 7-2 列出了真空蒸馏作业的物料平衡。

表 7-2　真空蒸馏作业的物料平衡

收入			支出		
收入项目	数量和组成		支出项目	数量和组成	
	质量/kg	质量分数/%		质量/kg	质量分数/%
（1）还原反应产物	423.86	100.0	（1）海绵钛坨	245.59	100.0
其中：Ti	245.837	58.00	其中：Ti	244.61	99.60
Mg	118.129	27.87	Fe	0.202	0.082
$MgCl_2$	59.34	14.00	Si	0.0388	0.016
Fe	0.202	0.048	C	0.025	0.01
Si	0.0388	0.0091	Cl	0.1963	0.08
V	0.00000323	0.00000076	N	0.05	0.02
Al	0.0081	0.0019	O	0.0957	0.04
C	0.025	0.0059	（2）冷凝物及抽走物	178.85	100.0
O	0.0957	0.0226	其中：Ti	1.23	0.69
N	0.159	0.0375	Mg	118.129	66.05
H	0.0296	0.00698	$MgCl_2$	59.34	33.18
			V	0.00000323	0.0000018
			Al	0.0081	0.0045
			H	0.0296	0.0166
			N	0.109	0.061
			平衡差：0.58kg		
合　计	423.86		合　计	424.44	

注：平衡差占 $\frac{0.58}{423.86} \times 100\% = 0.14\%$。

冷凝物连同返回罐（冷凝器）返回镁还原作业进行下一循环的四氯化钛还原。

（3）编制还原—蒸馏车间的日物料流量表和日 Ti 平衡表

年工作日 330 天。1 天应处理精 $TiCl_4$ 量：21553.15/330 = 65.313t。表 7-1 和表 7-2 是以 1t 精 $TiCl_4$ 为基准计算的。将表中数据乘以 65.313 的系数，便可编制出日物料流量表见表 7-3。

表 7-3　还原—蒸馏车间日物料流量表

收入			产出		
投入项目	数量和组成		产出项目	数量和组成	
	质量/t	质量分数/%		质量/t	质量分数/%
（1）精四氯化钛	65.313	72.75	（1）海绵钛坨	16.04	17.86
（2）商品镁	24.456（其中反应 Mg：16.708t，过量 Mg：7.748t）	27.24	（2）排放的氯化镁	62.064	69.13
			（3）冷凝物及抽走物	11.681	13.01
（3）氩气中杂质	0.0103	0.011	平衡差	+0.006	0.0067
合　计	89.779	100.0	合　计	89.785	100.0

在日物流量基础上，编制出日金属 Ti 的平衡表见表 7-4。

表 7-4　还原—蒸馏车间日 Ti 平衡表

收入			产出		
收入项目	数量和组成		产出项目	数量和组成	
	质量/t	质量分数/%		质量/t	质量分数/%
精四氯化钛中的 Ti	16.474	100.0	（1）海绵钛中 Ti	15.976	97
			（2）排放氯化镁中的 Ti	0.412	2.5
平衡差	+0.006	0.04	（3）冷凝物中 Ti	0.080	0.5
合　计	16.474	100.0	合　计	16.468	100.0

（4）还原反应罐的选择及还原炉的计算。

不锈钢还原反应罐的周期产能为 5t/周期海绵钛。根据表 7-3 和表 7-4，一个周期消耗和产出的物料量为：

由表 7-4 知，1 天产出海绵钛中的 Ti 和冷凝物中循环的 Ti 合计为：

$$15.976 + 0.080 = 16.056\text{t}$$

又由表 7-3 知，1 天获得 16.056t Ti 需精四氯化钛 65.313t。因此，1 个周期产出 5t 海绵钛（含 Ti 99.6%），需精四氯化钛量：

$$\frac{65.313}{16.056} \times 5 \times 0.996 = 20.258\text{t}$$

同理生成商品镁：

$$\frac{24.456}{16.056} \times 5 \times 0.996 = 7.585\text{t}$$

排放氯化镁：

$$\frac{62.064}{16.056} \times 5 \times 0.996 = 19.250\text{t}$$

产出冷凝物：

$$\frac{11.681}{16.056} \times 5 \times 0.996 = 3.623\text{t}$$

得反应产物量：

$$\frac{0.42386}{1} \times 20.258 = 8.594\text{t}$$

Ⅰ形半联合装置还原反应罐相关数据：

直径/mm	
内径	2200
上部外径	2246
下部外径	2226
法兰（等于盖子的直径）	3000
工作部分高度/mm	2200
罐内净空高度/mm	2400
总高度/mm	2500
盖子厚度/mm	10
从熔体表面至盖的距离/mm	600
加料管的直径/mm	250
质量（包括假底、堵板等在内）/kg	3500
四氯化钛平均进料速度/$kg \cdot h^{-1}$	337.87

还原周期	将罐子加热升温时间（300～865℃）	还原时间	升温时间	保温	冷却
共67h	2.5h	60h	0.5h	1h	3h

Ⅰ形半联合装置：还原炉内衬结构如图7-4所示。内衬各层和钢外壳的厚度（mm）：

δ_1	δ_2	δ_3	δ_4
100	230	10	10

从还原反应罐外壁至加热丝搁丝架（把镶嵌在黏土耐火砖内衬层中并伸向炉膛，用以承载带状电热丝的那些耐火砖称为搁置架或吊挂架，简称搁丝架）的距离为100mm；搁丝架从内衬凸出的宽度32mm；从炉底到还原罐底的距离为300mm。

还原罐的平均直径按式7-2确定：

$$d_{平均} = (2246 + 2226)/2 = 2236\text{mm}$$

炉子内径按式7-1计算：

$$D_{内径} = 2236 + 100 \times 2 + 32 \times 2 = 2500\text{mm}$$

炉子外径按式7-3计算：

$$D_{外径} = 2500 + 100 \times 2 + 230 \times 2 + 10 \times 2 + 2 \times 10 = 3200\text{mm}$$

炉底的厚度按式7-5计算：

$$h_{炉底} = 100 + 230 + 10 + 10 = 350\text{mm}$$

还原炉总高度按式7-4确定：

$$H = 2500 + 350 + 300 + 10 = 3160\text{mm}$$

下面对还原炉功率进行计算。

还原炉的热制度按图7-6执行。在还原反应阶段是要通风散热的。炉功率应按最初升温加热阶段（从300℃加热到启动反应温度865℃）进行计算。在这阶段应保证最快的加热速度，取加热时间为2.5h。

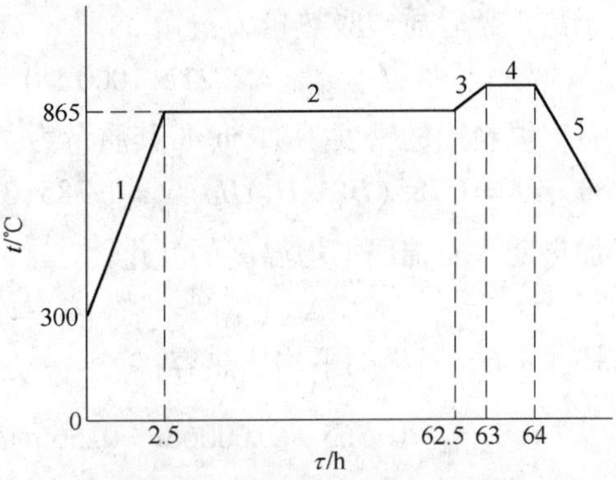

图7-6 还原炉的热制度

1，3—加热升温；2—还原；4—恒温；5—炉内冷却

1）炉子加热时的热量计算。炉砌体吸收热量等于各层吸热之和：

$$Q_1 = Q_{轻质耐火砖} + Q_{超轻质保温砖} + Q_{石棉层} + Q_{炉外壳}$$

在循环操作过程中，生产达到稳定后，每个周期开始时，炉子内表面由于上个周期留有余热，约为300℃。加热开始、结束时各界面温度及各层平均温度情况如下：

砌体层 \ 各阶段温度情况	轻质耐火砖	—	超轻质保温砖	—	石　棉	—	钢外壳
	内表面	界　面		界　面		界　面	钢壳外表面
开始加热时/℃	300			90		30	30
2.5h后加热结束时/℃	865	700		100		50	50
加热开始时各层平均温度/℃	$t'_{平均,轻质砖}=230$		$t'_{平均,超轻砖}=125$		$t'_{平均,石棉层}=60$		$t'_{平均,钢壳}=30$
加热结束时各层平均温度/℃	$t''_{平均,轻质砖}=780$		$t''_{平均,超轻砖}=400$		$t''_{平均,石棉层}=75$		$t''_{平均,钢壳}=50$

设轻质耐火砖的密度为$\rho_{轻质砖}=1\mathrm{t/m^3}$。其质量为：

$$m_{轻质砖}=0.785(D_1^2-D_{内}^2)H\rho_{轻质砖}=0.785(2.7^2-2.5^2)\times3.16\times1=2.58\mathrm{t}$$

在炉子加热期，轻质耐火砖层平均温度的变化：

$$\Delta t_{平均,超轻砖}=t''_{平均,超轻砖}-t'_{平均,超轻砖}=780-230=550℃$$

轻质耐火砖的平均比热容按式7-6计算：

$$\bar{c}_{p轻质砖}=a+bt=1.046+0.00092\times550=1.553\mathrm{kJ/(kg\cdot K)}$$

于是，轻质耐火砖吸热量为：

$$Q_{轻质砖}=2580\times1.553\times550=2203707\mathrm{kJ}$$

超轻质保温砖的密度为0.33t/m³，其质量为：

$$m_{超轻砖}=0.785(D_2^2-D_1^2)H\rho_{超轻砖}=0.785(3.16^2-2.7^2)\times3.16\times0.33=2.21\mathrm{t}=2210\mathrm{kg}$$

炉子加热时超轻质保温砖层的平均温度变化为：

$$\Delta t_{平均,超轻质砖}=t''_{平均,超轻砖}-t'_{平均,超轻砖}=400-125=275℃$$

按式7-6，超轻质砖的平均比热容：

$$\bar{c}_{p超轻质砖}=a+bt=0.33+0.00058t=0.33+0.00058\times275=0.4895\mathrm{kJ/(kg\cdot K)}$$

于是，超轻质砖吸热量为：

$$Q_{超轻质砖}=2.21\times1000\times0.4895\times275=297493.625\mathrm{kJ}$$

石棉填料层的密度为1t/m³，其质量为：

$$m_{石棉层}=0.785(D_3^2-D_2^2)H\rho_{石棉}=0.785(3.18^2-3.16^2)\times3.16\times1=0.315\mathrm{t}=315\mathrm{kg}$$

炉子加热期，石棉层平均温度的变化：

$$\Delta t_{平均,石棉}=t''_{平均,石棉}-t'_{平均,石棉}=75-60=15℃$$

按式7-6，石棉的平均比热容：

$$\bar{c}_{p石棉}=0.565+0.00066t=0.565+0.00066\times15=0.5749\mathrm{kJ/(kg\cdot K)}$$

于是，石棉层吸热量为：

$$Q_{石棉}=315\times0.5749\times15=2716.4\mathrm{kJ}$$

钢的密度为7.8t/m^3，钢外壳的质量为：

$m_{钢壳}=0.785(D_{外}^2-D_3^2)H\rho_{钢}=0.785(3.20^2-3.18^2)\times3.16\times7.8=2.469t=2469kg$

炉子加热期，钢外壳平均温度的变化：

$$\Delta t_{平均,钢壳}=t''_{平均,钢壳}-t'_{平均,钢壳}=50-30=20℃$$

钢的平均比热容：

$$\bar{c}_{p钢}=0.51kJ/(kg\cdot K)$$

则钢外壳吸热量为：

$$Q_{钢壳}=2469\times0.51\times20=25183.8kJ$$

因此，还原炉总的吸热量为：

$$Q_1=2203707+297494+2716+25184=2529101kJ$$

加热2.5h，小时吸热量为：

$$Q_{1,小时}=2529101/2.5=1011640kJ/h$$

炉子总质量：

$$m_{总}=2.58+2.21+0.315+2.469=7.574t$$

2）加热期还原罐的吸热量计算：设还原罐（实际上就是冷凝返回罐）入还原炉，然后被加热至865℃。不锈钢还原罐在25～865℃的比热容为0.67kJ/(kg·K)。温差为865－25＝840℃。

于是，在以25℃为温度基准时，还原罐吸热量为：

$$Q_2=3500\times0.67\times840=1969800kJ$$

加热时间2.5h，则：

$$Q_{2,小时}=1969800/2.5=787920kJ/h$$

3）各项散热损失计算。

① 反应罐盖的热损失计算：它由直接经盖的散热损失和经被冷却的堵板热损失两部分组成。

经盖的热损失，可认为是来自罐内熔体的辐射热经气相传到盖子上，然后以对流和辐射形式传给环境。

在确定从罐内熔体向盖子传热时，取绝对黑体的辐射系数$C_0=5.7W/(m^2\cdot K^4)$，阻隔系数（修正系数）$\phi=0.75$，熔体温度1173K，盖表面温度873K，熔体和盖的黑度$\varepsilon=0.8$。

系统的折合黑度按式7-13计算：

$$\varepsilon_{折合}=0.8\times0.8=0.64$$

罐内熔体表面积：

$$A_{熔体}=0.785D_{内}^2=0.785\times2.2^2=3.7994m^2$$

从罐内熔体至盖的辐射热损失按式7-12求出：

$$Q_{熔体—盖}=0.64\times5.7\times0.75\times3.7994\times\left[\left(\frac{1173}{100}\right)^4-\left(\frac{873}{100}\right)^4\right]$$

$$=136419.82W=136419.82\times3.6=491111.36kJ/h$$

在计算盖子向周围环境散热时，取环境温度$t_1=25℃(298K)$，盖子表面的温度$t_2=600℃(873K)$。从水平面向上的对流系数2.8，盖子的辐射系数4。

对流和辐射的联合给热系数按式7-16计算：

$$\alpha = 1.163 \times \left\{2.8 \times \sqrt[4]{600-25} + 4 \times \left[\frac{(873/100)^4 - (298/100)^4}{600-25}\right]\right\}$$

$$= 62.301\text{W}/(\text{m}^2 \cdot \text{K})$$

于是，从盖子向周围环境散失的热量，按式7-14确定为：

$$Q_{盖子散热} = 62.301 \times 3.7994 \times (600 - 25) = 136106.19\text{W}$$

$$= 136106.19 \times 3.6 = 489982.29\text{kJ/h}$$

② 计算经堵板的热损失时，取熔体—堵板体系的折合黑度为0.64，绝对黑体的辐射系数为5.7W/($m^2 \cdot K^4$)，堵板温度为200℃（473K），熔体温度为900℃（1173K）。

被冷却堵板的表面积：

$$A_{堵板} = 0.785d^2 = 0.785 \times 0.25^2 = 0.049\text{m}^2$$

经被冷却堵板的热损失按式7-7确定：

$$Q_{堵板—冷却} = 0.64 \times 5.7 \times 0.75 \times 0.049 \times \left[\left(\frac{1173}{100}\right)^4 - \left(\frac{473}{100}\right)^4\right] = 3294.624\text{W}$$

$$= 3294.624 \times 3.6 = 11860.65\text{kJ/h}$$

经反应罐盖和堵板的总热损失量：

$$Q_3 = 489982.29 + 11860.65 = 501843\text{kJ/h}$$

③ 还原炉向周围环境的散热损失由对流损失和辐射损失组成。取炉盖温度为50℃（323K），周围环境温度为25℃（298K）。局部散热系数按式7-15确定：

$$\alpha = 2.56 \times \sqrt[4]{50-25} = 5.724\text{W}/(\text{m}^2 \cdot \text{K})$$

炉子的总表面积：

$$A_{炉} = 0.785D_{外}^2 + \pi D_{外} H = 0.785 \times 3.2^2 + 3.14 \times 3.2 \times 3.16 = 39.79\text{m}^2$$

对流热损失按式7-14确定：

$$Q_{4,对流} = 5.724 \times 39.79 \times (50 - 25) = 5693.949\text{W} = 5693.949 \times 3.6 = 20498\text{kJ/h}$$

为了计算辐射散热损失，取炉外壳（喷涂了铝粉涂料）黑度为0.4，外壳温度为50℃（323K）。

辐射热损失按式7-12确定：

$$Q_{4,辐射} = 0.4 \times 5.724 \times 39.79 \times \left[\left(\frac{323}{100}\right)^4 - \left(\frac{298}{100}\right)^4\right] = 2720.18\text{W}$$

$$= 2720.18 \times 3.6 = 9792.63\text{kJ/h}$$

向周围环境散失的总热量：

$$Q_4 = 20498 + 9793 = 30291\text{kJ/h}$$

加热期炉子和罐子吸收和散失的总热量：

$$Q_{总} = 1011640 + 787920 + 501843 + 30291 = 2331694\text{kJ/h}$$

设加热期间冷却还原反应罐法兰用水导走的热占炉、罐总热量的20%，即

$$Q_{法兰} = 2331694 \times 0.2 = 466339\text{kJ/h}$$

炉子和罐子在加热期所需总热量：

$$Q'_{总} = 2331694 + 466339 = 2798033\text{kJ/h}$$

取25℃为温度基准，不锈钢在25～700℃间的平均比热容为0.67kJ/(kg·℃)，预热

至700℃的还原反应罐带入物理热：

$$Q_{罐}=3500\times0.67\times(700-25)=1582875\text{kJ}$$

在还原炉内加热2.5h，平均每1h带入热量：

$$\frac{1582875}{2.5}=633150\text{kJ/h}$$

内表面为300℃还原炉带入的物理热计算如下。

在前面计算的平均温度下，炉砌体各层的平均比热容：

$$\bar{c}_{p轻质砖}=a+bt=1.046+0.00092\times230=1.2576\text{kJ/(kg·K)}$$

$$\bar{c}_{p超轻质砖}=0.33+0.00058\times125=0.4025\text{kJ/(kg·K)}$$

$$\bar{c}_{p石棉}=0.565+0.00066\times60=0.6046\text{kJ/(kg·K)}$$

$$\bar{c}_{p钢壳}=0.12\text{kcal/(kg·℃)}=0.12\times4.184=0.51\text{kJ/(kg·K)}$$

则

$$Q_{轻质砖}=2580\times1.2576\times(230-25)=665145\text{kJ}$$

$$Q_{超轻质砖}=2210\times0.4025\times(125-25)=88953\text{kJ}$$

$$Q_{石棉}=315\times0.6046\times(60-25)=6666\text{kJ}$$

$$Q_{炉壳}=2469\times0.51\times(30-25)=6296\text{kJ}$$

炉子共带入热量：

$$Q_{炉}=665145+88953+6666+6296=767060\text{kJ}$$

炉子加热时间2.5h，平均每1h炉子带入热：

$$Q_{炉,小时}=\frac{767060}{2.5}=306824\text{kJ/h}$$

应由电加热来补偿的热量：

$$Q_{电}=2798033-633150-306824=1858059\text{kJ/h}$$

取功率安全系数$K=1.20$，则炉子所需电功率按式7-18计算：

$$P=\frac{1858059\times1.2}{3600}=619.353\text{kW}$$

实际取为620kW。

4）还原反应时冷却还原罐用空气量的计算及热平衡表的编制。

热收入项：

① 精$TiCl_4$在常温(25℃，即298K)下进入反应罐，带入物理热为0。

② 熔融精Mg入罐量7585kg/罐，熔镁温度为865℃(1138K)：

镁 量 /kg·罐$^{-1}$	$H^{\ominus}_{1100}-H^{\ominus}_{298}$ /kcal·kmol^{-1}	$H^{\ominus}_{1200}-H^{\ominus}_{298}$ /kcal·kmol^{-1}	$H^{\ominus}_{1138}-H^{\ominus}_{298}$ /kJ·kg^{-1}	$\Delta H^{\ominus}_{Mg}$ /kJ·罐$^{-1}$
7585	7729	8489	8017.8×4.184/24.3 =1380.51	10471194

当每罐的还原过程持续时间为60h时，则平均在每1h上熔镁带入热为：

$$Q_{Mg,小时}=10471194/60=174520\text{kJ/h}$$

③ 化学反应热$\Delta H^{\ominus}_{298,r}$：

$$TiCl_4(g)+2Mg(l)=Ti(s)+2MgCl_2(l) \tag{7-Ⅰ}$$

$\Delta H_{298}^{\ominus}$($\times 10^3$kcal/kmol) -182.40　　-153.30

$$\Delta H_{298,r}^{\ominus} = (-153.30\times 2)-(-182.40) = -124.2\times 10^3\text{kcal/kmol}$$
$$= -124200\times 4.184/189.9 = -2736.45\ \text{kJ/kg TiCl}_4$$
$$Q_{反应} = \Delta H_{298,(1)}^{\ominus} = 2736.45\times 20258/60 = 923917\text{kJ/h}$$

总的热收入为：

$$Q_{收入} = 923917 + 174520 = 1098437\text{kJ/h}$$

热支出项：

① $MgCl_2$ 带走物理热。排放温度为 900℃(1173K)，排放量为 19250kg/罐 $=\dfrac{19250}{60}=$ 321kg/h：

$MgCl_2$ 量 /kg · h^{-1}	$H_{1100}^{\ominus}-H_{298}^{\ominus}$ /kcal · kmol^{-1}	$H_{1200}^{\ominus}-H_{298}^{\ominus}$ /kcal · kmol^{-1}	$H_{1173}^{\ominus}-H_{298}^{\ominus}$ /kJ · kg^{-1}	$\Delta H_{MgCl_2}^{\ominus}$ /kJ · h^{-1}
321	25965	28175	27578.3 ×4.184/95.3 =1210.78	388661.30

② 反应产物带走物理热。每罐产出还原产物量为 8594kg/罐，反应结束时温度为 900℃(1173K)，其组成主要是 Ti、过量 Mg 和 $MgCl_2$，其他杂质成分量少，可忽略不计。

组分	质量分数/%	质量/kg	$H_{1100}^{\ominus}-H_{298}^{\ominus}$ /kcal · kmol^{-1}	$H_{1200}^{\ominus}-H_{298}^{\ominus}$ /kcal · kmol^{-1}	$H_{1173}^{\ominus}-H_{298}^{\ominus}$ /kJ · kg^{-1}	$\Delta H_j^{\ominus}$ /kJ · 罐$^{-1}$
Ti	57.98	4982.80	5617	7364	6892.31 ×4.184/47.9 =602	2999645.6
Mg	27.87	2395.15	7729	8489	8283.8 ×4.184/24.3 =1426.31	3416226.4
$MgCl_2$	13.99	1202.30	25965	28175	1210.78	1455720.8
其他杂质	0.16	13.75				
合　计		8594				7871593

在 60h 反应时间内，平均每 1h 带走热：

$$Q_{还原产物,小时} = 7871593/60 = 131193\text{kJ/h}$$

经还原罐盖子和还原炉向周围环境散失的热量，前已算出：

$$Q_3 = 501843\ \text{kJ/h};\ Q_4 = 30291\text{kJ/h}$$

总的热支出量：

$$Q_{支出} = 388661.30 + 131193 + 501843 + 30291 = 1051988\text{kJ/h}$$

空气冷却应从反应罐导走的热量为：

$$Q_{空气} = 1098437 - 1051988 = 46449\text{kJ/h}$$

空气比热容为 1.3kJ/(m^3 · K)，空气初温为 25℃，冷却后的温度为 35℃，则需空气量：

$$V_{空气} = \frac{46449}{1.3\times(35-25)} = 3573\text{m}^3/\text{h}$$

以上计算是在 60h 还原期内按平均值计算的。事实上，在还原期内，$TiCl_4$ 加料速度是不均匀的，初期和后期加料速度小，而中期加料速度大，反应最激烈，放热量也最大。所以，在反应中期需导走的热量最多，冷却空气耗量最大。考虑到这种情况，在选择风机时，实际按 $V_{空气}=4000m^3/h$ 通风量选用风机比较保险。

根据以上计算结果，编制还原炉在加热期间和还原期间的热平衡见表7-5。

表7-5 还原炉的热平衡(空罐入炉)

收入			支出		
收入项目	数量和组成		支出项目	数量和组成	
	数量/kJ·h⁻¹	组成/%		数量/kJ·h⁻¹	组成/%
Ⅰ 加热期					
(1)700℃反应罐带入物理热	633150	22.63	(1)炉子吸收热	1011640	36.16
(2)300℃炉子带入热	306824	10.97	(2)反应罐盖子及堵板散失热	501843	17.94
(3)电力供热量	1858059	66.40	(3)炉子向环境散热	30291	1.08
			(4)将反应罐由25℃加热到865℃耗热	787920	28.16
			(5)冷却法兰用水带走热	466339	16.67
合计	2798033	100.0	合计	2798033	100.0
Ⅱ 还原期					
(1)反应热	923917	84.11	(1)排放的 $MgCl_2$ 带走热	388661	35.36
(2)熔镁带入热	174520	15.89	(2)反应产物带走热	131193	11.94
			(3)空气冷却带走热	46449	4.29
			(4)还原罐盖子散失热	501843	45.66
			(5)炉子向环境散热	30291	2.76
合计	1098437	100.0	合计	1098437	100.0

在表7-5中，加热期的计算未考虑返回罐中冷凝物消耗的热量，这在使用新罐时(新炉或大修后炉子)空罐入炉是正确的。但生产稳定，循环起来以后，就不是空罐入炉，而是返回罐连同罐内冷凝物一同入炉了，因此，还应在热收入和热支出中分别补充以下两项。

① 返回罐中冷凝物带入物理热计算：冷凝物量2623kg/罐，温度(已预热至)700℃(973K)，其中：

组分	质量/kg·罐⁻¹	$H^{\ominus}_{973}-H^{\ominus}_{298}$①/kJ·kg⁻¹	ΔH_j/kJ·罐⁻¹
Ti	25.72	404.00	10391
Mg	2395.15	1171.20	2805200
$MgCl_2$	1202.30	566.60	681223
合计	2623		3496814

注：小时热量为3496814/2.5=1398726kJ/h。① 用插值法得到。

② 返回罐中冷凝物被加热到865℃(1138K)带走物理热，其中：

组　分	质量/kg·罐$^{-1}$	$H_{1138}^{\ominus}-H_{298}^{\ominus}$①/kJ·kg^{-1}	ΔH_j/kJ·罐$^{-1}$
Ti	25.72	548.62	14111
Mg	2395.15	1380.51	3306529
$MgCl_2$	1202.30	1176.82	1414891
合　计	2623.17		4735531

注：小时热量为4735531/2.5＝1894212kJ/h。①用插值法得到。

根据以上计算结果，将表7-5修正后得表7-6。

表7-6　还原炉加热期热平衡(返回罐及冷凝物入炉)

收　入			支　出		
收入项目	数量和组成		支出项目	数量和组成	
	数量/kJ·h^{-1}	组成/%		数量/kJ·h^{-1}	组成/%
(1)预热到700℃的还原罐入炉带入物理热	633150	13.28	(1)炉子吸热	1011640	21.22
			(2)罐盖及堵板散热	501843	10.53
(2)预热到700℃的冷凝物入炉带入物理热	1398726	29.34	(3)炉子向环境散热	30291	0.64
			(4)反应罐从25℃加热到865℃需热量	787920	41.31
(3)预热到300℃炉子带入物理热	306824	6.44			
(4)电加热供热量	2353545	50.95	(5)冷凝物从25℃加热到865℃带走热	1894212	16.53
			(6)冷却法兰用水带走热	466339	9.78
合　计	4692245	100.0	合　计	4692245	100.0

取功率安全系数1.24。需电功率：

$$P=\frac{2353545\times1.24}{3600}=810.67\text{kW}$$

实际取810kW。

下面加热电阻丝的计算，应按810kW功率计算，才能满足现在工业生产中反应罐(返回冷凝罐)进行循环使用的要求。

(5)还原炉加热电阻丝的计算。电阻加热丝与供电线路的连接如图7-7所示。

按图7-7分配炉功率(810kW)。从炉子上部到下部共4个温度带：Ⅰ带，110kW；Ⅱ带，200kW；Ⅲ带，250kW；Ⅳ带，250kW。加热丝用Cr20Ni80电阻丝，最大加热温度为1150℃，20℃时的电阻率为1.15Ω·m，密度为8400kg/m^3。电阻率温度系数为1×10^{-4}。按式7-20计算1150℃时Ni-Cr丝的电阻率为：

$$\rho_t=1.15\times(1+10^{-4}\times1150)$$
$$=1.282\Omega\cdot\text{m}$$

加热丝实际上是呈矩形断面的加热带，其宽厚比为10。Ⅰ带是把相线与零线接通，电压为220V。加热元件表面的允许负荷为2.6W/cm^2。

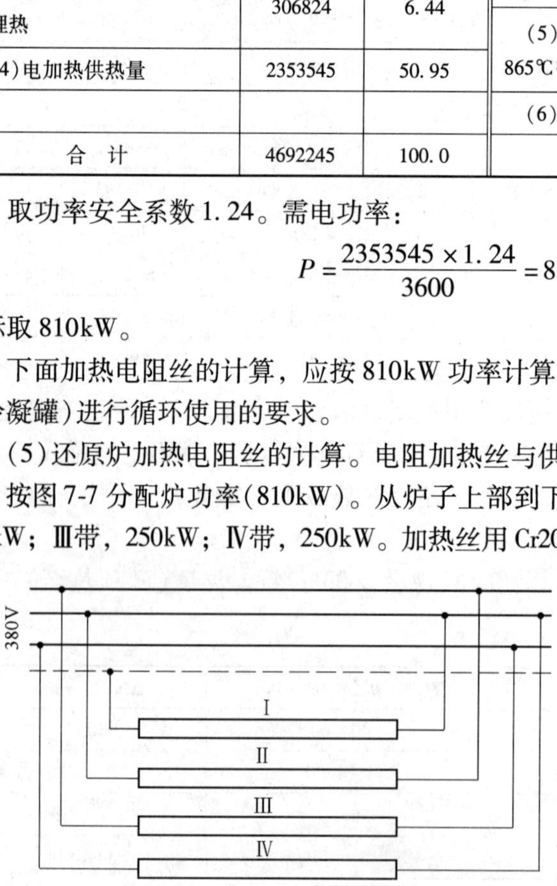

图7-7　还原炉接线图
Ⅰ～Ⅳ—加热带

按式7-19确定带形电热丝的厚度：

$$a_{\mathrm{I}}=\sqrt[3]{\frac{5\times10^4\times110^2\times1.282}{10\times(10+1)\times220^2\times2.6}}=3.83\mathrm{mm}$$

取与计算厚度接近的加热带厚度，$a_{\mathrm{I},实际}=4.0\mathrm{mm}$。这样，宽度 $b_{\mathrm{I}}=10\times4=40\mathrm{mm}$。Ⅰ带加热丝的横截面积：

$$A_{\mathrm{I}}=a_{\mathrm{I}}\times b_{\mathrm{I}}=4\times40=160\mathrm{mm}^2$$

按式7-22确定加热丝的电阻：

$$R_{\mathrm{I}}=220^2/(110\times10^3)=0.44\Omega$$

按式7-21计算加热丝的长度(取加热丝带的倒角系数为0.94)：

$$L_{\mathrm{I}}=0.94\times0.44\times160/1.282=51.62\mathrm{m}\approx52\mathrm{m}$$

带状加热丝横截面的周长：

$$n_{\mathrm{I}}=2a_{\mathrm{I}}+2b_{\mathrm{I}}=2\times0.4+2\times4=8.8\mathrm{cm}$$

按式7-23计算电阻丝的单位负荷：

$$W_{计算}=110\times10^3/(8.8\times5200)=2.4\mathrm{W/cm}^2$$

而该种电阻丝的允许单位负荷为 $3\mathrm{W/cm}^2$。计算单位负荷低于允许单位负荷，因而是安全的。

实际安装时，带状加热丝不是直线形的，而是折叠加工成波折形。波折段长度取0.4m，两个波折段之间的距离为0.05m。按式7-24计算Ⅰ带的线匝数：

$$N_{\mathrm{I}}=52/(0.4+0.05)=116$$

除第Ⅰ带电压是220V外，其余三带的相电压都是380V。

按式7-19计算带状加热丝的厚度：

第Ⅱ带：$a_{\mathrm{II}}=\sqrt[3]{\dfrac{5\times10^4\times200^2\times1.282}{10\times(10+1)\times380^2\times2.6}}=3.96\mathrm{mm}$，取为4mm

$$b_{\mathrm{II}}=40\mathrm{mm}$$

横截面积 $A_{\mathrm{II}}=4\times40=160\mathrm{mm}^2$。

同样，按式7-21和式7-22计算带状电阻丝的长度及其电阻：

$$L_{\mathrm{II}}=0.94\times0.722\times160/1.282=84.7\mathrm{m}，取为85\mathrm{m}$$

$$R_{\mathrm{II}}=380^2/(200\times10^3)=0.722\Omega$$

第Ⅱ加热带电阻丝的工作单位负荷，按式7-23确定：

$$W_{计算,\mathrm{II}}=200\times10^3/(8.8\times8500)=2.67\mathrm{W/cm}^2$$

$W_{计算,\mathrm{II}}<W_{允许}$，用电是安全的。

按式7-24计算第Ⅱ带电阻丝的匝数：

$$N_{\mathrm{II}}=85/(0.4+0.05)=189$$

同理，第Ⅲ、Ⅳ加热带的电压皆为380V，功率皆为250kW，两带加热丝厚度为：

$$a_{\mathrm{III,IV}}=\sqrt[3]{\frac{5\times10^4\times250^2\times1.282}{10\times(10+1)\times380^2\times2.6}}=4.59\mathrm{mm}$$

取为 4.6mm，$b_{Ⅲ,Ⅳ}=46$mm。加热丝带横截面积：

$$A_{Ⅲ,Ⅳ}=4.6\times46=211.6\text{mm}^2$$

此时电阻丝带的截面周长：

$$n_{Ⅲ,Ⅳ}=2\times4.6+2\times46=101.2\text{mm}=10.12\text{cm}$$

电阻：

$R_{Ⅲ,Ⅳ}=380^2/(250\times10^3)=0.578\Omega$

加热电阻丝带的长度：

$$L_{Ⅲ,Ⅳ}=0.94\times0.578\times211.6/1.282=90\text{m}$$

计算单位负荷：

$$W_{计算,Ⅲ,Ⅳ}=250\times10^3/10.12\times9000=2.75\text{W/cm}^2$$

$W_{计算,Ⅲ,Ⅳ}<W_{允许}(3\text{W/cm}^2)$，用电安全。

第Ⅲ、Ⅳ加热带带状加热丝的匝数：

$$N_{Ⅲ,Ⅳ}=90/(0.4+0.05)=200\ 匝$$

第Ⅰ，Ⅱ加热带电阻丝规格为 4mm×40mm，长度 $L_{Ⅰ+Ⅱ}=57+85=137$m；第Ⅲ，Ⅳ加热带电热丝规格为 4.6mm×46mm，长度 $L_{Ⅲ+Ⅳ}=90\times2=180$m。其质量分别为：

$$m_{Ⅰ+Ⅱ}=137\times160\times(10^{-3})^2\times8400=184.128\text{kg}$$

$$m_{Ⅲ+Ⅳ}=180\times211.6(10^{-3})^2\times8400=319.94\text{kg}$$

总质量为：504.07kg。

还原炉的技术性能如下：

炉功率/kW	810
加热带数	4
供电电压/V	第Ⅰ加热带，220
	第Ⅱ、Ⅲ、Ⅳ带，380
操作温度/℃	900
炉子直径/mm	
内径	2500
外径	3200
炉子总高度/mm	3160
炉子质量/t	7.574
带状加热电阻丝质量/kg	504.07

（6）还原炉台数和还原反应罐台数的计算。1 台炉的年工作日 330 天，检修时间 35 天。

根据表 7-3，日处理精四氯化钛 65.313t，日产出海绵钛坨 16.04t。则还原—蒸馏车间的年产能(海绵钛)应为：

$$\frac{16.04}{65.313}\times21553.15=5293.166\text{t/a}$$

在还原过程中，还原炉的时间分配为：从还原罐入炉加热升温到反应开始时间占 2.5h，还原反应过程占 60h，炉子加热升温时间 0.5h，还原罐在炉内保温时间 1h，还原罐与还原炉一同冷却时间 0.5h。然后还原罐吊出炉子持续占炉时间总计为：64.5h。

生产 1 罐海绵钛重 5t，占用炉子时间 64.5h，则 1 台还原炉的小时产能为：$\frac{5000}{64.5}=77.52kg/h$。炉子年工作日 330 天。则 1 台炉子的年产能为：

$$77.52\times24\times330=613953.49kg/a$$

要求还原—蒸馏车间年处理精 $TiCl_4$ 21553.15t，年产海绵钛 5293.166t，则所需还原炉台数为：$\frac{5293166}{613953.49}=8.63\approx9$ 台。按 I 形半联合方式生产，需还原炉 9 台。实际可安装 10 台，1 台备用。还原炉使用期设定为 2 年。

还原反应罐的占用时间分配为：设备组装时间 6h，在炉内停留时间 64.5h，出炉后再冷却 12h，拆装 4h，然后去真空蒸馏。占罐总时间为 86.5h。

要求还原—蒸馏车间年产海绵钛 5293166kg，日产：

$$5293166/365=14502kg$$

还原罐 1 年 365 天都处于生产状态，一旦坏了就报废，用备用新罐替换。

设每天 24h 所需还原周期数为 n，而每周期即每罐产量为 5000kg，则

$$5000n=14502,\quad n=\frac{14502}{5000}=3$$

因此应有还原罐数：3×86.5/24 = 11 台/周期，考虑到还原蒸馏和冷凝 3 个作业同时轮转，乘以系数 3，则应有罐子台数 33 台，假设还原罐备用系数取 20%，共需 33×1.2 = 40 台。

（7）还原炉真空系统的选择与计算。真空线路示意图如图 7-8 所示。每 2 台炉子共用 1 台工作泵，10 台炉子需工作泵 5 台。抽气时间不同时，而是错开进行。因每台炉每个周期开始时抽气时间短，而后充 Ar 气，在保护气氛下开始还原反应，因此，工作泵发生故障的几率不会很高。所以，全车间考虑 1 台备用泵。

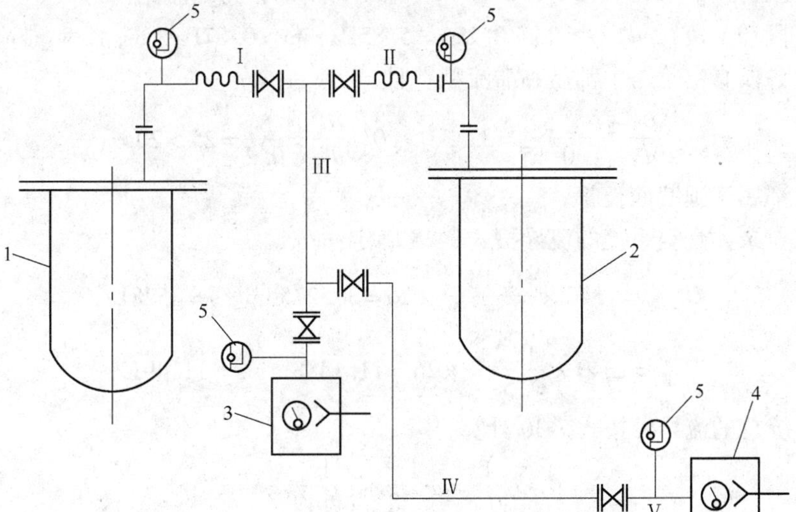

图 7-8 还原罐真空系统图

1，2—还原罐；3—H-150 滑阀式真空泵（工作泵）；4—H-150 滑阀式真空泵（备用泵，全车间还原炉共用 1 台）；5—麦氏真空规

还原罐内体积：

$$V_{还原罐}=0.785d_{内}^2h=0.785\times2.2^2\times2.4=9.12\text{m}^3$$

Ⅰ段、Ⅱ段管路体积：

$$V_{Ⅰ段}=V_{Ⅱ段}=0.785\times0.15^2\times5=0.088\text{m}^3$$

Ⅲ段管路体积：

$$V_{Ⅲ段}=0.785\times0.2^2\times5=0.157\text{m}^3$$

被抽真空系统总体积：

$$V_{总}=9.12+0.088+0.157=9.365\text{m}^3$$

考虑到管路上可能发生的微泄漏，取为 10m^3。

要求在 20min(1200s)内将罐内压力(设为 1 标准大气压，1atm)从 101325Pa 抽至残余压力 1.33Pa。则真空泵应有的抽气速率按式 7-27 计算：

$$s_p=(2.3\times10\times10^3/1200)\lg\frac{101325}{1.33}=93.57\text{L/s}$$

查参考文献[21]，选用 H-150 滑阀式真空泵。这种泵的极限压力为 0.6Pa，抽气速率为 150L/s，配用电动机功率为 15kW，进气口径为 100mm，排气口径为 80mm，冷却水耗量为 700kg/h，自重为 720kg。

管路流导(通导能力)的校核：假设管道入口压力为 50Pa，出口压力为 2Pa，平均压力 $\bar{p}=\frac{50+2}{2}=26\text{Pa}$。

气体流型判别：

对于Ⅰ段和Ⅱ段：$\bar{p}d_{Ⅰ,Ⅱ}=26\times0.15=3.9\text{Pa}\cdot\text{m}>0.67\text{Pa}\cdot\text{m}$，为黏滞流；

对于Ⅲ段：$\bar{p}d_{Ⅲ}=26\times0.2=5.2\text{Pa}\cdot\text{m}>0.67\text{Pa}\cdot\text{m}$，为黏滞流；

对于Ⅳ段和Ⅴ段：$\bar{p}d_{Ⅳ,Ⅴ}=26\times0.225=5.85\text{Pa}\cdot\text{m}>0.67\text{Pa}\cdot\text{m}$，为黏滞流。

可见，各段真空管路中都是黏滞流型。且

$$\frac{L_{Ⅰ,Ⅱ}}{d_{Ⅰ,Ⅱ}}=\frac{5}{0.15}=33.33>20,\quad \frac{L_{Ⅲ}}{d_{Ⅲ}}=\frac{5}{0.2}=25>20$$

因此，都属于圆截面长管。

对于工作泵，真空系统的流导按式 7-28 确定：

$$U_{Ⅰ,Ⅱ}=1340\times\frac{(0.15)^4}{5}\times26=3.52755\text{m}^3/\text{s}=3528\text{L/s}$$

$$U_{Ⅲ}=1340\times\frac{(0.2)^4}{5}\times26=11.1488\text{m}^3/\text{s}=11149\text{L/s}$$

真空系统总的流导，按式 7-30 计算：

$$\frac{1}{U_{总}}=\frac{1}{3528}+\frac{1}{11149}$$

$$U_{总}=2680\text{L/s}$$

有效抽气速率 s 按式 7-31 确定：

$$s=\frac{150}{1+150/2680}=142\text{L/s}$$

相当于初期抽气速率的$\frac{142}{150}\times100\%=95\%$。抽气速率只下降5%是完全允许的。

对于全车间共用的1台备用泵来说，真空系统的流导按式7-28计算：

$$U_{Ⅳ}=1.34\times10^3\times\frac{(0.225)^4}{50}\times26=1.78582\text{m}^3/\text{s}=1785.82\text{L/s}$$

$$U_{Ⅴ}=1.34\times10^3\times\frac{(0.225)^4}{10}\times26=8.9291\text{m}^3/\text{s}=8929.10\text{L/s}$$

系统总流导按式7-30计算：

$$U_{总}=\frac{1}{1/1785.82+1/8929.10}=1488.18\text{L/s}$$

有效抽气速率：

$$s=\frac{150}{1+150/1488.18}=136.36\text{L/s}$$

相当于初期抽气速率的$\frac{136.36}{150}\times100\%=91\%$。可见，全车间共用1台备用泵时，管线长，备用泵的抽气速率下降较多，为9%。但仍在允许范围内。

（8）真空蒸馏炉功率的计算及热平衡表的编制。在Ⅰ形半联合方式的生产中，还原罐—蒸馏罐—冷凝返回罐是同一个罐子，循环使用。所以，蒸馏罐与还原反应罐的尺寸是一样的，蒸馏炉与还原炉的结构尺寸也是相同的，只是操作条件有所不同而已：前者工作温度要高一些，蒸馏期罐内保持高真空，罐体与炉子之间环隙要抽反真空；后者工作期温度要低一些，罐内充氩气保护，压力不能太低，反应激烈期罐体与炉子间环隙要通风散热。二者热制度有别。

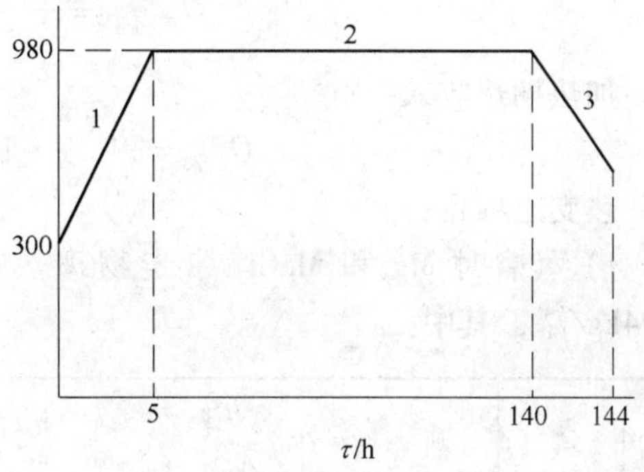

图7-9 蒸馏炉的热制度

1—加热期；2—真空蒸馏期；3—冷却期

蒸馏炉的热制度如图7-9所示。每炉（罐）周期共6天（144h）：加热期5h，蒸馏期135h，冷却期4h。

热平衡计算如下（温度基准：25℃（298K））。

热收入项：

1）还原反应罐（内装反应产物）入炉带入物理热。还原罐入炉时温度50℃（323K），罐体质量3500kg，罐内还原产物8594kg/罐（见前面的计算）。其中：

组　分	质量/kg	$H^{\ominus}_{300}-H^{\ominus}_{298}$ /kcal·kmol^{-1}	$H^{\ominus}_{400}-H^{\ominus}_{298}$ /kcal·kmol^{-1}	$H^{\ominus}_{323}-H^{\ominus}_{298}$/kJ·kg^{-1}	ΔH_i/kJ
罐体	3500	13	639	156.98×4.184/55.85 =11.76	41160.52
Ti	4984.52	13	628	154.45×4.184/47.9 =13.49	67246.15

续表

组　分	质量/kg	$H^{\ominus}_{300}-H^{\ominus}_{298}$ /kcal · kmol^{-1}	$H^{\ominus}_{400}-H^{\ominus}_{298}$ /kcal · kmol^{-1}	$H^{\ominus}_{323}-H^{\ominus}_{298}$/kJ · kg^{-1}	ΔH_i/kJ
Mg	2395. 15	14	624	154. 3 ×4. 184/24. 3 =26. 57	63633. 24
$MgCl_2$	1214. 33	35	1803	441. 64 ×4. 184/95. 3 =19. 39	23545. 28
合　计	12094				195585. 19

注：杂质量很少，已计入 $MgCl_2$ 中。

因需加热 5h，相当于每 1h 带入热量：

$$Q_{罐,小时}=\frac{195585}{5}=39117kJ/h$$

2）已被加热到 300℃的炉子带入物理热。前已计算得：$Q_{炉}=767060kJ$，因为炉子结构尺寸一样，所以蒸馏炉也是这个值。因蒸馏时炉子需加热 5h，相当于每 1h 带入热：

$$Q_{炉,小时}=\frac{767060}{5}=153412kJ/h$$

加热期热收入：

$$Q_{收入}=39117+153412=192529kJ/h$$

热支出项目：

1）蒸馏时 Mg 和 $MgCl_2$ 带走物理热（蒸馏温度 980℃（1253K））。每罐还原产物 8594kg/罐，其中：

组　分	质量/kg	$H^{\ominus}_{1200}-H^{\ominus}_{298}$ /kcal · kmol^{-1}	$H^{\ominus}_{1300}-H^{\ominus}_{298}$ /kcal · kmol^{-1}	$H^{\ominus}_{1253}-H^{\ominus}_{298}$/kJ · kg^{-1}	ΔH_j/kJ · 罐$^{-1}$
Mg	2395. 15	8489	9249	8891. 8 ×4. 184/24. 3 =1531	3666975
$MgCl_2$	1202. 30	28175	30385	29346 ×4. 184/95. 3 =1288	1549048
合　计	3597. 45				5216023

蒸馏时间 135h，平均每 1h 带走热：

$$\frac{5216023}{135}=38637.21kJ/h$$

考虑到强烈蒸发期的时间只有 10h 左右，这段时间内蒸馏耗热占 80%，应从这个时间段来考虑电炉功率，否则完全按 135h 平均化，则强烈蒸馏时供热会不足。

$$Q_{Mg+MgCl_2,小时}=\frac{5216023\times0.8}{10}=417282kJ/h$$

2）经过隔热屏从还原反应罐（现在是蒸馏罐）辐射到返回罐（冷凝器）的热量计算。取隔热屏数 2 块，其黑度为 0. 8。当系统内有圆柱形隔热屏时，折合黑度按式 7-11 计算：

$$\varepsilon_{折合}=1/[(2+2)(2/0.8-1)]=0.167$$

在还原反应罐和返回罐之间的圆柱形隔热屏的直径为1.23m，其面积为：

$$A_{隔热屏}=0.785d_{屏}^2=0.785\times1.23^2=1.188\text{m}^2。$$

冷凝器被冷却到100℃。

经挡板辐射到返回罐的热量按式7-9计算：

$$Q'_{辐射}=0.167\times5.7\times1.188\times\left[\left(\frac{1253}{100}\right)^4-\left(\frac{373}{100}\right)^4\right]=27655.92\text{W}$$

下面进行经中心接管辐射到返回罐的热量计算：取接管黑度为 $\varepsilon=0.8$，假定本系统的 $\varepsilon_{折合}=\varepsilon=0.8$；接管直径 $d_{接管}=0.25\text{m}$，其截面积：

$$A_{接管}=0.785\times0.25^2=0.049\text{m}^2$$

于是，经中心管辐射到返回罐(冷凝器)的热量，按式7-12求得：

$$Q''_{辐射}=0.8\times5.7\times0.049\times\left[\left(\frac{1253}{100}\right)^4-\left(\frac{373}{100}\right)^4\right]=5464.38\text{W}$$

辐射的总热量：

$$Q_{辐射}=27655.92+5464.38=33120.3\text{W}=33120.3\times3.6=119233\text{kJ/h}$$

3）向周围环境散失热量的计算(与前面还原炉计算相同)：

$$Q_{炉,散热}=30291\text{kJ/h}$$

4）加热反应罐和还原产物需要的热量计算。加热至蒸馏温度980℃，罐体质量3500kg，罐内还原产物8594kg，其中：

组　分	质量/kg	$H_{1200}^{\ominus}-H_{298}^{\ominus}$ /kcal·kmol^{-1}	$H_{1300}^{\ominus}-H_{298}^{\ominus}$ /kcal·kmol^{-1}	$H_{1253}^{\ominus}-H_{298}^{\ominus}$/kJ·kg^{-1}	ΔH_j/kJ·罐$^{-1}$
罐　体	3500	8865	9632	9271.51×4.184/55.85 =694.57	2431011.5
Ti	4984.52	7364	8074	7740.3×4.184/47.9 =676.1	3370057.4
Mg	2395.15	8489	9249	8891.8×4.184/24.3 =1531	3666973.8
$MgCl_2$	1214.33	28175	30385	29346.3×4.184/95.3 =1288.4	1564547.9
合　计	12094				11032591

加热5h，平均每1h耗热量：

$$Q_{罐+产物,小时}=\frac{11032591}{5}=2206518.2\text{kJ/h}$$

5）真空蒸馏炉吸热量计算。因蒸馏炉的结构尺寸同还原炉，只是蒸馏温度为980℃，要高一些，因此，蒸馏时被炉子吸收的热量与还原炉稍有不同，要多一些。

砌体层 / 各阶段温度情况	轻质耐火砖	—	超轻质保温砖	—	石棉层	—	钢外壳
	内表面	界　面		界　面		界　面	钢外壳外表面
开始加热时/℃	300	160		90		30	30
加热5h后/℃	980	750		130		60	60
开始加热时各层平均温度/℃	$t'_{平均,轻质砖}$ =230		$t'_{平均,超轻砖}$ =125		$t'_{平均,石棉层}$ =60		$t'_{平均,钢壳}$ =30

续表

砌体层 / 各阶段温度情况	轻质耐火砖	—	超轻质保温砖	—	石棉层	—	钢外壳
	内表面	界　面		界　面		界　面	钢外壳外表面
加热结束时各层平均温度/℃	$t''_{平均,轻质砖}=865$		$t''_{平均,超轻砖}=440$		$t''_{平均,石棉层}=95$		$t''_{平均,钢壳}=60$
加热期各层平均温度/℃	635		315		35		30
比热容/kJ·(kg·K)$^{-1}$	1.553		0.4895		0.5749		0.51
各层质量/kg	2580		2210		315		2469

各层砌体和炉壳吸热量：

$$Q_{轻质砖}=2580\times1.553\times635=2544279.9\text{kJ}$$

$$Q_{超轻质砖}=2210\times0.4895\times315=340765.43\ \text{kJ}$$

$$Q_{石棉层}=315\times0.5749\times35=6338.27\ \text{kJ}$$

$$Q_{钢壳}=2469\times0.51\times30=37775.70\ \text{kJ}$$

蒸馏炉吸热总量：

$$Q_{蒸馏炉}=2544279.9+340765.43+6338.27+37775.70=2929159\text{kJ}$$

加热时间5h，平均每1h吸热量：

$$Q_{蒸馏炉,小时}=\frac{2929159}{5}=585832\text{kJ/h}$$

炉子加热期热支出：

$$Q_{支出}=119233+30291+2206518+585832=2941874\text{kJ/h}$$

加热期冷却法兰用水带走热占总热损失的20%：

$$Q_{法兰水冷}=2941874\times0.2=588375\text{kJ/h}$$

这样，蒸馏炉加热期总的热损失：

$$Q_{总支出}=2941874+588375=3530249\text{kJ/h}$$

则需电供热：

$$Q_{电}=Q_{总支出}-Q_{收入}=3530249-192529=3337720\text{kJ/h}$$

真空蒸馏炉加热期的热平衡见表7-7。

表7-7　真空蒸馏炉在加热期的热平衡

收　入			支　出		
收入项目	数量和组成		支出项目	数量和组成	
	数量/kJ·h^{-1}	组成/%		数量/kJ·h^{-1}	组成/%
(1)还原罐及反应产物带入热(入炉温度50℃)	39117	1.11	(1)经隔热屏和中心接管辐射损失热	119233	3.38
(2)炉子砌体及外壳带入热(已热至300℃)	153412	4.35	(2)炉子向环境散失热	30291	0.86
(3)电供热	3337720	94.55	(3)加热还原罐及还原产物至980℃耗热	2206518	62.50
			(4)炉子吸热	585832	16.59
			(5)冷却法兰耗热	588375	16.67
合　计	3530249	100.0	合　计	3530429	100.0

由热平衡表可以看出，加热期需电供热为 3337720kJ/h，取安全系数 1.15，则需电功率：

$$P=\frac{3337720\times 1.15}{3600}=1066\text{kW}$$

而在真空蒸馏的强烈蒸馏期，$Mg + MgCl_2$ 蒸发需热 417282kJ/h，再加上表 7-7 中支出项目的第(1)，(2)和(5)项共需供热量：

$$417282+119233+30291+588375=1155181\text{kJ/h}$$

需电功率：

$$\frac{1155181}{3600}=321\text{kW}$$

所以按加热期电功率配置加热电阻丝，完全能满足激烈蒸馏期所需电负荷。

(9) 冷却水耗量计算。已知数据：水的比热容：1kcal/(kg·℃)=4.184kJ/(kg·℃)，冷却前后温度分别为 25℃和 60℃。

1)冷却法兰需水量：$G_{法兰}=588375/[4.184\times(60-25)]=4018\text{kg/h}\approx 4\text{m}^3/\text{h}$

2)冷却返回罐(冷凝器)需水量。按激烈蒸发期，冷凝 $Mg + MgCl_2$ 需最大导热量 323177kJ/h 考虑，需喷淋水量：

$$G_{冷凝器}=323177/[4.184\times(60-25)]=2207\text{kg/h}\approx 2.2\text{m}^3/\text{h}$$

需总水量：

$$G_{水}=4+2.2=6.2\text{m}^3/\text{h}$$

(10) 真空蒸馏炉加热电阻丝的计算。蒸馏炉接线方式如图 7-10 所示。4 个加热带的功率取为一样，每带电功率应为 $\frac{1066}{4}=266.5\text{kW}$。供电电压 380V。

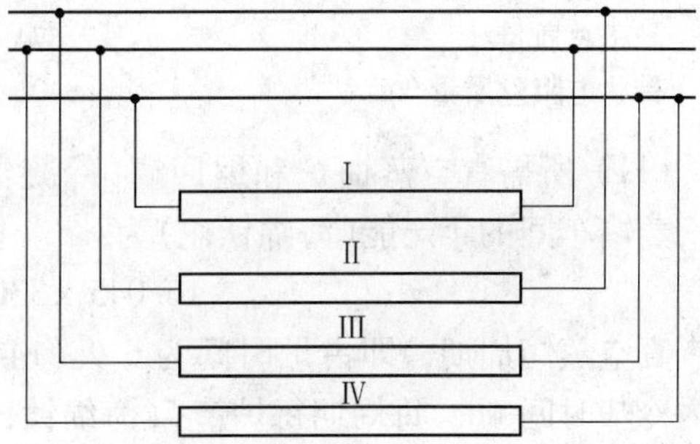

图 7-10 蒸馏炉接线图
Ⅰ~Ⅳ—加热带

所用带状电阻丝的规格、性能及计算方法与前面还原炉加热丝的计算相同。在 1150℃下的电阻率 $\rho_t=1.28\Omega\cdot\text{m}$，宽厚比为 10，允许表面负荷为 2.6W/cm^2。密度为 8.4t/m^3。

带状加热丝厚度：

$$a=\sqrt[3]{\frac{5\times 10^4\times(266.5)^2\times 1.28}{10(10+1)\times 380^2\times 2.6}}=4.79\text{mm}$$

取厚度 5mm，则宽度 $b=10\times 5=50\text{mm}$，横截面积：

$$A=5\times 50=250\text{mm}^2$$

截面的周长：

$$n=2\times(50+5)=110\text{mm}=11\text{cm}$$

带状加热丝的电阻：

$$R=380^2/266.5\times 10^3=0.542\Omega$$

长度：

$$L=0.94\times 0.542\times 250/1.28=99.51\text{m}\approx 100\text{m}=10000\text{cm}$$

其单位负荷：

$$W_{计算} = 266.5 \times 10^3/11 \times 10000 = 2.42\mathrm{W/cm^2}$$

$W_{允许} = 3\mathrm{W/cm^2}$，$W_{计算} < W_{允许}$，用电是安全的。

加热丝的匝数：

$$N = 100/(0.4 + 0.05) = 222$$

加热丝 4 个温度带的总长度为：

$$100 \times 4 = 400\mathrm{m}$$

总质量为：

$$400 \times 250 \times (10^{-3})^2 \times 8400 = 840\mathrm{kg}$$

真空蒸馏炉的技术规格如下：

炉子功率/kW	1066
供电电压/V	380
加热带数	4
工作温度/℃	980
炉子直径/mm	
内径	2500
外径	3200
总高度/mm	3160
炉子总质量/t	7.574
带状电阻丝质量/kg	840

（11）所需真空蒸馏炉和返回罐（冷凝器）台数的计算。炉子年工作日取 330 天。还原—蒸馏车间的年产能（海绵钛坨）为：

$$16.045 \times 330 = 5294.85\mathrm{t/a}$$

真空蒸馏周期，即占炉时间为 6 天（144h）：炉子加热时间 5h，真空蒸馏时间 135h，炉内冷却时间 4h。每周期每炉产 5t 海绵钛，则 1 台蒸馏炉的小时产能为：

$$5000/144 = 34.723\mathrm{kg/h}$$

1 台蒸馏炉的年产能为：

$$34.723 \times 24 \times 330 = 275000\mathrm{kg/a} = 275\mathrm{t/a}$$

于是，所需蒸馏炉台数为：5294.85/275 = 19.254，实际取 20 台。

为完成年产海绵钛 5294.85t 的生产任务，需要每天真空蒸馏的周期数为：

$$5294.85/5 \times 365 = 2.9 \approx 3$$

蒸馏罐在整个生产过程中的占罐时间由以下作业时间构成：蒸馏时间 144h，炉外冷却时间 12h，打取海绵钛坨时间 10h，共 166h，作冷凝器（返回罐）进入下一个循环周期。因此需有蒸馏罐：

$3 \times 166/24 = 20.75$ 取 21 台。因为罐子是循环使用，需要的冷凝器（返回罐）也需要有 21 台。所以，还原—蒸馏车间所需还原罐—蒸馏罐—返回罐（实际上是一个罐子在不同时间分别作为这三种功能的罐子用）总数应为：

$$22 + 21 + 21 = 64\text{台（其中备用 12 台）}$$

（12）真空蒸馏炉真空系统的选择与计算。真空蒸馏炉的真空系统配置如图 7-11 所示。先用水环真空泵将系统从 101325Pa（1atm）抽至 15000Pa（15kPa，112.5mmHg），可把还原产物及罐壁上一些低价氯化钛、水解杂质产物等抽走。继后用滑阀式机械真空泵从15000Pa预抽至13.33Pa(0.1mmHg)粗真空，以上是抽低真空。然后再开动滑阀式机械泵+油扩散喷射泵(油增压泵)组成的机组(这里油增压泵称为主泵或次级泵，与之配套的滑阀式泵称为前级泵)，将系统从13.33Pa抽至0.133Pa(10^{-3}mmHg)，并一直长时间(135h)维持这个真空度至每罐蒸馏结束。考虑到蒸馏系统的特殊性和便于管路安装、对接及防震，管路上安装了真空过滤器、波纹管等。

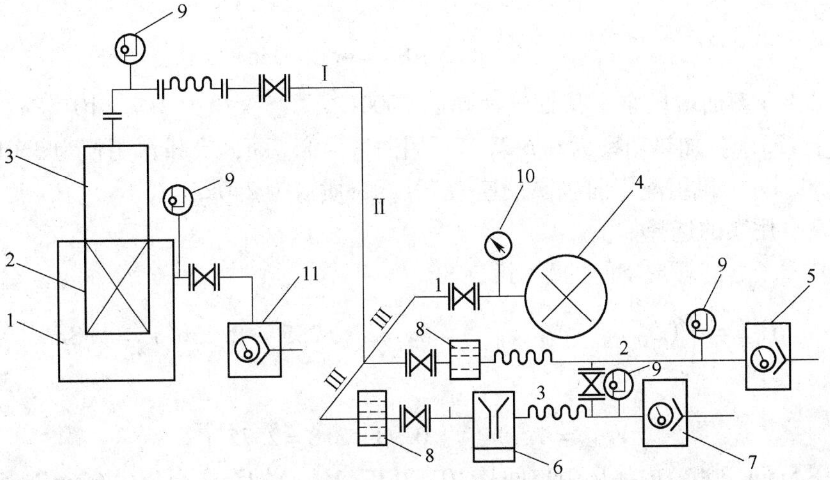

图7-11 真空蒸馏炉真空系统图

1—蒸馏炉；2—蒸馏罐(还原反应罐)；3—冷凝器(返回罐)；4—水环真空泵；5—滑阀式真空泵(H-150，预抽泵)；6—油增压泵；7—滑阀式真空泵(前级泵)；8—真空过滤器；9—麦氏真空规；10—真空表；11—滑阀式真空泵(抽反真空)

先计算各个阶段的抽气速率。

第1阶段，在10min(600s)内，从101325Pa→15kPa：

$$s_{p_1}=(2.3\times20\times10^3/600)\lg\frac{101325}{15000}=63.60\text{L/s}=\frac{63.60\times10^{-3}}{1/60}=3.82\text{m}^3/\text{min}$$

为保险起见，选择SK-20型水环真空泵，其极限真空度为8kPa，最大抽气量为20 m³/min，转速为970r/min，吸入和排出口径为150mm。如果保守一些，选SK-12水环泵也可。

第2阶段，在20min(1200s)内，从15kPa→13.33Pa：

$$s_{p_2}=(2.3\times20\times10^3/1200)\lg\frac{15000}{13.33}=117\text{L/s}$$

选用H-150滑阀式真空泵，其极限压力为0.6~1.33Pa，抽气速率为150L/s，泵转速为490r/min，配用电动机功率为15kW，进气口径为100mm，排气口径为80mm；用油量为30L；冷却水耗量为700L/h；质量为720~970kg。

第3阶段，在20min(1200s)内从13.33Pa→0.133Pa：

$$s_{p_3}=(2.3\times20\times10^3/1200)\lg\frac{13.33}{0.133}=76.70\text{L/s}$$

为可靠起见，将抽速增大20%，则 $s_{p_3,有效}=76.70\times1.2=92L/s$。要求油增压泵的有效抽速为92L/s，考虑到管路上的各种元件，如阀门、挡板、真空过滤器等要造成泵抽速的损失(一般泵的有效抽速只有泵计算抽速的1/3左右)，因此，所选泵的抽速应是有效抽速的3倍左右。所以，所选泵的抽气速率应为：

$$s_{p_3,实际}=92\times3=276L/s$$

但在本计算情况下，蒸馏期间，特别是在激烈蒸发期，会有大量排气。因此需有5~8倍的备用能力。则

$$s_{p_3,实际}=92\times(5\sim8)=460\sim736L/s$$

选用Z-300型油增压泵，其抽气速率为2000L/s，极限压力为 7×10^{-2}Pa，最大排气压力不低于133Pa，加热功率为6.6kW，泵用油量为8.5kg，冷却水用量为360L/h；排气口直径为300mm，机组配用前级泵抽速为70L/s，质量为240kg。

抽反真空用泵的选择如下。

炉子与罐子之间环形空间的截面积：

$$A_{环境}=\frac{\pi}{4}(D^2_{炉内径}-d^2_{罐平均外径})=0.785\times(2.5^2-2.236^2)=0.98m^2$$

体积：

$$V_{环隙}=A_{环隙}h_{环隙}=0.98\times2.8=2.75m^3$$

要求在5min(300s)内将环隙空间从101325Pa(1atm)抽至剩余压力6666Pa(50mmHg)，则反真空泵的抽气速率应为：

$$s_{p,反真空}=(2.3\times2.75\times10^3/300)\lg\frac{101325}{6666}=24.92L/s$$

可选用H-50型滑阀式真空泵作为抽反真空的泵。其极限压力为1Pa，抽气速率为50L/s，配用电动机功率为5.5kW，进气口径为80mm，排气口径为50mm；冷却水耗量为480kg/h；泵质量为350kg。

真空管路的选择及其流导的校核：参见图7-11，各段线路的直径和长度如下：

Ⅰ段：$d_{Ⅰ}=16cm=0.16m$　　$L_{Ⅰ}=150cm=1.5m$；

Ⅱ段：$d_{Ⅱ}=28cm=0.28m$　　$L_{Ⅱ}=600cm=6.0m$；

Ⅲ段：$d_{Ⅲ}=28cm=0.28m$　　$L_{Ⅲ}=200cm=2.0m$；

1、2、3段：

$d_1=d_2=d_3=20cm=0.20m$

$L_1=L_2=L_3=150cm=1.5m$

各段线路的平均压力、流型判别及流导计算如下：

对于水环真空泵：

$$\bar{p}_{Ⅰ}=\frac{15+14}{2}=14.5kPa=14500Pa，\bar{p}_{Ⅰ}d_{Ⅰ}=14500\times0.16=2320Pa\cdot m$$

$$\bar{p}_{Ⅱ}=\frac{14+13}{2}=13.5kPa=13500Pa，\bar{p}_{Ⅱ}d_{Ⅱ}=13500\times0.28=3780Pa\cdot m$$

$$\bar{p}_{Ⅲ}=\frac{13+12}{2}=12.5kPa=12500Pa，\bar{p}_{Ⅲ}d_{Ⅲ}=12500\times0.28=3500Pa\cdot m$$

$\bar{p}_1=\dfrac{12+10}{2}=11\text{kPa}=11000\text{Pa}$，$\bar{p}_1 d_1=11000\times 0.20=2200\text{Pa}\cdot\text{m}$

水环真空泵各段抽气管线的 $\bar{p}d$ 值都远大于 0.67Pa · m，所以，流型皆为黏滞流。流导按式 7-28 计算：

$$U_{\text{I},\text{黏滞流}}=1.34\times\frac{d_{\text{I}}^4}{L_{\text{I}}}\times p_c=1.34\times\frac{16^4}{150}\times 15000=8781824\text{L/s}$$

$$U_{\text{II},\text{黏滞流}}=1.34\times\frac{d_{\text{II}}^4}{L_{\text{II}}}\times p_c=1.34\times\frac{28^4}{600}\times 15000=20590976\text{L/s}$$

$$U_{\text{III},\text{黏滞流}}=1.34\times\frac{d_{\text{III}}^4}{L_{\text{III}}}\times p_c=1.34\times\frac{28^4}{100}\times 15000=123545856\text{L/s}$$

$$U_{1,\text{黏滞流}}=1.34\times\frac{d_1^4}{L_1}\times p_c=1.34\times\frac{20^4}{150}\times 15000=21440000\text{L/s}$$

真空系统的流导为：

$$U_{\text{总},\text{水环泵}}=\frac{1}{\dfrac{1}{8781824}+\dfrac{1}{20590976}+\dfrac{1}{123545856}+\dfrac{1}{21440000}}=4604666\text{L/s}$$

SK-20 型水环真空泵的最大抽气量 $20\text{m}^3/\text{min}=333.33\text{L/s}$。

系统的有效流导：

$$U_{\text{有效},\text{水环泵}}=333.33/(1+333.33/4604666)=333.33\text{L/s}$$

相当于水环泵能力的 100%，所以，水环泵完全能满足预抽要求。

对于滑阀式真空泵：

Ⅰ段：$\bar{p}_{\text{I}}=\dfrac{13.33+10.33}{2}=11.83\text{Pa}$，$\bar{p}_{\text{I}}d_{\text{I}}=11.83\times 0.16=1.89\text{Pa}\cdot\text{m}$

Ⅱ段：$\bar{p}_{\text{II}}=\dfrac{10.33+7.33}{2}=8.83\text{Pa}$，$\bar{p}_{\text{II}}d_{\text{II}}=8.83\times 0.28=2.47\text{Pa}\cdot\text{m}$

Ⅲ段：$\bar{p}_{\text{III}}=\dfrac{7.33+4.33}{2}=5.83\text{Pa}$，$\bar{p}_{\text{III}}d_{\text{III}}=5.83\times 0.28=1.63\text{Pa}\cdot\text{m}$

2 段：$\bar{p}_2=\dfrac{4.33+2.33}{2}=3.33\text{Pa}$，$\bar{p}_2 d_2=3.33\times 0.2=0.67\text{Pa}\cdot\text{m}$

各段线路的 $\bar{p}d\geqslant 0.67\text{Pa}\cdot\text{m}$，流型也都是黏滞流。流导按式 7-28 计算：

$$U_{\text{I},\text{黏滞流}}=1.34\times\frac{d_{\text{I}}^4}{L_{\text{I}}}\times p_c=1.34\times\frac{16^4}{150}\times 13.33=7804.11\text{L/s}$$

$$U_{\text{II},\text{黏滞流}}=1.34\times\frac{d_{\text{II}}^4}{L_{\text{II}}}\times p_c=1.34\times\frac{28^4}{600}\times 13.33=18298.51\text{L/s}$$

$$U_{2,\text{黏滞流}}=1.34\times\frac{d_2^4}{L_2}\times p_c=1.34\times\frac{20^4}{150}\times 13.33=19053.01\text{L/s}$$

于是，真空系统的流导为：

$$U_{\text{总},\text{滑阀泵}}=\frac{1}{\dfrac{1}{7804.11}+\dfrac{1}{18298.51}+\dfrac{1}{19053.01}}=4242.23\text{L/s}$$

H-150 型滑阀式真空泵的最大抽速 150L/s，因此，系统的有效流导：

$$U_{有效,滑阀泵} = 150/(1 + 150/4242.23) = 144.88\text{L/s}$$

相当于滑阀式泵能力的$\frac{144.88}{150} \times 100\% = 96.6\%$。抽气速率只下降3.4%，是完全允许的。

对于油增压泵，各段线路的平均压力、流型判别和流导计算如下：

Ⅰ段：$\bar{p}_{Ⅰ} = \frac{0.133 + 0.11}{2} = 0.1215\text{Pa}$，$\bar{p}_{Ⅰ}d_{Ⅰ} = 0.1215 \times 0.16 = 0.02\text{Pa} \cdot \text{m}$

Ⅱ段：$\bar{p}_{Ⅱ} = \frac{0.11 + 0.10}{2} = 0.105\text{Pa}$，$\bar{p}_{Ⅱ}d_{Ⅱ} = 0.105 \times 0.28 = 0.029\text{Pa} \cdot \text{m}$

Ⅲ段：$\bar{p}_{Ⅲ} = \frac{0.10 + 0.085}{2} = 0.0925\text{Pa}$，$\bar{p}_{Ⅲ}d_{Ⅲ} = 0.0925 \times 0.28 = 0.026\text{Pa} \cdot \text{m}$

3段：$\bar{p}_3 = \frac{0.085 + 0.075}{2} = 0.08\text{Pa}$，$\bar{p}_3d_3 = 0.08 \times 0.20 = 0.02\text{Pa} \cdot \text{m}$

因为各段的$\bar{p}d$值都是：$0.02\text{Pa} \cdot \text{m} \leqslant \bar{p}d < 0.67\text{Pa} \cdot \text{m}$，因此均为分子-黏滞流状态。

在这种情况下，管路的流导按式7-29计算：

Ⅰ段：$U_{Ⅰ,分子\text{-}黏滞流} = 1.34 \times \frac{d_{Ⅰ}^4}{L_{Ⅰ}} \times p_c + 12.1 \times \frac{d_{Ⅰ}^3}{L_{Ⅰ}} = 1.34 \times \frac{16^4}{150} \times 0.133 + 12.1 \times \frac{16^3}{150} = 408.28\text{L/s}$

Ⅱ段：$U_{Ⅱ,分子\text{-}黏滞流} = 1.34 \times \frac{d_{Ⅱ}^4}{L_{Ⅱ}} \times p_c + 12.1 \times \frac{d_{Ⅱ}^3}{L_{Ⅱ}} = 1.34 \times \frac{28^4}{600} \times 0.133 + 12.1 \times \frac{28^3}{600} = 625.31\text{L/s}$

Ⅲ段：$U_{Ⅲ,分子\text{-}黏滞流} = 1.34 \times \frac{d_{Ⅲ}^4}{L_{Ⅲ}} \times p_c + 12.1 \times \frac{d_{Ⅲ}^3}{L_{Ⅲ}} = 1.34 \times \frac{28^4}{100} \times 0.133 + 12.1 \times \frac{28^3}{100} = 3751.63\text{L/s}$

3段：$U_{3,分子\text{-}黏滞流} = 1.34 \times \frac{d_3^4}{L_3} \times p_c + 12.1 \times \frac{d_3^3}{L_3} = 1.34 \times \frac{20^4}{150} \times 0.133 + 12.1 \times \frac{20^3}{150} = 835.39\text{L/s}$

因此，真空系统的流导为：

$$U_{总,油增压泵} = \frac{1}{\frac{1}{408.28} + \frac{1}{625.31} + \frac{1}{3751.63} + \frac{1}{835.39}} = 179.86\text{L/s}$$

系统的有效流导按式7-31确定：

$$U_{有效,油增压泵} = 2000/(1 + 2000/179.86) = 165\text{L/s}$$

相当于油增压泵抽气能力的$\frac{165}{2000} \times 100\% = 8.25\%$。可见，选用Z-300型油真压泵有些过大。如选小一号的抽气速率又不足，系统管路真空损失很大。但泵的备用能力也很大，能保证形成高真空。

倒U形联合装置与Ⅰ形半联合装置的不同点是：

（1）倒U形装置中，冷凝器（返回罐）的安装与蒸馏罐（即还原罐）在同一水平线上，两者之间用带有阀门和能加热保温的管道联结。而Ⅰ形半联合装置是把冷凝器（返回罐）重叠安装在蒸馏罐的顶上，这样，蒸馏罐承重很大，高度又大，安装也较麻烦。

（2）倒U形装置中，还原结束不吊出还原罐就可立即启动蒸馏，还原炉与蒸馏炉是同一台炉子。这样省时、节能，可缩短生产周期，节约较多能量。操作也很方便。

倒U形装置的设计计算方法与前面Ⅰ形装置的计算大同小异，罐子结构尺寸、炉子尺寸、真空系统都一样。但因生产周期缩短，还原罐不出炉冷却，就地进行蒸馏，显然炉功率可以减小，电热丝带状长度和质量都可减小。计算起来比Ⅰ形装置还要简单一些。

下面进行倒U形联合装置的计算。返回罐（冷凝器）被喷淋水冷却至100℃，从联合装置系统上取出后，作为还原反应罐吊入还原—蒸馏一体化炉中。假定不经预热，入炉温度为50℃。这种情况下，罐子加冷凝物带入物理热78234kJ/h（参见表7-6）。在2.5h内加热至865℃，开始加料进行还原操作。上一个周期结束时，炉子温度为865℃。因此，炉子不需消耗能量就已达到要求的炉温。

还原罐和冷凝物在2.5h内从25℃（298K）加热到865℃（1138K）耗热量计算。其中：

组　分	质量/kg	$H^{\ominus}_{1138}-H^{\ominus}_{298}$/kJ · kg^{-1}	$\Delta H^{\ominus}_{i}$/kJ · 罐$^{-1}$
Ti	25.72	548.62	14111
Mg	2395.15	1380.51	3306529
$MgCl_2$	1202.30	1176.82	1414891
合　计	2623.17		4735531

罐体：

$$3500\times0.67\times(865-25)=1969800\text{kJ/罐}$$

带走物理热总计：

$$4735531+1969800=6705331\text{kJ/罐}$$

加热期2.5h，均摊在每1h上的热量：

$$Q_{罐+冷凝物}=6705331/2.5=2682132\text{kJ/h}$$

炉子向周围环境散失热量仍为30291kJ/h。

热支出量为：

$$2682132+30291=2712423\text{kJ/h}$$

冷却法兰用水带走热仍按总热损失的20%计：

$$Q_{法兰水冷}=2712423\times0.2=542385\text{kJ/h}$$

$$Q_{总支出}=2712423+542385=3254908\text{kJ/h}$$

则需电供热量：

$$Q_{电}=Q_{总支出}-Q_{收入}=3254908-78234=3176674\text{kJ/h}$$

取功率安全系数1.15，则需电功率：

$$P=\frac{3176674\times1315}{3600}=1015\text{kW}$$

编制热平衡表见表7-8。

表7-8　倒U形联合装置加热期的热平衡

收入			支出		
收入项目	数量和组成		支出项目	数量和组成	
	数量/kJ · h^{-1}	组成/%		数量/kJ · h^{-1}	组成/%
（1）返回罐及冷凝物带入物理热（50℃入炉）	78234	2.40	（1）返回罐及冷凝物加热到865℃带入物理热	2682132	82.40
（2）电供热	3176674	97.60	（2）炉子散热	30291	0.93
			（3）法兰冷却水带走热	542385	16.67
合　计	3254908	100.0	合　计	3254908	100.0

从表 7-8 可见，如果返回罐及冷凝物不经预热，50℃下入炉，则将其加热到 865℃反应温度，耗热量是很大的。配置带状加热丝时要注意到这点。当然，如果设计时车间另设若干台预热炉预热到较高温度再入炉，则联合装置的还原—蒸馏炉电功率可大大减小，但要另外增加预热炉装置。

还原结束后，在 0. 5h 内将温度从 865℃提高到 980℃，恒温 1h，使还原反应进行彻底。打开横向联结管阀门，在 980℃温度下，抽高真空蒸馏 135h。蒸馏结束，炉内降温冷却 1h，由 980℃降至 865℃，切断横管，吊出蒸馏罐，炉外冷却至室温，打取海绵钛坨。然后蒸馏罐返作冷凝器，冷凝器及冷凝物返作还原罐，进入下一个循环。

就如同 I 形半联合装置计算所证明的，真空蒸馏时激烈进行期所需热量，按加热期配置的加热电阻丝供电是完全有保障的。其计算与前面一样，这里就不再重复。

8 镁电解槽的计算

8.1 计算内容和任务

镁的电解和精炼，在镁钛联合企业中是一个不可或缺的重要组成部分。这个车间所用电解原料 $MgCl_2$ 主要来自钛的还原—蒸馏车间还原时排放的 $MgCl_2$ 熔盐，但因在电解过程中会有部分损失，电解镁不能保证钛还原之需，因此要补充一部分 $MgCl_2$(外购)。电解—精炼得到的商品镁即使满足了钛还原所需量，但镁电解产出的氯气量尚不够钛渣氯化所需氯气量(因为钛渣和还原焦中各种杂质要消耗相当多的 Cl_2 以及漏损等原因，所以氯化车间 Cl_2 的有效利用率不高)，因此需补充一部分氯气(外购钢瓶氯或邻近的烧碱厂管道供氯)。本车间的计算内容和任务包括：

(1) 镁钛联合作业中的物流关系的计算；

(2) 在一定槽电流和电流效率下，电解槽产能(台·时产量)和台数的计算；

(3) 一些基本参数如电流效率、电能效率等的计算；

(4) 镁电解槽主要参数和结构尺寸的计算。

8.2 计算实例

8.2.1 镁钛联合作业中的物流关系

根据表7-3，年产海绵钛5000t，以330天年工作日计，还原—蒸馏工序每天应产出海绵钛16.04t，排放出 $MgCl_2$ 62.064t，日需精 $TiCl_4$ 65.313t，商品镁16.708t(参与反应的Mg量，另外过量Mg 7.748t在过程中循环，只须第1次加入此量)。

设镁电解得粗镁的收率为82%，精炼镁的收率为90%，则应日产粗镁量：

$$G_{粗Mg}=\frac{16.708}{0.90}=18.564\text{t}$$

应日电解 $MgCl_2$ 量：

$$G_{MgCl_2}=\frac{95.3}{24.3}\times\frac{18.564}{0.82}=88.786\text{t}$$

而还原时，日排放的 $MgCl_2$ 量为62.064t。

于是，每日应补充 $MgCl_2$ 量(靠外购)：

$$G_{MgCl_2,补充}=88.786-62.064=26.722\text{t}$$

按1t镁回收氯气2.8t(浓度为70%)计，则日回收氯气量为：

$$G_{Cl_2}=2.8\times18.564=51.979\text{t}$$

根据第4章计算，日需氯气量93.389t(浓度为70%)，则日应补充氯气量：

$$93.389-51.979=41.41\text{t}$$

折算成液 Cl_2 量：41.41 ×0.70 =28.987t（靠烧碱厂管道输送补充）。

图 8-1 表示镁电解车间日物流量关系。

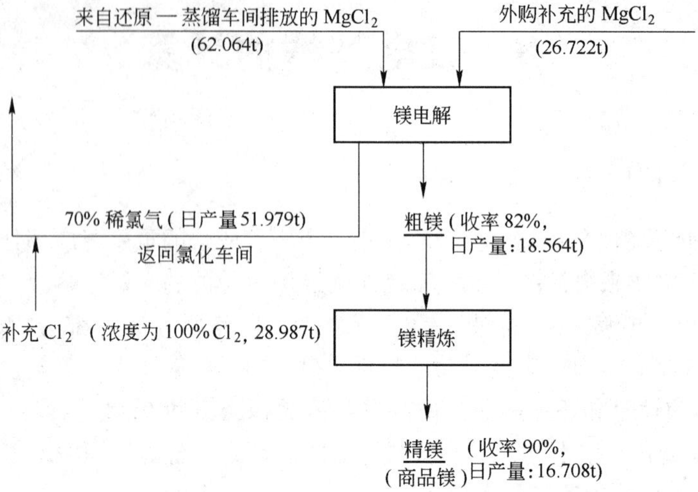

图 8-1　镁电解和镁精炼车间的日物流量

8.2.2　在电解电流为 65kA，电流效率 η =82%时，需电解槽台数计算

已知镁的原子量 M=24.3，原子价 n=2，法拉第常数 F=96500C（A · s）或 26.8A · h。

电化当量：

$$C=\frac{M}{nF}=\frac{24.3}{2\times 26.8}=0.453\text{g/(A}\cdot\text{h)}$$

1 台电解槽 1h 的理论产量：

$$W_{理}=CI\tau=0.453\times 65000\times 1=29445\ \text{g/(台}\cdot\text{h)}=29.445\text{kg/(台}\cdot\text{h)}$$

1 台电解槽 1h 的实际产量为：

$$W_{实}=W_{理}\eta=0.82\times 29.445=24.145\ \text{kg/(台}\cdot\text{h)}=579.478\ \text{kg/(台}\cdot\text{d)}$$

为满足年产 5000t 海绵钛，要求镁电解车间日产粗镁 18564kg，则需电解槽台数为：

$$n_{理}=\frac{18564}{579.478}=32\ 台$$

取备用系数 1.25，实际安装：

$$n_{安}=1.25\times 32=40\ 台$$

采取单行横向排列方式，如图 8-2 所示。

8.2.3　镁电解中的一些基本概念和公式

（1）电流效率和单台电解槽的生产能力。在镁电解过程中，由于各种因素的影响，金属镁会有损失，因而实际产镁量（$W_{实}$）总比理论产镁量（$W_{理}$）小。把 $W_{实}$ 与 $W_{理}$ 之比称为电流效率 η。

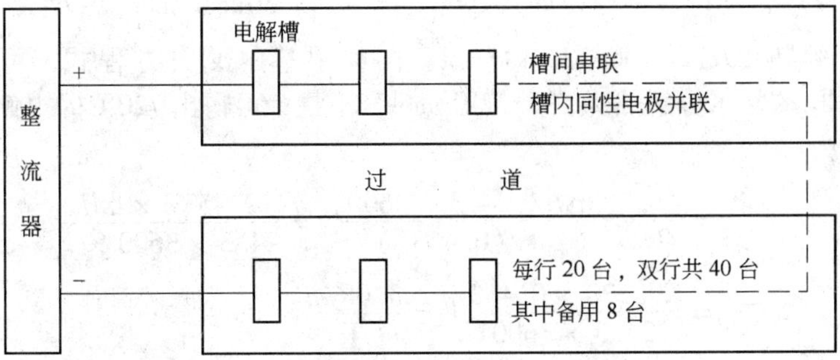

图 8-2 65kA 镁电解槽在电解厂房中排列方式

$$\eta = \frac{W_{实}}{W_{理}} = \frac{W_{实}}{0.453I\tau} \times 100\% \tag{8-1}$$

式中 0.453——镁的电化当量，g/(A·h)；

I——电流强度，A；

τ——电解时间，h。

若已知电流强度 I 和电流效率 η，则 τ(h)时间内单台电解槽的产量(g/(台·h))可按式 8-2 计算：

$$W_{实} = 0.453I\tau\eta \tag{8-2}$$

(2) 电能耗量和电能效率。镁电解时，在 τ 时间内的单台电解槽电能消耗量(kW·h)为：

$$Q_{\tau} = \frac{VI\tau}{1000} \tag{8-3}$$

式中 V——电解槽的槽电压，V；

τ——电解时间，h。

将 τ 时间内的电能耗量除以同时间内电解槽的产量，便得到电能的单位耗量(kW·h/kg)：

$$Q_{\tau} = \frac{Q_{\tau}}{W_{实}} = \frac{VI\tau/1000}{0.453I\tau\eta} = \frac{V \times 10^{-3}}{0.453\eta} \tag{8-4}$$

电解 $MgCl_2$ 的电能效率 $\eta_{电能}$ 是指电能理论单位耗量($Q_{理}$)与电能实际单位耗量($Q_{实}$)的比值：

$$\eta_{电能} = \frac{Q_{理}}{Q_{实}} \times 100\% \tag{8-5}$$

电解 $MgCl_2$ 所需的理论电耗量，由 $MgCl_2$ 在一定温度下分解成元素 Mg 和 Cl_2 的热效应确定。制取 1kg Mg 所需理论电能量(kW·h/kg)：

$$Q_{理} = \frac{\Delta H}{24.3 \times 3600} \tag{8-6}$$

式中 ΔH——$MgCl_2$ 的摩尔分解热，kJ/kmol；

24.3——Mg 的原子量；

3600——1kW·h 的热当量，1kW·h = 3600kJ。

镁的电解温度一般在 680 ~ 720℃范围内。从手册中一般可查出 25℃(298K)时 $MgCl_2$

的标准摩尔生成焓，把符号反号，即将 $\Delta H^{\ominus}_{f,298} = -153.30\text{kcal/mol} = -641.41\text{kJ/mol}$ 反号，得标准摩尔分解热 $\Delta H^{\ominus}_{d,298} = 641.41\text{kJ/mol}$。再利用基尔戈夫方程式，可以算出 720℃(993K)时 $MgCl_2$ 的摩尔分解热为 596.22kJ/mol。于是，可得出 720℃时电解 $MgCl_2$ 的电能效率的计算式为：

$$\eta_{电能} = \frac{Q_{理}}{Q_{实}} = \frac{\Delta H/(24.3 \times 3600)}{V/(0.453\eta)} = \frac{0.453\eta \times \Delta H}{24.3 \times 3600 \times V}$$

$$= \frac{596220 \times 0.453\eta}{24.3 \times 3600V} = \frac{3.087\eta}{V} \tag{8-7}$$

取上插阳极有隔板电解槽的电流效率为 82%，槽电压为 4.95V，根据式 8-7 可算出：

$$\eta_{电能} = \frac{3.087 \times 0.82}{4.95} = 0.51 = 51\%$$

可见，镁电解的电能效率是较低的。由式 8-4 和式 8-5、式 8-7 可以看出，在其他条件相同的情况下，镁电解槽的单位电能耗量与电流效率成反比；而电能效率与电流效率成正比。

(3) 电解槽的槽电压(V)可按式 8-8 计算：

$$V_{槽} = E + \frac{LD}{x} + IR \tag{8-8}$$

式中　E——$MgCl_2$ 的分解电压，V；

L——极间距，cm；

D——电解质中电流密度，A/cm^2；

x——电解质的电导率，S/cm；

IR——电路电压降，V。

8.2.4　镁电解槽主要参数的选择和结构尺寸的计算

现代镁电解槽主要参数的大致范围如下：

电流强度 I	60 ~ 300kA
阳极电流密度 $D_{阳}$	0.2 ~ 0.6A/cm²
阴极电流密度 $D_{阴}$	0.24 ~ 0.6A/cm²
阳极工作高度 $h_{阳}$	90 ~ 140cm
阳极工作面宽度 $b_{阳}$	66 ~ 200cm，一般取 66 ~ 100cm
极间距 L	6 ~ 8cm
电流效率 η	76% ~ 93%
吨镁电能消耗 Q	14000 ~ 18000kW · h
槽电压 $V_{槽}$	4.5 ~ 7.0V

现以 65kA 上插阳极有隔板电解槽为对象，计算单台镁电解槽的尺寸结构。计算依据为：$I = 65\text{kA} = 65000\text{A}$，$D_{阳} = 0.45\text{A/cm}^2$，$h_{阳} = 95\text{cm}$，$\eta = 82\%$。

8.2.4.1　阳极计算

阳极计算的主要任务是确定电解槽的阳极个数和阳极的尺寸。1 台电解槽中阳极总的工作面积为：

$$A_{阳} = \frac{I}{D_{阳}} = 2nh_{阳}b_{阳}$$

因此，阳极个数：

$$n = \frac{I}{2h_{阳} b_{阳} D_{阳}} \tag{8-9}$$

在设计电解槽时，一般是先选定 I、$D_{阳}$、$h_{阳}$ 和 n，再利用式 8-9 计算 $b_{阳}$ 的数值。本计算选用 5 个阳极。

于是：

$$A_{阳} = \frac{65000}{0.45} = 144444.5\text{cm}^2$$

$$b_{阳} = \frac{A_{阳}}{2nb_{阳}} = \frac{144444.5}{2 \times 5 \times 95} = 152\text{cm}$$

阳极厚度应选择适当，否则会影响阳极的使用寿命及电压降。一般上插阳极有隔板槽的阳极厚度 $\delta_{阳} = 15 \sim 20\text{cm}$，现取中值 17.5cm，则阳极截面的电流密度为：

$$D_{截面} = \frac{I}{nb_{阳} \delta_{阳}} = \frac{65000}{5 \times 152 \times 17.5} = 4.89\text{A/cm}^2$$

阳极总高度 $H_{阳}$(cm)按式 8-10 计算：

$$H_{阳} = h_{阳} - 10 + h_{隔} + h_{盖} + h_{头} \tag{8-10}$$

式中 $h_{阳}$——阳极工作面高度，cm；

10——阳极工作面高于隔板下沿部分的高度，按经验一般取 10cm；

$h_{隔}$——隔板的高度，由电解质水平高低而定，cm；

$h_{盖}$——阳极盖的高度，取决于氯气排出孔的直径及阳极盖的厚度，cm；

$h_{头}$——阳极露出阳极盖顶面部分的高度，与阳极母线宽度有关，cm。

根据实践经验，$h_{隔}$ 取 50cm，$h_{盖}$ 取 30cm，$h_{头}$ 取 35cm，于是，阳极总高度为：

$$H_{总} = 95 - 10 + 50 + 30 + 35 = 200\text{cm}$$

可用 400mm × 400mm 的石墨板加工成每条尺寸为长 × 宽 × 厚 = 2000mm × 380mm × 170mm 的石墨条，共 4 条，拼接成一个阳极板。

8.2.4.2 阴极计算

因为每 1 个阳极对应有 2 个阴极，所以选定 5 个阳极，便有 10 个阴极。阴极工作面宽度与阳极相同，为 152cm。

为确保电解质循环，阴极工作面顶部至隔板下沿的距离应保持 10 ~ 13cm。同时，为了测量极间距和避免渣层短路，阴极底部至槽底的距离，通常要比阳极至槽底的距离大一些，一般为 16 ~ 20cm。所以阴极工作面的高度比阳极要小。本计算取阴极顶至隔板下沿的距离为 12cm，阴极底到槽底的距离比阳极大 2cm，则阴极的工作高度为：

$$h_{阴} = h_{阳} - 10 - 12 - 2 = 95 - 10 - 12 - 2 = 71\text{cm}$$

为保证阴极的强度，铸钢阴极杆的厚度取 6cm，阴极工作面用厚度为 5mm 的低碳钢板焊接而成。如图 8-3 所示。

8.2.4.3 槽膛尺寸的计算

A 阳极室尺寸

长：$L_{阳极室} = b_{阳} + 2a = 152 + 2 \times 7.5 = 167\text{cm}$

宽：$B_{阳极室} = \delta_{阳} + 2b = 17.5 + 2 \times 7 = 31.5\text{cm}$

式中 a——阳极边沿至电解槽纵墙的距离，为便于电解质对流及氯气的排出，一般取

5～10cm,本计算取 7.5cm;

b——阳极板至隔板的距离，它与阳极工作高度和阳极电流密度有关，一般取 6～8cm，本计算取 7cm。

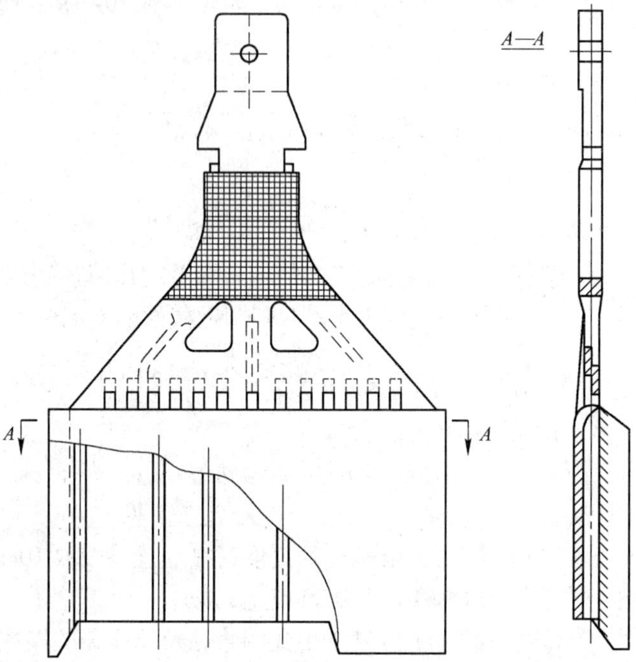

图 8-3　阴极结构示意图

因为有 5 个阳极室，其总宽度为：

$$B_{\text{阳极室总宽}} = 31.5 \times 5 = 157.5\text{cm}$$

B　阴极室尺寸

阴极室长度 $L_{\text{阴极室}} = L_{\text{阳极室}} = 167\text{cm}$；为便于捞渣和出镁操作，阴极室宽度要比阳极室宽 10cm 左右，这里取 8.5cm，故中间的阴极室宽度为 31.5 + 8.5 = 40cm。两端头的阴极室宽度，每端取 30cm。共 6 个阴极室，其中 4 个中间室，2 个端头室，总宽度为：

$$B_{\text{阴极室总宽}} = 4 \times 40 + 2 \times 30 = 220\text{cm}$$

C　隔板尺寸

5 个阳极室共有 10 个隔板，隔板嵌入纵墙壁内 6.5cm，则隔板长：

$$L_{\text{隔板}} = \text{阳极室长} + 2 \times 6.5 = 167 + 2 \times 6.5 = 180\text{cm}$$

为保证隔板有足够强度，厚度取 8cm，10 个隔板总厚度 80cm。

电解质水平应高出隔板下沿 20～30cm，这样形成液封，以免氯气进入阳极室。电解质水平面应离槽面 20～25cm，故隔板高度取为：$h_{\text{隔板}} = 50\text{cm}$。

D　槽膛尺寸

槽膛宽：$B_{\text{槽膛}} = \text{阳(阴)极室长} = 167\text{cm}$

槽膛长：$L_{\text{槽膛}} = \text{阳极室总宽度} + \text{阴极室总宽度} + \text{隔板总厚度}$

$$= 157.5 + 220 + 80 = 457.5\text{cm}$$

槽膛深：$H_{\text{槽膛}} = \text{隔板高度} - 10 + h_{\text{阳}} + 20 = 50 - 10 + 95 + 20 = 155\text{cm}$

式中，10cm 为阳极工作面高于隔板下沿的那部分；20cm 是阳极至槽底的距离(阴极至槽底距离为 22cm)。

8.2.4.4 槽壁厚度及外壳尺寸的计算

根据生产实践，65kA 的上插阳极电解槽壁各层厚度为：

端墙 = 黏土砖层 + 硅藻土砖层 + 石棉板层 + 钢外壳
= 460 + 245 + 10 + 10 = 725mm

纵墙 = 黏土砖层 + 硅藻土砖层 + 石棉板层 + 钢外壳
= 375 + 180 + 10 + 10 = 575mm

槽底 = 黏土砖层 + 硅藻土砖层 + 石棉板层 + 钢外壳
= 390 + 210 + 10 + 10 = 620mm

电解槽外壳尺寸为：

长 = 457.5 + 2 × 72.5 = 602.5cm = 6.025m

宽 = 167 + 2 × 57.5 = 282cm = 2.82m

高 = 155 + 62 = 217cm = 2.17m

电解槽外壳用宽 × 厚 = 190mm × 10mm 的钢条作加强板，水平方向 3 根，垂直方向在纵墙上 6 根，端墙上 3 根，槽底纵向 3 根，横向 6 根，都均匀分布。

要说明的是，上面计算的各内衬层厚度和槽子尺寸还需进行校核。方法是：先确定各层厚度，而后进行物料平衡和能量平衡计算。如若在所选定电流密度下能满足能量平衡要求，所得极间距值恰当，则可认为所确定的保温层可行，否则，要重新确定保温层厚度，甚至改变电流密度，重新计算各部分尺寸，直到计算出极间距的数值恰当为止。

关于电解槽的物料平衡和能量平衡计算比较复杂，可参考有关专著[22, 23]。

上插阳极有隔板电解槽的纵剖面图、阴极室横剖面图、阳极室横剖面图及电解槽母线装置图，分别如图 8-4 ~ 图 8-7 所示。

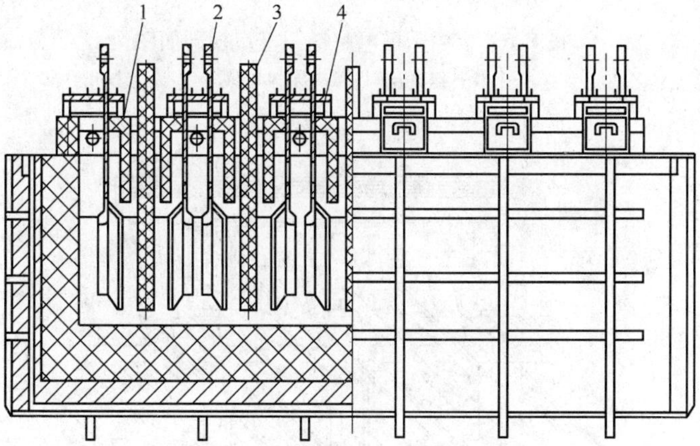

图 8-4 上插阳极有隔板电解槽纵剖面图

1—隔板；2—钢阴极；3—石墨阳极；4—阳极母线支撑点

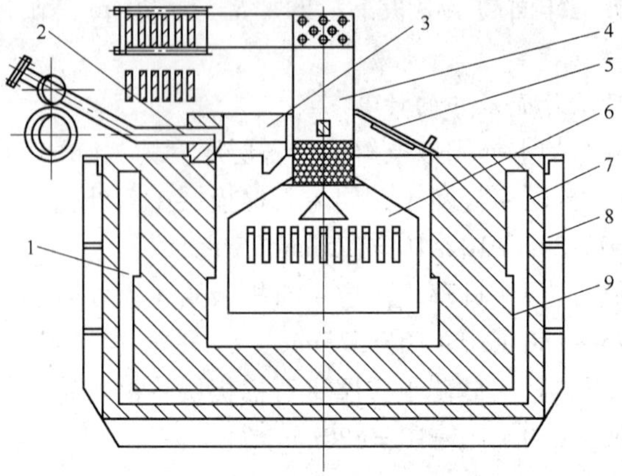

图 8-5　上插阳极电解槽阴极室横剖面图

1—黏土砖；2—阴极室出气口；3—阴极室盖；4—阴极头；5—阴极室前盖板；6—阴极；7—槽壳；8—补强板；9—绝热层

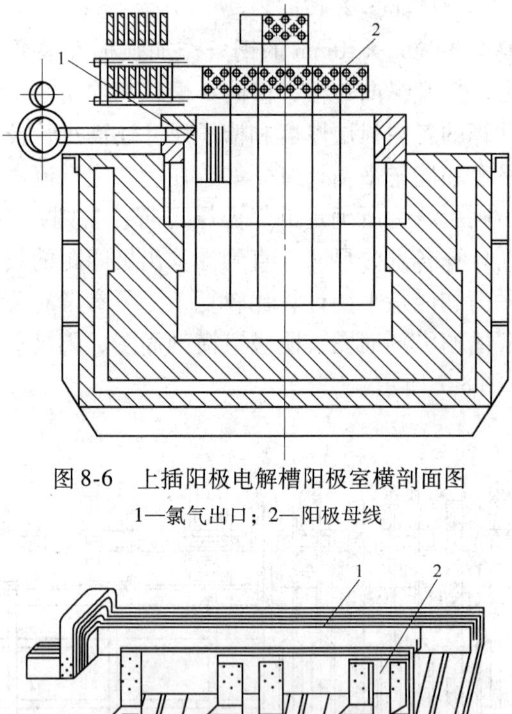

图 8-6　上插阳极电解槽阳极室横剖面图

1—氯气出口；2—阳极母线

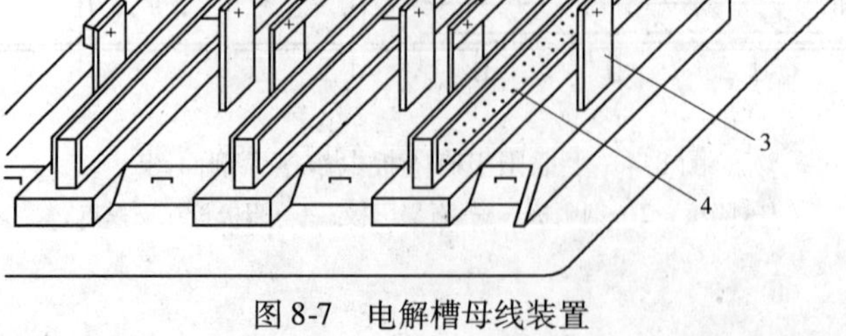

图 8-7　电解槽母线装置

1—阳极导电母线；2—阴极导电母线；3—阴极；4—阳极

附　　录

附录Ⅰ　一些物质的相对原子质量和相对分子质量

物质	相对原子质量或相对分子质量	物质	相对原子质量或相对分子质量	物质	相对原子质量或相对分子质量
Al	27	H_2O	18	$TiCl_2$	118.9
$AlCl_3$	133.5	I_2	253.81	$TiCl_3$	154.4
Al_2O_3	102	Mg	24.3	$TiCl_4$	189.9
C	12	$MgCl_2$	95.3	$TiOCl_2$	134.9
CH_4	16	MgO	40.3	TiO	63.9
CCl_4	154	MnO	54.94	Ti_2O_3	143.8
$COCl_2$	99	$MnCl_2$	125.94	Ti_3O_5	223.7
CO	28	MnO	70.94	TiO_2	79.9
CO_2	44	MnO_2	86.94	TiN	61.9
Ca	40	Na	23	TiC	59.9
$CaCl_2$	111	NaCl	58.5	TiB_2	69.52
CaO	56	N_2	28	TiI_2	301.71
Cl_2	71	Ni	58.7	TiI_4	555.52
HCl	36.5	$NiCl_2$	129.7	V	50.94
Fe	55.85	NiO	74.7	$VOCl_2$	137.94
$FeCl_2$	126.85	O_2	32	$VOCl_3$	173.44
$FeCl_3$	162.35	Si	28.1	VO	66.94
FeO	71.85	$SiCl_4$	170.1	V_2O_3	149.88
Fe_2O_3	159.7	SiO_2	60.1	VO_2	82.94
Fe_3O_4	231.55	Ti	47.9	V_2O_5	181.88
H_2	2	TiH_2	49.9		

附录Ⅱ　一些单位的换算关系

(1) 长度单位：

$1fm = 10^{-3}pm = 10^{-6}nm = 10^{-9}\mu m = 10^{-12}mm = 10^{-15}m$

$1Å = 100pm = 0.1nm = 10^{-10}m$

$1nm = 10Å = 10^3 pm = 10^{-3} \mu m = 10^{-9} m$

$1pm = 10^{-2}Å = 10^{-3} nm = 10^{-6} \mu m = 10^{-9} mm = 10^{-12} m$

1 光年 $= 9.4605 \times 10^{15} m$

（2）质量单位：

$1t = 10^3 kg = 10^6 g$

$1g = 10^3 mg = 10^6 \mu g = 10^9 ng$

（3）时间单位：

$1d = 24h = 1440min = 86400s$

$1h = 60min = 3600s$

（4）温度单位：

$T(K) = t(℃) + 273.15$

$t(℃) = \frac{5}{9}(t_F(℉) - 32)$；$t_F(℉) = \frac{9}{5}t(℃) + 32$

式中　T——热力学温度，K；

t——摄氏温度，℃；

t_F——华氏温度，℉。

（5）力单位：

$1kgf = 9.80665N \approx 9.81N \approx 9.81 \times 10^5 dyn$

$1N = 0.101972kgf \approx 0.102kgf \approx 1 \times 10^5 dyn$（达因）

这里，kgf 为千克力，工程力学单位；N 为牛顿，是 SI 导出单位。

（6）压力(压强)、应力单位：

$1Pa = 1N/m^2 = 1kg/s^2m = 1.01972 \times 10^{-5} kgf/cm^2 \approx 1.02 \times 10^{-5} kgf/cm^2$

$1kgf/cm^2 = 98.0665 \times 10^3 Pa = 98.0665kPa$

$1MPa = 10.2kgf/cm^2 \approx 10kgf/cm^2$（在 2% 误差范围内）

1at（工程大气压）$= 1kgf/cm^2 \approx 0.10MPa = 735.6mmHg = 10mH_2O$

1atm（物理标准大气压）$= 101325Pa = 0.101325MPa \approx 0.10MPa = 760mmHg$

$= 10.33mH_2O$ 柱 $= 1.033kgf/cm^2$（1.033at）

$1mmHg = 1Torr = 133.322Pa \approx 133Pa$

$1mmH_2O = 1kgf/m^2$

正压时，绝对压力 = 1atm + 表压；

负压(真空)时，绝对压力 = 1atm − 真空度；真空度 = 1atm − 剩余压力。

（7）功、能、热量单位：

$1J = 1N \cdot m = 1kg \cdot m^2/s^2 = 4.184cal$（热化学卡）$= 10^7 erg$（尔格）

$1kgf \cdot m = 9.80665N \cdot m = 9.80665J$

$1W \cdot h = 3600J = 3.6kJ$（W · h 在电学、电冶金中常用）

$1kW \cdot h = 3.6 \times 10^6 J = 3.67 \times 10^5 kgf \cdot m = 8.6 \times 10^5 cal$

$1eV = 1.60219 \times 10^{-19} J$（eV 在物质结构、电磁学中常用到）

（8）功率：

$1W = 1J/s = 0.101972kgf/s = 0.238846cal/s$

1kgf · m/s = 9.80665N · m/s = 9.80665W

1HP(马力) = 75kgf · m/s = 735.49875W

(9) 动力黏度 η:

1P(泊) = 1dyn · s/cm² = 0.1N · s/m² = 0.1Pa · s = 100cP(厘泊)

1Pa · s = 10P = 10^3cP(1cP = 10^{-3}Pa · s)

1kgf · s/m² = 9.80665Pa · s

(10)表面张力:

1J/m² = 1N/m = 10^3dyn/cm

1dyn/cm = 10^{-3}N/m

(11)电阻和电阻率，电导和电导率:

电阻：1Ω = 1m² · kg/(s³ · A²)

电阻率：1Ω · m = 100Ω · cm = 1m³ · kg/(s³ · A²)

电导：1S(西门子) = $\frac{1}{\Omega}$ = 1s³ · A²/(m² · kg)

电导率：1S/m = $\frac{1}{\Omega \cdot m}$ = 1s³ · A²/(m³ · kg)

电流的热效应：$Q = 0.24I^2Rt$(cal) = I^2Rt(J)

式中　I——电流，A;

R——电阻，Ω;

t——通电时间，s。

(12)其他:

线膨胀系数 α_l 单位的国际符号 K^{-1}(读作“每开尔文”);

体膨胀系数 α_V 单位的国际符号 K^{-1};

比定压热容 c_p 单位的国际符号 J/(kg · K);

摩尔定压热容 c_p 单位的国际符号 J/(mol · K);

焓 H 单位的国际符号 J;

内能 U、自由焓 G 单位的国际符号 J;

热导率(导热系数)λ 单位的国际符号 W/(m · K)，1kcal/(m · K · h) = 1.163W/(m · K);

传热系数 K 单位的国际符号 W/(m² · K)，1W/(m² · K) = 0.859845kcal/(m² · K · h)，1kcal/(m² · K · h) = 1.163W/(m² · K);

热中子俘获截面单位符号 b(靶恩)，1b = 10^{-28}m²。

附录Ⅲ　一些物质的蒸气压方程式

物　质	蒸气压方程式	温度范围/K	文献号
{Al}	$\lg p = -16380T^{-1} - 1.0\lg T + 12.32$，mmHg $= -2178.673T^{-1} - 0.133\lg T + 1.638$，kPa	932～2723	[23，24]

续表

物　质	蒸气压方程式	温度范围/K	文献号
$\langle Al_2Cl_6\rangle$	$\lg p = -6360T^{-1} + 3.77\lg T - 6.12\times10^{-3}T + 9.66$，mmHg $= -845.88T^{-1} + 0.50\lg T - 0.814\times10^{-3}T + 1.285$，kPa	298～453	[23，24]
$\langle Ca\rangle$	$\lg p = -9350T^{-1} - 1.39\lg T + 12.82$，mmHg $= -1243.55T^{-1} - 0.185\lg T + 1.705$，kPa	298～1123	[23]
	$\lg p = -9.051\times10^{-3}T^{-1} + 1.030\lg T - 0.783\times10^{-3}T + 6.090$，mmHg $= -1203.783T^{-1} + 0.137\lg T - 0.104\times10^{-3}T + 0.81$，kPa	737～1123	[24]
$\{Ca\}$	$\lg p = -8920T^{-1} - 1.39\lg T + 12.45$，mmHg $= -1186.36T^{-1} - 0.185\lg T + 1.656$，kPa	1123～1762	[23]
	$\lg p = -12.82\times10^{3}T^{-1} - 14.485\lg T + 2.002\times10^{-3}T + 53.052$，mmHg $= -1.705\times10^{3}T^{-1} - 1.927\lg T + 0.266\times10^{-3}T + 7.056$，kPa	1123～1762	[24]
$\langle CaCl_2\rangle$	$\lg p = -17.18\times10^{3}T^{-1} + 3.04\lg T - 0.60\times10^{-3}T$，mmHg $= 2.285\times10^{3}T^{-1} + 0.404\lg T - 0.0798\times10^{-3}T$，kPa	600～1045	[24]
$\{CaCl_2\}$	$\lg p = -13570T^{-1} + 9.22$，mmHg $= -1804.81T^{-1} + 1.226$，kPa	1110～1281	[23]
	$\lg p = 24.70\times10^{3}T^{-1}$，mmHg $= 3.285\times10^{3}T^{-1}$，kPa	1045～2273	[24]
$\langle Fe\rangle$	$\lg p = -21080T^{-1} - 2.14\lg T + 16.89$，mmHg $= -2803.64T^{-1} - 0.285\lg T + 2.246$，kPa	298～1809	[23，24]
$\{Fe\}$	$\lg p = -19710T^{-1} - 1.27\lg T + 13.27$，mmHg $= -2621.43T^{-1} - 0.169\lg T + 1.765$，kPa	1809～3148	[23]
	$\lg p = -19.978\times10^{3}T^{-1} + 8.91$，mmHg $= -2.657\times10^{3}T^{-1} + 1.185$，kPa	1809～3148	[24]
$\{FeCl_2\}$	$\lg p = -9775T^{-1} - 5.23\lg T + 26.53$，mmHg $= -1300.075T^{-1} - 0.696\lg T + 3.528$，kPa	950～1285	[23，24]
$\langle FeCl_3\rangle$	$\lg p = -7.20\times10^{3}T^{-1} + 15.152$，mmHg $= -0.958\times10^{3}T^{-1} + 2.015$，kPa	298～577	[24]
	$\lg p = -2.578\times10^{3}T^{-1} + 7.142$，mmHg $= -0.343\times10^{3}T^{-1} + 0.950$，kPa	577～605	[24]
$\langle Fe_2Cl_6\rangle$	$\lg p = -10754 - 12.64\lg T + 1.335\times10^{5}T^{-2} + 55.898$，mmHg $= -1430.282 - 1.68\lg T + 0.178\times10^{5}T^{-2} + 7.434\lg$，kPa	298～588	[23，24]
$\{H_2O\}$	$\lg p = -2900T^{-1} - 4.65\lg T + 22.613$，mmHg $= -385.7T^{-1} - 0.618\lg T + 3.008$，kPa	273～373	[23，24]
$\langle Mg\rangle$	$\lg p = -7780T^{-1} - 0.855\lg T + 11.41$，mmHg $= -1034.74T^{-1} - 0.114\lg T + 1.518$，kPa	298～923	[23，24]

续表

物 质	蒸气压方程式	温度范围/K	文献号
{Mg}	$\lg p = -7550T^{-1} - 1.41\lg T + 12.79$, mmHg $= -1004.15T^{-1} - 0.188\lg T + 1.701$, kPa	923 ~ 1378	[23, 24]
	$\lg p = 12.993 - 13579.8T^{-1}$, mmHg $= 1.732 - 1810.486T^{-1}$, kPa	1173 ~ 1343	[20]
	$\lg p = -7.459 \times 10^3 T^{-1} - 1.3246\lg T + 12.452$, mmHg $= -0.994 \times 10^3 T^{-1} - 0.176\lg T + 1.660$, kPa	923 ~ 1378	[13]
{$MgCl_2$}	$\lg p = -10840T^{-1} - 5.03\lg T + 25.53$, mmHg $= -1441.72T^{-1} - 0.669\lg T + 3.395$, kPa	987 ~ 1651	[23, 24]
	$\lg p = -11.2 \times 10^3 T^{-1} - 4.192\lg T + 0.00798 \times 10^{-3} T - 0.139 \times 10^5 T^{-2}$ $+ 23.028$, mmHg $= -1.493 \times 10^3 T^{-1} - 0.559\lg T + 0.00106 \times 10^{-3} T - 0.0185 \times 10^5 T^{-2}$ $+ 3.070$, kPa	987 ~ 1651	[13]
⟨Mn⟩	$\lg p = -14920T^{-1} - 1.96\lg T + 16.19$, mmHg $= -1984.36T^{-1} - 0.261\lg T + 2.153$, kPa	298 ~ 1517	[23]
	$\lg p = -14.823 \times 10^3 T^{-1} + 0.890\lg T - 0.812 \times 10^{-3} T + 8.146$, mmHg $= -1.971 \times 10^3 T^{-1} + 0.118\lg T - 0.108 \times 10^{-3} T + 1.083$, kPa	298 ~ 1517	[24]
{Mn}	$\lg p = -14520T^{-1} - 3.02\lg T + 19.24$, mmHg $= -1931.16T^{-1} - 0.402\lg T + 2.559$, kPa	1517 ~ 2324	[23]
	$\lg p = -11.996 \times 10^3 T^{-1} + 8.043$, mmHg $= -1.595 \times 10^3 T^{-1} + 1.070$, kPa	1517 ~ 2324	[24]
{$MnCl_2$}	$\lg p = -10606T^{-1} - 4.33\lg T + 23.68$, mmHg $= -1410.598T^{-1} - 0.576\lg T + 3.149$, kPa	923 ~ 1504	[23, 24]
⟨Si⟩	$\lg p = -23550T^{-1} - 0.565\lg T + 12.35$, mmHg $= -3132.15T^{-1} - 0.075\lg T + 1.643$, kPa	298 ~ 1685	[23]
{Si}	$\lg p = -20900T^{-1} - 0.565\lg T + 10.78$, mmHg $= -2779.7T^{-1} - 0.075\lg T + 1.434$, kPa	1685 ~ 3492	[23, 24]
{$SiCl_4$}	$\lg p = -1572T^{-1} + 7.64$, mmHg $= -209.076T^{-1} + 1.016$, kPa	273 ~ 331	[23, 24]
	$\ln p = 9.1817 - 2634.16/(T - 43.15)$, bar $= 918.17 - 263416/(T - 43.15)$, kPa	238 ~ 364	[19]
	$\lg p = 6.85726 - 1138.97/(t + 228.88)$, mmHg $= 0.912 - 151.483/(t + 228.88)$, kPa	273 ~ 326	[20]
	$\lg p = -1.837 \times 10^3 T^{-1} - 4.081\lg T + 0.025 \times 10^{-3} T - 0.386 \times 10^5 T^{-2}$ $+ 19.059$, mmHg $= -0.245 \times 10^3 T^{-1} - 0.544\lg T + 0.00333 \times 10^{-3} T - 0.0515 \times 10^5 T^{-2}$ $+ 2.541$, kPa	273 ~ 331	[24]
⟨Ti⟩	$\lg p = -24400T^{-1} - 0.911\lg T + 13.18$, mmHg $= -3245.2T^{-1} - 0.121\lg T + 1.753$, kPa	1155 ~ 1933	[23]
	$\lg p = -27.017 \times 10^3 T^{-1} - 6.768\lg T + 0.611 \times 10^{-3} T + 32.511$, mmHg $= -3.593 \times 10^3 T^{-1} - 0.900\lg T + 0.0813 \times 10^{-3} T + 4.324$, kPa	298 ~ 1933	[24]

续表

物　质	蒸气压方程式	温度范围/K	文献号
{Ti}	$\lg p = -23200T^{-1} - 0.66\lg T + 11.74$，mmHg $= -3085.6T^{-1} - 0.0878\lg T + 1.561$，kPa	1933 ~ 3575	[23]
{Ti}	$\lg p = -22.328 \times 10^3 T^{-1} + 9.126$，mmHg $= -2.970 \times 10^3 T^{-1} + 1.214$，kPa	1933 ~ 3575	[24]
〈$TiCl_2$〉	$\lg p = -15230T^{-1} - 2.51\lg T + 19.36$，mmHg $= -2025.59T^{-1} - 0.334\lg T + 2.575$，kPa	298 ~ 1308	[23]
{$TiCl_2$}	$\lg p = -13110T^{-1} - 2.51\lg T + 17.93$，mmHg $= -1743.63T^{-1} - 0.334\lg T + 2.385$，kPa	1308 ~ 2000	[23]
{$TiCl_2$}	$\lg p = 9.30 - 8500T^{-1}$，mmHg $= 1.24 - 1133.237T^{-1}$，kPa	1308 ~ 2000	[20]
〈$TiCl_3$〉	$\lg p = -9.620 \times 10^3 T^{-1} - 3.27\lg T + 21.47$，mmHg $= -1.279 \times 10^3 T^{-1} - 0.435\lg T + 2.856$，kPa	298 ~ 1104	[24]
{$TiCl_4$}	$\lg p = -2919T^{-1} - 5.788\lg T + 25.129$，mmHg $= -388.227T^{-1} - 0.770\lg T + 3.350$，kPa	298 ~ 409	[23，24]
{$TiCl_4$}	$\lg p = 7.683 - 1964T^{-1}$，mmHg $= 1.022 - 261.212T^{-1}$，kPa	250 ~ 409	[20]
{$TiCl_4$}	$\lg p = 7.64433 - 1947.6T^{-1}$，mmHg $= 1.017 - 259.031T^{-1}$，kPa	273 ~ 409	[15]
{$TiCl_4$}	$\lg p = 7.82116 - 2017.8T^{-1}$，mmHg $= 1.040 - 268.368T^{-1}$，kPa	273 ~ 409	[15]
{$TiCl_4$}	$\lg p = -2.533 \times 10^3 T^{-1} - 4.283\lg T - 0.215 \times 10^{-3} T - 0.271 \times 10^5 T^{-2}$ $+ 20.51$，mmHg $= -0.337 \times 10^3 T^{-1} - 0.571\lg T - 0.0286 \times 10^{-3} T - 0.036 \times 10^5 T^{-2}$ $+ 2.734$，kPa	273 ~ 409	[13]
〈TiI_2〉	$\lg p = -12500T^{-1} - 1.51\lg T + 16.90$，mmHg $= -1662.5T^{-1} - 0.201\lg T + 2.248$，kPa	298 ~ 1000	[23，24]
{TiI_4}	$\lg p = -3054T^{-1} + 7.576$，mmHg $= -406.182\ T^{-1} + 1.008$，kPa	430 ~ 643	[20，23，24]
〈V〉	$\lg p = -26900T^{-1} + 0.33\lg T - 0.265 \times 10^{-3} T + 10.12$，mmHg $= -3577.7T^{-1} + 0.049\lg T - 0.035 \times 10^{-3} T + 1.346$，kPa	298 ~ 2190	[23]
〈V〉	$\lg p = -25.613 \times 10^3 T^{-1} + 3.994\lg T - 0.743 \times 10^{-3} T - 1.642$，mmHg $= -3.407 \times 10^3 T^{-1} + 0.531\lg T - 0.0988 \times 10^{-3} T - 0.218$，kPa	298 ~ 2190	[24]
〈V〉	$\lg p = -24.263 \times 10^3 T^{-1} + 9.525$，mmHg $= -3.227 \times 10^3 T^{-1} + 1.267$，kPa	2190 ~ 3652	[24]
{$VOCl_3$}	$\lg p = -1921T^{-1} + 7.70$，mmHg $= -255.493T^{-1} + 1.025$，kPa	298 ~ 400	[23，24]
{$VOCl_3$}	$\lg p = -2.531 \times 10^3 T^{-1} - 5.133\lg T - 0.2186 \times 10^5 T^{-2} + 22.702$，mmHg $= -0.337 \times 10^3 T^{-1} - 0.684\lg T - 0.0291 \times 10^5 T^{-2} + 3.027$，kPa	298 ~ 400	[13]

注：〈 〉表示物质为固态；{ } 表示物质为液态。t 表示摄氏温度，℃；T 表示热力学温度，K。

附录Ⅳ　海绵钛冶金过程中有关物质的热力学数据

摩尔相对焓 $H_T^\ominus - H_{298}^\ominus$ 和 Φ'_T 函数值数据表（表Ⅳ-1 ~ 表Ⅳ-76）参见文献［12］。表中所用符号的意义如下：

$C_{p,\mathrm{m}}$：物质摩尔定压热容，cal/(mol · K)。

$$C_{p,\mathrm{m}} = A_1 + A_2 \times 10^{-3} T + A_3 \times 10^5 T^{-2} + A_4 \times 10^{-6} T^2 + A_5 \times 10^8 T^{-3}$$

$H_T^\ominus - H_{298}^\ominus$：物质摩尔相对热焓，cal/mol。

$$H_T^\ominus - H_{298}^\ominus = B_1 T + B_2 \times 10^{-3} T^2 + B_3 \times 10^5 T^{-1} + B_4 \times 10^{-6} T^3 + B_5 \times 10^8 T^{-2} + B_6$$

$S_T^\ominus$：物质摩尔绝对熵，cal/(mol · K)。

$$S_T^\ominus = C_1 \ln T + C_2 \times 10^{-3} T + C_3 \times 10^5 T^{-2} + C_4 \times 10^{-6} T^2 + C_5 \times 10^8 T^{-3} + C_6$$

Φ'_T：物质摩尔自由焓函数，cal/(mol · K)。

$$\Phi'_T = \frac{G_T^\ominus - H_{298}^\ominus}{T} = -\frac{H_T^\ominus - H_{298}^\ominus}{T} + S_T^\ominus$$

$\Delta H_{298}^\ominus$：物质在常温下的摩尔标准生成焓(热)(kcal/mol)或反应在常温下的热效应。数据表中物质标准生成焓(热)均以 kcal/mol 为单位。

$S_{298}^\ominus$：物质的摩尔标准熵，cal/(mol · K)。

$\Delta\Phi'_T$：反应摩尔自由焓函数，cal/(mol · K)。

$\Delta G_T^\ominus$：反应摩尔吉布斯自由能，kcal/mol。

T：热力学温度，K。

T_{tr}，T_{sb}，T_{M}，T_{B}：物质的相变点，顺序为固相转变点、升华点、熔点、沸点，K。

ΔH_{tr}，ΔH_{sb}，ΔH_{M}，ΔH_{B}：物质的摩尔相变焓，顺序为固相转变焓、升华焓、熔化焓、蒸发焓，在数据表中均以 cal/mol 为单位，以便与 $H_T^\ominus - H_{298}^\ominus$ 的单位相一致。

ΔS_{tr}，ΔS_{sb}，ΔS_{M}，ΔS_{B}：物质的摩尔相变熵，顺序为固相转变熵、升华熵、熔化熵、蒸发熵，cal/(mol · K)。

T_{DP}：物质的热分解点，K。

固[固(α)，固(β)，…]，液，气：在数据表中用以表示物质的相态，即固相、液相、气相。

A_1，A_2，A_3，A_4，A_5：除 A_1 为常数项外，其余均为物质摩尔定压热容计算公式中各温度项系数。

B_1，B_2，B_3，B_4，B_5，B_6：除 B_6 为常数项外，其余均为物质摩尔相对焓计算公式中各温度项系数。

C_1，C_2，C_3，C_4，C_5，C_6：除 C_6 为常数项外，其余均为物质摩尔绝对熵计算公式中各温度项系数。

表 Ⅳ-1 铝(Al)

		A_1	A_2	A_3	A_4	A_5	
$C_{p,m}$	固	4.93	2.96	0	0	0	298 ~ 932K
	液	7.60	0	0	0	0	932 ~ 1650K
	气	4.97	0	0	0	0	—
		B_1	B_2	B_3	B_4	B_5	B_6
$H_T^\ominus - H_{298}^\ominus$		4.93	1.48	0	0	0	−1603.00
		7.60	0	0	0	0	−196.00
		4.97	0	0	0	0	76466.00
		C_1	C_2	C_3	C_4	C_5	C_6
$S_T^\ominus$		4.93	2.96	0	0	0	−22.24
		7.60	0	0	0	0	−34.89
		4.97	0	0	0	0	11.44

相 态	T	$C_{p,m}$	$H_T^\ominus - H_{298}^\ominus$	$S_T^\ominus$	Φ'_T	
固	298	5.82	0	6.77	6.77	$\Delta H_{298}^\ominus = 0$
	300	5.82	12	6.82	6.78	
	400	6.12	610	8.54	7.01	
	500	6.41	1237	9.94	7.46	
	600	6.71	1894	11.13	7.98	
	700	7.01	2580	12.19	8.50	
	800	7.30	3296	13.14	9.02	
	900	7.60	4042	14.02	9.53	
	932(T_M)	7.69	4287	14.29	9.69	
液	932	7.60	6887	17.08	9.69	$\Delta H_M = 2600$
	1000	7.60	7404	17.60	10.20	$\Delta S_M = 2.79$
	1100	7.60	8164	18.33	10.91	
	1200	7.60	8924	18.99	11.55	
	1300	7.60	9684	19.60	12.15	
	1400	7.60	10444	20.16	12.70	
	1500	7.60	11204	20.69	13.22	
	1600	7.60	11964	21.18	13.70	
	1700	7.60	12724	21.64	14.15	
	1800	7.60	13484	22.07	14.58	
	1900	7.60	14244	22.48	14.99	
	2000	7.60	15004	22.87	15.37	
	2100	7.60	15764	23.24	15.74	
	2200	7.60	16524	23.60	16.09	
	2300	7.60	17284	23.93	16.42	
	2400	7.60	18044	24.26	16.74	
	2500	7.60	18804	24.57	17.05	
	2600	7.60	19564	24.87	17.34	
	2700	7.60	20324	25.15	17.63	
	2723(T_B)	7.60	20499	25.22	17.69	
气	2723	4.97	89999	50.74	17.69	$\Delta H_B = 69500$
	2800	4.97	90382	50.88	18.60	$\Delta S_B = 25.52$
	2900	4.97	90879	51.06	19.72	
	3000	4.97	91376	51.23	20.77	

表 Ⅳ-2　氯化铝($AlCl_3$)

		A_1	A_2	A_3	A_4	A_5	
$C_{p,m}$	固	18.43	11.43	0	0	0	273～466K
	液	26.60	0	0	0	0	466～2000K
		B_1	B_2	B_3	B_4	B_5	B_6
$H_T^{\ominus}-H_{298}^{\ominus}$		18.43	5.71	0	0	0	-5999.00
		26.60	0	0	0	0	-126.00
		C_1	C_2	C_3	C_4	C_5	C_6
$S_T^{\ominus}$		18.43	11.43	0	0	0	-81.96
		26.60	0	0	0	0	-108.69

相　态	T	$C_{p,m}$	$H_T^{\ominus}-H_{298}^{\ominus}$	$S_T^{\ominus}$	Φ'_T	
固	298	21.83	0	26.45	26.45	$\Delta H_{298}^{\ominus}=-168.58$
	300	21.85	44	26.58	26.45	
	400	23.00	2287	33.03	27.31	
	466(T_M)	23.75	3830	36.60	28.39	
液	466	26.60	12270	54.73	28.39	
	500	26.60	13174	56.61	30.27	$\Delta H_M=8440$
	600	26.60	15834	61.46	35.07	$\Delta S_M=18.13$
	700	26.60	18494	65.56	39.14	$T_{sb}=460$
	800	26.60	21154	69.12	42.67	气相：Al_2Cl_6
	900	26.60	23814	72.25	45.79	$T_M=465.6$
	1000	26.60	26474	75.05	48.58	

表 Ⅳ-3　氯化铝(气)($AlCl_3$)

		A_1	A_2	A_3	A_4	A_5	
$C_{p,m}$	气	19.59	0.15	-2.37	0	0	298～2000K
		B_1	B_2	B_3	B_4	B_5	B_6
$H_T^{\ominus}-H_{298}^{\ominus}$		19.59	0.07	2.37	0	0	-6638.00
		C_1	C_2	C_3	C_4	C_5	C_6
$S_T^{\ominus}$		19.59	0.15	1.18	0	0	-38.35

相　态	T	$C_{p,m}$	$H_T^{\ominus}-H_{298}^{\ominus}$	$S_T^{\ominus}$	Φ'_T	
气	298	16.96	0	74.62	74.62	
	300	17.00	36	74.74	74.62	
	400	18.16	1802	79.82	75.31	
	500	18.71	3650	83.94	76.64	
	600	19.02	5538	87.38	78.15	
	700	19.21	7450	90.33	79.68	
	800	19.33	9378	92.90	81.18	
	900	19.43	11317	95.19	82.61	
	1000	19.50	13264	97.24	83.97	
	1100	19.55	15217	99.10	85.26	$\Delta H_{298}^{\ominus}=-139.70$
	1200	19.60	17175	100.80	86.49	
	1300	19.64	19138	102.37	87.65	
	1400	19.67	21104	103.83	88.76	
	1500	19.70	23074	105.19	89.81	
	1600	19.73	25046	106.46	90.81	
	1700	19.76	27021	107.66	91.76	
	1800	19.78	28999	108.79	92.68	
	1900	19.80	30978	109.86	93.56	
	2000	19.83	32960	110.88	94.40	

表 Ⅳ-4　氯化铝(二聚合气)(Al_2Cl_6)

	A_1	A_2	A_3	A_4	A_5	
$C_{p,m}$ 气	43.24	0.25	-4.88	0	0	298 ~ 2000K
	B_1	B_2	B_3	B_4	B_5	B_6
$H_T^\ominus - H_{298}^\ominus$	43.24	0.12	4.88	0	0	-14533.00
	C_1	C_2	C_3	C_4	C_5	C_6
$S_{T,m}^\ominus$	43.24	0.25	2.44	0	0	-135.41

相　态	T	$C_{p,m}$	$H_T^\ominus - H_{298}^\ominus$	$S_T^\ominus$	Φ'_T	
	298	37.81	0	113.77	113.77	
	300	37.89	77	114.03	113.77	
	400	40.29	4003	125.28	115.27	
	500	41.41	8094	134.41	118.22	
	600	42.03	12269	142.02	121.57	
	700	42.41	16493	148.53	124.96	
	800	42.67	20749	154.21	128.27	
	900	42.86	25026	159.25	131.44	
	1000	43.00	29320	163.77	134.45	
气	1100	43.11	33626	167.87	137.31	$\Delta H_{298}^\ominus = -309.20$
	1200	43.20	37942	171.63	140.01	
	1300	43.27	42266	175.09	142.58	
	1400	43.34	46597	178.30	145.02	
	1500	43.39	50934	181.29	147.34	
	1600	43.44	55276	184.09	149.55	
	1700	43.49	59623	186.73	151.66	
	1800	43.53	63975	189.22	153.68	
	1900	43.57	68331	191.57	155.61	
	2000	43.61	72691	193.81	157.46	

表 Ⅳ-5　氧化铝(Al_2O_3)

	A_1	A_2	A_3	A_4	A_5	
固(α)	27.43	3.06	-8.47	0	0	298 ~ 1273K
$C_{p,m}$ 固(γ)	25.48	4.25	-6.82	0	0	1273 ~ 2303K
液	34.62	0	0	0	0	2303 ~ 3500K
	B_1	B_2	B_3	B_4	B_5	B_6
	27.43	1.53	8.47	0	0	-11151.00
$H_T^\ominus - H_{298}^\ominus$	25.48	2.12	6.82	0	0	-4263.00
	34.62	0	0	0	0	12254.00
	C_1	C_2	C_3	C_4	C_5	C_6
	27.43	3.06	4.23	0	0	-149.75
$S_T^\ominus$	25.48	4.25	3.41	0	0	-133.15
	34.62	0	0	0	0	-182.76

续表Ⅳ-5

相 态	T	$C_{p,m}$	$H_T^{\ominus}-H_{298}^{\ominus}$	$S_T^{\ominus}$	Φ'_T	
固(α)	298	18.80	0	12.20	12.20	$\Delta H_{298}^{\ominus}=-400.00$
	300	18.93	39	12.33	12.20	
	400	23.36	2183	18.46	13.00	
	500	25.57	4640	23.94	14.65	
	600	26.91	7269	28.73	16.61	
	700	27.84	10010	32.95	18.65	
	800	28.55	12831	36.71	20.67	
	900	29.13	15716	40.11	22.65	
	1000	29.64	18656	43.21	24.55	
	1100	30.09	21643	46.06	26.38	
	1200	30.51	24674	48.69	28.13	
	1273(T_{tr})	30.80	26912	50.50	29.36	
固(γ)	1273	30.46	32152	54.62	29.36	$\Delta H_{tr}=5240$ $\Delta S_{tr}=4.12$
	1300	30.60	32977	55.27	29.90	
	1400	31.08	36061	57.55	31.79	
	1500	31.55	39193	59.71	33.58	
	1600	32.01	42371	61.76	35.28	
	1700	32.46	45595	63.72	36.90	
	1800	32.91	48865	65.59	38.44	
	1900	33.36	52179	67.38	39.92	
	2000	33.80	55538	69.10	41.33	
	2100	34.25	58941	70.76	42.69	
	2200	34.68	62388	72.36	44.01	
	2300	35.12	65879	73.92	45.27	
	2303(T_M)	35.13	65984	73.96	45.31	
液	2303	34.62	91984	85.25	45.31	$\Delta H_M=26000$ $\Delta S_M=11.29$
	2400	34.62	95342	86.69	46.96	
	2500	34.62	98804	88.10	48.58	
	2600	34.62	102266	89.46	50.13	
	2700	34.62	105728	90.77	51.61	
	2800	34.62	109190	92.03	53.03	
	2900	34.62	112652	93.24	54.40	
	3000	34.62	116114	94.42	55.71	

表Ⅳ-6 碳(石墨)(C)

	A_1	A_2	A_3	A_4	A_5	
$C_{p,m}$ 固	0.02	9.30	-0.35	-4.15	0	298～1100K
	5.84	0.10	-7.56	0	0	1100～4073K
	B_1	B_2	B_3	B_4	B_5	B_6
$H_T^{\ominus}-H_{298}^{\ominus}$	0.02	4.65	0.35	-1.38	0	-498.00
	5.84	0.05	7.56	0	0	-3830.00

续表 Ⅳ-6

	C_1	C_2	C_3	C_4	C_5	C_6
$S_T^{\ominus}$	0.02	9.30	0.17	-2.07	0	-1.50
	5.84	0.10	3.78	0	0	-34.94

相　态	T	$C_{p,\mathrm{m}}$	$H_T^{\ominus}-H_{298}^{\ominus}$	$S_T^{\ominus}$	Φ'_T	
固	298	2.02	0	1.37	1.37	$\Delta H_{298}^{\ominus}=0$ $T_{\mathrm{M}}=4073$
	300	2.04	6	1.41	1.39	
	400	2.85	253	2.11	1.48	
	500	3.49	572	2.82	1.68	
	600	4.00	948	3.50	1.93	
	700	4.42	1370	4.15	2.20	
	800	4.74	1830	4.77	2.48	
	900	4.98	2317	5.34	2.77	
	1000	5.13	2824	5.88	3.05	
	1100	5.19	3342	6.37	3.33	
	1100	5.32	3342	6.37	3.33	
	1200	5.43	3880	6.84	3.61	
	1300	5.52	4428	7.28	3.88	
	1400	5.59	4984	7.69	4.13	
	1500	5.65	5546	8.08	4.38	
	1600	5.70	6114	8.45	4.63	
	1700	5.74	6687	8.80	4.86	
	1800	5.78	7264	9.13	5.09	
	1900	5.82	7844	9.44	5.31	
	2000	5.85	8428	9.74	5.52	
	2100	5.87	9014	10.02	5.73	
	2200	5.90	9604	10.30	5.93	
	2300	5.92	10195	10.56	6.13	
	2400	5.94	10789	10.81	6.32	
	2500	5.96	11385	11.06	6.50	
	2600	5.98	11983	11.29	6.68	
	2700	6.00	12582	11.52	6.86	
	2800	6.02	13184	11.74	7.03	
	2900	6.04	13787	11.95	7.19	
	3000	6.05	14392	12.15	7.36	
	3100	6.07	14998	12.35	7.51	
	3200	6.08	15606	12.55	7.67	
	3300	6.10	16216	12.73	7.82	
	3400	6.11	16826	12.92	7.97	
	3500	6.12	17438	13.09	8.11	
	3600	6.14	18052	13.27	8.25	
	3700	6.15	18667	13.43	8.39	
	3800	6.16	19283	13.60	8.52	
	3900	6.18	19900	13.76	8.66	
	4000	6.19	20519	13.92	8.79	
	4073	6.20	20971	14.03	8.88	

表 Ⅳ-7 二氯化羰基(光气)($COCl_2$)

	A_1	A_2	A_3	A_4	A_5	
$C_{p,m}$ 气	15.54	4.34	-2.66	-1.19	0	298~2000K
$H_T^\ominus - H_{298}^\ominus$	B_1	B_2	B_3	B_4	B_5	B_6
	15.54	2.17	2.66	-0.39	0	-5704.00
$S_T^\ominus$	C_1	C_2	C_3	C_4	C_5	C_6
	15.54	4.34	1.33	-0.59	0	-23.43

相态	T	$C_{p,m}$	$H_T^\ominus - H_{298}^\ominus$	$S_T^\ominus$	Φ'_T	
气	298	13.73	0	67.81	67.81	$\Delta H_{298}^\ominus = -52.60$
	300	13.77	29	67.93	67.83	
	400	15.42	1499	72.14	68.40	
	500	16.34	3091	75.69	69.51	
	600	16.97	4759	78.73	70.80	
	700	17.45	6481	81.39	72.13	
	800	17.83	8246	83.74	73.44	
	900	18.15	10046	85.86	74.70	
	1000	18.42	11875	87.79	75.91	
	1100	18.65	13729	89.56	77.08	
	1200	18.84	15604	91.19	78.18	
	1300	19.01	17498	92.70	79.24	
	1400	19.14	19406	94.12	80.26	
	1500	19.25	21326	95.44	81.23	
	1600	19.33	23255	96.69	82.15	
	1700	19.38	25191	97.86	83.04	
	1800	19.41	27131	98.97	83.90	
	1900	19.41	29073	100.02	84.72	
	2000	19.39	31013	101.02	85.51	

表 Ⅳ-8 一氧化碳(气)(CO)

	A_1	A_2	A_3	A_4	A_5	
$C_{p,m}$ 气	6.79	0.98	-0.11	0	0	298~2500K
$H_T^\ominus - H_{298}^\ominus$	B_1	B_2	B_3	B_4	B_5	B_6
	6.79	0.49	0.11	0	0	-2104.00
$S_T^\ominus$	C_1	C_2	C_3	C_4	C_5	C_6
	6.79	0.98	0.05	0	0	8.18

续表 Ⅳ-8

相态	T	$C_{p,m}$	$H_T^\ominus - H_{298}^\ominus$	$S_T^\ominus$	Φ'_T	
	298	6.95	0	47.21	47.21	
	300	6.96	14	47.26	47.21	
	400	7.11	718	49.28	47.49	
	500	7.23	1435	50.88	48.01	
	600	7.34	2165	52.21	48.61	
	700	7.45	2905	53.35	49.20	
	800	7.55	3655	54.36	49.79	
	900	7.65	4416	55.25	50.35	
	1000	7.75	5187	56.06	50.88	
	1100	7.85	5968	56.81	51.38	
	1200	7.95	6759	57.50	51.86	
	1300	8.05	7560	58.14	52.32	
	1400	8.15	8370	58.74	52.76	
	1500	8.25	9191	59.30	53.18	
气	1600	8.35	10021	59.84	53.58	$\Delta H_{298}^\ominus = -26.42$
	1700	8.45	10862	60.35	53.96	
	1800	8.55	11712	60.84	54.33	
	1900	8.64	12572	61.30	54.68	
	2000	8.74	13441	61.75	55.03	
	2100	8.84	14321	62.18	55.36	
	2200	8.94	15211	62.59	55.68	
	2300	9.04	16110	62.99	55.98	
	2400	9.14	17019	63.38	56.28	
	2500	9.23	17938	63.75	56.58	
	2600	9.33	18867	64.12	56.86	
	2700	9.43	19805	64.47	57.13	
	2800	9.53	20754	64.81	57.40	
	2900	9.63	21712	65.15	57.66	
	3000	9.72	22680	65.48	57.92	

表 Ⅳ-9　二氧化碳(气)(CO_2)

$C_{p,m}$ 气	A_1	A_2	A_3	A_4	A_5	
	10.55	2.16	−2.04	0	0	298～2500K
$H_T^\ominus - H_{298}^\ominus$	B_1	B_2	B_3	B_4	B_5	B_6
	10.55	1.08	2.04	0	0	−3923.00
$S_T^\ominus$	C_1	C_2	C_3	C_4	C_5	C_6
	10.55	2.16	1.02	0	0	−10.81

续表 Ⅳ-9

相　态	T	$C_{p,m}$	$H_T^{\ominus}-H_{298}^{\ominus}$	$S_T^{\ominus}$	Φ'_T	
气	298	8.89	0	51.06	51.06	$\Delta H_{298}^{\ominus}=-94.05$
	300	8.93	19	51.14	51.08	
	400	10.13	980	53.90	51.45	
	500	10.81	2030	56.24	52.18	
	600	11.27	3136	58.25	53.03	
	700	11.64	4283	60.02	53.90	
	800	11.95	5463	61.60	54.77	
	900	12.24	6673	63.02	55.61	
	1000	12.50	7911	64.32	56.41	
	1100	12.75	9174	65.53	57.19	
	1200	13.00	10462	66.65	57.93	
	1300	13.23	11774	67.70	58.64	
	1400	13.46	13110	68.69	59.32	
	1500	13.69	14468	69.62	59.98	
	1600	13.92	15849	70.52	60.61	
	1700	14.15	17253	71.37	61.22	
	1800	14.37	18680	72.18	61.80	
	1900	14.59	20128	72.97	62.37	
	2000	14.81	21599	73.72	62.92	
	2100	15.03	23092	74.45	63.45	
	2200	15.25	24607	75.15	63.97	
	2300	15.47	26144	75.84	64.47	
	2400	15.69	27703	76.50	64.96	
	2500	15.91	29284	77.15	65.43	
	2600	16.13	30886	77.77	65.89	
	2700	16.35	32511	78.39	66.35	
	2800	16.57	34157	78.99	66.79	
	2900	16.78	35825	79.57	67.22	
	3000	17.00	37515	80.14	67.64	

表 Ⅳ-10　钙(Ca)

	A_1	A_2	A_3	A_4	A_5	
$C_{p,m}$ 固(α)	5.24	3.50	0	0	0	298～737K
$C_{p,m}$ 固(β)	2.59	6.66	0	0	0	737～1123K
$C_{p,m}$ 液	7.40	0	0	0	0	1123～1762K
$C_{p,m}$ 气	4.97	0	0	0	0	298～2000K

续表 Ⅳ-10

	B_1	B_2	B_3	B_4	B_5	B_6
$H_T^{\ominus}-H_{298}^{\ominus}$	5.24	1.75	0	0	0	-1716.00
	2.59	3.33	0	0	0	-561.00
	7.40	0	0	0	0	236.00
	4.97	0	0	0	0	41017.00
	C_1	C_2	C_3	C_4	C_5	C_6
$S_T^{\ominus}$	5.24	3.50	0	0	0	-20.92
	2.59	6.66	0	0	0	-5.67
	7.40	0	0	0	0	-30.22
	4.97	0	0	0	0	8.67

相　态	T	$C_{p,m}$	$H_T^{\ominus}-H_{298}^{\ominus}$	$S_T^{\ominus}$	Φ'_T	
固(α)	298	6.28	0	9.95	9.95	$\Delta H_{298}^{\ominus}=0$
	300	6.29	13	10.01	9.97	
	400	6.64	660	11.87	10.22	
	500	6.99	1341	13.39	10.71	
	600	7.34	2058	14.69	11.26	
	700	7.69	2809	15.85	11.84	
	737(T_{tr})	7.81	3096	16.25	12.05	
固(β)	737	7.49	3156	16.33	12.05	$\Delta H_{tr}=60$ $\Delta S_{tr}=0.08$
	800	7.91	3642	16.97	12.41	
	900	8.58	4467	17.94	12.97	
	1000	9.24	5359	18.88	13.52	
	1100	9.91	6317	19.79	14.05	
	1123(T_M)	10.06	6547	20.00	14.17	
液	1123	7.40	8547	21.78	14.17	$\Delta H_M=2000$ $\Delta S_M=1.78$
	1200	7.40	9116	22.24	14.64	
	1300	7.40	9856	22.83	15.25	
	1400	7.40	10596	23.38	15.81	
	1500	7.40	11336	23.89	16.34	

表 Ⅳ-11　氯化钙($CaCl_2$)

	A_1	A_2	A_3	A_4	A_5	
$C_{p,m}$ 固	17.18	3.04	-0.60	0	0	600 ~ 1045K
$C_{p,m}$ 液	24.70	0	0	0	0	1045 ~ 2273K
	B_1	B_2	B_3	B_4	B_5	B_6
$H_T^{\ominus}-H_{298}^{\ominus}$	17.18	1.52	0.60	0	0	-5454.00
	24.70	0	0	0	0	-4796.00
	C_1	C_2	C_3	C_4	C_5	C_6
$S_T^{\ominus}$	17.18	3.04	0.30	0	0	-71.90
	24.70	0	0	0	0	-114.49

续表 Ⅳ-11

相 态	T	$C_{p,m}$	$H_T^\ominus - H_{298}^\ominus$	$S_T^\ominus$	Φ'_T	
固	298	17.41	0	27.20	27.20	$\Delta H_{298}^\ominus = -191.40$
	300	17.42	37	27.33	27.21	
	400	18.02	1811	32.43	27.90	
	500	18.46	3636	36.50	29.23	
	600	18.83	5501	39.90	30.73	
	700	19.18	7403	42.83	32.26	
	800	19.51	9338	45.42	33.74	
	900	19.84	11306	47.73	35.17	
	1000	20.16	13306	49.84	36.53	
	1045(T_M)	20.30	14216	50.73	37.13	
液	1045	24.70	21016	57.24	37.13	$\Delta H_M = 6800$
	1100	24.70	22374	58.48	38.14	$\Delta S_M = 6.51$
	1200	24.70	24844	60.63	39.93	$T_B = 2273$
	1300	24.70	27314	62.61	41.60	
	1400	24.70	29784	64.44	43.16	
	1500	24.70	32254	66.14	44.64	
	1600	24.70	34724	67.74	46.03	
	1700	24.70	37194	69.23	47.35	
	1800	24.70	39664	70.64	48.61	
	1900	24.70	42134	71.98	49.80	
	2000	24.70	44604	73.25	50.95	
	2100	24.70	47074	74.45	52.04	
	2200	24.70	49544	75.60	53.08	
	2273	24.70	51347	76.41	53.82	

表 Ⅳ-12 氧化钙(CaO)

		A_1	A_2	A_3	A_4	A_5	
$C_{p,m}$	固	11.86	1.08	-1.66	0	0	298~2888K
	液	15.00	0	0	0	0	2888~3500K
		B_1	B_2	B_3	B_4	B_5	B_6
$H_T^\ominus - H_{298}^\ominus$		11.86	0.54	1.66	0	0	-4138.00
		15.00	0	0	0	0	10353.00
		C_1	C_2	C_3	C_4	C_5	C_6
$S_T^\ominus$		11.86	1.08	0.83	0	0	-59.31
		15.00	0	0	0	0	-74.64

续表 Ⅳ-12

相　态	T	$C_{p,m}$	$H_T^\ominus - H_{298}^\ominus$	$S_T^\ominus$	Φ'_T	
固	298	10.31	0	9.50	9.50	$\Delta H_{298}^\ominus = -151.60$
	300	10.33	22	9.58	9.50	
	400	11.25	1107	12.69	9.93	
	500	11.73	2259	15.26	10.74	
	600	12.04	3449	17.43	11.68	
	700	12.27	4666	19.31	12.64	
	800	12.46	5903	20.96	13.58	
	900	12.62	7158	22.44	14.48	
	1000	12.77	8428	23.77	15.35	
	1100	12.91	9712	25.00	16.17	
	1200	13.04	11010	26.13	16.95	
	1300	13.16	12320	27.18	17.70	
	1400	13.28	13643	28.16	18.41	
	1500	13.40	14978	29.08	19.09	
	1600	13.52	16324	29.95	19.74	
	1700	13.63	17682	30.77	20.37	
	1800	13.75	19052	31.55	20.97	
	1900	13.86	20433	32.30	21.54	
	2000	13.97	21825	33.01	22.10	
	2100	14.09	23228	33.70	22.64	
	2200	14.20	24643	34.36	23.15	
	2300	14.31	26069	34.99	23.65	
	2400	14.42	27506	35.60	24.14	
	2500	14.53	28953	36.19	24.61	
	2600	14.64	30412	36.76	25.07	
	2700	14.75	31882	37.32	25.51	
	2800	14.86	33363	37.86	25.94	
	2888(T_M)	14.95	34675	38.30	26.30	
液	2888	15.00	53675	44.88	26.30	$\Delta H_M = 19000$ $\Delta S_M = 6.58$ $T_B = 3773$
	2900	15.00	53853	44.94	26.37	
	3000	15.00	55353	45.45	27.00	
	3100	15.00	56853	45.94	27.60	
	3200	15.00	58353	46.42	28.18	
	3300	15.00	59853	46.88	28.74	
	3400	15.00	61353	47.33	29.28	
	3500	15.00	62853	47.76	29.80	

表 Ⅳ-13 氯气(Cl_2)

$C_{p,m}$ 气	A_1	A_2	A_3	A_4	A_5	
	8.82	0.06	-0.68	0	0	298~3000K
$H_T^\ominus - H_{298}^\ominus$	B_1	B_2	B_3	B_4	B_5	B_6
	8.82	0.03	0.68	0	0	-2859.00
$S_T^\ominus$	C_1	C_2	C_3	C_4	C_5	C_6
	8.82	0.06	0.34	0	0	2.65

相 态	T	$C_{p,m}$	$H_T^\ominus - H_{298}^\ominus$	$S_T^\ominus$	Φ'_T	
	298	8.07	0	53.30	53.30	
	300	8.08	16	53.35	53.30	
	400	8.41	844	55.73	53.62	
	500	8.57	1694	57.62	54.23	
	600	8.66	2557	59.20	54.93	
	700	8.72	3427	60.54	55.64	
	800	8.76	4301	61.70	56.33	
	900	8.79	5179	62.74	56.98	
	1000	8.81	6059	63.67	57.61	
	1100	8.82	6941	64.51	58.20	
	1200	8.84	7825	65.28	58.75	
	1300	8.85	8710	65.98	59.28	
	1400	8.86	9596	66.64	59.79	
	1500	8.87	10484	67.25	60.26	
气	1600	8.88	11372	67.83	60.72	$\Delta H_{298}^\ominus = 0$
	1700	8.89	12262	68.37	61.15	
	1800	8.90	13152	68.87	61.57	
	1900	8.91	14043	69.36	61.96	
	2000	8.92	14935	69.81	62.35	
	2100	8.93	15828	70.25	62.71	
	2200	8.93	16721	70.66	63.06	
	2300	8.94	17615	71.06	63.40	
	2400	8.95	18510	71.44	63.73	
	2500	8.95	19406	71.81	64.05	
	2600	8.96	20302	72.16	64.35	
	2700	8.97	21199	72.50	64.65	
	2800	8.97	22096	72.82	64.93	
	2900	8.98	22995	73.14	65.21	
	3000	8.99	23894	73.44	65.48	

表 Ⅳ-14　三氯化铬($CrCl_3$)

$C_{p,m}$ 固	A_1	A_2	A_3	A_4	A_5	
	19.44	7.03	0	0	0	298～1218K
$H_T^{\ominus}-H_{298}^{\ominus}$	B_1	B_2	B_3	B_4	B_5	B_6
	19.44	3.51	0	0	0	-6105.00
$S_T^{\ominus}$	C_1	C_2	C_3	C_4	C_5	C_6
	19.44	7.03	0	0	0	-83.45

相　态	T	$C_{p,m}$	$H_T^{\ominus}-H_{298}^{\ominus}$	$S_T^{\ominus}$	Φ'_T	
固	298	21.53	0	29.40	29.40	$\Delta H_{298}^{\ominus}=-132.00$
	300	21.54	43	29.55	29.40	$T_{sb}=1218$
	400	22.25	2233	35.83	30.25	$\Delta H_{sb}=56800$
	500	22.95	4494	40.87	31.88	$T_M=1150$
	600	23.65	6824	45.12	33.75	
	700	24.36	9225	48.82	35.64	
	800	25.06	11697	52.12	37.50	
	900	25.76	14238	55.11	39.29	
	1000	26.47	16850	57.86	41.01	
	1100	27.17	19532	60.42	42.66	
	1200	27.87	22285	62.81	44.24	
	1218	28.00	22788	63.23	44.52	

表 Ⅳ-15　三氧化二铬(Cr_2O_3)($CrO_{1.5\sim1.54}$)

$C_{p,m}$ 固	A_1	A_2	A_3	A_4	A_5	
	28.53	2.20	-3.74	0	0	298～1800K
$H_T^{\ominus}-H_{298}^{\ominus}$	B_1	B_2	B_3	B_4	B_5	B_6
	28.53	1.10	3.74	0	0	-9853.00
$S_T^{\ominus}$	C_1	C_2	C_3	C_4	C_5	C_6
	28.53	2.20	1.87	0	0	-145.90

相　态	T	$C_{p,m}$	$H_T^{\ominus}-H_{298}^{\ominus}$	$S_T^{\ominus}$	Φ'_T	
固	298	24.97	0	19.40	19.40	$\Delta H_{298}^{\ominus}=-270.00$
	300	25.03	52	19.57	19.40	$T_{tr}=305.8$
	400	27.07	2670	27.08	20.41	$T_M=2673$
	500	28.13	5435	33.25	22.38	
	600	28.81	8284	38.44	24.63	
	700	29.30	11191	42.92	26.93	
	800	29.70	14142	46.86	29.18	
	900	30.04	17131	50.38	31.34	
	1000	30.35	20151	53.56	33.41	
	1100	30.64	23201	56.47	35.38	
	1200	30.91	26279	59.14	37.25	
	1300	31.16	29383	61.63	39.03	
	1400	31.41	32512	63.95	40.73	
	1500	31.66	35666	66.12	42.35	
	1600	31.90	38845	68.18	43.90	
	1700	32.14	42047	70.12	45.38	
	1800	32.37	45273	71.96	46.81	

表 Ⅳ-16 铁(Fe)

		A_1	A_2	A_3	A_4	A_5	
$C_{p,m}$	固(α)	4.18	5.92	0	0	0	273 ~ 1033K
	固(β)	9.00	0	0	0	0	1033 ~ 1183K
	固(γ)	1.84	4.66	0	0	0	1183 ~ 1673K
	固(δ)	10.50	0	0	0	0	1673 ~ 1809K
	液	9.78	0.40	0	0	0	1809 ~ 3148K
	气	3.78	0.79	9.40	0	-2.24	298 ~ 4000K
		B_1	B_2	B_3	B_4	B_5	B_6
$H_T^\ominus - H_{298}^\ominus$		4.18	2.96	0	0	0	-1507.00
		9.00	0	0	0	0	-2129.00
		1.84	2.33	0	0	0	3302.00
		10.50	0	0	0	0	-4455.00
		9.78	0.20	0	0	0	-507.00
		3.78	0.39	-9.40	0	1.12	100445.00
		C_1	C_2	C_3	C_4	C_5	C_6
$S_T^\ominus$		4.18	5.92	0	0	0	-19.07
		9.00	0	0	0	0	-45.25
		1.84	4.66	0	0	0	0.09
		10.50	0	0	0	0	-56.31
		9.78	0.40	0	0	0	-49.80
		3.78	0.79	-4.70	0	0.74	23.95

相 态	T	$C_{p,m}$	$H_T^\ominus - H_{298}^\ominus$	$S_T^\ominus$	Φ'_T	
固(α)	298	5.94	0	6.49	6.49	$\Delta H_{298}^\ominus = 0$
	300	5.95	13	6.54	6.50	
	400	6.54	639	8.34	6.74	
	500	7.14	1323	9.86	7.22	
	600	7.73	2067	11.22	7.77	
	700	8.32	2869	12.45	8.35	
	800	8.91	3731	13.60	8.94	
	900	9.50	4653	14.69	9.52	
	1000	10.10	5633	15.72	10.09	
	1033(T_{tr1})	10.29	5968	16.04	10.26	
固(β)	1033	9.00	7168	17.20	10.26	$\Delta H_{tr1} = 1200$ $\Delta S_{tr2} = 1.16$
	1100	9.00	7771	17.76	10.70	
	1183(T_{tr2})	9.00	8518	18.42	11.22	
固(γ)	1183	7.35	8738	18.60	11.22	$\Delta H_{tr2} = 220$ $\Delta S_{tr2} = 0.18$
	1200	7.43	8865	18.72	11.34	
	1300	7.89	9632	19.34	11.93	
	1400	8.36	10445	19.94	12.48	
	1500	8.82	11304	20.53	12.99	
	1600	9.29	12211	21.12	13.48	
	1673(T_{tr3})	9.63	12902	21.54	13.83	

续表 Ⅳ-16

相　态	T	$C_{p,m}$	$H_T^\ominus - H_{298}^\ominus$	$S_T^\ominus$	Φ'_T	
固(δ)	1673	10.50	13112	21.66	13.83	$\Delta H_{tr3}=210$ $\Delta S_{tr3}=0.12$
	1700	10.50	13395	21.79	13.91	
	1800	10.50	14445	22.39	14.36	
	1809(T_M)	10.50	14540	22.44	14.40	
液	1809	10.50	17840	24.26	14.40	$\Delta H_M=3300$ $\Delta S_M=1.82$
	1900	10.54	18797	24.79	14.90	
	2000	10.58	19853	25.33	15.41	
	2100	10.62	20913	25.85	15.89	
	2200	10.66	21977	26.34	16.35	
	2300	10.70	23045	26.82	16.80	
	2400	10.74	24117	27.27	17.23	
	2500	10.78	25193	27.71	17.64	
	2600	10.82	26273	28.14	18.03	
	2700	10.86	27357	28.55	18.41	
	2800	10.90	28445	28.94	18.78	
	2900	10.94	29537	29.33	19.14	
	3000	10.98	30633	29.70	19.49	
	3100	11.02	31733	30.06	19.82	
	3148(T_B)	11.03	32262	30.23	19.98	
气	3148	6.35	115972	56.82	19.98	$\Delta H_B=83710$ $\Delta S_B=26.59$
	3200	6.39	116303	56.94	20.59	
	3300	6.46	116946	57.14	21.70	
	3400	6.54	117596	57.33	22.74	
	3500	6.61	118254	57.52	23.73	
	3600	6.69	118920	57.71	24.67	
	3700	6.76	119593	57.89	25.57	
	3800	6.84	120273	58.07	26.42	
	3900	6.91	120961	58.25	27.24	
	4000	6.99	121657	58.43	28.01	

表 Ⅳ-17　氯化亚铁($FeCl_2$)

	A_1	A_2	A_3	A_4	A_5	
$C_{p,m}$ 固	18.94	2.08	−1.17	0	0	298 ~ 950K
$C_{p,m}$ 液	24.40	0	0	0	0	950 ~ 1110K
$C_{p,m}$ 气	16.28	−0.38	−1.08	0	0	298 ~ 2000K
	B_1	B_2	B_3	B_4	B_5	B_6
$H_T^\ominus - H_{298}^\ominus$	18.94	1.04	1.17	0	0	−6128.00
	24.40	0	0	0	0	46.00
	16.28	−0.19	1.08	0	0	40710.00
	C_1	C_2	C_3	C_4	C_5	C_6
$S_T^\ominus$	18.94	2.08	0.58	0	0	−80.45
	24.40	0	0	0	0	−105.05
	16.28	−0.38	0.54	0	0	−23.13

续表 Ⅳ-17

相　态	T	$C_{p,m}$	$H_T^\ominus - H_{298}^\ominus$	$S_T^\ominus$	Φ'_T	
固	298	18.24	0	28.70	28.70	$\Delta H_{298}^\ominus = -81.80$
	300	18.26	38	28.84	28.71	
	400	19.04	1907	34.21	29.44	
	500	19.51	3836	38.51	30.84	
	600	19.86	5805	42.10	32.43	
	700	20.15	7807	45.19	34.04	
	800	20.42	9836	47.90	35.60	
	900	20.66	11890	50.32	37.11	
	950(T_M)	20.78	12927	51.44	37.83	
液	950	24.40	23227	62.28	37.83	$\Delta H_M = 10300$ $\Delta S_M = 10.84$
	1000	24.40	24446	63.49	39.05	
	1100	24.40	26886	65.82	41.38	
	1200	24.40	29326	67.94	43.50	
	1285(T_B)	24.40	31400	69.61	45.18	
气	1285	15.72	61400	92.95	45.18	$\Delta H_B = 30000$ $\Delta S_B = 23.34$
	1300	15.72	61636	93.13	45.72	
	1400	15.69	63207	94.30	49.15	
	1500	15.66	64774	95.38	52.20	
	1600	15.62	66339	96.39	54.93	
	1700	15.59	67900	97.33	57.39	
	1800	15.56	69458	98.23	59.64	
	1900	15.52	71013	99.07	61.69	
	2000	15.49	72564	99.86	63.58	

表 Ⅳ-18　氯化铁($FeCl_3$)

		A_1	A_2	A_3	A_4	A_5	
$C_{p,m}$	固	14.90	27.50	0	0	0	298~577K
	液	32.00	0	0	0	0	577~605K
		B_1	B_2	B_3	B_4	B_5	B_6
$H_T^\ominus - H_{298}^\ominus$		14.90	13.75	0	0	0	-5661.00
		32.00	0	0	0	0	-651.00
		C_1	C_2	C_3	C_4	C_5	C_6
$S_T^\ominus$		14.90	27.50	0	0	0	-59.05
		32.00	0	0	0	0	-134.07

续表 Ⅳ-18

相　态	T	$C_{p,m}$	$H_T^\ominus - H_{298}^\ominus$	$S_T^\ominus$	Φ'_T	
固	298	23.09	0	34.02	34.02	$\Delta H_{298}^\ominus = -95.46$
	300	23.15	46	34.18	34.03	
	400	25.90	2499	41.22	34.97	
	500	28.65	5226	47.29	36.84	
	577(T_M)	30.76	7514	51.54	38.52	
液	577	32.00	17814	69.39	38.52	$\Delta H_M = 10300$，$\Delta S_M = 17.85$
	600	32.00	18549	70.63	39.71	$T_B = 605$，气相：
	605	32.00	18709	70.89	39.97	$0.997Fe_2Cl_6 + 0.03FeCl_3$

表 Ⅳ-19　氯化铁(气)($FeCl_3$)

$C_{p,m}$　气	A_1	A_2	A_3	A_4	A_5	
	19.83	0.02	-1.13	0	0	298~2000K
$H_T^\ominus - H_{298}^\ominus$	B_1	B_2	B_3	B_4	B_5	B_6
	19.83	0.01	1.13	0	0	-6288.00
$S_T^\ominus$	C_1	C_2	C_3	C_4	C_5	C_6
	19.83	0.02	0.56	0	0	-31.36

相　态	T	$C_{p,m}$	$H_T^\ominus - H_{298}^\ominus$	$S_T^\ominus$	Φ'_T	
气	298	18.56	0	82.24	82.24	$\Delta H_{298}^\ominus = -60.50$
	300	18.58	39	82.37	82.25	
	400	19.13	1928	87.81	82.99	
	500	19.38	3855	92.11	84.40	
	600	19.52	5802	95.66	85.99	
	700	19.61	7759	98.67	87.59	
	800	19.66	9724	101.30	89.14	
	900	19.70	11693	103.61	90.62	
	1000	19.73	13665	105.69	92.03	
	1100	19.75	15640	107.57	93.36	
	1200	19.77	17617	109.29	94.61	
	1300	19.78	19595	110.88	95.80	
	1400	19.80	21574	112.34	96.93	
	1500	19.80	23555	113.71	98.01	
	1600	19.81	25536	114.99	99.03	
	1700	19.82	27518	116.19	100.00	
	1800	19.83	29501	117.33	100.94	
	1900	19.83	31485	118.40	101.83	
	2000	19.84	33468	119.42	102.68	

表 Ⅳ-20 氯化铁(二聚合气)(Fe_2Cl_6)

$C_{p,m}$ 气	A_1	A_2	A_3	A_4	A_5	
	43.66	0.03	-1.93	0	0	298~2000K
$H_T^\ominus - H_{298}^\ominus$	B_1	B_2	B_3	B_4	B_5	B_6
	43.66	0.01	1.93	0	0	-13658.00
$S_T^\ominus$	C_1	C_2	C_3	C_4	C_5	C_6
	43.66	0.03	0.96	0	0	-121.48

相 态	T	$C_{p,m}$	$H_T^\ominus - H_{298}^\ominus$	$S_T^\ominus$	Φ'_T	
气	298	41.49	0	128.35	128.35	$\Delta H_{298}^\ominus = -156.40$
	300	41.52	85	128.63	128.35	
	400	42.46	4291	140.72	129.99	
	500	42.90	8562	150.25	133.12	
	600	43.14	12865	158.09	136.65	
	700	43.28	17187	164.75	140.20	
	800	43.38	21521	170.54	143.64	
	900	43.44	25863	175.65	146.92	
	1000	43.49	30210	180.23	150.02	
	1100	43.53	34562	184.38	152.96	
	1200	43.56	38916	188.17	155.74	
	1300	43.58	43274	191.66	158.37	
	1400	43.60	47633	194.89	160.87	
	1500	43.61	51994	197.90	163.24	
	1600	43.63	56357	200.71	165.49	
	1700	43.64	60721	203.36	167.64	
	1800	43.65	65086	205.85	169.70	
	1900	43.66	69452	208.21	171.66	
	2000	43.67	73818	210.45	173.55	

表 Ⅳ-21　氧化亚铁(FeO)

	A_1	A_2	A_3	A_4	A_5	
$C_{p,m}$ 固	12.14	2.06	−0.79	0	0	298～1650K
$C_{p,m}$ 液	16.30	0	0	0	0	1650～3687K
	B_1	B_2	B_3	B_4	B_5	B_6
$H_T^{\ominus}-H_{298}^{\ominus}$	12.14	1.03	0.79	0	0	−3973.00
	16.30	0	0	0	0	−2236.00
	C_1	C_2	C_3	C_4	C_5	C_6
$S_T^{\ominus}$	12.14	2.06	0.39	0	0	−55.68
	16.30	0	0	0	0	−79.61

相　态	T	$C_{p,m}$	$H_T^{\ominus}-H_{298}^{\ominus}$	$S_T^{\ominus}$	Φ'_T	
固	298	11.86	0	14.52	14.52	$\Delta H_{298}^{\ominus}=-65.02$
	300	11.88	25	14.62	14.53	
	400	12.47	1245	18.12	15.01	
	500	12.85	2512	20.95	15.92	
	600	13.15	3813	23.32	16.96	
	700	13.42	5143	25.37	18.02	
	800	13.66	6497	27.18	19.05	
	900	13.89	7875	28.80	20.05	
	1000	14.12	9276	30.27	21.00	
	1100	14.34	10699	31.63	21.90	
	1200	14.55	12144	32.89	22.77	
	1300	14.77	13610	34.06	23.59	
	1400	14.98	15098	35.16	24.38	
	1500	15.19	16607	36.21	25.13	
	1600	15.40	18137	37.19	25.86	
	1650(T_M)	15.50	18909	37.67	26.21	
液	1650	16.30	24659	41.15	26.21	$\Delta H_M=5750$ $\Delta S_M=3.48$ $T_{DP}=3687$
	1700	16.30	25474	41.63	26.65	
	1800	16.30	27104	42.56	27.50	
	1900	16.30	28734	43.44	28.32	
	2000	16.30	30364	44.28	29.10	
	2100	16.30	31994	45.07	29.84	
	2200	16.30	33624	45.83	30.55	
	2300	16.30	35254	46.56	31.23	
	2400	16.30	36884	47.25	31.88	
	2500	16.30	38514	47.92	32.51	
	2600	16.30	40144	48.56	33.12	
	2700	16.30	41774	49.17	33.70	
	2800	16.30	43404	49.76	34.26	
	2900	16.30	45034	50.34	34.81	
	3000	16.30	46664	50.89	35.33	
	3100	16.30	48294	51.42	35.84	
	3200	16.30	49924	51.94	36.34	
	3300	16.30	51554	52.44	36.82	
	3400	16.30	53184	52.93	37.29	
	3500	16.30	54814	53.40	37.74	
	3600	16.30	56444	53.86	38.18	
	3687	16.30	57862	54.25	38.56	

表 Ⅳ-22　四氧化三铁(磁铁矿)(Fe_3O_4)

		A_1	A_2	A_3	A_4	A_5	
$C_{p,m}$	固(α)	20.61	49.93	0	0	0	298 ~ 866K
	固(β)	48.00	0	0	0	0	866 ~ 1870K
	液	51.00	0	0	0	0	1870 ~ 2000K
		B_1	B_2	B_3	B_4	B_5	B_6
$H_T^\ominus - H_{298}^\ominus$		20.61	24.96	0	0	0	-8357.00
		48.00	0	0	0	0	-13356.00
		51.00	0	0	0	0	14034.00
		C_1	C_2	C_3	C_4	C_5	C_6
$S_T^\ominus$		20.61	49.93	0	0	0	-97.29
		48.00	0	0	0	0	-239.36
		51.00	0	0	0	0	-244.33

相　态	T	$C_{p,m}$	$H_T^\ominus - H_{298}^\ominus$	$S_T^\ominus$	Φ'_T	
固(α)	298	35.48	0	35.00	35.00	ΔH_{298} = -267.30
	300	35.58	73	35.24	35.00	
	400	40.58	3881	46.16	36.46	
	500	45.57	8189	55.75	39.37	
	600	50.56	12996	64.50	42.84	
	700	55.56	18303	72.67	46.53	
	800	60.55	24109	80.42	50.28	
	866(T_{tr})	63.84	28212	85.35	52.77	
固(β)	866	48.00	28212	85.35	52.77	
	900	48.00	29844	87.15	53.99	
	1000	48.00	34644	92.21	57.56	
	1100	48.00	39444	96.78	60.92	
	1200	48.00	44244	100.96	64.09	
	1300	48.00	49044	104.80	67.07	
	1400	48.00	53844	108.36	69.90	
	1500	48.00	58644	111.67	72.57	
	1600	48.00	63444	114.77	75.11	
	1700	48.00	68244	117.68	77.53	
	1800	48.00	73044	120.42	79.84	
	1870(T_M)	48.00	76404	122.25	81.39	
液	1870	51.00	109404	139.89	81.39	ΔH_M = 33000 ΔS_M = 17.64
	1900	51.00	110934	140.70	82.31	
	2000	51.00	116034	143.31	85.29	

表 Ⅳ-23　氧化铁（赤铁矿）（Fe_2O_3）

		A_1	A_2	A_3	A_4	A_5	
$C_{p,m}$	固（α）	23.49	18.60	−3.55	0	0	298 ~ 953K
	固（β）	36.00	0	0	0	0	953 ~ 1053K
	固（γ）	31.71	1.76	0	0	0	1053 ~ 1730K
		B_1	B_2	B_3	B_4	B_5	B_6
$H_T^\ominus - H_{298}^\ominus$		23.49	9.30	3.55	0	0	−9016.00
		36.00	0	0	0	0	−11961.00
		31.71	0.88	0	0	0	−8418.00
		C_1	C_2	C_3	C_4	C_5	C_6
$S_T^\ominus$		23.49	18.60	1.77	0	0	−120.45
		36.00	0	0	0	0	−188.19
		31.71	1.76	0	0	0	−160.18

相　态	T	$C_{p,m}$	$H_T^\ominus - H_{298}^\ominus$	$S_T^\ominus$	Φ'_T	
固（α）	298	25.03	0	20.90	20.90	$\Delta H_{298}^\ominus = -197.30$
	300	25.12	51	21.08	20.91	
	400	28.71	2755	28.83	21.95	
	500	31.37	5764	35.54	24.01	
	600	33.66	9018	41.46	26.43	
	700	35.78	12491	46.81	28.97	
	800	37.81	16172	51.72	31.51	
	900	39.79	20052	56.29	34.01	
	953（T_{tr1}）	40.82	22189	58.60	35.32	
固（β）	953	36.00	22349	58.76	35.32	$\Delta H_{tr1} = 160$ $\Delta S_{tr1} = 0.16$
	1000	36.00	24039	60.48	36.45	
	1053（T_{tr2}）	36.00	25947	62.34	37.70	
固（γ）	1053	33.56	25947	62.34	37.70	$T_{DP} = 1735$
	1100	33.64	27528	63.82	38.79	
	1200	33.82	30901	66.75	41.00	
	1300	33.99	34292	69.47	43.09	
	1400	34.17	37701	71.99	45.06	
	1500	34.35	41127	74.36	46.94	
	1600	34.52	44571	76.58	48.72	
	1700	34.70	48032	78.68	50.42	
	1735	34.76	49248	79.39	51.00	

表 Ⅳ-24 偏钛酸铁(钛铁矿)($FeO \cdot TiO_2$)

		A_1	A_2	A_3	A_4	A_5	
$C_{p,m}$	固	27.87	4.36	-4.79	0	0	298 ~ 1743K
	液(分解)	47.60	0	0	0	0	1743 ~ 1800K
		B_1	B_2	B_3	B_4	B_5	B_6
$H_T^{\ominus} - H_{298}^{\ominus}$		27.87	2.18	4.79	0	0	-10105.00
		47.60	0	0	0	0	-15898.00
		C_1	C_2	C_3	C_4	C_5	C_6
$S_T^{\ominus}$		27.87	4.36	2.39	0	0	-137.47
		47.60	0	0	0	0	-264.65

相 态	T	$C_{p,m}$	$H_T^{\ominus} - H_{298}^{\ominus}$	$S_T^{\ominus}$	Φ'_T	
固	298	23.77	0	25.30	25.30	$\Delta H_{298}^{\ominus} = -297.90$
	300	23.85	49	25.46	25.30	
	400	26.62	2589	32.75	26.27	
	500	28.13	5333	38.86	28.20	
	600	29.15	8200	44.09	30.42	
	700	29.94	11156	48.64	32.71	
	800	30.60	14185	52.69	34.96	
	900	31.20	17276	56.33	37.13	
	1000	31.75	20424	59.64	39.22	
	1100	32.27	23625	62.69	41.22	
	1200	32.76	26877	65.52	43.13	
	1300	33.25	30179	68.17	44.95	
	1400	33.72	33528	70.65	46.70	
	1500	34.19	36924	72.99	48.37	
	1600	34.65	40367	75.21	49.98	
	1700	35.11	43856	77.33	51.53	
	1743(T_M)	35.31	45369	78.21	52.18	
液	1743	47.60	67069	90.66	52.18	$\Delta H_M = 21700$ $\Delta S_M = 12.45$
	1800	47.60	69782	92.13	53.37	
	1900	47.60	74542	94.71	55.47	
	2000	47.60	79302	97.15	57.50	

表 IV-25　氢(气)(H_2)

	A_1	A_2	A_3	A_4	A_5	
$C_{p,m}$ 气	6.52	0.78	0.12	0	0	298 ~ 3000K
$H_T^{\ominus} - H_{298}^{\ominus}$	B_1	B_2	B_3	B_4	B_5	B_6
	6.52	0.39	-0.12	0	0	-1936.00
$S_T^{\ominus}$	C_1	C_2	C_3	C_4	C_5	C_6
	6.52	0.78	-0.06	0	0	-6.09

相态	T	$C_{p,m}$	$H_T^{\ominus} - H_{298}^{\ominus}$	$S_T^{\ominus}$	Φ'_T	
气	298	6.88	0	31.21	31.21	$\Delta H_{298}^{\ominus} = 0$
	300	6.88	15	31.26	31.21	
	400	6.90	704	33.24	31.48	
	500	6.95	1397	34.79	32.00	
	600	7.02	2096	36.06	32.57	
	700	7.09	2802	37.15	33.15	
	800	7.16	3515	38.10	33.71	
	900	7.23	4235	38.95	34.25	
	1000	7.31	4962	39.72	34.76	
	1100	7.38	5697	40.42	35.24	
	1200	7.46	6440	41.06	35.70	
	1300	7.54	7190	41.66	36.13	
	1400	7.61	7948	42.23	36.55	
	1500	7.69	8713	42.75	36.95	
	1600	7.77	9487	43.25	37.32	
	1700	7.85	10268	43.73	37.69	
	1800	7.92	11057	44.18	38.04	
	1900	8.00	11854	44.61	38.37	
	2000	8.08	12658	45.02	38.69	
	2100	8.16	13470	45.42	39.00	
	2200	8.23	14290	45.80	39.30	
	2300	8.31	15118	46.17	39.59	
	2400	8.39	15953	46.52	39.88	
	2500	8.17	16797	46.87	40.15	
	2600	8.54	17648	47.20	40.41	
	2700	8.62	18507	47.52	40.67	
	2800	8.70	19373	47.84	40.92	
	2900	8.78	20248	48.15	41.16	
	3000	8.86	21130	48.45	41.40	

表 Ⅳ-26　氯化氢(气)(HCl)

$C_{p,m}$ 气	A_1	A_2	A_3	A_4	A_5	
	6.34	1.10	0.26	0	0	298～2000K
$H_T^{\ominus}-H_{298}^{\ominus}$	B_1	B_2	B_3	B_4	B_5	B_6
	6.34	0.55	-0.26	0	0	-1850.00
$S_T^{\ominus}$	C_1	C_2	C_3	C_4	C_5	C_6
	6.34	1.10	-0.13	0	0	8.34

相　态	T	$C_{p,m}$	$H_T^{\ominus}-H_{298}^{\ominus}$	$S_T^{\ominus}$	Φ'_T	
	298	6.96	0	44.64	44.64	
	300	6.95	15	44.69	44.64	
	400	6.94	709	46.68	44.91	
	500	6.99	1405	48.23	45.42	
	600	7.07	2109	49.52	46.00	
	700	7.16	2820	50.61	46.58	
	800	7.26	3541	51.58	47.15	
	900	7.36	4273	52.44	47.69	
	1000	7.46	5014	53.22	48.20	
气	1100	7.57	5766	53.93	48.69	$\Delta H_{298}^{\ominus}=-22.00$ $T_M=159$ $T_B=188$
	1200	7.67	6528	54.00	49.16	
	1300	7.78	7301	55.22	49.60	
	1400	7.89	8085	55.80	50.02	
	1500	8.00	8880	56.35	50.42	
	1600	8.11	9686	56.86	50.81	
	1700	8.21	10502	57.36	51.18	
	1800	8.32	11330	57.83	51.54	
	1900	8.43	12168	58.29	51.88	
	2000	8.54	13017	58.72	52.21	

表 Ⅳ-27 水(气)(H_2O)

$C_{p,m}$ 气	A_1	A_2	A_3	A_4	A_5	
	7.17	2.56	0.08	0	0	298~2500K
$H_T^\ominus - H_{298}^\ominus$	B_1	B_2	B_3	B_4	B_5	B_6
	7.17	1.28	−0.08	0	0	−2223.00
$S_T^\ominus$	C_1	C_2	C_3	C_4	C_5	C_6
	7.17	2.56	−0.04	0	0	3.54

相态	T	$C_{p,m}$	$H_T^\ominus - H_{298}^\ominus$	$S_T^\ominus$	Φ'_T	
气	298	8.02	0	45.10	45.10	$\Delta H_{298}^\ominus = -57.91$
	300	8.02	17	45.15	45.10	
	400	8.24	830	47.49	45.42	
	500	8.48	1666	49.36	46.03	
	600	8.72	2526	50.93	46.72	
	700	8.97	3412	52.29	47.42	
	800	9.23	4322	53.51	48.10	
	900	9.48	5258	54.61	48.77	
	1000	9.73	6219	55.62	49.40	
	1100	9.99	7206	56.56	50.01	
	1200	10.24	8218	57.44	50.59	
	1300	10.50	9255	58.27	51.15	
	1400	10.75	10318	59.06	51.69	
	1500	11.01	11407	59.81	52.20	
	1600	11.26	12521	60.53	52.70	
	1700	11.52	13660	61.22	53.18	
	1800	11.78	14826	61.88	53.65	
	1900	12.03	16017	62.53	54.10	
	2000	12.29	17233	63.15	54.54	
	2100	12.54	18475	63.76	54.96	
	2200	12.80	19743	64.35	55.37	
	2300	13.05	21036	64.92	55.78	
	2400	13.31	22354	65.48	56.17	
	2500	13.57	23699	66.03	56.55	

表 Ⅳ-28 镁(Mg)

	A_1	A_2	A_3	A_4	A_5	
$C_{p,\mathrm{m}}$ 固	5.33	2.45	-0.10	0	0	298~923K
$C_{p,\mathrm{m}}$ 液	7.60	0	0	0	0	923~1378K
$C_{p,\mathrm{m}}$ 气	4.96	0	0	0	0	298~2000K
	B_1	B_2	B_3	B_4	B_5	B_6
$H_T^\ominus - H_{298}^\ominus$	5.33	1.22	0.10	0	0	-1729.00
	7.60	0	0	0	0	-631.00
	4.96	0	0	0	0	33507.00
	C_1	C_2	C_3	C_4	C_5	C_6
$S_T^\ominus$	5.33	2.45	0.05	0	0	-23.32
	7.60	0	0	0	0	-34.25
	4.96	0	0	0	0	6.97

相态	T	$C_{p,\mathrm{m}}$	$H_T^\ominus - H_{298}^\ominus$	$S_T^\ominus$	Φ'_T	
固	298	5.94	0	7.81	7.81	$\Delta H_{298}^\ominus = 0$
	300	5.95	14	7.87	7.82	
	400	6.24	624	9.62	8.06	
	500	6.51	1262	11.04	8.52	
	600	6.77	1927	12.25	9.04	
	700	7.02	2617	13.32	9.58	
	800	7.27	3331	14.27	10.11	
	900	7.52	4071	15.14	10.62	
	923(T_M)	7.57	4245	15.33	10.73	
液	923	7.60	6385	17.65	10.73	$\Delta H_\mathrm{M} = 2140$
	1000	7.60	6969	18.24	11.27	$\Delta S_\mathrm{M} = 2.32$
	1100	7.60	7729	18.97	11.94	
	1200	7.60	8489	19.63	12.56	
	1300	7.60	9249	20.24	13.12	
	1378(T_B)	7.60	9842	20.68	13.54	
气	1378	4.96	40342	42.81	13.54	$\Delta H_\mathrm{B} = 30500$
	1400	4.96	40451	42.90	14.00	$\Delta S_\mathrm{B} = 22.13$
	1500	4.96	40947	43.24	15.94	
	1600	4.96	41443	43.56	17.66	
	1700	4.96	41939	43.86	19.19	
	1800	4.96	42435	44.14	20.57	
	1900	4.96	42931	44.41	21.82	
	2000	4.96	43427	44.67	22.95	

表 Ⅳ-29　氯化镁($MgCl_2$)

		A_1	A_2	A_3	A_4	A_5	
$C_{p,m}$	固	18.90	1.42	−2.06	0	0	298 ~ 987K
	液	22.10	0	0	0	0	987 ~ 1691K
	气	13.77	0.07	−1.27	0	0	298 ~ 2000K
		B_1	B_2	B_3	B_4	B_5	B_6
$H_T^{\ominus} - H_{298}^{\ominus}$		18.90	0.71	2.06	0	0	−6386.00
		22.10	0	0	0	0	1655.00
		13.77	0.03	1.27	0	0	52906.00
		C_1	C_2	C_3	C_4	C_5	C_6
$S_T^{\ominus}$		18.90	1.42	1.03	0	0	−87.84
		22.10	0	0	0	0	−97.97
		13.77	0.07	0.63	0	0	−14.11

相　态	T	$C_{p,m}$	$H_T^{\ominus} - H_{298}^{\ominus}$	$S_T^{\ominus}$	Φ'_T	
固	298	17.00	0	21.40	21.40	$\Delta H_{298}^{\ominus} = -153.30$
	300	17.03	35	21.53	21.41	
	400	18.18	1803	26.61	22.10	
	500	18.78	3653	30.73	23.43	
	600	19.17	5553	34.20	24.94	
	700	19.47	7486	37.17	26.48	
	800	19.71	9446	39.79	27.98	
	900	19.92	11428	42.13	29.43	
	987(T_M)	20.09	13169	43.97	30.63	
液	987	22.10	23469	54.40	30.63	$\Delta H_M = 10300$ $\Delta S_M = 10.43$
	1000	22.10	23755	54.69	30.93	
	1100	22.10	25965	56.79	33.19	
	1200	22.10	28175	58.72	35.24	
	1300	22.10	30385	60.48	37.11	
	1400	22.10	32595	62.12	38.84	
	1500	22.10	34805	63.65	40.44	
	1600	22.10	37015	65.07	41.94	
	1691(T_B)	22.10	39026	66.30	43.22	
气	1691	13.84	76366	88.38	43.22	$\Delta H_B = 37340$ $\Delta S_B = 22.08$
	1700	13.84	76491	88.45	43.46	
	1800	13.85	77876	89.24	45.98	
	1900	13.86	79262	89.99	48.28	
	2000	13.87	80649	90.71	50.38	

表 Ⅳ-30 氧化镁(MgO)

		A_1	A_2	A_3	A_4	A_5	
$C_{p,m}$	固	11.70	0.75	−2.73	0	0	298~3098K
	液	14.50	0	0	0	0	3098~3533K
		B_1	B_2	B_3	B_4	B_5	B_6
$H_T^\ominus - H_{298}^\ominus$		11.70	0.37	2.73	0	0	−4435.00
		14.50	0	0	0	0	9076.00
		C_1	C_2	C_3	C_4	C_5	C_6
$S_T^\ominus$		11.70	0.75	1.36	0	0	−61.96
		14.50	0	0	0	0	−76.18

相 态	T	$C_{p,m}$	$H_T^\ominus - H_{298}^\ominus$	$S_T^\ominus$	Φ'_T	
固	298	8.84	0	6.44	6.44	$\Delta H_{298}^\ominus = -143.70$
	300	8.89	19	6.51	6.45	
	400	10.29	987	9.29	6.82	
	500	10.98	2056	11.67	7.56	
	600	11.39	3175	13.71	8.42	
	700	11.66	4329	15.49	9.30	
	800	11.87	5506	17.06	10.18	
	900	12.03	6702	18.47	11.02	
	1000	12.17	7913	19.74	11.83	
	1100	12.29	9137	20.91	12.60	
	1200	12.41	10372	21.98	13.34	
	1300	12.51	11619	22.98	14.04	
	1400	12.61	12875	23.91	14.72	
	1500	12.70	14141	24.79	15.36	
	1600	12.79	15416	25.61	15.97	
	1700	12.88	16699	26.39	16.56	
	1800	12.96	17992	27.12	17.13	
	1900	13.04	19292	27.83	17.67	
	2000	13.13	20601	28.50	18.20	
	2100	13.21	21919	29.14	18.70	
	2200	13.29	23244	29.76	19.19	
	2300	13.37	24577	30.35	19.67	
	2400	13.45	25919	30.92	20.12	
	2500	13.53	27268	31.47	20.57	
	2600	13.60	28625	32.01	21.00	
	2700	13.68	29990	32.52	21.41	
	2800	13.76	31362	33.02	21.82	
	2900	13.84	32743	33.50	22.21	
	3000	13.91	34131	33.97	22.60	
	3098(T_M)	13.99	35499	34.42	22.96	
液	3098	14.50	53999	40.39	22.96	$\Delta H_M = 18500$
	3100	14.50	54026	40.39	22.96	$\Delta S_M = 5.97$
	3200	14.50	55476	40.84	23.51	$T_B = 3533$
	3300	14.50	56926	41.29	24.04	
	3400	14.50	58376	41.72	24.55	
	3500	14.50	59826	42.14	25.05	
	3533	14.50	60305	42.28	25.21	

表 Ⅳ-31　锰(Mn)

		A_1	A_2	A_3	A_4	A_5	
$C_{p,m}$	固(α)	5.70	3.38	−0.37	0	0	298 ~ 990K
	固(β)	8.33	0.66	0	0	0	990 ~ 1360K
	固(γ)	6.03	3.56	−0.44	0	0	1360 ~ 1410K
	固(δ)	11.30	0	0	0	0	1410 ~ 1517K
	液	11.00	0	0	0	0	1517 ~ 2324K
	气	4.15	0.35	0	0	0	2324 ~ 3000K
		B_1	B_2	B_3	B_4	B_5	B_6
$H_T^\ominus - H_{298}^\ominus$		5.70	1.69	0.37	0	0	−1972.00
		8.33	0.33	0	0	0	−2675.00
		6.03	1.78	0.44	0	0	−1741.00
		11.30	0	0	0	0	−5173.00
		11.00	0	0	0	0	−1218.00
		4.15	0.17	0	0	0	66557.00
		C_1	C_2	C_3	C_4	C_5	C_6
$S_T^\ominus$		5.70	3.38	0.18	0	0	−26.01
		8.33	0.66	0	0	0	−40.92
		6.03	3.56	0.22	0	0	−27.89
		11.30	0	0	0	0	−60.80
		11.00	0	0	0	0	−56.31
		4.15	0.35	0	0	0	18.72

相　态	T	$C_{p,m}$	$H_T^\ominus - H_{298}^\ominus$	$S_T^\ominus$	Φ'_T	
固(α)	298	6.29	0	7.65	7.65	$\Delta H_{298}^\ominus = 0$
	300	6.30	13	7.72	7.67	
	400	6.82	671	9.60	7.93	
	500	7.24	1374	11.17	8.42	
	600	7.62	2118	12.53	9.00	
	700	7.99	2899	13.73	9.59	
	800	8.34	3716	14.82	10.18	
	900	8.69	4568	15.82	10.75	
	990(T_{tr1})	9.00	5365	16.67	11.25	
固(β)	990	8.98	5895	17.21	11.25	$\Delta H_{tr1} = 530$
	1000	8.99	5985	17.28	11.29	$\Delta S_{tr1} = 0.54$
	1100	9.05	6887	18.14	11.88	
	1200	9.12	7796	18.93	12.43	
	1300	9.18	8712	19.66	12.96	
	1360(T_{tr2})	9.22	9264	20.08	13.26	

续表 Ⅳ-31

相　态	T	$C_{p,m}$	$H_T^{\ominus}-H_{298}^{\ominus}$	$S_T^{\ominus}$	Φ'_T	
固(γ)	1360	10.84	9784	20.46	13.26	$\Delta H_{tr2}=520$ $\Delta S_{tr2}=0.38$
	1400	10.99	10221	20.78	13.48	
	1410(T_{tr3})	11.02	10331	20.86	13.53	
固(δ)	1410	11.30	10761	21.16	13.53	$\Delta H_{tr3}=430$ $\Delta S_{tr3}=0.30$
	1500	11.30	11777	21.83	13.98	
	1517(T_M)	11.30	11969	21.96	14.07	
液	1517	11.00	15469	24.26	14.07	$\Delta H_M=3500$ $\Delta S_M=2.30$
	1600	11.00	16382	24.84	14.60	
	1700	11.00	17482	25.51	15.22	
	1800	11.00	18582	26.14	15.81	
	1900	11.00	19682	26.73	16.37	
	2000	11.00	20782	27.29	16.90	
	2100	11.00	21882	27.83	17.41	
	2200	11.00	22982	28.34	17.90	
	2300	11.00	24082	28.83	18.36	
	2324(T_B)	11.00	24346	28.95	18.47	
气	2324	4.96	77146	51.67	18.47	$\Delta H_B=52800$ $\Delta S_B=22.72$
	2400	4.99	77525	51.86	19.55	
	2500	5.02	78026	52.06	20.85	
	2600	5.06	78530	52.26	22.05	
	2700	5.09	79038	52.45	23.18	
	2800	5.13	79549	52.64	24.22	
	2900	5.16	80064	52.82	25.21	
	3000	5.20	80582	52.99	26.13	

表 Ⅳ-32 二氯化锰($MnCl_2$)

		A_1	A_2	A_3	A_4	A_5	
$C_{p,m}$	固	18.04	3.16	-1.37	0	0	298 ~ 923K
	液	23.00	0	0	0	0	923 ~ 1504K
	气	16.29	-0.38	-1.08	0	0	298 ~ 2000K
		B_1	B_2	B_3	B_4	B_5	B_6
$H_T^{\ominus} - H_{298}^{\ominus}$		18.04	1.58	1.37	0	0	-5974.00
		23.00	0	0	0	0	-59.00
		16.29	-0.19	1.08	0	0	45991.00
		C_1	C_2	C_3	C_4	C_5	C_6
$S_{T,m}^{\ominus}$		18.04	3.16	0.68	0	0	-76.23
		23.00	0	0	0	0	-97.35
		16.29	-0.38	0.54	0	0	-24.04

相　态	T	$C_{p,m}$	$H_T^{\ominus} - H_{298}^{\ominus}$	$S_T^{\ominus}$	Φ'_T	
固	298	17.43	0	28.25	28.25	$\Delta H_{298}^{\ominus} = -115.20$
	300	17.46	37	28.37	28.25	
	400	18.44	1837	33.54	28.95	
	500	19.07	3715	37.73	30.30	
	600	19.55	5647	41.25	31.84	
	700	19.97	7624	44.30	33.41	
	800	20.35	9640	46.99	34.94	
	900	20.71	11694	49.41	36.42	
	923(T_M)	20.79	12171	49.93	36.75	
液	923	23.00	21171	59.68	36.75	$\Delta H_M = 9000$ $\Delta S_M = 9.75$
	1000	23.00	22941	61.52	38.58	
	1100	23.00	25241	63.72	40.77	
	1200	23.00	27541	65.72	42.77	
	1300	23.00	29841	67.56	44.60	
	1400	23.00	32141	69.26	46.30	
	1500	23.00	34441	70.85	47.89	
	1504(T_B)	23.00	34533	70.91	47.95	
气	1504	15.67	70133	94.58	47.95	$\Delta H_B = 35600$ $\Delta S_B = 23.67$
	1600	15.63	71636	95.55	50.78	
	1700	15.60	73198	96.50	53.44	
	1800	15.57	74757	97.39	55.86	
	1900	15.53	76313	98.23	58.07	
	2000	15.50	77865	99.03	60.09	

表Ⅳ-33　一氧化锰(MnO)($MnO_{1.0\sim1.12}$)

		A_1	A_2	A_3	A_4	A_5	
$C_{p,m}$	固	11.11	1.94	-0.88	0	0	298~2058K
	液(分解)	14.50	0	0	0	0	2058~3000K
		B_1	B_2	B_3	B_4	B_5	B_6
$H_T^{\ominus}-H_{298}^{\ominus}$		11.11	0.97	0.88	0	0	-3691.00
		14.50	0	0	0	0	6482.00
		C_1	C_2	C_3	C_4	C_5	C_6
$S_T^{\ominus}$		11.11	1.94	0.44	0	0	-50.05
		14.50	0	0	0	0	-65.62

相　态	T	$C_{p,m}$	$H_T^{\ominus}-H_{298}^{\ominus}$	$S_T^{\ominus}$	Φ'_T	
固	298	10.69	0	14.30	14.30	$\Delta H_{298}^{\ominus}=-92.00$
	300	10.71	23	14.38	14.31	
	400	11.33	1128	17.56	14.74	
	500	11.72	2282	20.14	15.57	
	600	12.02	3471	22.30	16.52	
	700	12.28	4687	24.18	17.48	
	800	12.52	5928	25.83	18.42	
	900	12.74	7191	27.32	19.33	
	1000	12.96	8477	28.67	20.20	
	1100	13.17	9784	29.92	21.03	
	1200	13.37	11111	31.07	21.82	
	1300	13.57	12459	32.15	22.57	
	1400	13.78	13827	33.17	23.29	
	1500	13.98	15215	34.12	23.98	
	1600	14.17	16623	35.03	24.64	
	1700	14.37	18051	35.90	25.28	
	1800	14.57	19499	36.73	25.89	
	1900	14.77	20966	37.52	26.48	
	2000	14.96	22453	38.28	27.06	
	2058(T_M)	15.08	23324	38.71	27.38	
液	2058	14.50	36324	45.02	27.38	$\Delta H_M=13000$ $\Delta S_M=6.31$
	2100	14.50	36932	45.30	27.71	
	2200	14.50	38382	45.97	28.52	
	2300	14.50	39832	46.61	29.30	
	2400	14.50	41282	47.23	30.03	
	2500	14.50	42732	47.82	30.73	
	2600	14.50	44182	48.39	31.40	
	2700	14.50	45632	48.94	32.04	
	2800	14.50	47082	49.47	32.65	
	2900	14.50	48532	49.98	33.24	
	3000	14.50	49982	50.47	33.81	

表 Ⅳ-34　二氧化锰(MnO_2)($MnO_{1.96\sim2.00}$)

		A_1	A_2	A_3	A_4	A_5	
$C_{p,m}$	固(α)	16.60	2.44	−3.88	0	0	298 ~ 523K
	固(β)(分解)	16.60	2.44	−3.88	0	0	523 ~ 780K
		B_1	B_2	B_3	B_4	B_5	B_6
$H_T^\ominus - H_{298}^\ominus$		16.60	1.22	3.88	0	0	−6356.00
		16.60	1.22	3.88	0	0	−6356.00
		C_1	C_2	C_3	C_4	C_5	C_6
$S_T^\ominus$		16.60	2.44	1.94	0	0	−84.75
		16.60	2.44	1.94	0	0	−84.75

相　态	T	$C_{p,m}$	$H_T^\ominus - H_{298}^\ominus$	$S_T^\ominus$	Φ'_T	
固(α)	298	12.95	0	12.70	12.70	$\Delta H_{298}^\ominus = -124.30$
	300	13.02	27	12.81	12.71	
	400	15.15	1449	16.88	13.26	
	500	16.26	3025	20.39	14.34	
	523	16.45	3401	21.13	14.63	
固(β)	523	16.45	3401	21.13	14.63	
	600	16.98	4690	23.43	15.61	
	700	17.51	6416	26.09	16.92	
	800	17.94	8190	28.45	18.22	

表 Ⅳ-35 镍(Ni)

	A_1	A_2	A_3	A_4	A_5	
$C_{p,m}$ 固(α)	7.80	−0.43	−1.33	0	0	298 ~ 630K
$C_{p,m}$ 固(β)	7.10	1.00	−2.23	0	0	630 ~ 1728K
$C_{p,m}$ 液	9.30	0	0	0	0	1728 ~ 2200K
	B_1	B_2	B_3	B_4	B_5	B_6
$H_T^\ominus - H_{298}^\ominus$	7.80	−0.21	1.33	0	0	−2751.00
	7.10	0.50	2.23	0	0	−2595.00
	9.30	0	0	0	0	−567.00
	C_1	C_2	C_3	C_4	C_5	C_6
$S_T^\ominus$	7.80	−0.43	0.66	0	0	−37.91
	7.10	1.00	1.12	0	0	−34.20
	9.30	0	0	0	0	−46.40

相 态	T	$C_{p,m}$	$H_T^\ominus - H_{298}^\ominus$	$S_T^\ominus$	Φ'_T	
固(α)	298	6.17	0	7.14	7.14	$\Delta H_{298}^\ominus = 0$
	300	6.19	13	7.18	7.14	
	400	6.79	667	9.06	7.39	
	500	7.05	1361	10.61	7.89	
	600	7.17	2073	11.91	8.45	
	630(居里点)	7.19	2289	12.26	8.63	
固(β)	630	7.16	2429	12.48	8.63	$\Delta H_{居} = 140$
	700	7.34	2939	13.24	9.04	$\Delta S_{居} = 0.22$
	800	7.55	3684	14.23	9.63	
	900	7.72	4448	15.13	10.19	
	1000	7.87	5228	15.95	10.72	
	1100	8.01	6023	16.71	11.23	
	1200	8.14	6831	17.41	11.72	
	1300	8.26	7652	18.07	12.18	
	1400	8.38	8484	18.69	12.63	
	1500	8.50	9329	19.27	13.05	
	1600	8.61	10184	19.82	13.46	
	1700	8.72	11051	20.35	13.85	
	1728 (T_M)	8.75	11296	20.49	13.95	
液	1728	9.30	15506	22.92	13.95	$\Delta H_M = 4210$
	1800	9.30	16173	23.30	14.32	$\Delta S_M = 2.43$
	1900	9.30	17103	23.81	14.80	$T_B = 3193$
	2000	9.30	18033	24.28	15.27	$\Delta H_B = 89600$
	2100	9.30	18963	24.74	15.71	
	2200	9.30	19893	25.17	16.13	
	2300	9.30	20823	25.58	16.53	
	2400	9.30	21753	25.98	16.92	
	2500	9.30	22683	26.36	17.29	
	2600	9.30	23613	26.72	17.04	
	2700	9.30	24543	27.07	17.98	
	2800	9.30	25473	27.41	18.32	
	2900	9.30	26403	27.74	18.63	
	3000	9.30	27333	28.05	18.94	
	3100	9.30	28263	28.36	19.24	
	3193	9.30	29128	28.63	19.51	

表 Ⅳ-36　氯化镍（$NiCl_2$）

		A_1	A_2	A_3	A_4	A_5	
$C_{p,m}$	固	17.50	3.16	−1.19	0	0	298～1243K
	气	13.72	1.06	−2.91	0	0	1243～2000K
		B_1	B_2	B_3	B_4	B_5	B_6
$H_T^\ominus - H_{298}^\ominus$		17.50	1.58	1.19	0	0	−5754.00
		13.72	0.53	2.91	0	0	54230.00
		C_1	C_2	C_3	C_4	C_5	C_6
$S_T^\ominus$		17.50	3.16	0.59	0	0	−77.95
		13.72	1.06	1.45	0	0	−5.18

相　态	T	$C_{p,m}$	$H_T^\ominus - H_{298}^\ominus$	$S_T^\ominus$	Φ'_T	
固	298	17.10	0	23.35	23.35	$\Delta H_{298}^\ominus = -73.00$
	300	17.12	35	23.46	23.35	
	400	18.02	1796	28.52	24.03	
	500	18.60	3629	32.61	25.35	
	600	19.06	5513	36.04	26.85	
	700	19.46	7440	39.01	28.38	
	800	19.84	9406	41.64	29.88	
	900	20.19	11408	43.99	31.32	
	1000	20.54	13445	46.14	32.70	
	1100	20.87	15516	48.11	34.01	
	1200	21.20	17620	49.94	35.26	
	1243（T_{sb}）	21.35	18535	50.69	35.78	
气	1243	14.84	72335	93.97	35.78	$\Delta H_{sb} = 53800$ $\Delta S_{sb} = 43.28$ $T_M = 1303$ $\Delta H_M = 18500$
	1300	14.92	73186	94.65	38.36	
	1400	15.05	74685	95.76	42.42	
	1500	15.18	76196	96.81	46.01	
	1600	15.30	77721	97.79	49.22	
	1700	15.42	79257	98.72	52.10	
	1800	15.53	80805	99.61	54.72	
	1900	15.65	82364	100.45	57.10	
	2000	15.76	83935	101.26	59.29	

表 Ⅳ-37 氧化镍（NiO）（$NiO_{1.005}$）

		A_1	A_2	A_3	A_4	A_5	
$C_{p,m}$	固（α）	-4.99	37.58	3.89	0	0	298 ~ 525K
	固（β）	13.88	0	0	0	0	525 ~ 565K
	固（γ）	11.18	2.02	0	0	0	565 ~ 1800K
		B_1	B_2	B_3	B_4	B_5	B_6
$H_T^\ominus - H_{298}^\ominus$		-4.99	18.79	-3.89	0	0	1124.00
		13.88	0	0	0	0	-4344.00
		11.18	1.01	0	0	0	-3140.00
		C_1	C_2	C_3	C_4	C_5	C_6
$S_T^\ominus$		-4.99	37.58	-1.94	0	0	28.52
		13.88	0	0	0	0	-70.64
		11.18	2.02	0	0	0	-54.65

相 态	T	$C_{p,m}$	$H_T^\ominus - H_{298}^\ominus$	$S_T^\ominus$	Φ'_T	
固（α）	298	10.58	0	9.10	9.10	$\Delta H_{298}^\ominus = -57.50$
	300	10.60	21	9.17	9.10	
	400	12.47	1162	12.43	9.53	
	500	15.35	2548	15.52	10.42	
	525（T_{tr1}）	16.15	2943	16.29	10.69	
固（β）	525	13.88	2943	16.29	10.69	
	565（T_{tr2}）	13.88	3498	17.31	11.12	
固（γ）	565	12.32	3498	17.31	11.12	$T_M = 2257$
	600	12.39	3932	18.06	11.51	
	700	12.59	5181	19.99	12.59	
	800	12.79	6450	21.68	13.62	
	900	12.99	7740	23.20	14.60	
	1000	13.20	9050	24.58	15.53	
	1100	13.40	10380	25.85	16.41	
	1200	13.60	11730	27.03	17.25	
	1300	13.80	13101	28.12	18.05	
	1400	14.00	14492	29.15	18.80	
	1500	14.21	15902	30.13	19.53	
	1600	14.41	17334	31.05	20.22	
	1700	14.61	18785	31.93	20.88	
	1800	14.81	20256	32.77	21.52	
	1900	15.01	21748	33.58	22.13	
	2000	15.22	23260	34.35	22.72	
	2100	15.42	24792	35.10	23.29	
	2200	15.62	26344	35.82	23.85	
	2257	15.73	27238	36.22	24.16	

表 Ⅳ-38　氧（气）（O_2）

$C_{p,m}$ 气	A_1	A_2	A_3	A_4	A_5	
	7.16	1.00	-0.40	0	0	298～3000K
$H_T^\ominus - H_{298}^\ominus$	B_1	B_2	B_3	B_4	B_5	B_6
	7.16	0.50	0.40	0	0	-2311.00
$S_T^\ominus$	C_1	C_2	C_3	C_4	C_5	C_6
	7.16	1.00	0.20	0	0	7.72

相　态	T	$C_{p,m}$	$H_T^\ominus - H_{298}^\ominus$	$S_T^\ominus$	Φ'_T	
气	298	7.00	0	49.00	49.00	$\Delta H_{298}^\ominus = 0$
	300	7.01	15	49.08	49.03	
	400	7.30	733	51.14	49.31	
	500	7.50	1474	52.79	49.84	
	600	7.64	2232	54.17	50.45	
	700	7.77	3003	55.36	51.07	
	800	7.89	3787	56.41	51.67	
	900	8.01	4582	57.34	52.25	
	1000	8.11	5389	58.19	52.81	
	1100	8.22	6206	58.97	53.33	
	1200	8.33	7034	59.69	53.83	
	1300	8.43	7873	60.36	54.31	
	1400	8.53	8722	60.99	54.76	
	1500	8.64	9581	61.59	55.20	
	1600	8.74	10450	62.15	55.62	
	1700	8.84	11330	62.68	56.02	
	1800	8.94	12219	63.19	56.40	
	1900	9.04	13119	63.68	56.77	
	2000	9.15	14029	64.14	57.13	
	2100	9.25	14949	64.59	57.47	
	2200	9.35	15879	65.02	57.81	
	2300	9.45	16819	65.44	58.13	
	2400	9.55	17770	65.85	58.44	
	2500	9.65	18730	66.24	58.75	
	2600	9.75	19700	66.62	59.04	
	2700	9.85	20681	66.99	59.33	
	2800	9.95	21671	67.35	59.61	
	2900	10.05	22672	67.70	59.88	
	3000	10.15	23682	68.04	60.15	

表 Ⅳ-39 硅（Si）

	A_1	A_2	A_3	A_4	A_5	
$C_{p,m}$ 固	5.45	0.92	-0.84	0	0	298 ~ 1685K
液	6.50	0	0	0	0	1685 ~ 3492K
	B_1	B_2	B_3	B_4	B_5	B_6
$H_T^\ominus - H_{298}^\ominus$	5.45	0.46	0.84	0	0	-1945.00
	6.50	0	0	0	0	9641.00
	C_1	C_2	C_3	C_4	C_5	C_6
$S_T^\ominus$	5.45	0.92	0.42	0	0	-27.29
	6.50	0	0	0	0	-26.38

相态	T	$C_{p,m}$	$H_T^\ominus - H_{298}^\ominus$	$S_T^\ominus$	Φ'_T	
固	298	4.77	0	4.50	4.50	$\Delta H_{298}^\ominus = 0$
	300	4.79	11	4.53	4.50	
	400	5.29	519	5.99	4.69	
	500	5.57	1063	7.20	5.08	
	600	5.76	1631	8.24	5.52	
	700	5.92	2215	9.14	5.97	
	800	6.05	2814	9.94	6.42	
	900	6.17	3426	10.66	6.85	
	1000	6.28	4049	11.31	7.27	
	1100	6.39	4683	11.92	7.66	
	1200	6.49	5327	12.48	8.04	
	1300	6.59	5982	13.00	8.40	
	1400	6.69	6647	13.50	8.75	
	1500	6.79	7321	13.96	9.08	
	1600	6.88	8005	14.40	9.40	
	1685 (T_M)	6.97	8594	14.76	9.66	
液	1685	6.50	20594	21.88	9.66	$\Delta H_M = 12000$ $\Delta S_M = 7.12$ $T_B = 3492$ 气相：$0.01Si_3 + 0.07Si_2 + 0.92Si$
	1700	6.50	20691	21.96	9.79	
	1800	6.50	21341	22.34	10.48	
	1900	6.50	21991	22.69	11.11	
	2000	6.50	22641	23.02	11.70	
	2100	6.50	23291	23.34	12.25	
	2200	6.50	23941	23.64	12.76	
	2300	6.50	24591	23.93	13.24	
	2400	6.50	25241	24.21	13.69	
	2500	6.50	25891	24.47	14.11	
	2600	6.50	26541	24.73	14.52	
	2700	6.50	27191	24.97	14.90	
	2800	6.50	27841	25.21	15.26	
	2900	6.50	28491	25.44	15.61	
	3000	6.50	29141	25.66	15.94	
	3100	6.50	29791	25.87	16.26	
	3200	6.50	30441	26.08	16.56	
	3300	6.50	31091	26.28	16.85	
	3400	6.50	31741	26.47	17.13	
	3492	6.50	32339	26.64	17.38	

表 Ⅳ-40　四氯化硅（$SiCl_4$）

		A_1	A_2	A_3	A_4	A_5	
$C_{p,m}$	液	33.50	0	0	0	0	298～331K
	气	25.39	0.23	-3.53	0	0	298～2000K
$H_T^\ominus - H_{298}^\ominus$		B_1	B_2	B_3	B_4	B_5	B_6
		33.50	0	0	0	0	-9983.00
		25.39	0.11	3.53	0	0	-1577.00
$S_T^\ominus$		C_1	C_2	C_3	C_4	C_5	C_6
		33.50	0	0	0	0	-133.20
		25.39	0.23	1.76	0	0	-67.26

相　态	T	$C_{p,m}$	$H_T^\ominus - H_{298}^\ominus$	$S_T^\ominus$	Φ'_T	
液	298	33.50	0	57.68	57.68	$\Delta H_{298}^\ominus = -164.18$
	300	33.50	67	57.87	57.68	$T_M = 203$
	331（T_B）	33.50	1106	61.17	57.83	$\Delta H_M = 1850$
气	331	22.24	7906	81.71	57.83	
	400	23.27	9480	86.05	62.35	
	500	24.09	11853	91.34	67.64	
	600	24.54	14287	95.78	71.97	
	700	24.83	16757	99.59	75.65	
	800	25.02	19250	102.92	78.85	
	900	25.16	21759	105.87	81.70	
	1000	25.26	24281	108.53	84.25	
	1100	25.35	26812	110.94	86.57	$\Delta H_B = 6800$
	1200	25.42	29351	113.15	88.69	$\Delta S_B = 20.54$
	1300	25.48	31896	115.19	90.65	
	1400	25.53	34447	117.08	92.47	
	1500	25.57	37002	118.84	94.17	
	1600	25.62	39562	120.49	95.77	
	1700	25.65	42126	122.05	97.27	
	1800	25.69	44694	123.52	98.69	
	1900	25.72	47265	124.91	100.03	
	2000	25.76	49839	126.23	101.31	

表 Ⅳ-41 二氧化硅（石英）（SiO_2）

		A_1	A_2	A_3	A_4	A_5	
$C_{p,m}$	固（α）	10.49	9.27	-2.31	0	0	298 ~ 847K
	固（β）	14.08	2.40	0	0	0	847 ~ 1696K
		B_1	B_2	B_3	B_4	B_5	B_6
$H_T^\ominus - H_{298}^\ominus$		10.49	4.63	2.31	0	0	-4312.00
		14.08	1.20	0	0	0	-4445.00
		C_1	C_2	C_3	C_4	C_5	C_6
$S_T^\ominus$		10.49	9.27	1.15	0	0	-53.90
		14.08	2.40	0	0	0	-71.93

相态	T	$C_{p,m}$	$H_T^\ominus - H_{298}^\ominus$	$S_T^\ominus$	Φ'_T	
固（α）	298	10.65	0	9.91	9.91	$\Delta H_{298}^\ominus = -217.70$
	300	10.70	22	9.99	9.92	
	400	12.75	1203	13.38	10.37	
	500	14.20	2554	16.38	11.28	
	600	15.41	4036	19.08	12.36	
	700	16.50	5632	21.54	13.49	
	800	17.54	7335	23.81	14.64	
	847（T_{tr}）	18.01	8171	24.83	15.18	
固（β）	847	16.11	8341	25.03	15.18	$\Delta H_{tr} = 170$ $\Delta S_{tr} = 0.20$ $T_M = 1646 \sim 1746$
	900	16.24	9199	26.00	15.78	
	1000	16.48	10835	27.73	16.89	
	1100	16.72	12495	29.31	17.95	
	1200	16.96	14179	30.77	18.96	
	1300	17.20	15887	32.14	19.92	
	1400	17.44	17619	33.42	20.84	
	1500	17.68	19375	34.64	21.72	
	1600	17.92	21155	35.78	22.56	
	1696	18.15	22886	36.83	23.34	

表 Ⅳ-42　钛（Ti）

	A_1	A_2	A_3	A_4	A_5	
$C_{p,m}$ 固（α）	5.29	2.45	0	0	0	298 ~ 1155K
$C_{p,m}$ 固（β）	4.74	1.89	0	0	0	1155 ~ 1933K
$C_{p,m}$ 液	8.50	0	0	0	0	1933 ~ 3575K
	B_1	B_2	B_3	B_4	B_5	B_6
$H_T^\ominus - H_{298}^\ominus$	5.29	1.22	0	0	0	−1684.00
	4.74	0.94	0	0	0	315.00
	8.50	0	0	0	0	1027.00
	C_1	C_2	C_3	C_4	C_5	C_6
$S_T^\ominus$	5.29	2.45	0	0	0	−23.54
	4.74	1.89	0	0	0	−18.16
	8.50	0	0	0	0	−40.67
相　态	T	$C_{p,m}$	$H_T^\ominus - H_{298}^\ominus$	$S_T^\ominus$	Φ'_T	
固（α）	298	6.02	0	7.32	7.32	$\Delta H_{298}^\ominus = 0$
	300	6.02	13	7.36	7.32	
	400	6.27	628	9.13	7.56	
	500	6.51	1267	10.56	8.02	
	600	6.76	1931	11.76	8.55	
	700	7.00	2619	12.83	9.08	
	800	7.25	3332	13.78	9.61	
	900	7.49	4069	14.64	10.12	
	1000	7.74	4831	15.45	10.62	
	1100	7.98	5617	16.20	11.09	
	1155（T_{tr}）	8.11	6060	16.59	11.34	
固（β）	1155	6.92	7050	17.44	11.34	$\Delta H_{tr} = 990$ $\Delta S_{tr} = 0.85$
	1200	7.00	7364	17.71	11.57	
	1300	7.19	8074	18.28	12.07	
	1400	7.38	8803	18.82	12.53	
	1500	7.57	9551	19.33	12.97	
	1600	7.76	10318	19.83	13.38	
	1700	7.95	11104	20.31	13.77	
	1800	8.14	11909	20.77	14.15	
	1900	8.33	12732	21.21	14.51	
	1933（T_M）	8.39	13008	21.36	14.63	
液	1933	8.50	17458	23.66	14.63	$\Delta H_M = 4450$ $\Delta S_M = 2.30$ $T_B = 3575$ $\Delta H_B = 101900$
	2000	8.50	18027	23.93	14.92	
	2100	8.50	18877	24.35	15.36	
	2200	8.50	19727	24.74	15.78	
	2300	8.50	20577	25.12	16.17	
	2400	8.50	21427	25.48	16.55	
	2500	8.50	22277	25.83	16.92	
	2600	8.50	23127	26.16	17.27	
	2700	8.50	23977	26.48	17.60	
	2800	8.50	24827	26.79	17.93	
	2900	8.50	25677	27.09	18.24	
	3000	8.50	26527	27.38	18.54	

表 Ⅳ-43 二氢化钛 (TiH_2)

	A_1	A_2	A_3	A_4	A_5	
$C_{p,m}$ 固	18.52	0.12	-29.32	0	5.74	298 ~ 2000K
$H_T^\ominus - H_{298}^\ominus$	B_1	B_2	B_3	B_4	B_5	B_6
	18.52	0.06	29.32	0	-2.87	-12130.00
$S_T^\ominus$	C_1	C_2	C_3	C_4	C_5	C_6
	18.52	0.12	14.66	0	-1.19	-107.73

相 态	T	$C_{p,m}$	$H_T^\ominus - H_{298}^\ominus$	$S_T^\ominus$	Φ'_T	
	298	7.22	0	7.10	7.10	
	300	7.23	16	7.14	7.10	
	400	9.21	824	9.45	7.39	
	500	11.44	1861	11.75	8.03	
	600	13.10	3093	13.99	8.84	
	700	14.29	4466	16.11	9.73	
	800	15.15	5941	18.08	10.65	
	900	15.79	7490	19.90	11.58	
	1000	16.28	9095	21.59	12.50	
固	1100	16.66	10743	23.16	13.40	$\Delta H_{298}^\ominus = -34.50$
	1200	16.96	12424	24.62	14.27	
	1300	17.20	14133	25.99	15.12	
	1400	17.40	15863	27.27	15.94	
	1500	17.56	17612	28.48	16.74	
	1600	17.70	19376	29.62	17.51	
	1700	17.82	21153	30.70	18.25	
	1800	17.92	22941	31.72	18.97	
	1900	18.01	24738	32.69	19.67	
	2000	18.09	26544	33.62	20.34	

表 Ⅳ-44　二氯化钛($TiCl_2$)

$C_{p,m}$ 固	A_1	A_2	A_3	A_4	A_5	
	16.34	4.30	-0.82	0	0	298 ~ 1300K
$H_T^\ominus - H_{298}^\ominus$	B_1	B_2	B_3	B_4	B_5	B_6
	16.34	2.15	0.82	0	0	-5334.00
$S_T^\ominus$	C_1	C_2	C_3	C_4	C_5	C_6
	16.34	4.30	0.41	0	0	-73.96

相　态	T	$C_{p,m}$	$H_T^\ominus - H_{298}^\ominus$	$S_T^\ominus$	Φ'_T	
固	298	16.69	0	20.88	20.88	$\Delta H_{298}^\ominus = -123.20$
	300	16.71	35	20.98	20.88	$T_{sb} = 1299.5$
	400	17.54	1751	25.91	21.53	$\Delta H_{sb} = 50700$
	500	18.16	3537	29.90	22.82	$T_M = 1308$
	600	18.69	5381	33.25	24.29	
	700	19.18	7275	36.17	25.78	
	800	19.65	9216	38.77	27.24	
	900	20.10	11205	41.11	28.66	
	1000	20.55	13238	43.25	30.01	
	1100	21.00	15316	45.23	31.31	
	1200	21.44	17438	47.08	32.54	
	1300	21.88	19605	48.81	33.73	

表 Ⅳ-45　二氯化钛(气)($TiCl_2$)

$C_{p,m}$ 气	A_1	A_2	A_3	A_4	A_5	
	14.37	0.53	-0.66	0	0	298 ~ 2000K
$H_T^\ominus - H_{298}^\ominus$	B_1	B_2	B_3	B_4	B_5	B_6
	14.37	0.26	0.66	0	0	-4526.00
$S_T^\ominus$	C_1	C_2	C_3	C_4	C_5	C_6
	14.37	0.53	0.33	0	0	-15.89

相　态	T	$C_{p,m}$	$H_T^\ominus - H_{298}^\ominus$	$S_T^\ominus$	Φ'_T	
气	298	13.78	0	66.50	66.50	$\Delta H_{298}^\ominus = -67.50$
	300	13.79	29	66.59	66.50	
	400	14.16	1429	70.62	67.05	
	500	14.37	2857	73.81	68.09	
	600	14.50	4301	76.44	69.27	
	700	14.60	5757	78.68	70.46	
	800	14.69	7222	80.64	71.61	
	900	14.76	8695	82.37	72.71	
	1000	14.83	10175	83.93	73.76	
	1100	14.89	11662	85.35	74.75	
	1200	14.96	13155	86.65	75.69	
	1300	15.01	14654	87.85	76.58	
	1400	15.07	16159	88.96	77.42	
	1500	15.13	17669	90.01	78.23	
	1600	15.19	19186	90.98	78.99	
	1700	15.24	20708	91.91	79.73	
	1800	15.30	22235	92.78	80.43	
	1900	15.35	23768	93.61	81.10	
	2000	15.41	25307	94.40	81.74	

表 Ⅳ-46 三氯化钛($TiCl_3$)

$C_{p,m}$ 固	A_1	A_2	A_3	A_4	A_5	
	22.90	2.64	-0.42	0	0	298~1104K
$H_T^{\ominus}-H_{298}^{\ominus}$	B_1	B_2	B_3	B_4	B_5	B_6
	22.90	1.32	0.42	0	0	-7081.00
$S_T^{\ominus}$	C_1	C_2	C_3	C_4	C_5	C_6
	22.90	2.64	0.21	0	0	-98.07

相态	T	$C_{p,m}$	$H_T^{\ominus}-H_{298}^{\ominus}$	$S_T^{\ominus}$	Φ'_T	
固	298	23.21	0	33.40	33.40	$\Delta H_{298}^{\ominus}=-172.50$
	300	23.22	48	33.57	33.41	$T_{sb}=1104$
	400	23.69	2395	40.32	34.33	$\Delta H_{sb}=39710$
	500	24.05	4783	45.64	36.08	$\Delta S_{sb}=35.96$
	600	24.36	7204	50.06	38.05	
	700	24.66	9656	53.84	40.04	
	800	24.94	12136	57.15	41.98	
	900	25.22	14645	60.10	43.83	
	1000	25.49	17181	62.77	45.59	
	1100	25.76	19744	65.22	47.27	
	1104	25.78	19847	65.31	47.33	

表 Ⅳ-47 三氯化钛(气)($TiCl_3$)

$C_{p,m}$ 气	A_1	A_2	A_3	A_4	A_5	
	20.85	-0.17	-3.09	0	0	298~2000K
$H_T^{\ominus}-H_{298}^{\ominus}$	B_1	B_2	B_3	B_4	B_5	B_6
	20.85	-0.08	3.09	0	0	-7242.00
$S_T^{\ominus}$	C_1	C_2	C_3	C_4	C_5	C_6
	20.85	-0.17	1.54	0	0	-44.76

相态	T	$C_{p,m}$	$H_T^{\ominus}-H_{298}^{\ominus}$	$S_T^{\ominus}$	Φ'_T	
气	298	17.31	0	75.70	75.70	$\Delta H_{298}^{\ominus}=-128.90$
	300	17.36	35	75.82	75.71	
	400	18.85	1857	81.05	76.41	
	500	19.52	3780	85.34	77.78	
	600	19.88	5752	88.94	79.35	
	700	20.10	7753	92.02	80.95	
	800	20.23	9770	94.71	82.50	
	900	20.31	11797	97.10	83.99	
	1000	20.37	13832	99.25	85.41	
	1100	20.40	15871	101.19	86.76	
	1200	20.43	17913	102.97	88.04	
	1300	20.44	19957	104.60	89.25	
	1400	20.45	22002	106.12	90.40	
	1500	20.45	24048	107.53	91.50	
	1600	20.45	26094	108.85	92.54	
	1700	20.45	28139	110.09	93.54	
	1800	20.44	30184	111.26	94.49	
	1900	20.44	32229	112.36	95.40	
	2000	20.43	34272	113.41	96.28	

表 Ⅳ-48　四氯化钛(液)($TiCl_4$)

	A_1	A_2	A_3	A_4	A_5	
$C_{p,m}$ 液	34.12	2.08	-0.04	0	0	298～409K
$H_T^\ominus - H_{298}^\ominus$	B_1	B_2	B_3	B_4	B_5	B_6
	34.12	1.04	0.04	0	0	-10272.00
$S_T^\ominus$	C_1	C_2	C_3	C_4	C_5	C_6
	34.12	2.08	0.02	0	0	-134.70
相　态	T	$C_{p,m}$	$H_T^\ominus - H_{298}^\ominus$	$S_T^\ominus$	Φ'_T	
液	298	34.69	0	60.32	60.32	$\Delta H_{298}^\ominus = -192.20$
	300	34.69	71	60.55	60.32	$T_M = 249.05$ $\Delta H_M = 2382$
	400	34.92	3552	70.57	61.69	$T_B = 409$ $\Delta H_B = 8550$
	409	34.94	3867	71.35	61.89	$\Delta S_B = 20.90$

表 Ⅳ-49　四氯化钛(气)($TiCl_4$)

	A_1	A_2	A_3	A_4	A_5	
$C_{p,m}$ 气	25.61	0.11	-2.52	0	0	298～2000K
$H_T^\ominus - H_{298}^\ominus$	B_1	B_2	B_3	B_4	B_5	B_6
	25.61	0.05	2.52	0	0	-8480.00
$S_T^\ominus$	C_1	C_2	C_3	C_4	C_5	C_6
	25.61	0.11	1.26	0	0	-62.54
相　态	T	$C_{p,m}$	$H_T^\ominus - H_{298}^\ominus$	$S_T^\ominus$	Φ'_T	
气	298	22.80	0	84.80	84.80	
	300	22.84	48	84.96	84.80	
	400	24.07	2403	91.73	85.72	
	500	24.65	4843	97.17	87.48	
	600	24.97	7326	101.70	89.49	
	700	25.17	9834	105.56	91.51	
	800	25.30	12358	108.93	93.49	
	900	25.39	14894	111.92	95.37	
	1000	25.46	17437	114.60	97.16	
	1100	25.52	19987	117.03	98.86	$\Delta H_{298}^\ominus = -182.40$
	1200	25.56	22541	119.25	100.47	
	1300	25.60	25100	121.30	101.99	
	1400	25.63	27662	123.20	103.44	
	1500	25.66	30227	124.97	104.82	
	1600	25.68	32794	126.62	106.13	
	1700	25.70	35364	128.18	107.38	
	1800	25.73	37936	129.65	108.58	
	1900	25.74	40510	131.04	109.72	
	2000	25.76	43086	132.37	110.82	

表 Ⅳ-50 二氯一氧化钛(气)($TiOCl_2$)

	A_1	A_2	A_3	A_4	A_5	
$C_{p,m}$ 气	19.47	0.20	-2.13	0	0	298~2000K
$H_T^{\ominus}-H_{298}^{\ominus}$	B_1	B_2	B_3	B_4	B_5	B_6
	19.47	0.10	2.13	0	0	-6524.00
$S_T^{\ominus}$	C_1	C_2	C_3	C_4	C_5	C_6
	19.47	0.20	1.06	0	0	-35.46
相 态	T	$C_{p,m}$	$H_T^{\ominus}-H_{298}^{\ominus}$	$S_T^{\ominus}$	Φ'_T	
	298	17.13	0	76.69	76.69	
	300	17.16	36	76.81	76.69	
	400	18.21	1812	81.93	77.40	
	500	18.71	3662	86.06	78.74	
	600	18.99	5549	89.50	80.25	
	700	19.17	7458	92.44	81.79	
	800	19.29	9382	95.01	83.28	
	900	19.38	11317	97.29	84.72	
	1000	19.45	13259	99.34	86.08	
气	1100	19.51	15208	101.19	87.37	$\Delta H_{298}^{\ominus}=-130.40$
	1200	19.56	17161	102.89	88.59	
	1300	19.60	19120	104.46	89.75	
	1400	19.64	21082	105.91	90.86	
	1500	19.67	23048	107.27	91.91	
	1600	19.70	25017	108.54	92.91	
	1700	19.73	26989	109.74	93.86	
	1800	19.76	28964	110.87	94.77	
	1900	19.79	30942	111.94	95.65	
	2000	19.81	32922	112.95	96.49	

表 Ⅳ-51　一氧化钛(TiO)($TiO_{0.91\sim1.23}$)

		A_1	A_2	A_3	A_4	A_5	
$C_{p,m}$	固(α)	10.57	3.60	-1.86	0	0	298 ~ 1264K
	固(β)	13.50	1.99	0	0	0	1264 ~ 2023K
	液	13.00	0	0	0	0	2023 ~ 3934K
		B_1	B_2	B_3	B_4	B_5	B_6
$H_T^\ominus - H_{298}^\ominus$		10.57	1.80	1.86	0	0	-3932.00
		13.50	0.99	0	0	0	-5373.00
		13.00	0	0	0	0	12710.00
		C_1	C_2	C_3	C_4	C_5	C_6
$S_T^\ominus$		10.57	3.60	0.93	0	0	-50.13
		13.50	1.99	0	0	0	-68.33
		13.00	0	0	0	0	-54.05

相　态	T	$C_{p,m}$	$H_T^\ominus - H_{298}^\ominus$	$S_T^\ominus$	Φ'_T	
固(α)	298	9.54	0	12.20	12.20	$\Delta H_{298}^\ominus = -124.19$
	300	9.58	21	12.27	12.20	
	400	10.84	1049	15.22	12.59	
	500	11.62	2175	17.73	13.38	
	600	12.21	3368	19.90	14.29	
	700	12.71	4615	21.82	15.23	
	800	13.15	5908	23.55	16.16	
	900	13.58	7246	25.12	17.07	
	1000	13.98	8624	26.57	17.95	
	1100	14.37	10042	27.92	18.80	
	1200	14.76	11499	29.19	19.61	
	1264(T_{tr})	15.00	12451	29.96	20.11	
固(β)	1264	16.01	13281	30.61	20.11	$\Delta H_{tr} = 830$
	1300	16.08	13859	31.05	20.39	$\Delta S_{tr} = 0.65$
	1400	16.28	15477	32.25	21.19	
	1500	16.48	17116	33.38	21.97	
	1600	16.68	18774	34.45	22.71	
	1700	16.88	20453	35.47	23.44	
	1800	17.08	22151	36.44	24.13	
	1900	17.28	23869	37.37	24.80	
	2000	17.48	25607	38.26	25.45	
	2023(T_M)	17.52	26009	38.46	25.60	
液	2023	13.00	39009	44.88	25.60	$\Delta H_M = 13000$
	2100	13.00	40010	45.39	26.34	$\Delta S_M = 6.42$
	2200	13.00	41310	46.00	27.22	$T_B = 3934$
	2300	13.00	42610	46.57	28.05	$\Delta H_B = 91600$
	2400	13.00	43910	47.13	28.83	
	2500	13.00	45210	47.66	29.57	
	2600	13.00	46510	48.17	30.28	
	2700	13.00	47810	48.66	30.95	
	2800	13.00	49110	49.13	31.59	
	2900	13.00	50410	49.59	32.20	
	3000	13.00	51710	50.03	32.79	

表 Ⅳ-52 一氧化钛(气)(TiO)

	A_1	A_2	A_3	A_4	A_5	
$C_{p,m}$ 气	8.76	0.20	-0.94	0	0	298 ~ 3200K
$H_T^\ominus - H_{298}^\ominus$	B_1	B_2	B_3	B_4	B_5	B_6
	8.76	0.10	0.94	0	0	-2933.00
$S_T^\ominus$	C_1	C_2	C_3	C_4	C_5	C_6
	8.76	0.20	0.47	0	0	5.53

相 态	T	$C_{p,m}$	$H_T^\ominus - H_{298}^\ominus$	$S_T^\ominus$	Φ'_T	
	298	7.76	0	56.00	56.00	
	300	7.77	17	56.07	56.01	
	400	8.25	822	58.38	56.33	
	500	8.48	1660	60.25	56.93	
	600	8.61	2516	61.81	57.62	
	700	8.70	3382	63.15	58.32	
	800	8.77	4256	64.32	59.00	
	900	8.82	5136	65.35	59.64	
	1000	8.86	6021	66.28	60.26	
	1100	8.90	6909	67.13	60.85	
	1200	8.93	7801	67.91	61.41	
	1300	8.96	8696	68.62	61.93	
	1400	8.99	9594	69.29	62.44	
	1500	9.01	10495	69.91	62.91	
气	1600	9.04	11398	70.49	63.37	$\Delta H_{298}^\ominus = 3.75$
	1700	9.06	12303	71.04	63.80	
	1800	9.09	13211	71.56	64.22	
	1900	9.11	14121	72.05	64.62	
	2000	9.13	15034	72.52	65.00	
	2100	9.15	15949	72.97	65.37	
	2200	9.18	16866	73.39	65.73	
	2300	9.20	17785	73.80	66.07	
	2400	9.22	18706	74.19	66.40	
	2500	9.24	19630	74.57	66.72	
	2600	9.26	20555	74.93	67.03	
	2700	9.28	21483	75.28	67.33	
	2800	9.30	22413	75.62	67.62	
	2900	9.32	23344	75.95	67.90	
	3000	9.34	24278	76.27	68.17	

表 Ⅳ-53　三氧化二钛(Ti_2O_3)

		A_1	A_2	A_3	A_4	A_5	
$C_{p,m}$	固(α)	36.43	0	-11.96	0	0	298 ~ 473K
	固(β)	34.68	1.30	-10.20	0	0	473 ~ 2112K
	液	37.50	0	0	0	0	2112 ~ 3000K
		B_1	B_2	B_3	B_4	B_5	B_6
$H_T^{\ominus}-H_{298}^{\ominus}$		36.43	0	11.96	0	0	-14869.00
		34.68	0.65	10.20	0	0	-13604.00
		37.50	0	0	0	0	10221.00
		C_1	C_2	C_3	C_4	C_5	C_6
$S_T^{\ominus}$		36.43	0	5.98	0	0	-195.46
		34.68	1.30	5.10	0	0	-184.45
		37.50	0	0	0	0	-190.71

相　态	T	$C_{p,m}$	$H_T^{\ominus}-H_{298}^{\ominus}$	$S_T^{\ominus}$	Φ'_T	
固(α)	298	22.96	0	18.83	18.83	$\Delta H_{298}^{\ominus}=-363.49$
	300	23.14	47	18.99	18.83	
	400	28.95	2693	26.54	19.81	
	473(T_{tr})	31.08	4891	31.58	21.24	
固(β)	473	30.73	5101	32.03	21.24	$\Delta H_{tr}=210$ $\Delta S_{tr}=0.45$
	500	31.25	5938	33.76	21.88	
	600	32.62	9138	39.59	24.36	
	700	33.50	12448	44.69	26.90	
	800	34.12	15831	49.20	29.42	
	900	34.59	19268	53.25	31.84	
	1000	34.96	22746	56.92	34.17	
	1100	35.26	26258	60.26	36.39	
	1200	35.53	29798	63.34	38.51	
	1300	35.76	33363	66.20	40.53	
	1400	35.97	36951	68.86	42.46	
	1500	36.17	40558	71.34	44.31	
	1600	36.36	44185	73.68	46.07	
	1700	36.53	47830	75.89	47.76	
	1800	36.70	51493	77.99	49.38	
	1900	36.86	55171	79.98	50.94	
	2000	37.02	58866	81.87	52.44	
	2100	37.17	62576	83.68	53.88	
	2112(T_M)	37.19	63022	83.89	54.05	
液	2112	37.50	89422	96.39	54.05	$\Delta H_M=26400$ $\Delta S_M=12.50$
	2200	37.50	92721	97.89	55.75	
	2300	37.50	96471	99.56	57.62	
	2400	37.50	100221	101.16	59.40	
	2500	37.50	103971	102.69	61.10	
	2600	37.50	107721	104.16	62.73	
	2700	37.50	111471	105.57	64.29	
	2800	37.50	115221	106.94	64.79	
	2900	37.50	118971	108.25	67.23	
	3000	37.50	122721	109.52	68.62	

表 Ⅳ-54 五氧化三钛(Ti_3O_5)

		A_1	A_2	A_3	A_4	A_5	
$C_{p,m}$	固(α)	55.21	-5.92	-14.64	0	0	298 ~ 450K
	固(β)	41.75	8.06	0	0	0	450 ~ 2047K
	液	56.00	0	0	0	0	2047 ~ 3000K
		B_1	B_2	B_3	B_4	B_5	B_6
$H_T^\ominus - H_{298}^\ominus$		55.21	-2.96	14.64	0	0	-21102.00
		41.75	4.03	0	0	0	-10397.00
		56.00	0	0	0	0	10319.00
		C_1	C_2	C_3	C_4	C_5	C_6
$S_T^\ominus$		55.21	-5.92	7.32	0	0	-290.11
		41.75	8.06	0	0	0	-204.33
		56.00	0	0	0	0	-280.35

相 态	T	$C_{p,m}$	$H_T^\ominus - H_{298}^\ominus$	$S_T^\ominus$	Φ'_T	
固(α)	298	36.96	0	30.93	30.93	$\Delta H_{298}^\ominus = -587.75$
	300	37.16	75	31.18	30.93	
	400	43.69	4168	42.88	32.46	
	450(T_{tr})	45.31	6396	48.13	33.91	
固(β)	450	45.37	9206	54.37	33.91	$\Delta H_{tr} = 2810$ $\Delta S_{tr} = 6.24$
	500	45.78	11485	59.15	36.18	
	600	46.58	16104	67.57	40.73	
	700	47.39	20803	74.81	45.10	
	800	48.19	25582	81.20	49.22	
	900	49.00	30442	86.92	53.09	
	1000	49.81	35383	92.12	56.74	
	1100	50.61	40404	96.91	60.18	
	1200	51.42	45506	101.35	63.43	
	1300	52.22	50689	105.50	66.50	
	1400	53.03	55952	109.40	69.43	
	1500	53.84	61295	113.08	72.22	
	1600	54.64	66720	116.58	74.88	
	1700	55.45	72225	119.92	77.43	
	1800	56.25	77810	123.11	79.88	
	1900	57.06	83476	126.18	82.24	
	2000	57.87	89223	129.12	84.51	
	2047(T_M)	58.24	91952	130.48	85.55	
液	2047	56.00	124952	146.60	85.55	$\Delta H_M = 33000$ $\Delta S_M = 16.12$
	2100	56.00	127919	148.03	87.11	
	2200	56.00	133519	150.63	89.94	
	2300	56.00	139119	153.12	92.64	
	2400	56.00	144719	155.51	95.21	
	2500	56.00	150319	157.79	97.66	
	2600	56.00	155919	159.99	100.02	
	2700	56.00	161519	162.10	102.28	
	2800	56.00	167119	164.14	104.45	
	2900	56.00	172719	166.10	106.54	
	3000	56.00	178319	168.00	108.56	

表 Ⅳ-55　二氧化钛(金红石)(TiO_2)

		A_1	A_2	A_3	A_4	A_5	
$C_{p,m}$	固	15.02	2.71	-2.38	0	0	298 ~ 2143K
	液	21.00	0	0	0	0	2143 ~ 3000K
		B_1	B_2	B_3	B_4	B_5	B_6
$H_T^\ominus - H_{298}^\ominus$		15.02	1.35	2.38	0	0	-5393.00
		21.00	0	0	0	0	4123.00
		C_1	C_2	C_3	C_4	C_5	C_6
$S_T^\ominus$		15.02	2.71	1.19	0	0	-75.68
		21.00	0	0	0	0	-108.27

相　态	T	$C_{p,m}$	$H_T^\ominus - H_{298}^\ominus$	$S_T^\ominus$	Φ'_T	
固	298	13.14	0	12.03	12.03	$\Delta H_{298}^\ominus = -225.80$
	300	13.18	28	12.12	12.03	
	400	14.61	1427	16.13	12.57	
	500	15.42	2932	19.49	13.63	
	600	15.98	4503	22.35	14.85	
	700	16.43	6125	24.85	16.10	
	800	16.81	7788	27.07	17.34	
	900	17.16	9487	29.07	18.53	
	1000	17.49	11220	30.90	19.68	
	1100	17.80	12985	32.58	20.78	
	1200	18.10	14781	34.14	21.83	
	1300	18.40	16606	35.60	22.83	
	1400	18.69	18461	36.98	23.79	
	1500	18.97	20344	38.28	24.71	
	1600	19.26	22257	39.51	25.60	
	1700	19.54	24197	40.69	26.45	
	1800	19.82	26165	41.81	27.28	
	1900	20.10	28162	42.89	28.07	
	2000	20.38	30186	43.93	28.84	
	2100	20.65	32238	44.93	29.58	
	2143(T_M)	20.77	33129	45.35	29.89	
液	2143	21.00	49129	52.81	29.89	$\Delta H_M = 16000$ $\Delta S_M = 7.46$
	2200	21.00	50323	53.35	30.47	
	2300	21.00	52423	54.28	31.49	
	2400	21.00	54523	55.17	32.45	
	2500	21.00	56623	56.03	33.38	
	2600	21.00	58723	56.85	34.27	
	2700	21.00	60823	57.65	35.12	
	2800	21.00	62923	58.41	35.94	
	2900	21.00	65023	59.15	36.73	
	3000	21.00	67123	59.86	37.48	

表 Ⅳ-56 二氧化钛(锐钛矿)(TiO_2)

	A_1	A_2	A_3	A_4	A_5	
$C_{p,m}$ 固	17.93	0	-4.21	0	0	298~2000K
$H_T^{\ominus}-H_{298}^{\ominus}$	B_1	B_2	B_3	B_4	B_5	B_6
	17.93	0	4.21	0	0	-6755.00
$S_T^{\ominus}$	C_1	C_2	C_3	C_4	C_5	C_6
	17.93	0	2.10	0	0	-92.59

相 态	T	$C_{p,m}$	$H_T^{\ominus}-H_{298}^{\ominus}$	$S_T^{\ominus}$	Φ'_T	
固	298	13.18	0	11.93	11.93	$\Delta H_{298}^{\ominus}=-223.00$ $T_{tr}=918$
	300	13.25	27	12.01	11.93	
	400	15.29	1469	16.15	12.47	
	500	16.24	3052	19.67	13.57	
	600	16.76	4705	22.69	14.85	
	700	17.07	6397	25.30	16.16	
	800	17.27	8115	27.59	17.44	
	900	17.41	9850	29.63	18.69	
	1000	17.50	11596	31.47	19.88	
	1100	17.58	13351	33.14	21.01	
	1200	17.63	15112	34.68	22.08	
	1300	17.68	16878	36.09	23.11	
	1400	17.71	18648	37.40	24.08	
	1500	17.74	20421	38.62	25.01	
	1600	17.76	22196	39.77	25.90	
	1700	17.78	23974	40.85	26.75	
	1800	17.80	25753	41.87	27.56	
	1900	17.81	27534	42.83	28.34	
	2000	17.82	29315	43.74	29.08	

表 IV-57　二硫化钛(TiS_2)($TiS_{1.5\sim2.0}$)

		A_1	A_2	A_3	A_4	A_5	
$C_{p,m}$	固(α)	8.08	27.34	0	0	0	298 ~ 420K
	固(β)	14.99	5.14	0	0	0	420 ~ 1010K
		B_1	B_2	B_3	B_4	B_5	B_6
$H_T^\ominus - H_{298}^\ominus$		8.08	13.67	0	0	0	-3620.00
		14.99	2.57	0	0	0	-4564.00
		C_1	C_2	C_3	C_4	C_5	C_6
$S_T^\ominus$		8.08	27.34	0	0	0	-35.43
		14.99	5.14	0	0	0	-67.86

相　态	T	$C_{p,m}$	$H_T^\ominus - H_{298}^\ominus$	$S_T^\ominus$	Φ'_T	
固(α)	298	16.22	0	18.73	18.73	$\Delta H_{298}^\ominus = -80.00$
	300	16.28	34	18.85	18.74	
	400	19.01	1799	23.91	19.41	
	420(T_{tr})	19.56	2185	24.85	19.65	
固(β)	420	17.14	2185	24.85	19.65	
	500	17.56	3573	27.86	20.71	
	600	18.07	5355	31.11	22.18	
	700	18.58	7188	33.93	23.66	
	800	19.10	9073	36.45	25.11	
	900	19.61	11009	38.73	26.50	
	1000	20.12	12996	40.82	27.83	

表 Ⅳ-58 氮化钛(TiN)($TiN_{0.42\sim1.0}$)

		A_1	A_2	A_3	A_4	A_5	
$C_{p,m}$	固	11.91	0.94	-2.96	0	0	298 ~ 3223K
	液	16.00	0	0	0	0	3223 ~ 3500K
		B_1	B_2	B_3	B_4	B_5	B_6
$H_T^\ominus - H_{298}^\ominus$		11.91	0.47	2.96	0	0	-4583.00
		16.00	0	0	0	0	2207.00
		C_1	C_2	C_3	C_4	C_5	C_6
$S_T^\ominus$		11.91	0.94	1.48	0	0	-62.54
		16.00	0	0	0	0	-87.91

相态	T	$C_{p,m}$	$H_T^\ominus - H_{298}^\ominus$	$S_T^\ominus$	Φ'_T	
固	298	8.85	0	7.24	7.24	$\Delta H_{298}^\ominus = -80.75$
	300	8.90	19	7.31	7.25	
	400	10.43	996	10.11	7.62	
	500	11.19	2081	12.53	8.37	
	600	11.65	3226	14.62	9.24	
	700	11.96	4407	16.44	10.14	
	800	12.19	5616	18.05	11.03	
	900	12.39	6846	19.50	11.89	
	1000	12.55	8093	20.81	12.72	
	1100	12.69	9356	22.02	13.51	
	1200	12.83	10632	23.13	14.27	
	1300	12.95	11922	24.16	14.99	
	1400	13.07	13224	25.13	15.68	
	1500	13.18	14537	26.03	16.34	
	1600	13.29	15861	26.89	16.97	
	1700	13.40	17196	27.70	17.58	
	1800	13.51	18542	28.46	18.16	
	1900	13.61	19898	29.20	18.72	
	2000	13.71	21265	29.90	19.27	
	2100	13.81	22642	30.57	19.79	
	2200	13.91	24028	31.22	20.29	
	2300	14.01	25425	31.84	20.78	
	2400	14.11	26832	32.43	21.26	
	2500	14.21	28248	33.01	21.71	
	2600	14.31	29674	33.57	22.16	
	2700	14.40	31110	34.11	22.59	
	2800	14.50	32556	34.64	23.01	
	2900	14.60	34011	35.15	23.42	
	3000	14.69	35476	35.65	23.82	
	3100	14.79	36950	36.13	24.21	
	3200	14.88	38434	36.60	24.59	
	3223(T_M)	14.91	38777	36.71	24.68	
液	3223	16.00	53777	41.36	24.68	$\Delta H_M = 15000$
	3300	16.00	55007	41.71	25.04	$\Delta S_M = 4.65$
	3400	16.00	56607	42.19	25.54	
	3500	16.00	58207	42.65	26.02	

表 Ⅳ-59　碳化钛(TiC)($TiC_{0.6\sim1.0}$)

		A_1	A_2	A_3	A_4	A_5	
$C_{p,m}$	固	11.94	0.23	−3.53	0.45	0	298～3290K
	液	15.00	0	0	0	0	3290～3500K
		B_1	B_2	B_3	B_4	B_5	B_6
$H_T^{\ominus}-H_{298}^{\ominus}$		11.94	0.11	3.53	0.15	0	−4755.00
		15.00	0	0	0	0	8868.00
		C_1	C_2	C_3	C_4	C_5	C_6
$S_T^{\ominus}$		11.94	0.23	1.76	0.22	0	−64.27
		15.00	0	0	0	0	−80.72

相　态	T	$C_{p,m}$	$H_T^{\ominus}-H_{298}^{\ominus}$	$S_T^{\ominus}$	Φ'_T	
固	298	8.07	0	5.79	5.79	$\Delta H_{298}^{\ominus}=-44.00$
	300	8.12	18	5.88	5.82	
	400	9.89	931	8.49	6.17	
	500	10.75	1968	10.80	6.87	
	600	11.25	3071	12.81	7.70	
	700	11.60	4215	14.58	8.55	
	800	11.86	5389	16.14	9.41	
	900	12.07	6586	17.55	10.24	
	1000	12.26	7803	18.84	11.03	
	1100	12.44	9039	20.01	11.80	
	1200	12.61	10292	21.10	12.53	
	1300	12.79	11562	22.12	13.23	
	1400	12.96	12850	23.07	13.90	
	1500	13.14	14155	23.97	14.54	
	1600	13.32	15478	24.83	15.15	
	1700	13.50	16820	25.64	15.75	
	1800	13.70	18181	26.42	16.32	
	1900	13.90	19561	27.17	16.87	
	2000	14.11	20961	27.88	17.40	
	2100	14.32	22383	28.58	17.92	
	2200	14.55	23827	29.25	18.42	
	2300	14.78	25294	29.90	18.90	
	2400	15.02	26784	30.54	19.38	
	2500	15.27	28299	31.15	19.83	
	2600	15.52	29839	31.76	20.28	
	2700	15.79	31405	32.35	20.72	
	2800	16.06	32997	32.93	21.14	
	2900	16.34	34618	33.50	21.56	
	3000	16.64	36268	34.06	21.97	
	3100	16.94	37947	34.61	22.37	
	3200	17.24	39656	35.15	22.76	
	3290(T_M)	17.53	41221	35.63	23.10	
液	3290	15.00	58221	40.79	23.10	$\Delta H_M=17000$
	3300	15.00	58368	40.80	23.11	$\Delta S_M=5.16$
	3400	15.00	59868	41.25	23.64	
	3500	15.00	61368	41.68	24.15	

表 Ⅳ-60　一硼化钛(TiB)

	A_1	A_2	A_3	A_4	A_5	
$C_{p,m}$ 固	12.92	0	-5.17	0	0	298 ~ 2500K
$H_T^\ominus - H_{298}^\ominus$	B_1	B_2	B_3	B_4	B_5	B_6
	12.92	0	5.17	0	0	-5584.00
$S_T^\ominus$	C_1	C_2	C_3	C_4	C_5	C_6
	12.92	0	2.58	0	0	-68.21

相　态	T	$C_{p,m}$	$H_T^\ominus - H_{298}^\ominus$	$S_T^\ominus$	Φ'_T	
	298	7.09	0	8.30	8.30	
	300	7.17	15	8.35	8.30	
	400	9.68	876	10.81	8.62	
	500	10.85	1910	13.11	9.29	
	600	11.48	3030	15.15	10.10	
	700	11.86	4199	16.95	10.95	
	800	12.11	5398	18.55	11.81	
	900	12.28	6618	19.99	12.64	
	1000	12.40	7853	21.29	13.44	
	1100	12.49	9098	22.48	14.21	
	1200	12.56	10351	23.57	14.94	
固	1300	12.61	11610	24.58	15.65	$\Delta H_{298}^\ominus = -38.30$
	1400	12.65	12873	25.51	16.32	$T_{DP} = 2500$
	1500	12.69	14141	26.39	16.96	
	1600	12.71	15411	27.21	17.57	
	1700	12.74	16684	27.98	18.16	
	1800	12.76	17959	28.71	18.73	
	1900	12.77	19236	29.40	19.27	
	2000	12.79	20514	30.05	19.80	
	2100	12.80	21794	30.68	20.30	
	2200	12.81	23075	31.27	20.78	
	2300	12.82	24357	31.84	21.25	
	2400	12.83	25639	32.39	21.71	
	2500	12.83	26923	32.91	22.14	

表 Ⅳ-61　二硼化钛（TiB_2）

	A_1	A_2	A_3	A_4	A_5	
$C_{p,m}$ 固	13.47	6.18	−4.17	−0.80	0	298～3193K
$C_{p,m}$ 液	26.00	0	0	0	0	3193～3500K
	B_1	B_2	B_3	B_4	B_5	B_6
$H_T^\ominus - H_{298}^\ominus$	13.47	3.09	4.17	−0.26	0	−5680.00
	26.00	0	0	0	0	1253.00
	C_1	C_2	C_3	C_4	C_5	C_6
$S_T^\ominus$	13.47	6.18	2.08	−0.40	0	−74.09
	26.00	0	0	0	0	−152.05

相　态	T	$C_{p,m}$	$H_T^\ominus - H_{298}^\ominus$	$S_T^\ominus$	Φ'_T	
固	298	10.54	0	6.80	6.80	$\Delta H_{298}^\ominus = -66.80$
	300	10.61	22	6.87	6.80	
	400	13.20	1228	10.32	7.25	
	500	14.69	2628	13.44	8.18	
	600	15.73	4152	16.21	9.30	
	700	16.55	5767	18.70	10.46	
	800	17.25	7458	20.96	11.64	
	900	17.86	9215	23.03	12.79	
	1000	18.43	11030	24.94	13.91	
	1100	18.95	12900	26.72	15.00	
	1200	19.44	14820	28.39	16.04	
	1300	19.90	16787	29.97	17.05	
	1400	20.34	18800	31.46	18.03	
	1500	20.75	20854	32.88	18.97	
	1600	21.14	22949	34.23	19.89	
	1700	21.51	25083	35.52	20.77	
	1800	21.87	27252	36.76	21.62	
	1900	22.20	29456	37.95	22.45	
	2000	22.52	31692	39.10	23.26	
	2100	22.82	33960	40.21	24.04	
	2200	23.10	36256	41.28	24.80	
	2300	23.37	38580	42.31	25.54	
	2400	23.62	40929	43.31	26.26	
	2500	23.85	43302	44.28	26.96	
	2600	24.06	45698	45.22	27.64	
	2700	24.26	48114	46.13	28.31	
	2800	24.44	50549	47.02	28.96	
	2900	24.61	53002	47.88	29.60	
	3000	24.76	55470	48.71	30.22	
	3100	24.89	57952	49.53	30.83	
	3193(T_M)	25.00	60272	50.27	31.39	
液	3193	26.00	84272	57.78	31.39	$\Delta H_M = 24000$
	3200	26.00	84453	57.79	31.40	$\Delta S_M = 7.51$
	3300	26.00	87053	58.59	32.21	$T_{DP} = 4250$
	3400	26.00	89653	59.36	33.00	
	3500	26.00	92253	60.12	33.76	

表 Ⅳ-62 钒(V)

		A_1	A_2	A_3	A_4	A_5	
$C_{p,m}$	固	4.90	2.58	0.20	0	0	298 ~ 2190K
	液	9.50	0	0	0	0	2190 ~ 3652K
		B_1	B_2	B_3	B_4	B_5	B_6
$H_T^{\ominus}-H_{298}^{\ominus}$		4.90	1.29	-0.20	0	0	-1507.00
		9.50	0	0	0	0	-354.00
		C_1	C_2	C_3	C_4	C_5	C_6
$S_T^{\ominus}$		4.90	2.58	-0.10	0	0	-21.67
		9.50	0	0	0	0	-49.10

相态	T	$C_{p,m}$	$H_T^{\ominus}-H_{298}^{\ominus}$	$S_T^{\ominus}$	Φ'_T	
固	298	5.89	0	6.88	6.88	$\Delta H_{298}^{\ominus}=0$
	300	5.89	12	6.94	6.88	
	400	6.05	609	8.65	7.13	
	500	6.27	1225	10.03	7.58	
	600	6.50	1864	11.19	8.08	
	700	6.74	2527	12.21	8.60	
	800	6.99	3214	13.13	9.11	
	900	7.24	3926	13.97	9.60	
	1000	7.50	4663	14.74	10.08	
	1100	7.75	5426	15.47	10.54	
	1200	8.00	6214	16.16	10.98	
	1300	8.26	7028	16.81	11.40	
	1400	8.52	7867	17.43	11.81	
	1500	8.77	8732	18.03	12.20	
	1600	9.03	9623	18.60	12.59	
	1700	9.29	10539	19.16	12.96	
	1800	9.55	11481	19.69	13.32	
	1900	9.80	12449	20.22	13.67	
	2000	10.06	13443	20.73	14.01	
	2100	10.32	14462	21.22	14.34	
	2190(T_M)	10.55	15402	21.66	14.63	
液	2190	9.50	20452	23.96	14.63	$\Delta H_M=5050$
	2200	9.50	20546	24.01	14.67	$\Delta S_M=2.30$
	2300	9.50	21496	24.43	15.09	$T_B=3652$
	2400	9.50	22446	24.84	15.48	$\Delta H_B=109200$
	2500	9.50	23396	25.22	15.87	
	2600	9.50	24346	25.60	16.23	
	2700	9.50	25296	25.95	16.59	
	2800	9.50	26246	26.30	16.93	
	2900	9.50	27196	26.63	17.26	
	3000	9.50	28146	26.96	17.57	
	3100	9.50	29096	27.27	17.88	
	3200	9.50	30046	27.57	18.18	
	3300	9.50	30996	27.86	18.47	
	3400	9.50	31946	28.14	18.75	
	3500	9.50	32896	28.42	19.02	

表 IV-63　三氯一氧化钒(液)($VOCl_3$)

		A_1	A_2	A_3	A_4	A_5	
$C_{p,m}$	液	36.00	0	0	0	0	298 ~ 400K
	气	25.80	0	-2.00	0	0	298 ~ 1000K
$H_T^\ominus - H_{298}^\ominus$		B_1	B_2	B_3	B_4	B_5	B_6
		36.00	0	0	0	0	-10728.00
		25.80	0	2.00	0	0	852.00
$S_T^\ominus$		C_1	C_2	C_3	C_4	C_5	C_6
		36.00	0	0	0	0	-156.11
		25.80	0	1.00	0	0	-75.61

相　态	T	$C_{p,m}$	$H_T^\ominus - H_{298}^\ominus$	$S_T^\ominus$	Φ'_T	
液	298	36.00	0	49.00	49.00	$\Delta H_{298}^\ominus = -172.00$
	300	36.00	72	49.24	49.00	$T_M = 194$
	400(T_B)	36.00	3672	59.58	50.40	
气	400	24.55	11672	79.58	50.40	$\Delta H_B = 8000$
	500	25.00	14152	85.12	56.82	$\Delta S_B = 20.00$
	600	25.24	16665	89.70	61.93	
	700	25.39	19198	93.61	66.18	
	800	25.48	21742	97.00	69.88	
	900	25.55	24294	100.01	73.02	
	1000	25.60	26852	102.71	75.85	

表 IV-64　一氧化钒(VO)($VO_{1.89 \sim 1.20}$)

		A_1	A_2	A_3	A_4	A_5	
$C_{p,m}$	固	11.82	3.22	-1.26	0	0	298 ~ 1700K
$H_T^\ominus - H_{298}^\ominus$		B_1	B_2	B_3	B_4	B_5	B_6
		11.32	1.61	1.26	0	0	-3937.00
$S_T^\ominus$		C_1	C_2	C_3	C_4	C_5	C_6
		11.32	3.22	0.63	0	0	-56.82

相　态	T	$C_{p,m}$	$H_T^\ominus - H_{298}^\ominus$	$S_T^\ominus$	Φ'_T	
固	298	10.86	0	9.30	9.30	$\Delta H_{298}^\ominus = -103.00$
	300	10.88	24	9.41	9.33	$T_M = 1973$
	400	11.82	1164	12.68	9.77	
	500	12.42	2377	15.39	10.63	
	600	12.90	3645	17.70	11.62	
	700	13.31	4956	19.72	12.64	
	800	13.69	6307	21.52	13.64	
	900	14.06	7695	23.15	14.60	
	1000	14.41	9119	24.65	15.53	
	1100	14.75	10578	26.04	16.43	
	1200	15.09	12070	27.34	17.28	
	1300	15.43	13597	28.56	18.10	
	1400	15.76	15157	29.72	18.89	
	1500	16.09	16749	30.82	19.65	
	1600	16.42	18375	31.87	20.38	
	1700	16.75	20034	32.87	21.09	
	1800	17.07	21725	33.84	21.77	
	1900	17.40	23449	34.77	22.43	
	1973	17.64	24729	35.43	22.90	

表 Ⅳ-65 三氧化二钒（V_2O_3）

	A_1	A_2	A_3	A_4	A_5	
$C_{p,m}$ 固	29.35	4.76	-5.42	0	0	298 ~ 1800K
$H_T^\ominus - H_{298}^\ominus$	B_1	B_2	B_3	B_4	B_5	B_6
	29.35	2.38	5.42	0	0	-10775.00
$S_T^\ominus$	C_1	C_2	C_3	C_4	C_5	C_6
	29.35	4.76	2.71	0	0	-148.19

相态	T	$C_{p,m}$	$H_T^\ominus - H_{298}^\ominus$	$S_T^\ominus$	Φ'_T	
固	298	24.66	0	23.50	23.50	$\Delta H_{298}^\ominus = -293.00$ $T_M > 2273$
	300	24.75	51	23.65	23.50	
	400	27.86	2701	31.25	24.50	
	500	29.56	5579	37.67	26.51	
	600	30.70	8595	43.16	28.84	
	700	31.57	11710	47.96	31.24	
	800	32.31	14906	52.23	33.60	
	900	32.96	18170	56.07	35.88	
	1000	33.56	21497	59.58	38.08	
	1100	34.13	24883	62.80	40.18	
	1200	34.68	28324	65.80	42.20	
	1300	35.21	31819	68.60	44.12	
	1400	35.73	35367	71.23	45.96	
	1500	36.24	38966	73.71	47.73	
	1600	36.75	42617	76.06	49.43	
	1700	37.25	46317	78.31	51.06	
	1800	37.75	50067	80.45	52.64	
	1900	38.24	53867	82.51	54.15	
	2000	38.73	57716	84.48	55.62	
	2100	39.22	61614	86.38	57.04	
	2200	39.71	65561	88.22	58.42	

表 Ⅳ-66　五氧化二钒(V_2O_5)($VO_{2.495\sim2.50}$)

		A_1	A_2	A_3	A_4	A_5	
$C_{p,m}$	固	46.54	−3.90	−13.22	0	0	298 ~ 943K
	液(分解)	45.60	0	0	0	0	943 ~ 1500K
		B_1	B_2	B_3	B_4	B_5	B_6
$H_T^\ominus - H_{298}^\ominus$		46.54	−1.95	13.22	0	0	−18131.00
		45.60	0	0	0	0	−1976.00
		C_1	C_2	C_3	C_4	C_5	C_6
$S_T^\ominus$		46.54	−3.90	6.61	0	0	−240.16
		45.60	0	0	0	0	−220.10

相　态	T	$C_{p,m}$	$H_T^\ominus - H_{298}^\ominus$	$S_T^\ominus$	Φ'_T	
固	298	30.49	0	31.30	31.30	$\Delta H_{298}^\ominus = -372.30$
	300	30.68	62	31.51	31.30	
	400	36.71	3478	41.25	32.55	
	500	39.30	7295	49.76	35.17	
	600	40.52	11294	57.04	38.22	
	700	41.11	15380	63.34	41.37	
	800	41.35	19505	68.85	44.47	
	900	41.39	23644	73.72	47.45	
	943(T_M)	41.37	25424	75.66	48.70	
液	943	45.60	41024	92.20	48.70	$\Delta H_M = 15600$ $\Delta S_M = 16.54$
	1000	45.60	43624	94.89	51.26	
	1100	45.60	48184	99.23	55.43	
	1200	45.60	52744	103.20	59.25	
	1300	45.60	57304	106.85	62.77	
	1400	45.60	61864	110.23	66.04	
	1500	45.60	66424	113.38	69.10	
	1600	45.60	70984	116.32	71.96	
	1700	45.60	75544	119.09	74.65	
	1800	45.60	80104	121.69	77.19	
	1900	45.60	84664	124.16	79.60	
	2000	45.60	89224	126.50	81.88	
	2100	45.60	93784	128.72	84.06	
	2200	45.60	98344	130.84	86.14	
	2300	45.60	102904	132.87	88.13	
	2400	45.60	107464	134.81	90.03	
	2500	45.60	112024	136.67	91.86	
	2600	45.60	116584	138.46	93.62	
	2700	45.60	121144	140.18	95.31	
	2800	45.60	125704	141.84	96.95	
	2900	45.60	130264	143.44	98.52	
	3000	45.60	134824	144.99	100.04	

表 Ⅳ-67　甲烷(气)(CH_4)

	A_1	A_2	A_3	A_4	A_5	
$C_{p,m}$ 气	2.97	18.33	0.34	-4.30	0	298 ~ 2000K
$H_T^\ominus - H_{298}^\ominus$	B_1	B_2	B_3	B_4	B_5	B_6
	2.97	9.16	-0.34	-1.43	0	-1547.00
$S_T^\ominus$	C_1	C_2	C_3	C_4	C_5	C_6
	2.97	18.33	-0.17	-2.15	0	22.53

相态	T	$C_{p,m}$	$H_T^\ominus - H_{298}^\ominus$	$S_T^\ominus$	Φ'_T	
气	298	8.43	0	44.50	44.50	$\Delta H_{298}^\ominus = -17.88$
	300	8.45	17	44.58	44.53	
	400	9.82	931	47.20	44.87	
	500	11.19	1982	49.54	45.58	
	600	12.51	3168	51.70	46.42	
	700	13.76	4483	53.72	47.82	
	800	14.93	5918	55.64	48.24	
	900	16.02	7467	57.46	49.17	
	1000	17.03	9121	59.20	50.08	
	1100	17.95	10871	60.87	50.99	
	1200	18.79	12710	62.47	51.88	
	1300	19.55	14628	64.01	52.75	
	1400	20.22	16618	65.48	53.61	
	1500	20.80	18670	66.90	54.45	
	1600	21.30	20777	68.25	55.27	
	1700	21.71	22929	69.56	56.07	
	1800	22.04	25117	70.81	56.86	
	1900	22.28	27335	72.01	57.62	
	2000	22.43	29572	73.68	58.37	

表 Ⅳ-68　四氯化碳(液)(CCl_4)

		A_1	A_2	A_3	A_4	A_5	
$C_{p,m}$	液	32.00	0	0	0	0	298 ~ 350K
	气	24.90	0.48	-4.73	0	0	298 ~ 2000K
		B_1	B_2	B_3	B_4	B_5	B_6
$H_T^{\ominus} - H_{298}^{\ominus}$		32.00	0	0	0	0	-9536.00
		24.90	0.24	4.73	0	0	-1151.00
		C_1	C_2	C_3	C_4	C_5	C_6
$S_T^{\ominus}$		32.00	0	0	0	0	-130.58
		24.90	0.48	2.36	0	0	-70.26

相　态	T	$C_{p,m}$	$H_T^{\ominus} - H_{298}^{\ominus}$	$S_T^{\ominus}$	Φ'_T	
液	298	32.00	0	51.72	51.72	$\Delta H_{298}^{\ominus} = -32.41$
	300	32.00	64	51.94	51.72	
	350(T_B)	32.00	1664	56.87	52.11	
气	350	21.20	8944	77.67	52.11	$\Delta H_B = 7280$ $\Delta S_B = 20.80$
	400	22.13	10030	80.58	55.51	
	500	23.24	12305	85.65	61.04	
	600	23.87	14664	89.95	65.51	
	700	24.27	17072	93.67	69.28	
	800	24.54	19514	96.93	72.53	
	900	24.74	21979	99.83	75.41	
	1000	24.90	24462	102.44	77.98	
	1100	25.03	26959	104.82	80.32	
	1200	25.14	29469	107.01	82.45	
	1300	25.24	31988	109.02	84.42	
	1400	25.33	34517	110.90	86.24	
	1500	25.40	37054	112.65	87.95	
	1600	25.48	39599	114.29	89.54	
	1700	25.55	42151	115.84	91.04	
	1800	25.61	44709	117.30	92.46	
	1900	25.68	47274	118.69	93.81	
	2000	25.74	49845	120.01	95.08	

表 Ⅳ-69　氮(气)(N_2)

	A_1	A_2	A_3	A_4	A_5	
$C_{p,m}$ 气	6.66	1.02	0	0	0	298～2500K
$H_T^{\ominus}-H_{298}^{\ominus}$	B_1	B_2	B_3	B_4	B_5	B_6
	6.66	0.51	0	0	0	-2029.00
$S_T^{\ominus}$	C_1	C_2	C_3	C_4	C_5	C_6
	6.66	1.02	0	0	0	7.55

相　态	T	$C_{p,m}$	$H_T^{\ominus}-H_{298}^{\ominus}$	$S_T^{\ominus}$	Φ'_T	
气	298	6.96	0	45.77	45.77	$\Delta H_{298}^{\ominus}=0$
	300	6.96	15	45.84	45.79	
	400	7.06	717	47.86	46.06	
	500	7.17	1428	49.44	46.59	
	600	7.27	2151	50.76	47.18	
	700	7.37	2883	51.89	47.77	
	800	7.47	3625	52.88	48.35	
	900	7.57	4378	53.77	48.90	
	1000	7.68	5141	54.57	49.43	
	1100	7.78	5914	55.31	49.93	
	1200	7.88	6697	55.99	50.41	
	1300	7.98	7491	56.62	50.86	
	1400	8.08	8295	57.22	51.29	
	1500	8.18	9108	57.78	51.71	
	1600	8.29	9933	58.31	52.10	
	1700	8.39	10767	58.82	52.49	
	1800	8.49	11611	59.30	52.85	
	1900	8.59	12466	59.76	53.20	
	2000	8.70	13331	60.21	53.54	
	2100	8.80	14206	60.63	53.87	
	2200	8.90	15091	61.05	54.19	
	2300	9.00	15987	61.44	54.49	
	2400	9.10	16893	61.83	54.79	
	2500	9.21	17808	62.20	55.08	

表 Ⅳ-70　碘(气)(I_2)

	A_1	A_2	A_3	A_4	A_5	
$C_{p,m}$ 气	8.94	0.13	-0.14	0	0	298 ~ 2000K
$H_T^{\ominus}-H_{298}^{\ominus}$	B_1	B_2	B_3	B_4	B_5	B_6
	8.94	0.06	0.14	0	0	-2715.00
$S_T^{\ominus}$	C_1	C_2	C_3	C_4	C_5	C_6
	8.94	0.13	0.07	0	0	11.26

相　态	T	$C_{p,m}$	$H_T^{\ominus}-H_{298}^{\ominus}$	$S_T^{\ominus}$	Φ'_T	
气	298	8.82	0	62.27	62.27	$\Delta H_{298}^{\ominus}=14.92$
	300	8.82	20	62.36	62.30	
	400	8.90	906	64.91	62.65	
	500	8.94	1799	66.91	63.31	
	600	8.97	2696	68.54	64.05	
	700	9.00	3595	69.93	64.79	
	800	9.02	4496	71.13	65.51	
	900	9.03	5399	72.19	66.19	
	1000	9.05	6304	73.15	66.84	
	1100	9.07	7210	74.01	67.46	
	1200	9.08	8118	74.80	68.04	
	1300	9.10	9028	75.53	68.58	
	1400	9.11	9938	76.20	69.11	
	1500	9.12	10851	76.83	69.60	
	1600	9.14	11764	77.42	70.07	
	1700	9.15	12679	77.98	70.52	
	1800	9.16	13595	78.50	70.95	
	1900	9.18	14513	79.00	71.36	
	2000	9.19	15432	79.47	71.75	

表 Ⅳ-71　一碘化钛(气)(TiI)

	A_1	A_2	A_3	A_4	A_5	
$C_{p,m}$ 气	10.50	0.11	-1.23	0	0	298~2000K
$H_T^{\ominus}-H_{298}^{\ominus}$	B_1	B_2	B_3	B_4	B_5	B_6
	10.50	0.05	1.23	0	0	-3545.00
$S_T^{\ominus}$	C_1	C_2	C_3	C_4	C_5	C_6
	10.50	0.11	0.61	0	0	3.68

相　态	T	$C_{p,m}$	$H_T^{\ominus}-H_{298}^{\ominus}$	$S_T^{\ominus}$	Φ'_T	
	298	9.14	0	64.22	64.22	
	300	9.16	20	64.28	64.22	
	400	9.77	971	67.01	64.59	
	500	10.06	1965	69.23	65.30	
	600	10.22	2980	71.08	66.11	
	700	10.32	4008	72.66	66.94	
	800	10.39	5044	74.05	67.74	
	900	10.44	6086	75.28	68.51	
	1000	10.48	7133	76.38	69.24	
气	1100	10.51	8183	77.38	69.94	$\Delta H_{298}^{\ominus}=65.50$
	1200	10.54	9237	78.30	70.60	
	1300	10.57	10293	79.14	71.22	
	1400	10.59	11351	79.92	71.82	
	1500	10.61	12411	80.66	72.38	
	1600	10.62	13473	81.34	72.92	
	1700	10.64	14536	81.99	73.44	
	1800	10.66	15602	82.60	73.93	
	1900	10.67	16668	83.17	74.40	
	2000	10.68	17736	83.72	74.85	

表 Ⅳ-72　二碘化钛(气)(TiI_2)

	A_1	A_2	A_3	A_4	A_5	
$C_{p,m}$ 气	14.89	0	-0.37	0	0	298 ~ 2000K
$H_T^\ominus - H_{298}^\ominus$	B_1	B_2	B_3	B_4	B_5	B_6
	14.89	0	0.37	0	0	-4561.00
$S_T^\ominus$	C_1	C_2	C_3	C_4	C_5	C_6
	14.89	0	0.18	0	0	-6.32

相　态	T	$C_{p,m}$	$H_T^\ominus - H_{298}^\ominus$	$S_T^\ominus$	Φ'_T	
	298	14.47	0	78.71	78.71	
	300	14.47	29	78.80	78.71	
	400	14.65	1487	82.99	79.27	
	500	14.74	2958	86.27	80.36	
	600	14.78	4435	88.97	81.58	
	700	14.81	5915	91.25	82.80	
	800	14.83	7397	93.23	83.98	
	900	14.84	8881	94.98	85.11	
	1000	14.85	10366	96.54	86.17	
气	1100	14.85	11852	97.96	87.18	$\Delta H_{298}^\ominus = 13.80$
	1200	14.86	13338	99.25	88.13	
	1300	14.86	14824	100.44	89.04	
	1400	14.87	16311	101.54	89.89	
	1500	14.87	17799	102.57	90.70	
	1600	14.87	19286	103.53	91.47	
	1700	14.87	20774	104.43	92.21	
	1800	14.87	22262	105.28	92.91	
	1900	14.87	23749	106.08	93.58	
	2000	14.88	25237	106.85	94.23	

表 Ⅳ-73 三碘化钛(TiI_3)

	A_1	A_2	A_3	A_4	A_5	
$C_{p,m}$ 固	27.08	2.12	0.17	0	0	298～1139K
$H_T^\ominus - H_{298}^\ominus$	B_1	B_2	B_3	B_4	B_5	B_6
	27.08	1.06	-0.17	0	0	-8106.00
$S_T^\ominus$	C_1	C_2	C_3	C_4	C_5	C_6
	27.08	2.12	-0.08	0	0	-108.83

相 态	T	$C_{p,m}$	$H_T^\ominus - H_{298}^\ominus$	$S_T^\ominus$	Φ'_T	
固	298	27.90	0	46.00	46.00	$\Delta H_{298}^\ominus = -81.40$ $T_{DP} = 673$ $T_{sb} = 1139$
	300	27.90	57	46.19	46.00	
	400	28.03	2853	54.21	47.08	
	500	28.20	5665	60.48	49.15	
	600	28.39	8495	65.64	51.48	
	700	28.59	11345	70.03	53.83	
	800	28.80	14215	73.87	56.10	
	900	29.00	17106	77.27	58.27	
	1000	29.21	20017	80.34	60.32	
	1100	29.42	22949	83.13	62.27	
	1139	29.50	24098	84.16	63.00	

表 Ⅳ-74 三碘化钛(气)(TiI_3)

	A_1	A_2	A_3	A_4	A_5	
$C_{p,m}$ 气	19.80	0.03	-1.25	0	0	298～2000K
$H_T^\ominus - H_{298}^\ominus$	B_1	B_2	B_3	B_4	B_5	B_6
	19.80	0.01	1.25	0	0	-6320.00
$S_T^\ominus$	C_1	C_2	C_3	C_4	C_5	C_6
	19.80	0.03	0.62	0	0	-22.61

相 态	T	$C_{p,m}$	$H_T^\ominus - H_{298}^\ominus$	$S_T^\ominus$	Φ'_T	
气	298	18.40	0	90.88	90.88	$\Delta H_{298}^\ominus = -35.90$
	300	18.42	38	91.01	90.88	
	400	19.03	1915	96.42	91.63	
	500	19.31	3834	100.70	93.03	
	600	19.47	5774	104.24	94.61	
	700	19.56	7726	107.24	96.21	
	800	19.62	9686	109.86	97.75	
	900	19.67	11651	112.18	99.23	
	1000	19.70	13620	114.25	100.63	
	1100	19.72	15592	116.13	101.96	
	1200	19.74	17566	117.85	103.21	
	1300	19.76	19542	119.43	104.40	
	1400	19.77	21519	120.89	105.52	
	1500	19.78	23497	122.26	106.59	
	1600	19.79	25477	123.54	107.61	
	1700	19.80	27457	124.74	108.59	
	1800	19.81	29438	125.87	109.52	
	1900	19.82	31420	126.94	110.40	
	2000	19.82	33402	127.96	111.26	

表 Ⅳ-75　四碘化钛(TiI_4)

		A_1	A_2	A_3	A_4	A_5	
$C_{p,m}$	固(α)	18.70	38.00	0	0	0	298 ~ 379K
	固(β)	35.40	0	0	0	0	379 ~ 428K
	液	37.40	0	0	0	0	428 ~ 650K
		B_1	B_2	B_3	B_4	B_5	B_6
$H_T^\ominus - H_{298}^\ominus$		18.70	19.00	0	0	0	−7259.00
		35.40	0	0	0	0	−8490.00
		37.40	0	0	0	0	−4606.00
		C_1	C_2	C_3	C_4	C_5	C_6
$S_T^\ominus$		18.70	38.00	0	0	0	−59.05
		35.40	0	0	0	0	−137.57
		37.40	0	0	0	0	−138.63

相　态	T	$C_{p,m}$	$H_T^\ominus - H_{298}^\ominus$	$S_T^\ominus$	Φ'_T	
固(α)	298	30.02	0	58.80	58.80	$\Delta H_{298}^\ominus = -92.00$
	300	30.10	61	59.01	58.80	
	379(T_{tr})	33.10	2557	66.38	59.63	
固(β)	379	35.40	4927	72.63	59.63	$\Delta H_{tr} = 2370$ $\Delta S_{tr} = 6.25$
	400	35.40	5670	74.52	60.35	
	428(T_M)	35.40	6661	76.92	61.35	
液	428	37.40	11401	87.99	61.35	$\Delta H_M = 4740$ $\Delta S_M = 11.07$ $T_B = 650$ $\Delta H_B = 12800$ $\Delta S_B = 19.69$
	500	37.40	14094	93.79	65.60	
	600	37.40	17834	100.61	70.89	
	650	37.40	19704	103.60	73.29	

表 Ⅳ-76 四碘化钛(气)(TiI_4)

	A_1	A_2	A_3	A_4	A_5	
$C_{p,m}$ 气	25.81	0.01	-0.80	0	0	298 ~ 2000K
$H_T^\ominus - H_{298}^\ominus$	B_1	B_2	B_3	B_4	B_5	B_6
	25.81	0	0.80	0	0	-7959.00
$S_T^\ominus$	C_1	C_2	C_3	C_4	C_5	C_6
	25.81	0.01	0.40	0	0	-44.03

相 态	T	$C_{p,m}$	$H_T^\ominus - H_{298}^\ominus$	$S_T^\ominus$	Φ'_T	
	298	24.91	0	103.48	103.48	
	300	24.92	51	103.63	103.48	
	400	25.31	2566	110.86	104.44	
	500	25.49	5107	116.53	106.31	
	600	25.59	7662	121.19	108.42	
	700	25.65	10225	125.14	110.53	
	800	25.69	12792	128.57	112.58	
	900	25.72	15363	131.59	114.52	
	1000	25.74	17936	134.30	116.37	
气	1100	25.75	20511	136.76	118.11	$\Delta H_{298}^\ominus = -68.60$
	1200	25.76	23087	139.00	119.76	
	1300	25.77	25664	141.06	121.32	
	1400	25.78	28242	142.97	122.80	
	1500	25.78	30821	144.75	124.20	
	1600	25.79	33400	146.42	125.54	
	1700	25.79	35980	147.98	126.82	
	1800	25.80	38560	149.46	128.03	
	1900	25.80	41140	150.85	129.20	
	2000	25.81	43721	152.17	130.31	

参 考 文 献

[1] 曾蓉．快速发展的攀钢集团兴钛科技公司[J]．攀枝花钒钛，2007(1)：12 ~ 13.

[2] 莫畏，邓国珠，罗方承．钛冶金(第2版)[M]．北京：冶金工业出版社，1998.

[3] 葛婉华，陈鸣德．化工计算[M]．北京：化学工业出版社，1990.

[4] Л Е Болотников. Технологическое Проектирование Произволства Редких Металлов. Москва. Металлургия，1973.

[5] А П Надальский. Расчет Процессов И Аппаратов Производства Тутоплавских Металлов. Москва. Металлургия，1980.

[6] 梅炽．有色冶金炉[M]．北京：冶金工业出版社，1994.

[7] 《有色冶金炉设计手册》编委会．有色冶金炉设计手册[M]．北京：冶金工业出版社，2000.

[8] 国家医药管理局上海医药设计院．化工工艺设计手册[M]．北京：化学工业出版社，1986.

[9] 成都科技大学化工原理编写组．化工原理[M]．成都：成都科技大学出版社，1991.

[10] М К Байбеков，В Д Попов，И М Чепрасов. Производство Четыреххлористого Титана. Издательство Металлургия. Москва，1980.

[11] 郭宜祜，王喜忠．流化床——基本原理及其工业应用[M]．北京：化学工业出版社，1980.

[12] 叶大伦．实用无机物热力学数据手册[M]．北京：冶金工业出版社，1981.

[13] 李大成．冶金热力学计算(内部资料)．成都科技大学，1985.

[14] В А Гарматы. Титан-Свойства，Сырьевая База，Физико-Химические Основы И Способы Получения [М]. Издательство Металлургия. Москва，1983.

[15] В В Родякин，В Э Гегер，В М Скрыпнюк. Магниетермическое Производство Губчаторо Титана. М.：Металлургия，1971.

[16] 上海化工学院．基础化学工程(中册)[M]．上海：科学技术出版社，1978.

[17] 张正端，邵洪福．蒸馏基本原理与操作[M]．北京：燃料化学工业出版社，1975.

[18] 北京化工研究院“板式塔”专题组．浮阀塔[M]．北京：燃料化学工业出版社，1975.

[19] 实用精细化学品编写组．章思规主编．实用精细化学品手册(下册，有机卷)[M]．北京：化学工业出版社，1996.

[20] J. A. 迪安．兰氏化学手册[M]．尚久方，操时杰，辛无名，等译．北京：科学出版社，1991.

[21] 达道安．真空设计手册(第3版)[M]．北京：国防工业出版社，2004.

[22] 徐日瑶．镁冶金工艺学[M]．长沙：中南大学出版社，2003.

[23] O. 库巴谢夫斯基，C. B. 奥尔考克著．冶金热化学[M]．邱竹贤，梁英教，李席孟，王介淦，译．北京：冶金工业出版社，1985.

[24] I Barin，O Knacke. Thermochemical Properties of Inorganic Subctances. New York，1973.